普通高等教育"动画与数字媒体专业"规划教材

数字媒体技术基础

宗绪锋　韩殿元　主编

清华大学出版社

北京

内 容 简 介

本书系统地介绍了数字媒体技术的概念、原理及典型的技术方法,包括数字媒体技术、数字艺术设计的基础知识,图像、图形、音频、视频、计算机动画的基本原理及处理技术,Web 集成与应用技术,数字媒体传播技术,人机交互原理及应用,虚拟现实、游戏设计与开发技术,移动多媒体的应用等。

本书可作为高等学校数字媒体相关专业的教材或教学参考书,也可供从事数字媒体技术研究、开发与应用的技术人员以及相关数字媒体的从业人员学习参考。

图书在版编目(CIP)数据

数字媒体技术基础/宗绪锋,韩殿元主编. —北京:清华大学出版社,2018(2024.2重印)
(普通高等教育"动画与数字媒体专业"规划教材)
ISBN 978-7-302-50312-5

Ⅰ. ①数… Ⅱ. ①宗… ②韩… Ⅲ. ①数字技术—多媒体技术—高等学校—教材 Ⅳ. ①TP37

中国版本图书馆 CIP 数据核字(2018)第 112243 号

责任编辑:白立军 张爱华
封面设计:常雪影
责任校对:焦丽丽
责任印制:杨 艳

出版发行:清华大学出版社
　　　　网　　　址:https://www.tup.com.cn,https://www.wqxuetang.com
　　　　地　　　址:北京清华大学学研大厦 A 座　　　邮　　编:100084
　　　　社 总 机:010-83470000　　　　　　　　　邮　　购:010-62786544
　　　　投稿与读者服务:010-62776969, c-service@tup.tsinghua.edu.cn
　　　　质量反馈:010-62772015, zhiliang@tup.tsinghua.edu.cn
　　　　课件下载:https://www.tup.com.cn,010-83470236
印 装 者:三河市铭诚印务有限公司
经　　销:全国新华书店
开　　本:185mm×260mm　　　印　张:23.25　　　字　数:568 千字
版　　次:2018 年 9 月第 1 版　　　　　　　印　次:2024 年 2 月第 10 次印刷
定　　价:59.00 元

产品编号:049179-01

前言

由数字技术、网络技术与文化产业相融合产生的数字媒体产业,正在世界各地迅猛成长,被誉为经济发展的新引擎。在我国,数字媒体技术及产业得到了各级领导部门的高度关注和支持,并成为目前市场投资和开发的热点方向。2005 年 12 月,由国家"863 计划"软硬件技术主题专家组牵头制定的《2005 中国数字媒体技术发展白皮书》发布,为数字媒体技术和产业提供了清晰的概念界定,为技术和产业化发展、相关政策的制定以及政府部门、业内人士和科研人员提供了较为全面、客观的参考。2009 年 7 月 22 日,我国第一部文化产业专项规划——《文化产业振兴规划》由国务院常务会议审议通过,标志着文化产业已经上升为国家的战略性产业。其中,数字内容是国家将重点推进的文化产业之一,而数字媒体技术作为数字内容产业的发动机,在文化产业的发展中发挥着重要的作用。

数字媒体是一个应用领域很广的新兴学科,它以信息科学和数字技术为主导,以大众传播理论为依据,以现代艺术为指导,将信息传播技术应用到文化、艺术、商业、教育和管理领域的科学与艺术高度融合的综合交叉学科。数字媒体包括文字、图像、图形、音频、视频以及计算机动画等各种形式,其传播形式和传播内容采用数字化,即信息的采集、存取、加工和分发的数字化过程。在当今无处不数字的读屏时代,数字媒体是信息社会最广泛的信息载体,渗透到人们工作、学习和生活的方方面面。

本书共 13 章,第 1 章介绍数字媒体的基本概念、内涵、关键技术、应用及发展趋势等;第 2 章介绍数字艺术设计的基本要素、美学原则及涵盖领域;第 3～7 章介绍图像、图形、音频、视频及计算机动画等媒体的基础知识、基本原理、处理技术、软件工具及应用领域等;第 8 章介绍 Web 基础、工作原理及其集成与应用技术;第 9 章介绍数字媒体的通信与网络技术、流媒体技术等传播技术;第 10 章介绍人机交互原理、内容、设备、技术及人机界面设计;第 11 章介绍虚拟现实系统的设备、相关技术、软件及应用;第 12 章介绍游戏的开发流程和相关技术;第 13 章介绍基于 Android、iOS,以及基于 HTML5 的移动应用。

本书由宗绪锋、韩殿元任主编。第 1 章由宗绪锋编写,第 2 章由徐晓彤编写,第 3 章由韩殿元编写,第 4 章、第 12 章由何辰编写,第 5 章由宗绪锋、杨莅沅编写,第 6 章、第 11 章由董辉编写,第 7 章由张峰庆编写,第 8 章由魏建国编写,第 9 章由郭春华编写,第 10 章由徐荣龙编写,第 13 章由韩殿元、代江艳编写。参加编写的还有闫满等。

在本书的编写过程中,王成端等许多同仁给予了很多帮助,并提出了宝贵意见,同时,清华大学出版社的编辑对本书的撰写给予了大力支持。在此对参加编写和提供帮助的同仁以及出版社的编辑和相关工作人员表示由衷的感谢!

由于时间仓促,编者水平有限,书中难免出现不足,恳请广大读者批评指正!

编　者

2018 年 3 月

目 录

第 1 章

数字媒体技术概述

数字媒体是一个应用领域很广的新兴学科,是以信息科学和数字技术为主导,以大众传播理论为依据,以现代艺术为指导,将信息传播技术应用到文化、艺术、商业、教育和管理领域的科学与艺术高度融合的综合交叉学科。数字媒体包括文字、图形、图像、音频、视频以及计算机动画等各种形式,其传播形式和传播内容都采用数字化过程,即信息的采集、存取、加工和分发的数字化过程。在当今无处不数字的读屏时代,数字媒体是信息社会最为广泛的信息载体,渗透到人们工作、学习和生活的方方面面。

1.1 数字媒体的基本概念

1.1.1 媒体

在信息社会中,信息的表现形式多种多样,人们把这些表现形式称为媒体。在计算机技术领域中,媒体(Medium,其复数形式是 Media)是指信息传递和存储的最基本的技术和手段。它包括两方面的含义:一方面是指存储信息的实体,如光盘、磁带等,中文常称之为媒质;另一方面是指传递信息的载体,如文字、图像、图形、声音、影视等,中文常称之为媒介。

按照 ITU(国际电信联盟)标准的定义,媒体可分为下列 5 种。

(1) 感觉媒体(Perception Medium)。感觉媒体是指能直接作用于人的感官,使人产生感觉的一类媒体,如人们所看到的文字、图像、图形和听到的声音等。

(2) 表示媒体(Representation Medium)。表示媒体是指为了有效地加工、处理和传输感觉媒体而人为研究和构造出来的一种媒体,例如文本编码、语言编码、静态和活动图像编码等。

(3) 显示媒体(Presentation Medium)。显示媒体是指感觉媒体与用于通信的电信号之间转换用的一类媒体,即获取信息或显示信息的物理设备,可分为输入显示媒体和输出显示媒体。键盘、鼠标、麦克风、摄像机、扫描仪等属于输入显示媒体;显示器、打印机、音箱、投影仪等属于输出显示媒体。

(4) 存储媒体(Storage Medium)。存储媒体是指用于存放数字化的表示媒体的存储介质,如光盘、磁带等。

(5) 传输媒体(Transmission Medium)。传输媒体是指用来将表示媒体从一处传递到另一处的物理传输介质,如同轴电缆、双绞线、光缆、电磁波等。

1.1.2 数字媒体及特性

1. 数字媒体的定义

在人类社会中,信息的表现形式多种多样。用计算机记录和传播信息的一个重要特征是:信息的最小单元是二进制的比特(bit),任何在计算机中存储和传播的信息都可分解为一系列 0 或 1 的排列组合。因此,把通过计算机存储、处理和传播的信息媒体称为数字媒体(Digital Media)。

2005 年 12 月 26 日,由国家科技部牵头的 863 专家组制定的《2005 中国数字媒体技术发展白皮书》发布。863 专家组以"文化为体,科技为酶"概括数字媒体的本质,白皮书给出数字媒体的定义:数字媒体是数字化的内容作品,以现代网络为主要传播载体,通过完善的服务体系,分发到终端和用户进行消费的全过程。这一定义强调数字媒体的传播方式是通过网络,而将光盘等媒介内容排除在数字媒体的传播范畴之外。这是因为网络传播是数字媒体传播中最显著和最关键的特征,也是必然的发展趋势,而光盘等方式本质上仍然属于传统的传播渠道。数字媒体具有数字化特征和媒体特征,有别于传统媒体;数字媒体不仅在于内容的数字化,更在于其传播手段的网络化。

2. 数字媒体的特性

数字媒体的应用不仅仅局限于媒体行业,它已广泛地应用于零售业的市场推广、一对一销售,医疗行业的诊断图像管理,制造业的资料管理,政府机构的视频监督管理,教育行业的多媒体教学和远程教学,电信行业中无线内容的分发,金融行业的客户服务,以及家庭生活中的娱乐和游戏等多个领域。

根据香农的信息传递模型,数字媒体技术是实现媒体的表示、记录、处理、存储、传输、显示、管理等各个环节的硬件和软件技术。数字媒体技术具有数字化、集成性、交互性、艺术性和趣味性等特性。

1) 数字化

数字化是计算机技术的根本特性,作为计算机技术的重要应用领域,数字媒体是以比特的形式通过计算机进行存储、处理和传播。比特是一种存在的状态:开或关、真或假、高或低、黑或白,都可以用 0 或 1 来表示。比特易于复制,可以快速传播和重复使用,不同媒体之间可以相互混合。比特可以用来表现文字、图像、图形、动画、影视、语音及音乐等信息。

2) 集成性

数字媒体技术是建立在数字化处理基础上,结合文字、图像、图形、影像、声音、动画等各种媒体的一种应用。对于数字媒体信息的多样化,数字媒体技术把各种媒体有机地集成在一起。数字媒体的集成性主要表现在两个方面:数字媒体信息载体的集成和处理这些数字媒体信息的设备的集成。数字媒体信息载体的集成是指将文字、图像、图形、声音、影视、动画等信息集成在一起综合处理,它包括信息的多通道统一获取、数字媒体信息的统一存储与组织、数字媒体信息表现合成等各方面;而数字媒体信息的设备的集成则包括计算机系统、存储设备、音响设备、影视设备等的集成,是指将各种媒体在各种设备上有机地组织在一起,形成数字媒体系统,从而实现声、文、图、像的一体化处理。

3) 交互性

交互性是数字媒体技术的关键特性,它向用户提供更加有效的控制和使用信息的手段,可以增加对信息的注意和理解,延长信息的保留时间,使人们获取信息和使用信息的方式由被动变为主动。人们可以根据需要对数字媒体系统进行控制、选择、检索和参与数字媒体信息的播放与节目的组织,而不再像传统的电视机,只能被动地接收编排好的节目。交互性的特点使人们有了使用和控制数字媒体信息的手段,并借助这种交互式的沟通达到交流、咨询和学习的目的,也为数字媒体的应用开辟广阔的领域。目前,交互的主要方式是通过观察屏幕的显示信息,利用鼠标、键盘或触摸屏等输入设备对屏幕的信息进行选择,达到人机对话的目的。随着信息处理技术和通信技术的发展,还可以通过语音输入、网络通信控制等手段来进行交互。计算机的"人机交互作用"是数字媒体的一个显著特点,数字媒体就是以网络或者信息终端为介质的互动传播媒介。

4) 艺术性

计算机的发展与普及使信息技术离开了纯粹技术的需要,数字媒体传播需要信息技术与人文艺术的融合。在开发数字媒体产品时,技术专家要负责技术规划,艺术家/设计师要负责所有可视内容,清楚观众的欣赏要求。

5) 趣味性

互联网、IPTV、数字游戏、数字电视、移动流媒体等为人们提供宽广的娱乐空间,使媒体的趣味性真正体现出来。观众可以参与电视互动节目,观看体育赛事时可以选择多个视角,从浩瀚的数字内容库中搜索并观看电影和电视节目,分享图片和家庭录像,浏览高品质的内容。

1.1.3 数字媒体的分类

数字媒体的分类形式多样,人们从不同的角度对数字媒体进行不同种类的划分。从实体角度看,数字媒体包括文字、数字图片、数字音频、数字视频、数字动画;从载体角度看,数字媒体包括数字图书报刊、数字广播、数字电视、数字电影、计算机及网络;从传播要素看,数字媒体包括数字媒体内容、数字媒体机构、数字存储媒体、数字传输媒体、数字接收媒体。一般将数字存储媒体、数字传输媒体、数字接收媒体统称为数字媒介,数字媒体机构称为数字传媒,数字媒体内容称为数字信息。

如果从数字媒体定义的角度来看,可以从以下 3 个维度进行分类。

(1) 按时间属性划分,数字媒体可分成静止媒体(Still Media)和连续媒体(Continue Media)。静止媒体是指内容不会随着时间而变化的数字媒体,如文本和图片;而连续媒体是指内容随着时间而变化的数字媒体,如音频、视频和虚拟图像等。

(2) 按来源属性划分,数字媒体可分成自然媒体(Natural Media)和合成媒体(Synthetic Media)。其中,自然媒体是指客观世界存在的景物、声音等,经过专门的设备进行数字化和编码处理之后得到的数字媒体,如数码相机拍摄的照片、数码摄像机拍摄的影像等;合成媒体则是指以计算机为工具,采用特定符号、语言或算法表示的由计算机生成(合成)的文本、音乐、语音、图像和动画等,如用 3D 制作软件制作出来的动画角色。

(3) 按组成元素划分,数字媒体可分成单一媒体(Single Media)和多媒体(Multi Media)。顾名思义,单一媒体是指单一信息载体组成的载体;而多媒体则是指多种信息载体的表现形式和传递方式。简单来讲,数字媒体一般是指多媒体,是由数字技术支持的信息传输载体,其表现形式更复杂、更具视觉冲击力、更具有互动特性。

1.1.4　数字媒体的传播模式

数字媒体通过计算机和网络进行信息传播,将改变传统大众传播中传播者和受众的关系以及信息的组成、结构、传播过程、方式和效果。数字媒体传播模式主要包括大众传播模式、媒体信息传播模式、数字媒体传播模式和超媒体传播模式等。信息技术的革命和发展不断改变人们的学习方式、工作方式和娱乐方式。

大众传播媒体是一对多的传播过程,由一个媒介出发达到大量的受众。数字媒体的大众传播,使得无论何种媒体信息,如文本、图像、图形、声音或视频,都要通过编码后转换成比特。

1949年,信息论创始人、贝尔实验室的数学家香农与韦弗一起提出了传播的数学模式,如图1-1所示。一个完整的信息传播过程应包括信息来源(Source)、编码器(Encoder)、信息(Message)、通道(Channel)、解码器(Decoder)和接收器(Receiver)。其中,"通道"就是香农对媒介的定义,包括铜线、同轴电缆等。

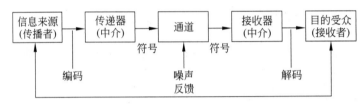

图1-1　香农-韦弗传播过程模式

数字媒体系统完全遵循信息论的通信模式。从通信技术上看,它主要由计算机和网络构成,如图1-2所示。它在传播应用方面比传统的大众传播更有独特的优势。在数字媒体传播模式中,信源和信宿都是计算机。因此,信源与信宿的位置是可以随时互换的。这与传统的大众传播如报纸、广播电视等相比,发生了深刻的变化。

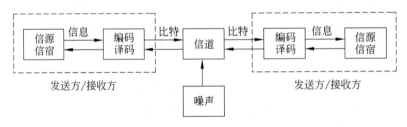

图1-2　数字媒体传播模式

图1-2描述的是两点之间的传播过程。数字媒体传播的理想信道是具有足够带宽、可以传输比特流的高速网络信道,网络可能由电话线、光缆或卫星通信构成,数字媒体可以在网络上进行多点之间的传播,如图1-3所示。

范德比尔大学的两位工商管理教授霍夫曼(Donna L. Hoffman)与纳瓦克(Thomas P. Novak)提出了超媒体的概念。霍夫曼认为以计算机为媒介的超媒体传播方式延伸成多人的互动沟通模式;传播者F(Firm)与消费者C(Consumer)之间的信息传递是双向互动、非线性、多途径的过程,如图1-4所示。超媒体整合全球互联网环境平台的电子媒体,包括存取该网络所需的各项软硬件。此媒体可达到个人或企业二者彼此以互动方式存取媒体内容,并通过媒体进行沟通。超媒体传播理论是学者们第一次从传播学的角度研究互联网等

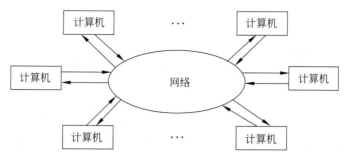

图 1-3　网络上的传播模式

新型媒介,得到了国际网络传播学研究者的重视。

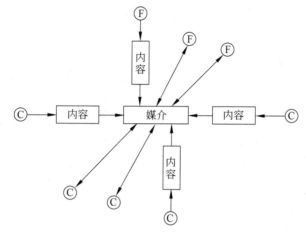

图 1-4　超媒体传播模式

1.2　数字媒体技术的内涵

1.2.1　多媒体技术

传统的媒体主要包括广播、电视、报纸、杂志等,随着计算机技术的发展,在传统媒体的基础上,逐渐衍生出新的媒体,如 IPTV、电子杂志等。计算机逐渐成为信息社会的核心技术,基于计算机的多媒体技术得到人们越来越多的关注和应用。

一般来说,多媒体被理解为多种媒体的综合,但并不是各种媒体的简单叠加,而是代表数字控制和数字媒体的汇合。多媒体技术是一种把文本、图像、图形、声音、视频、动画等多种信息类型综合在一起,并通过计算机进行综合处理和控制,能支持完成一系列交互式操作的信息技术。它主要具备以下 4 个特点。

1) 多样性

主要体现在信息采集或生成、传输、存储、处理和显现的过程中,要涉及多种感觉媒体、表示媒体、显示媒体、存储媒体和传输媒体,或者多个信源、信宿的交互作用。

2) 集成性

多媒体技术是多种媒体的有机集成,集文字、图像、图形、音频、视频等多种媒体信息及设备于一体。

3）交互性

真正意义上的多媒体是具有与用户之间的交互作用，即可以做到人机对话，用户可以对信息进行选择和控制。

4）实时性

在多媒体系统中的多种媒体之间，无论在时间上还是空间上都存在紧密的联系，是具有同步性和协调性的群体。

1.2.2 数字媒体艺术

数字媒体艺术是随着 20 世纪末数字技术与艺术设计相结合的趋势而形成的一个跨自然科学、社会科学和人文科学的综合性学科，集中体现了"科学、艺术和人文"的理念。该领域目前属于交叉学科领域，涉及造型艺术、艺术设计、交互设计、数字图像处理技术、计算机语言、计算机图形学、信息与通信技术等方面的知识。这一术语中的数字反映其科技基础，媒体强调其立足于传媒行业，艺术则明确其所针对的是艺术作品创作和数字产品的艺术设计等应用领域。

作为一个新的交叉学科和艺术创新领域，一般是指以"数字"作为媒介素材，通过运用数字技术来进行创作，具有一定独立审美价值的艺术形式或艺术过程，是一种在创作、承载、传播、鉴赏与批评等艺术行为方式上推陈出新、颠覆传统艺术的创作手段、承载媒介和传播途径，进而在艺术审美的感觉、体验和思维等方面产生深刻变革的新型艺术形态。数字媒体艺术是一种真正的技术类艺术，是建立在技术的基础上并以技术为核心的新艺术，以具有交互性和使用网络媒体为基本特征。

数字媒体艺术融合多种学科元素，并且技术与艺术的融合，使得技术与艺术间的边界逐渐消失，在数字艺术作品中技术的成分变得越来越重要，其主要特征表现如下。

1）数字化的创作和表达方式

数字媒体艺术的创作工具或展示手段都离不开计算机技术。计算机软件是数字媒体艺术的创作工具，而计算机硬件和投影设备则是数字媒体艺术的展示手段。

2）多感官的信息传播途径

数字媒体艺术的多感官传播途径不是机械地掺和人体感受，而是在融合中保留各个感官的差异性，并力图实现多种感受的同一性和多元化的审美原则。

3）数字媒体艺术的交互性和偶发性

数字媒体艺术因其交互特征具有偶发性，这种不确定的方式不仅改变了以往静态作品一成不变的局面，增强了艺术的多样性，而且对界面上的交流与沟通给予了更多的关注。互动特征给予观众更多的自由和权利，也给人们带来切身的艺术体验和情感的满足。

4）数字媒体艺术的沉浸特征和超越时空性

沉浸感是与交互性同等地位的数字媒体艺术特征，它使人们在欣赏数字媒体艺术时不受时间和空间的限制。在数字媒体艺术中，用虚拟的内容替代实像，依然能够使人们有身临其境的真实感受。数字化的虚拟现实技术拓宽了艺术家的视野，使艺术的创作范围更为广泛，甚至可以超越时间或空间的限制进行创作。

5）新媒体艺术的创作走向大众化

传统的艺术家需要有扎实的艺术功底和与众不同的创作风格，但是新媒体艺术的产生使艺术创作日益走向大众化。以摄影艺术为例，传统暗房技术的掌握需要经过长期训练并要求对光的运用有很好的把握，修片工作需要艺术家对前期拍摄的底片进行二次创作，这是一种具有独创性的创作方式，但随着数码摄影技术的成熟，以及数码相机的普及，摄影艺术开始在大众范围内广泛传播。Photoshop 软件通过其预置模式，能够轻松实现传统暗房的效果，摄影艺术变得不再神秘。数字媒体艺术成为大众化的艺术形式使得非专业人士也可以参与艺术创作，艺术不再是少数人的舞台。

6）数字媒体技术的重要性凸显

艺术的实现往往需要技术作为支撑，但是在传统艺术强大的感染力下，技术成了不被重视的一部分。随着科学的发展以及数字媒体艺术的诞生，两者的关系开始变得愈发密切。因此，艺术对技术的依赖性变得愈发明显，技术成为完成一件艺术作品必不可少的部分。

1.2.3　数字媒体技术

数字媒体技术是一项应用广泛的综合技术，主要研究文字、图像、图形、音频、视频以及动画等数字媒体的捕获、加工、存储、传递、再现及其相关技术，具有高增值、强辐射、低消耗、广就业、软渗透的属性。基于信息可视化理论的可视媒体技术还是许多重大应用需求的关键，如在军事模拟仿真与决策等形式的数字媒体（技术）产业中有强大需求。数字媒体涉及的技术范围很广，技术很新，研究内容很深，是多种学科和多种技术交叉的领域。其主要技术范畴包括以下几方面。

（1）数字声音处理。包括音频及其传统技术（记录、编辑技术）、音频的数字化技术（采样、量化、编码）、数字音频的编辑技术、语音编码技术（如 PCM、DA、ADM）。数字音频技术可应用于个人娱乐、专业制作和数字广播等。

（2）数字图像处理。包括数字图像的计算机表示方法（位图、矢量图等）、数字图像的获取技术、图像的编辑与创意设计。常用的图像处理软件有 Photoshop 等。数字图像处理技术可应用于家庭娱乐、数字排版、工业设计、企业徽标设计、漫画创作、动画原形设计和数字绘画创作。

（3）数字视频处理。包括数字视频及其基本编辑技术和后期特效处理技术。常用的视频处理软件有 Premiere 等。数字视频处理技术可应用于个人、家庭影像记录、电视节目制作和网络新闻。

（4）数字动画设计。包括动画的基本原理、动画设计基础（包括构思、剧本、情节链图片、模板与角色、背景、配乐）、数字二维动画技术、数字三维动画技术、数字动画的设计与创意。常用的动画设计软件有 3ds Max、Flash 等。数字动画可应用于少儿电视节目制作、动画电影制作、电视节目后期特效包装、建筑和装潢设计、工业计算机辅助设计、教学课件制作等。

（5）数字游戏设计。包括游戏设计相关软件技术（DirectX、OpenGL、Director 等）、游戏设计与创意。

（6）数字媒体压缩。包括数字媒体压缩技术及分类、通用的数据压缩技术（行程编码、字典编码、熵编码等）、数字媒体压缩标准，如用于声音的 MP3 和 MP4，用于图像的 JPEG，用于运动图像的 MPEG。

（7）数字媒体存储。包括内存储器、外存储器和光盘存储器等。

（8）数字媒体管理与保护。包括数字媒体的数据管理、媒体存储模型及应用、数字媒体版权保护概念与框架、数字版权保护技术，如加密技术、数字水印技术和权利描述语言等。

（9）数字媒体传输技术。包括流媒体传输技术、P2P 技术、IPTV 技术等。

1.3 数字媒体关键技术

以计算机技术、网络技术与文化产业相融合而产生的数字媒体产业，即文化创意产业，正在世界范围内快速成长。数字媒体产业的迅猛发展，得益于数字媒体技术不断突破产生的引领和支撑。数字媒体技术是数字媒体产业的发动机，它融合了数字信息处理技术、计算机技术、数字通信和网络技术等的交叉学科和技术领域。同时，数字媒体技术是通过现代计算和通信手段，综合处理文字、图像、图形、音频和视频等信息，使这些抽象的信息转化成为可感知、可管理和可交互的一种技术。

数字媒体技术主要研究数字媒体信息的获取、处理、存储、传播、管理、安全、输出等理论、方法、技术与系统，它是包括计算机技术、通信技术和信息处理技术等各类信息技术的综合应用技术，其所涉及的关键技术及内容主要包括数字媒体信息的获取与输出技术、数字媒体信息存储技术、数字媒体信息处理技术、数字媒体传播技术、数字媒体数据库技术、信息检索技术与信息安全技术等。另外，数字媒体技术还包括在这些关键技术基础上综合的技术，例如，基于数字传输技术和数字压缩处理技术的广泛应用于数字媒体网络传播的流媒体技术、基于计算机图形技术的广泛应用于数字娱乐产业的计算机动画技术，以及基于人机交互、计算机图形和显示等技术且广泛应用于娱乐、广播、展示与教育等领域的虚拟现实技术等。

1. 数字媒体信息获取与输出技术

数字媒体信息的获取是数字媒体信息处理的基础，其关键技术主要包括声音和图像等信息获取技术、人机交互技术等，其技术基础是现代传感技术。目前，传感技术发展的趋势是应用微电子技术、超高精密加工以及超导、光导与粉末等新材料，使新型传感器具有集成化、多功能化和智能化的特点。

数字媒体信息输入与获取的设备主要包括键盘、鼠标、光笔、跟踪球、触摸屏、语音输入和手写输入等输入与交互设备，以及适用于数字媒体不同内容与应用的其他输入和获取设备，如适用于图形绘制与输入的数字化仪，用于图像信息获取的数字相机、数字摄像机、扫描仪、视频采集系统等，用于语音和音频输入与合成的声音系统，以及用于运动数据采集与交互的数据手套、运动捕捉衣等。

数字媒体信息的输出技术是将数字信息转化为人们可感知的信息，其主要目的是为人们提供更丰富、人性化和交互的数字媒体内容界面。主要的技术包括显示技术、硬拷贝技术、声音系统，以及用于虚拟现实技术的三维显示技术等，且各种数字存储媒介也是数字媒体内容输出的载体，如光盘和各类数字出版物等。显示技术是发展最快的领域之一，平板高清显示器已经成为一种趋势和主流。三维显示技术也得到长足的进步，取得了突破性进展，目前最新的数据显示技术已经能够实现真三维的立体显示。

由于数字媒体最显著的特点是交互性，很多技术与设备都融合了信息的输入与输出技术,例如数据手套、运动捕捉衣和显示头盔,既是运动数据与指令的输入设备,又是感知反馈的输出设备。

2. 数字媒体存储技术

由于数字媒体信息的数据量一般都非常大,并且具有并发性和实时性,它对计算速度、性能以及数据存储的要求非常高,因此,数字媒体存储技术要考虑存储介质和存储策略等问题。数字媒体存储技术对存储容量、传输速度等性能指标的高标准和高要求,促进了数字媒体存储媒介以及相关控制技术、接口标准、机械结构等方面的技术飞速发展,高存储容量和高速的存储新产品也不断涌现,并得到广泛的应用,进一步促进了数字媒体技术及其应用的发展。

目前,在数字媒体领域中占主流地位的存储技术主要是磁存储技术、光存储技术和半导体存储技术。

磁存储技术应用历史较长,非常成熟,由于其记录性能优异、应用灵活、价格低廉,在技术上具有相当大的发展潜力,其存储容量和存取速度也越来越高,仍将是数字媒体存储技术中不可替代的存储媒介。目前,应用于数字媒体的磁存储技术主要有硬盘和硬盘阵列等。特别是移动硬盘的出现,解决了磁盘的存储量、可靠性、读写速度、携带方便等因素的矛盾,移动硬盘是数字媒体的理想存储介质。

光存储技术以其标准化、容量大、寿命长、工作稳定可靠、体积小、单位价格低及应用多样化等特点成为数字媒体信息的重要载体。蓝光存储技术的出现,使得光存储的容量成倍提高,在用作高清晰数字音像记录设备和计算机外存储器等方面具有广阔的应用前景。

半导体存储技术的应用领域非常广泛,种类繁多。目前,在数字媒体(特别是移动数字媒体)中,普遍使用的半导体存储技术是闪存技术及其可移动闪存卡,其发展的趋势是存储器体积越来越小,而存储容量越来越大。

3. 数字媒体信息处理技术

数字媒体信息处理是数字媒体应用的关键,主要包括模拟信息的数字化、高效的压缩编码技术,以及数字信息的特征提取、分类与识别等技术。在数字媒体中,最具代表性和复杂性的是声音与图像信息,相关的数字媒体信息处理技术的研发也是以数字音频处理技术和数字图像处理技术为主体。

数字音频处理技术首先是对模拟声音信号的数字化,通过取样、量化和编码将模拟信号转化为数字信号。由于数字化后未经压缩的音频信号数据量非常大,因此需要根据音频信号的特性,主要是利用声音的时域冗余、频域冗余和听觉冗余对其数据进行压缩。数字音频压缩编码技术主要包括基于音频数据的统计特性的编码技术、基于音频的声学参数的编码技术和基于人的听觉特性的编码技术。典型的基于音频数据的统计特性的编码技术有波形编码技术等;典型的基于人的听觉特性的编码技术有感知编码技术等,例如以 MPEG 和 Dolby AC-3 为代表的标准商用系统,其中广为应用的 MP3 文件是用 MPEG 标准对声音数据的三层压缩。

对于视觉信息则需要采用数字图像处理技术。与数字音频处理技术一样,自然界模拟的视觉信息也是通过取样、量化和编码转换成数字信号的。这些原始图像数据也需要进行高效的压缩,主要是利用其空间冗余、时间冗余、结构冗余、知识冗余和视觉冗余实现数据的压缩。目前,图像压缩编码方法大致可分为三类:一是基于图像数据统计特征的压缩方法,主要有统计编码、预测编码、变换编码、矢量量化编码、小波编码和神经网络编码等;二是基于人眼视觉特性的压缩方法,主要是采用基于方向滤波的图像编码、基于图像轮廓和纹理的编码等;三是基于图像内容特征的压缩方法,主要采用分形编码和模型编码等,也是新一代高效图像压缩方法的发展趋势。

数字媒体编码技术发展的另一个重要方向就是综合现有的编码技术,制定统一的国际标准,使数字媒体信息系统具有普遍的可操作性和兼容性。数字语音处理技术是数字音频处理技术的一个重要的研究与应用领域,其主要包括语音合成、语音增加和语音识别技术。同样,图像识别技术也是数字媒体系统中广泛应用的技术,特别是汉字识别技术和人类生理特征识别技术等。

4. 数字媒体传播技术

数字媒体传播技术为数字媒体传播与信息交流提供了高速、高效的网络平台,也是数字媒体所具备的最显著的特征。数字媒体传播技术全面应用和综合了现代通信技术和计算机网络技术,"无所不在"的网络环境是其最终目标,人们将不会意识到网络的存在,而能随时随地通过任何终端设备上网,并享受到各项数字媒体内容服务。

数字媒体传播技术主要包括两个方面:一是数字传输技术,主要是各类调制技术、差错控制技术、数字复用技术和多址技术等;二是网络技术,主要是公共通信网技术、计算机网络技术以及接入网技术等。具有代表性的现有通信网包括公众电话交换网(PSTN)、分组交换远程网(Packet Switch)、以太网(Ethernet)、光纤分布式数据接口(FDDI)、综合业务数字网(ISDN)、宽带综合业务数字网(B-ISDN)、异步传输模式(ATM)、同步数字体系(SDH)、无线和移动通信网等。另两大类网络是广播电视网和计算机网络。众多的信息传递方式和网络在数字媒体传播网络内将合为一体。

IP 技术的广泛应用是数字媒体传播技术的发展趋势。IP 技术是综合业务的最佳方案,能把计算机网络、广播电视网和电信网融合为统一的宽带数据网或互联网。

NGN 是下一代网络技术的代表,其基于分组的网络,利用多种宽带能力和 QoS (Quality of Service,服务质量)保证的传送技术,支持通用移动性,其业务相关功能与其传送技术相互独立。NGN(Next Generation Network,下一代网络)是以软交换为核心,能够提供话音、视频、数据等数字媒体综合业务,采用开放、标准体系结构,能够提供丰富业务的网络。支撑 NGN 的关键技术主要是 IPv6、光纤高速传输、光交换与智能光网、宽带接入、城域网、软交换、3G 和后 3G 移动通信系统、IP 终端、网络安全等技术。

5. 数字媒体数据库技术、信息检索技术与信息安全技术

数字媒体数据库技术、信息检索技术与信息安全技术是对数字媒体信息进行高效管理、存取、查询,以及确保信息安全性的关键技术。

数字媒体数据库是数字媒体技术与数据库技术相结合产生的一种新型的数据库。目前研究的途径主要有:一是在现在数据库管理系统的基础上增加接口,以满足数字媒体应用的需求;二是建立基于一种或多种应用的专用的数字媒体数据库;三是研究数据模型,建立通用的数字媒体数据库管理系统。第三种途径是研究和发展的主流与趋势,但难度很大。

数字媒体信息资源的检索技术趋势是基于内容检索技术。基于内容的检索突破了传统

的基于文本检索技术的局限,直接对图像、视频、音频内容进行分析,抽取特征和语义,利用这些内容特征建立索引并进行检索。其基础技术包括图像处理、模式识别、计算机视觉和图像理解技术,是多种技术的合成。目前,基于内容检索的技术主要有基于内容的图像检索技术、基于内容的视频检索技术以及基于内容的音频检索技术等。

基于高层语义信息的图像检索是最具利用价值的图像语义检索方式,开始成为众多研究者关注的热点。计算机视觉、数字图像处理和模式识别技术,包括心理学、生物视觉模型等科学技术的新发展和综合运用,将推动图像检索和图像理解获得突破性进展。

数字媒体信息安全主要应用的技术是数字版权管理技术和数字信息保护技术。数字媒体信息安全的主要目的在于传输信息安全、知识产权保护和认证等。数字水印技术是目前信息安全技术领域的一个新方向,是一种有效的数字产品版权保护和认证来源及完整性的新型技术。数字水印技术是一个新兴的研究领域,还有许多未触及的研究课题,现有技术也需要改进和提高。

6. 计算机图形与动画技术

图形是一种重要的信息表达与传递方式,因此,计算机图形技术几乎在所有的数字媒体内容及系统中都得到了非常广泛的应用。计算机图形技术是利用计算机生成和处理图形的技术,主要包括图形输入技术、图形建模技术、图形处理与输出技术。

图形输入技术主要是将表示对象的图形输入到计算机中,并实现用户对物体及其图像内容、结构及呈现形式的控制,其关键技术是人机接口。图形用户界面是目前最普遍的用户图形输入方式,手绘/笔迹输入、多通道用户界面和基于图像的绘制正成为图形输入的新方式。图形建模技术是用计算机表示和存储图形的对象建模技术。线条、曲面、实体和特征等造型是目前最常用的技术,主要用于欧氏几何方法描述的形状建模。对于不规则对象的造型则需要非流形造型、分形造型、纹理映射、粒子系统和基于物理造型等技术。图形处理与输出技术是在显示设备上显示图形,主要包括图元扫描和填充等生成处理、图形变换、投影和裁剪等操作处理及线面消隐、光照等效果处理,以及改善图形显示质量的反走样处理等。

计算机能够生成非常复杂的图形,即进行图形绘制。根据计算机绘制图形的特点,计算机图形技术可以分为真实感图形绘制技术和非真实感(风格化)图形绘制技术。真实感图形绘制的目的是使绘制出来的物体形象尽可能地接近真实,看上去要与真实感照片几乎没有任何区别。非真实感图形绘制技术是指利用计算机来生成不具有照片般真实而具有手绘风格的图形技术。

计算机动画技术是以计算机图形技术为基础,综合运用艺术、数学、物理学、生命科学及人工智能等学科和领域的知识来研究客观存在或高度抽象的物体的运动表现形式。计算机动画经历了从二维到三维,从线框图到真实感图像,从逐帧动画到实时动画的过程。计算机动画技术主要包括关键帧动画、变形物体动画、过程动画、关节动画与人体动画、基于物理模型的动画等技术。目前,计算机动画的主要研究方向包括复杂物体造型技术、隐式曲面造型与动画、表演动画、三维变形和人工智能动画等。

7. 人机交互技术

信息技术的高速发展对人类生产、生活带来了广泛而深刻的影响。作为信息技术的一个重要组成部分,人机交互技术已经引起许多国家的高度重视,成为 21 世纪信息领域亟待解决的重大课题。人机交互技术研究内容十分广泛,涵盖了建模、设计、评估等理论和方法以及在 Web 界面设计、移动界面设计等方面的应用研究与开发。

人机交互(Human-Computer Interaction,HCI)是指关于设计、评价和实现供人们使用的交互式计算机系统,且围绕这些方面的主要现象进行研究的科学。它主要是指用户与计算机系统之间的通信,即信息交换。这种信息交换的形式可采用各种方式出现,如键盘上的击键、鼠标的移动、显示屏幕上的符号或图形等,也可以用声音、姿势或身体的动作等方式。

人机交互技术与认知心理学、人机工程学、多媒体技术和虚拟现实技术密切相关,主要是研究人与计算机之间的信息交换。它主要包括人到计算机和计算机到人的信息交换两部分。对于前者,人们可以借助键盘、鼠标、操纵杆、数据服装、眼动跟踪器、位置跟踪器、数据手套、压力笔和麦克等设备,用手、脚、声音、姿势或身体的动作、眼睛甚至脑电波等向计算机传递信息;对于后者,计算机通过打印机、绘图仪、显示器、头盔式显示器(HMD)、音箱等输出或显示设备给人们提供信息。

8. 虚拟现实技术

虚拟现实技术是直接来自于应用的涉及许多相关学科的新的实用技术,是集计算机图形学、图像处理与模式识别、智能接口技术、人工智能、传感与测量技术、语音处理与音响技术、网络技术等为一体的综合集成技术,对计算机科学和数字媒体技术的发展具有重要的作用。

虚拟现实技术主要的研究内容与关键技术包括动态虚拟环境建模技术、实时三维图形生成技术、立体显示和传感器技术、应用系统开发工具和系统集成技术等方面。

动态虚拟环境的建立是虚拟现实技术的核心,其目的是获取实际环境的三维数据,并根据应用的需要建立相应的虚拟环境模型。目前的建模方法主要有几何方法、分形方法、基于物理的造型、基于图像的绘制和混合建模技术,而基于图像的绘制技术是未来的发展方向。

三维图形生成技术已经较为成熟,关键是实现实时生成。应在不降低图形质量和复杂程度的前提下,尽可能提高刷新频率。虚拟现实技术的交互能力依赖于立体显示和传感器技术的发展,如大视场双眼体视显示技术、头部六自由度运动跟踪技术、手势识别技术、立体声输入输出技术、语音的合成与识别技术,以及触摸反馈和力量反馈技术等。虚拟现实技术应用的关键是寻找合适的场合和对象,必须研究虚拟现实的应用系统开发工具,例如虚拟现实系统开发平台、分布式虚拟现实技术等。系统集成技术包括信息的同步技术、模型的标定技术、数据转换技术、数据管理模型、识别与合成技术等。

虚拟现实技术作为一种新技术,它将在很大程度上改变人们的思维方式,甚至会改变人们对世界、自身、空间和时间的看法。提高虚拟现实系统的交互性、逼真感和沉浸感是其关键所在。在新型传感和感知机理、几何与物理建模新方法、高性能计算,特别是图形图像处理以及人工智能、心理学、社会学等方面都有许多挑战性的问题有待解决。同时,解决因虚实结合而引起的生理和心理问题是建立和谐的人机环境的最后难点。例如,在以往的飞行模拟器中就存在一个长期未解决的现象,即模拟器晕眩症。

虚拟现实技术是当今多媒体技术研究中的热点技术之一。它综合计算机图形学、人机交互技术、传感技术、人工智能等领域的最新成果,用于生成一个具有逼真的三维视觉、听觉、触觉及嗅觉的模拟现实环境。它是由计算机硬件、软件以及各种传感器所构成的三维信息的人工环境,即虚拟环境,是可实现和不可实现的物理上、功能上的事物和环境,用户投入这种环境中,就可与之交互作用。例如,美国在训练航天飞行员时,总是让他们进入到一个特定的环境中,在那里完全模拟太空的情况,让飞行员接触太空环境的各种声音、景象,以便能够在遇到实际情况时做出正确的判断。沉浸(Immersion)、交互(Interaction)和构想(Imagination)是虚拟现实的基本特征。虚拟现实在娱乐、医疗、工程和建筑、教育和培训、军事模拟、科学和金融可视化等方面获得了应用,有很大的发展空间。

1.4　数字媒体技术的应用

1.4.1　数字媒体技术应用领域

数字媒体有着广泛的应用和开发领域,包括教育培训、电子商务、信息发布、游戏娱乐、电子出版和创意设计等。

在教育培训方面,可以开发远程教育系统、网络多媒体资源、制作数字电视节目等。数字媒体因能够实现图文并茂、人机交互、反馈,从而能有效地激发受众的学习兴趣。用户可以根据自己的特点和需要来有针对性地选择学习内容,主动参与。以互联网为基础的远程教学,极大地冲击着传统的教育模式,把集中式教育发展成为使用计算机的分布式教学。学生可以不受地域限制,接受远程教师的多媒体交互指导。因此,教学突破了时空的限制,并且能够及时交流信息,共享资源。

在电子商务领域,开发网上电子商城,实现网上交易。网络为商家提供了推销自己的机会。通过网络电子广告、电子商务网站,商家能将商品信息迅速传递给顾客,顾客可以订购自己喜爱的商品。目前,国际上比较流行的电子商务网站有网上拍卖电子湾(eBay)、亚马逊(Amazon),国内的电子商务网站有卓越网、阿里巴巴和淘宝网等。

在信息发布方面,组织机构或个人都可以成为信息发布的主体。各公司、企业、学校及政府部门都可以建立自己的信息网站,通过媒体资料展示自我和提供信息。超文本链接使大范围发布信息成为可能。讨论区、BBS可以让任何人发布信息,实时交流。另外,博客、播客等形式提供了展示自我和发布个人信息的舞台。

在游戏娱乐方面,开发娱乐网站,利用IPTV、数字游戏、影视点播、移动流媒体等为人们提供娱乐。随着数据压缩技术的改进,数字电影从低质量的VCD上升为高质量的DVD。通过数字电视,不仅可以看电视、录像,实现视频点播,而且微机、互联网、联网电话、电子邮箱、计算机游戏、家居购物和理财都可以使用。另外,数码相机、数码摄像机及DVD的发展,也推动了数字电视的发展。计算机游戏已成为流行的娱乐方式,特别是网络在线游戏因其新颖、开放、交互性好和娱乐性强等特点,受到越来越多人的青睐。

在电子出版方面,开发多媒体教材,出版网上电子杂志、电子书籍等。实现编辑、制作、处理输出数字化,通过网上书店,实现发行的数字化。电子出版是数字媒体和信息高速公路应用的产物。我国新闻出版总署对电子出版物曾有以下界定:"电子出版物系指以数字代码方式将图、文、声、像等信息存储在磁、光、电介质上,通过计算机或类似设备阅读使用,并可复制发行的大众传播媒体。"目前,电子出版物基本上可以分为两大类:封装型的电子书刊和电子网络出版物。前者以光盘等为主要载体,后者以多媒体数据库和Internet为基础。

电子出版物的内容可以包括教育、学术研究、医疗资料、科技知识、文学参考、地理文物、百科全书、字典词典、检索目录和休闲娱乐等。目前,许多国内外报纸、杂志都有相应的网络电子版,如《中国青年报》(http://www.cyd.com.cn)等。

在创意设计方面,包括工业设计、企业徽标设计、漫画创作、动画原形设计、数字绘画创作和游戏设计等。创意设计是多媒体活泼性的重要来源,精彩的创意不仅使应用系统独具特色,也极大提高了系统的可用性和可视性。精彩的创意将为整个多媒体系统注入生命与色彩。多媒体应用程序之所以有巨大的诱惑力,主要是其丰富多彩的多种媒体的同步表现形式和直观灵活的交互功能。

1.4.2 数字媒体产业

随着计算机技术、网络技术和数字通信技术的飞速发展,信息数据的容量迅速增加,传统的广播、电视和电影技术正快速地向数字化方向发展,数字音频、数字视频、数字电影与日益普及的计算机动画、虚拟现实等构成了新一代的数字传播媒体——数字媒体,进而形成数字媒体产业。

由于数字媒体产业的发展在某种程度上体现了一个国家在信息服务、传统产业升级换代及前沿信息技术研究和集成创新方面的实力和产业水平,因此数字媒体在世界各地均得到政府的高度重视,各主要国家和地区纷纷制定支持数字媒体发展的相关政策和发展规划。美、日等国家都把大力推进数字媒体技术和产业作为经济持续发展的重要战略。

1. 数字媒体产业形态

互联网和数字技术的快速发展正在颠覆传统媒体,使得人们获取信息、浏览信息,以及对信息反馈的方式都在发生巨大的变化。数字媒体新趋势将在未来几年内成为不容忽视的重大经济驱动力,目前主要呈现出几大发展趋势。数字媒体产业价值链的延伸,是在 3C (Computer、Communication、Consumptive Electronics,计算机、通信、消费电子)融合基础上,传媒业、通信业和广电业相互渗透所形成的新的产业形态。

(1)内容创建。内容创建是数字媒体价值链过程中的第一个阶段。数字媒体对象的创建有多种手段,可以从非数字化的媒体对象中采集,如利用视频采集卡、音频采集卡、扫描仪等设备,可将电视信号、声音、图片等采集为数字媒体;可以从已有的数字媒体对象中截取,如应用视频编辑软件可以截取数字视频中的某些片段或数字声音中的某一部分;可以从某些数字媒体对象中分离,如将数字视频分解为静态的图片或单独的数字声音等。创建形式一般是在存储介质中的各种格式的媒体文件。

(2)内容管理。在数字媒体价值链中,数字媒体的内容管理是非常重要的一个阶段,包括存储管理、查询管理、目录和索引等。在这个阶段,数字媒体携带的信息需要被格式化地表示出来,它的使用也将在管理阶段被规范。目前,对数字媒体的管理大都是各个应用程序中根据应用的需要单独设计、单独完成的。

(3)内容发行。信息发布环节的主要作用是将信息送到用户端。例如,对数字媒体对象的买卖交易、在线销售等。和管理阶段一样,目前对数字媒体的发布也是每个应用程序单独设计、单独完成的。

(4)应用开发。应用开发是将内容展现给用户的应用,包括音乐点播服务、视频点播服务、游戏服务等。将制作出来的数字媒体内容,经过一定的资源整合和优化配置,形成新的应用提供能力,并与数字媒体的运营平台合作,共同向客户提供服务。

(5) 运营接入。运营接入是将数字媒体应用提供和传播给客户的运营平台和传输通道。采用一系列先进的网络技术手段,实施内容产品管理、带宽管理、网络使用的授权管理和安全认证服务等。

(6) 价值链集成。价值链集成是指面向客户销售和交易数字媒体时,存在着最后对价值链的集成环节,以提供给最终客户更高性价比、内涵丰富的各种服务集成产品,为整个价值链创造更多价值。价值链的集成包括商务集成和技术集成。

(7) 媒体应用。客户利用各种接收装置来获取数字媒体的内容,如PC、STB机顶盒、零售显示屏、无线网关、信息站和媒体网关等。数字媒体的最终使用者既是价值链的起点、价值链的归宿,也是价值链的源泉。

2. 数字媒体产业方向

数字媒体产业链漫长,数字媒体所涉及的技术包罗万象。"十一五"期间,在国家科技部高新司的指导下,国家863计划软硬件技术主题专家组组织相关力量,深入研究了数字媒体技术和产业化发展的概念、内涵、体系架构,广泛调研了数字媒体国内外技术产业发展现状与趋势,仔细分析了我国数字媒体技术产业化发展的瓶颈问题,提出了我国数字媒体技术"十一五"发展的战略、目标和方向,并将数字媒体产业划分为媒体内容制作、媒体内容存储、媒体内容传播、媒体内容利用(消费)和数字媒体技术支撑5个主要环节,并确定了包括6大类重点发展方向、AVS的编码标准、内容制作的国家标准、数字版权的控制与保护、内容的消费体验等措施在内的数字媒体发展战略,以形成具有自主知识产权的数字媒体产业体系。我国"十二五""十三五"期间高度重视互联网的重要作用,提出了新的发展战略和发展目标,数字媒体产业发展成为其中的重要内容。

数字媒体内容产业将内容制作技术及平台、音视频内容搜索技术、数字版权保护技术、数字媒体人机交互与终端技术、数字媒体资源管理平台与服务和数字媒体产品交易平台与服务6个方向定义为发展重点。其中,前4个属于技术与平台类,后2个属于技术与服务类。

(1) 内容制作技术及平台:应以高质量和高效率制作为导向,研究开发国际先进的数字媒体内容制作软件或功能插件。

(2) 音视频内容搜索技术:海量数字内容检索技术使数字内容能够得到有效的制作、管理与充分的利用。

(3) 数字版权保护技术:为了保障数字媒体产业的持续、健康发展,必须采取一套有效的数字版权保护机制。这是数字媒体服务产业发展的核心问题之一。

(4) 数字媒体人机交互与终端技术:如何将数字媒体用最好的体验手段展现给用户,是数字媒体产业最后能否得到市场接受的重要环节。

(5) 数字媒体资源管理平台与服务:对纷繁复杂的海量数字内容素材、音视频作品及最终产品,需要建立基于内容描述的资源集成、存储、管理、数字保护、高效的多媒体内容检索与信息复用机制等服务。

(6) 数字媒体产品交易平台与服务:在统一的数字媒体运营与监管标准和规范制约下,通过贯穿数字媒体产品制作、传播与消费全过程的版权受控形成自主创新的数字媒体交易与服务体系。

3. 数字媒体产业发展趋势

目前,数字媒体产业在世界范围内已经成为极具活力、具有巨大发展潜力的产业,世界主要国家及地区在数字媒体内容产业方面做了详细规划部署,并取得较大进展。欧盟早在 1996 年就提出"信息 2000 计划",以促进数字媒体内容和服务在教育、文化、信息等公共领域的发展。爱尔兰政府 2002 年制定《爱尔兰数字内容产业战略》;韩国文化观光部于 2001 年将内容产业定为国家策略发展的重点产业,目标是成为全球主要的数字内容生产国家。

我国"十五"期间在数字媒体产业方面已经取得了系列成果,已确定将数字媒体产业作为我国产业结构调整的重点产业予以扶持发展,并已进行了一系列的部署和安排。

国家广电总局将 2004 年确定为"数字发展年"和"产业发展年",明确指出数字化是广播影视发展的重要任务,是拓展各项业务的基础和前提,数字电视整体转换工作也轰轰烈烈地展开。

2005 年 5 月 13 日,国家科技部发布了《关于同意组建"国家数字媒体技术产业化基地"的批复》,正式同意在北京、上海、成都、长沙组建"国家数字媒体技术产业化基地"。

2005 年 10 月,青岛成为我国第一个数字电视整体转换城市,数字电视用户达到 70 万户。国家广电总局在数字媒体领域基础设施和受众规模上所达到的能力,已经为发展数字媒体产业奠定了良好的发展基础。

在国家科技部高新司的指导下,《2005 中国数字媒体技术发展白皮书》于 2005 年 12 月26 日正式发布。《2005 中国数字媒体技术发展白皮书》提出了我国数字媒体技术未来五年发展的战略、目标和方向。

2006 年 4 月 4 日,在上海"国家 863 数字媒体技术产业化基地"揭牌仪式上,国家科技部领导明确指出:在"十一五"期间,将进一步通过 863 计划和"现代服务业科技专项"加大对数字媒体技术及技术产业化的投入,把握数字媒体服务特性,通过关键技术、服务运营体系以及组织管理的创新,实现我国数字媒体技术从支撑到引领的跨越。

2009 年 7 月 22 日,我国第一部文化产业专项规划——《文化产业振兴规划》由国务院常务会议审议通过,并将加快数字内容、文化创意等文化产业作为工作的重点,标志着包括数字内容产业的文化产业已经上升为国家的战略性产业。

在 2008 年开始的国际金融危机爆发之时,传统行业举步维艰,而数字媒体产业的发展却逆势而上,保持着良好的发展态势。2008 年,我国数字媒体产业产值达 9000 亿元,2010年更是达到 15 000 亿元,年复合增长率超过 50%。随着数字、网络技术的应用和消费需求的扩大,文化产业不断升级,数字媒体产业规模迅速扩大。到 2016 年,包括数字媒体产业在内的文化产业规模达到 25 000 亿元,年增长率约为 25%。在数字媒体产业化、信息网络快速发展及下游行业市场强劲需求的推动下,我国数字媒体技术开发及应用服务行业保持快速增长态势。

国家高性能宽带信息网专项在"十五"期间从应用业务层次为 IPTV 类业务构建了完整的内容、传输、运营等平台和业务环境,在上海长宁区建设了包括 IPTV 在内的宽带业务示范区,进行了 20 000 户以上的运营试验,根据新的规划,在以后几年将用户数量增加到百万数量级。

1.5　数字媒体技术发展趋势

数字媒体产业是迅速发展起来的现代服务业,它以视频、音频和动画内容和信息服务为主体,研究数字内容处理的关键技术,实现数字内容的集成与分发,支持具有版权保护的、基于各类消费终端的多种消费模式,为公众提供综合、互动的数字内容服务。数字内容处理技术研究方向包括可伸缩编/解码、音视频编/转码、条目标注、内容聚合、虚拟现实和版权保护等多项技术。对于图像、音视频检索,需要经过计算机处理、分析和解释后才能得到它们的语义信息,这是当前数字媒体检索的研究方向。针对这个问题,人们提出了基于内容的数字媒体检索方法,利用数字媒体自身的特征信息来表示其所包含的内容信息,从而完成对数字媒体信息的检索。数字媒体内容的传输应适应多种网络,融合更多服务,满足各类要求。数字媒体具有数据量大、交互性强、需求广泛等特性,要求内容能及时、准确地传输。典型的传输技术研究涉及内容分发网络、数字电视信道、IPTV 网络,以及异构网络互通等。

1.5.1　数字媒体产业技术发展趋势

1. 高清晰度电视和数字电影

数字影视的发展趋势是高清晰度电视和数字电影。由于高清晰度电视和数字电影涉及的视频分辨率是普通标准清晰度电视的 6~12 倍,因此对节目编辑与制作设备要求极高,相应的设备成本也非常昂贵,其关键技术和系统也只有少数几家国外公司拥有,这成为我国发展数字高清晰度电视和数字电影内容产业的瓶颈之一。

影视节目制作一般包括三部分:一是三维动画制作及处理;二是后期合成与效果;三是非线性编辑。其中,三维动画制作及处理相对独立,依赖于计算机动画创作系统;合成系统和非线性编辑系统的界限并不是太明显,只不过侧重点有所不同。国外的 Discreet、Avid、苹果等公司在节目制作领域具有传统优势,比较有代表性的三维动画制作软件包括Softimage、Maya、3ds Max 等;后期合成软件包括 inferno、Flame、Shake、Combustion、After Effects 等;非线性编辑软件包括 Adobe Premiere、HD-DS、Final Cut Pro 等。由于软件水平的限制,国内公司在上述节目制作系统中的第一部分和第二部分的产品方面尚未涉足。自20 世纪 90 年代末开始,以在字幕机开发方面积累的经验为起点,一些国内公司逐渐进入并占领了非线性编辑和字幕机市场,并涌现出像中科大洋、成都索贝、奥维讯、新奥特等一批企业。但是,国内公司的工作仅仅局限于标清领域,对核心技术的拥有程度仍处于比较低的层次,上述公司开发的非线性编辑系统最核心的硬件板卡和 SDK 软件系统均由国外公司提供。

2. 计算机动画

国内外对计算机动画的研究集中在三维人物行为模拟、三维场景的敏捷建模、各种动画特效和变形手法的模拟、快速的运动获取和运动合成、艺术绘制技法的模拟等,并已经发行了很多较为成熟的二维和三维动画软件系统,包括 Flash、Maya、3ds Max、Animo 系统、Softimage 等。目前,在计算机动画研究方面的主要发展方向除了继续研究计算机动画的关键技术和算法外,在软件系统上,二维动画和三维动画技术出现了一体化的无缝集成趋势,并力图支持计算机动画全过程。

目前,我国在计算机动画系统方面的研发整体上还比较薄弱。一些公司、高校和科研机构在卡通动画制作的某些环节上做了一些工作,较有代表性的软件如北京大学与中央电视台联合研制的点睛卡通动画制作系统、迪生公司开发的网络线拍系统;但在三维计算机动画方面的研究工作,包括动画特效模拟、人脸表情动画、计算机辅助动画自动生成、运动捕捉和运动合成等,仍停留在学术研究阶段,现在还没有具有自主知识产权的高水平三维计算机动画制作软件问世。

3. 网络游戏

网络游戏作为数字内容的重要组成部分,近几年得到迅速发展,我国已经涌现出一大批游戏的创作、开发公司,它们已经开始从早期的对外加工、代理经营转入到自主开发。对于网络游戏的开发与研究,国内外集中在 3D 游戏引擎、游戏角色与场景的实时绘制、网络游戏的动态负载平衡、人工智能、网络协同与接口等方面,并已经开发出很多较为成熟的网络游戏引擎,如 EPIC 公司出品的 Unreal Ⅱ(“虚幻”引擎)、ID 公司的 Quake Ⅲ 引擎和 Monolith 公司的 LithTech 引擎等。目前,网络游戏技术除了继续朝着追求真实的效果外,主要朝着两个不同的方向发展:一是通过融入更多的叙事成分、角色扮演成分以及加强游戏的人工智能来提高游戏的可玩性;二是朝着大规模网络模式发展,进一步拓展到移动网和无线宽带网。

目前,游戏的开发工具及引擎严重依赖进口软件,而进口软件昂贵和缺乏灵活性制约了自主游戏软件的创作和开发。在游戏引擎技术方面,我国高校在 3D 建模、真实感绘制、角色动画、虚拟现实等方面已积累了丰富的研究经验,部分高校还开发完成了原型系统。国内一些公司也利用开放源码组织或者采用引擎改造的方法开发了一些原型系统,但目前这些原型系统尚停留在实验室阶段,市场上尚未出现自主知识产权的国产网络游戏集成开发环境。

4. 网络出版

网络出版又称为互联网出版,是指具有合法出版资格的出版机构,以互联网为载体和流通渠道,出版并销售数字出版物的行为。目前,基于数字版权管理(Digital Rights Management,DRM)的电子图书系统在国内外都有了长足的发展。NetLibrary、Overdrive、Libwise 以及 Microsoft 公司都是国外最著名的电子图书技术和服务提供商。这几家公司提供的电子图书都不约而同地采用了按“本”销售数字版权保护的方式。按“本”销售是电子图书产业界的一个趋势。

国内基于 DRM 的电子图书发展也非常迅速。与国际上电子图书的发展相比较,国内的基于 DRM 的电子图书的发展与国际基本同步。不过到目前为止,只有北大方正集团有限公司的方正 Apabi 电子图书 DRM 系统同时支持对个人和对图书馆都按“本”进行销售。国内有少数公司也在做电子图书,由于没有突现完整的数字版权保护技术,没有得到出版社的认可,并且相当多的图书都未经出版社等版权拥有者的认可,因此有很大的版权隐患,这样的公司会对正规的网络出版造成极大的危害,并造成无法挽回的损失。

经过几年的发展,国内外的网络出版领域虽然形成了一些成熟的技术与运营模式(如按“本”销售的数字版权保护模式等),但该领域的技术还需要不断发展和完善,包括以下几个方面。

1) 高质量电子图书制作的流程化和自动化

电子图书制作生产的流程化作业越来越成为一种趋势。电子图书制作的规范性越来越强,电子图书的制作不仅包括电子图书全文内容的制作,还包括电子图书元数据的著录、元数据描述等。此外,在电子图书制作过程中,需要通过版式理解,自动提取电子图书的元数据、目录等信息,提高制作的自动化程度。

2) 电子图书的多样化表现形式

纸质的图书无法以语音方式读出其中的内容,无法显示动态的影像,无法进行交互,而在电子图书中就没有这些限制。要进一步增强电子图书的表现形式,需要在文件格式、数据压缩,以及嵌入其他媒体技术、读者易用性操作等方面,进行深入的研究与开发。

3) 跨平台的阅读技术

现在,电子图书的阅读平台不再仅仅局限于个人计算机。随着各种便携移动设备的硬件性能不断提高,基于移动设备阅读高质量的电子图书应运而生,移动设备因便携性而拥有广大用户,这必将促进网络出版产业的发展。移动阅读设备包括电子书专用阅读器、PDA(掌上电脑)、智能手机等。

4) 数字版权保护

移动阅读设备的增多,使阅读终端的硬件特征与运行环境越来越复杂,例如,部分移动设备的硬件更换、有些设备不能上网、有些设备没有稳定的时钟等,DRM 系统需要针对这些变化,提高可用性和安全性。

5. 移动应用与 HTML5

以手机为主体的移动设备用户规模的不断增加,促进了移动应用技术的迅猛发展,各种移动应用层出不穷,已经成为数字媒体产业中发展最迅速的领域之一。移动应用逐渐渗透到人们生活、工作的各个领域,改变着信息时代的社会生活,给用户带来了方便和丰富的体验。移动应用已成为当今主流与数字媒体技术的发展趋势。

目前,移动操作系统主要包括 Android、iOS、Windows Phone、BlackBerry OS 等。应用软件相互独立,不同系统不能兼容,差异性大,造成多平台应用开发周期长,移植困难。而HTML5 技术使跨平台移动应用的开发成为可能,开发者利用 Web 网页技术实现一次开发、多平台应用,促进了移动互联网应用产业链的快速发展。以 HTML5 为代表的网络应用技术标准已经开始形成,其作为下一代互联网的标准,是构建以及呈现互联网内容的一种语言方式,被认为是互联网的核心技术之一。HTML5 组合 HTML、CSS、JavaScript 等技术,提供更多可以有效增强网络应用功能的标准集,减少浏览器对于插件的烦琐需求,以及丰富跨平台间网络应用的开发。HTML5 标准不仅涵盖 Web 的应用领域,甚至扩展到一般的原始应用程序。HTML5 提供了一个很好的跨平台的软件应用架构,可以设计符合桌面计算机、平板电脑、智能电视和智能手机的应用。

1.5.2 数字内容处理技术

数字内容处理技术包括音视频编/解码、版权保护、内容虚拟呈现等多项技术,实现了数字内容的集成与分发,支持具有版权保护的、基于各类消费终端的多种消费模式,为公众提供综合、互动的内容服务。

1. 可伸缩编/解码技术

为了适应传输网络异构、传输带宽波动、噪声信道、显示终端不同、服务需求并发和服务质量要求多样等问题,以"在无须考虑网络结构和接入设备的情况下灵活地使用或增值多媒体资源"为主要目标的可伸缩编/解码技术的研究应运而生。

从 2003 年起,国际 MPEG 组织的 SVC 小组开始致力于可伸缩视频编/解码技术的研究、评估以及相关标准的制定。2003 年 7 月,该小组对 9 个系统提案进行了专家级的主观测试比较,其中基于小波技术的系统提案就有 6 个,并且都实现了空间、时间及质量的完全可伸缩性,到 2006 年形成国际标准草案。此后,可伸缩视频编/解码体系的相关技术处于不断完善,推陈出新的创新时期。

2. 音视频编/解码技术

国际上音视频编/解码标准主要有两大系列: ISO/IEC JTC1 制定的 MPEG 系列标准; ITU 针对多媒体通信制定的 H.26x 系列视频编码标准和 G.7 系列音频编码标准。

MPEG-2 标准主要用于高清电视和 VCD/DVD 领域,促进了数字媒体业务的迅猛发展。此后,MPEG 制定了一系列多媒体视音频压缩编码、传输、框架标准,包括 MPEG-4、H.264/AVC(由 ITU 与 MPEG 联合发布)、MPEG-7、MPEG-21。以 MPEG-4、H.264/AVC 为代表的新一代编码处理技术,提供了更高的压缩效率,综合考虑互联网的带宽随机变化性、时延不确定性等因素,引入新的网络协议和技术,在 VOD 流媒体服务中有了飞跃发展,从而成为面向互联网多媒体业务应用的主流。

我国具有自主知识产权的 AVS 音视频编解码标准工作组所推出的视频技术,在 H.264/AVC 技术的基础上,形成简化复杂度和一定效率的算法工具集,目前在卫星直播和高清光盘应用中已进入试验阶段。

针对以上格式的解码技术,目前基本停留在学术研究阶段。全面、系统地实现 MPEG-2、MPEG-4、H.264/AVC 之间的解码还未进入实用阶段。研究用于音视频等主流数字媒体内容格式和编码的实用化的解码技术,为用户提供丰富多彩的节目源,并根据网络带宽变化和终端设备的处理能力提供最佳的视听服务,将促进数字媒体服务业的良性发展。

3. 内容条目技术

国际上,为了方便广电行业各个单位之间的媒体资产交换,SMPTE 制定了完善的元数据模式(编目标准),称为 DCMI(Dublin Core Metadata Initiative,都柏林核心元数据倡议)。元数据的分类和属性的标准化是非常重要的环节,英国电视广播公司 BBC 给自己的制作和后期制作步骤制定了一套元数据系统并命名为标准媒体交换格式(Standard Media Exchange Format,SMEF)。SMEF 元数据模型包含 142 个实体和 500 个属性用来描述实体。BBC 把 SMEF 方案提交给 EBU 组织,作为欧洲地区的广播技术标准。

我国的电视节目编目主要是以国家标准为参考(如《广播电视节目资料分类法》等),多种标准并存模式。有以内容性质、专业领域、节目体裁、节目组合方式为标准的分类,也有以传播对象的职业、年龄和性别特征为标准的分类。例如,以内容为标准,分为新闻类节目、社教类节目、文艺性节目和服务性节目;按照内容涉及的专业领域,分为经济节目、卫生节目、军事节目和体育节目;依节目体裁,分为消息、专题、访谈、晚会和竞赛节目等;根据节目组合形式,分为单一型节目、综合型节目、杂志型节目等;甚至以传播对象的社会特征为标准,可将节目简单地划分为少儿节目、妇女节目和老年人节目,或者工人节目、农民节目等。国家主管部门也研究了全国广播电视系统多家电台、电视台、音像资料馆现行的音像编目标准,同时借鉴了国内外目前通行的节目分类编目法,本着实用性、简单性、灵活性、可扩展性的原则,将 DC 元数据概念引入到对节目或素材的描述中,但由于兼容性等问题目前并没有得到广泛推广和应用。

随着数字媒体内容在网络环境中的广泛传播,各类不同类型、不同风格、不同粒度(素材/片段/样片/成品等)、不同格式的海量数字媒体内容冲击着传统的广电媒体传播途径,造成了媒体内容管理与检索的混乱与困境。研究基于精细粒度元数据表示的数字内容分类与编目索引体系,以适应各类不同类型的数字媒体内容的管理与检索,成为数字媒体内容管理的一项紧迫任务。

4. 内容聚合技术

内容聚合以 Web 2.0 的 RSS 为代表,Web 2.0 的 RSS 内容聚合技术的主要功能是订阅博客和新闻。各博客网站和新闻网站对站点上的每个新内容生成一个摘要,并以 RSS 文件(RSS Feed)的方式发布。用户需要搜集自己感兴趣的各种 RSS Feed,利用软件工具阅读这些 RSS Feed 中的内容。Web 2.0 的 RSS 内容聚合技术的缺点是功能有限,目前主要支持文本内容的聚合,对推送的信息没有进行语义关联,并且没有利用用户的个性对推送的信息进行过滤。

个性化服务系统追踪用户的兴趣与行为,利用用户描述文件来刻画用户的特征,通过信息过滤实现主动向用户推荐信息的目的。系统要求用户注册一部分基本信息,并且隐式地收集用户信息。系统允许用户自主修改用户描述文件中的部分信息,还通过分析以隐式方式收集的用户信息自适应地修改用户描述文件。根据学习的信息源,用户跟踪的方法可分为两种:显式跟踪和隐式跟踪。显式跟踪是指系统要求用户对推荐的资源进行反馈和评价,从而达到学习的目的;隐式跟踪不要求用户提供什么信息,跟踪由系统自动完成。隐式跟踪又可分为行为跟踪和日志挖掘。

数字内容的聚合是通过对各类数字媒体内容深层主题信息的检测、挖掘与标注,并利用各类媒体主题语义关联链接,形成丰富的多媒体内容综合摘要,通过用户行为分析与内容过滤为用户定制和推送所关注和感兴趣的与主题相关的丰富多彩的数字媒体内容信息服务,是未来数字网络互动娱乐服务社区的发展趋势。

目前,在文字、语音、视频内容识别与信息抽取、自动摘要等方面都有一些较为成熟的技术,但尚未完全形成数字内容聚合的概念。

5. 数字版权保护技术

媒体内容产业的数字化为内容盗版与侵权使用带来了便利,版权问题正成为制约数字媒体内容产业发展的瓶颈之一。盗版问题需要依靠技术、行业协定及国家法规协同解决,而数字媒体版权保护与管理技术在“内容创建-内容分发-内容消费”整个价值链中实现数字化管理,同时为行业协定及国家法规的实施提供技术保障。

数字权利管理共性技术包括数字对象标识、权利描述语言和内容及权利许可的格式封装,这是数字权利管理系统互操作性的基础。数字版权管理(DRM)技术已经发展到第二代。第一代 DRM 技术侧重于对内容加密,限制非法复制和传播,确保只有付费用户能够使用,第二代 DRM 技术在权限管理方面有了较大的拓展。除了加密、密钥管理以外,DRM 系统还可包括授权策略定义和管理、授权协议管理、风险管理等功能。

目前,国家音视频标准(AVS)的 DRM 工作组正结合 AVS 音视频编码格式制定版权保护的共性技术标准。数字权利管理涉及安全领域的基础性技术包括媒体加密技术和媒体水印技术,针对具体的媒体对象可进行相应优化。媒体水印技术虽然尚未成熟,但已经投入商用,用于提供媒体认证及增值服务,特别是 P2P 内容分发技术,国外新近推出的产品纷纷采用脆弱性水印技术、识别非授权媒体及追踪盗版。我国一些高校在媒体加密和水印方面有一定的研究基础并拥有技术商业化的能力。

6. 数字媒体隐藏技术

数字媒体资源是社会发展的重要战略资源之一。国际上围绕数字媒体资源的获取、使用和控制的竞争愈演愈烈,致使数字媒体安全问题成为世界性的问题。数字媒体资源是维护国家安全和社会稳定的一个焦点,以及亟待解决、影响国家大局和长远利益的重大关键问题。数字媒体安全主要包括数字媒体系统的安全和数字媒体内容的安全。由于密码加密方式存在容易被破解或密钥丢失等问题,数字媒体隐藏技术作为新兴的数字媒体安全技术受到越来越多的关注。

数字媒体隐藏是利用人类感觉器官的不敏感,以及多媒体数字信号本身存在的冗余,将秘密信息隐藏在一个宿主信号中,不被人的感知系统察觉或不被注意到,而且不影响宿主信号的感觉效果和使用价值。目前,数字媒体隐藏的研究和应用主要有隐写术(Steganography)和数字水印(Digital Watermarking)。

隐写术是隐蔽通信内容及其秘密通信存在事实的一门科学和技术。它与密码术分属于不同的学科,有着本质的区别:密码术是将信息的语义变为看不懂的乱码,攻击者得到乱码信息后,已经知道有秘密信息存在,只是不知道秘密信息的含义,没有密钥难以破译信息的内容;隐写术是将秘密信息本身的存在性隐藏起来,攻击者得到表面的掩护信息,但并不知道有秘密信息存在和秘密通信发生,因而降低了秘密信息被攻击和破译的可能性。

数字水印技术是将一些标识信息(即数字水印)直接嵌入数字载体当中或是通过修改特定区域的结构间接表示,且不影响原载体的使用价值,也不容易被探知和再次修改,但可以被生产方识别和辨认。通过这些隐藏在载体中的信息,可以达到确认内容创建者、购买者、传送隐秘信息或者判断载体是否被篡改等目的。数字水印是保护信息安全、实现防伪溯源、版权保护的有效办法,是信息隐藏技术研究领域的重要分支和研究方向。

数字水印与隐写术不同的是数字水印中的载体信息是被保护的信息,它可以是任何一种数字媒体,如数字图像、声音、视频或电子文档,数字水印一般需要具有较强的健壮性。隐写术中的载体只是掩护信息,其中隐藏的信息才是真正重要的信息。

7. 数字媒体取证技术

随着数字媒体技术的不断发展,功能强大的编辑、处理、合成软件随之出现,对数字媒体数据进行编辑、修改、合成等操作变得越来越简单,使得网络、电视、报纸、杂志等传播媒体上出现了大量具有真实感的计算机编辑、篡改、伪造或合成的多媒体数据。这些经过篡改、伪造的数据变得越来越逼真,以致在视觉和听觉上与真实的数据难以区分。一旦把这些伪造的数据用于司法取证、媒体报道、科学发现、金融、保险等方面,将对社会、经济、军事、政治、文化等造成非常严重的影响。数字媒体取证正是针对这些危害而提出的,主要用于对数字媒体数据的真实性、原始性、完整性和可靠性等进行验证,对维护社会的公平、公正、安全和稳定有着非常重要的战略意义。

根据取证方式数字媒体取证分为主动取证和被动取证。其中,主动取证包括数字媒体签名和水印技术,是利用数字媒体中的冗余信息随机地嵌入版权信息,通过判断签名和水印信息的完整性实现主动取证。被动取证是指在没有嵌入签名或水印的前提下,对数字媒体进行取证。尽管多数篡改、伪造的数字媒体不会引起人们听觉上的怀疑,但不可避免地会引起统计特征上的变化,数字媒体的被动取证是通过检测这些统计特性的变化来判断多媒体的真实性、原始性、完整性和可靠性。与主动取证相比,被动取证对数字媒体自身没有特殊要求,待取证、待检测的数字媒体往往未被事先嵌入签名或水印,也没有其他辅助信息可以利用,因此,被动取证是更具现实意义的取证方法,也是更具挑战的课题。数字媒体被动取证主要包括数字媒体篡改取证技术、数字媒体源识别技术和数字媒体隐写分析技术。

8. 基于生物特征的身份认证技术

在当今社会中,人们的日常工作与生活都离不开身份识别与认证技术,而数字媒体技术以及网络技术的高速发展更是要求个人的身份信息能够具备数字化和隐性化的特性。如何在网络化环境中安全、高效、可靠地辨识个人身份,是保护信息安全所必须解决的首要问题之一。传统的身份认证方式主要是使用身份标识物(如各类证件、智能卡等标识卡片)和使用身份标识信息(密码和用户名等信息)。身份标识物极易遭伪造或者丢失,身份标识信息也很容易遭泄露或者遗忘。这些问题的产生原因都可以归结于身份标识物或者标识信息都无法实现,以及使用者建立唯一关联性和不可分离性。而基于生物特征的身份认证技术,是利用人类固有的生理特征(如指纹、掌纹、人脸、虹膜、静脉等)和行为特征(如步态、签名、声音、击键等)来进行个人身份认证。与传统身份认证技术相比,生物特征具有唯一性、不可否认性、不易伪造、无须记忆、方便使用等优点。基于生物特征的身份认证在一定程度上解决了传统的身份认证中所出现的问题,并逐渐成为目前身份认证的主要手段。

9. 大数据技术

现在的社会是一个信息化和数字化的社会,互联网、物联网和云计算技术的迅猛发展,使得数据充斥着整个世界,与此同时,数据也成为一种新的自然资源,亟待人们对其加以合理、高效、充分地利用,使之能够给人们的生活、工作带来更大的效益和价值。随着数据的数量以指数形式递增,以及数据的结构越来越趋于复杂化,赋予了大数据不同于以往普通数据更加深层的内涵。

对于大数据的概念目前来说并没有一个明确的定义。维基百科将大数据定义为:所涉及的资料量规模巨大到无法透过目前主流软件工具,在合理时间内达到撷取、管理、处理,并整理成为帮助企业经营决策更积极目的的资讯。IDC将大数据定义为:为更经济地从高频率的、大容量的、不同结构和类型的数据中获取价值而设计的新一代架构和技术。人们对大数据存在一个普遍的共识,即大数据的关键是在种类繁多、数量庞大的数据中,快速获取信息。从数据到大数据,不仅仅是数量上的差别,更是数据质量的提升。传统意义上的数据处理方式包括数据挖掘、数据仓库和联机分析处理等;而在大数据时代,数据已经不仅仅是需要分析处理的内容,更重要的是人们需要借助专用的思想和手段从大量看似杂乱、繁复的数据中，收集、整理和分析数据足迹，以支撑社会生活的预测、规划和商业领域的决策支持等。

大数据处理的流程主要包含数据采集、数据处理与集成、数据分析、数据解释 4 个重要的步骤。大数据的关键技术有云计算、MapReduce、分布式文件系统、分布式并行数据库、大数据可视化和大数据挖掘。

1.5.3　基于内容的媒体检索技术

随着计算机技术及网络通信技术的发展，多媒体数据库的规模迅速扩大，文本、数字、图形、图像、音频和视频等各种海量的多媒体信息检索变得十分重要。图像检索和音视频检索需要经过计算机处理、分析和解释后才能得到它们的语义信息，这是当前多媒体检索正在努力的方向。针对这个问题，人们提出了基于内容的多媒体检索方法，利用多媒体自身的特征信息，如图像的颜色、纹理、形状，视频的镜头、场景等来表示多媒体所包含的内容信息，从而完成对多媒体信息的检索。

1. 数字媒体内容搜索技术

搜索引擎是目前最重要的网络信息检索工具，市场上已有许多相对成熟的搜索引擎产品。但是目前的搜索引擎普遍在用户界面、搜索效果、处理效率等几个方面存在不足，经常将信息量庞大与用户兴趣不相关的文档提交给用户。造成这种现象是由于用户所提交的关键词意义不够精确造成的，或者是由于搜索引擎对文档过滤的能力有限造成的。

近年来在搜索引擎研究和应用领域出现了很多新的研究思想和技术：P2P 搜索理念、信息检索 Agent、后控词表技术、数字媒体搜索引擎等。其中，数字媒体搜索引擎的目的是使用户能够像查询文字信息那样方便、快捷地对数字媒体信息进行搜索和查询，找出自己感兴趣的数字媒体内容进行播放和浏览。为了达到这个目标，必须把现有的多媒体信息重新进行组织，使之成为便于搜索、易于交互的数据。目前，根据数字媒体类型的不同，搜索引擎可分为图像搜索引擎、音视频搜索引擎、音频搜索引擎。对于每类搜索引擎而言，根据搜索方式的不同可分为文本方式和内容方式。基于内容的数字媒体搜索具有如下特点。

（1）从数字媒体内容中获取信息，直接对图像、视频、音频内容进行分析，抽取其特征和语义，利用这些内容建立特征索引，从而进行数字媒体搜索。

（2）基于内容的数字媒体搜索不是采用传统的点查询和范围查询，而是进行相似度匹配。

（3）基于内容的数字媒体搜索实质是对大型数据库的快速搜索。数字媒体数据库不仅数据量巨大，而且种类和数量繁多，所以必须能实现对大型库的快速搜索。

与较为成熟的文本内容搜索相比，数字媒体内容搜索目前仍处于技术发展和完善阶段，国际和国内都有一些实用的系统和引擎推出。在此基础上，多种检索方法融合的综合检索和基于深层语义信息关联的检索策略将是其发展方向。

2. 基于内容的图像检索

目前，基于内容的图像检索的研究主要集中在特征层次上，可在低层视觉特征和高层语义特征两个层次上进行。其中，基于低层视觉特征的图像检索是利用可以直接从图像中获得的客观视觉特征，通过数字图像处理和计算机视觉技术得到图像的内容特征，如颜色、纹理、形状等，进而判断图像之间的相似性；而图像检索的相似性则采用模式识别技术来实现特征的匹配,支持基于样例的检索、基于草图的检索或者随机浏览等多种检索方式。利用高层的语义信息进行图像检索是研究和发展的热点。

3. 基于内容的音频检索

所谓基于内容的音频检索,是指通过音频特征分析,对不同的音频数据赋予不同的语义,使具有相同语义的音频信息在听觉上保持相似。基于内容的音频检索是一个较新的研究方向。由于原始音频数据除了含有采样频率、编码方法、精度等有限的描述信息外,本身仅仅是一种非结构化的二进制流,缺乏内容语义的描述和结构化的组织,因此音频检索受到极大的限制。相对于日益成熟的基于内容的图像与视频检索,音频检索相对滞后,但它在新闻节目检索、远程教学、环境监测、卫生医疗、数字图书馆等很多领域中具有很大的应用价值,这些应用的需求推动着基于内容的音频检索技术的研究工作不断深入。由于基于内容的音频检索有着广泛的应用前景和市场前景,因此引起了国际标准化组织的关注。随着数字媒体内容描述的国际标准化,音频内容的描述也将随之标准化,音频内容描述及查询语言将成为研究的热点,基于内容的音频检索将朝着商业化方向迈进。

4. 基于内容的视频检索

近年来视频处理和检索领域的研究方向主要针对以下 3 个主要问题。

(1)视频分割:从时间上确定视频的结构,对视频进行不同层次的分割,如镜头分割、场景分割、新闻故事分割等。

(2)高层语义特征提取:对分割出的视频镜头,提取高层语义特征。这些高层语义特征用于刻画视频镜头以及建立视频镜头的索引。

(3)视频检索:在事先建立好的索引的基础上,在视频中检索满足用户需求的视频镜头。用户的需求通常由文字描述和样例(图像样例、视频样例、音频样例)组合构成。

对视频信息进行处理,首先需要将视频按照不同的层次分割成若干个独立的单元,这是对视频进行浏览和检索的基础。视频分割必须考虑视频之间在语义上的相似程度。已有的场景分割算法考虑了结合音频信息来寻找场景的边界。

早期的视频索引和检索主要是针对颜色、纹理、运动等一些底层的图像特征进行的,随着用户需求的不断升级和技术本身的发展,基于内容的视频索引和检索研究关注不同视频单元的高层语义特征,并用这些语义特征对视频单元建立索引。SofiaTsekeridou 通过语音获得说话人方面的信息,结合其他图像方面的特征,可以建立诸如语音、静音、人脸镜头、正在说话的人脸镜头等语义的索引。对于一些更加复杂的语义概念,可以定义一些模型来组合从不同信息源得到的信息。另外,也有很多方法利用从压缩域上得到的音频和图像特征进行索引和检索,以提高建立索引的速度。

在视频检索中可以利用的音频处理技术包括:用于查找特定人的说话人识别和聚类、用于查找特定人的说话人性别检测、语音文本检索和过滤、用于分析和匹配查询中的音频样例的音频相似度比较等。如果事先不对音频建立索引,也可以在检索的过程中直接利用音频特征比较检索样例与待检索视频之间的相似性,从而实现基于内容的视频检索。

1.5.4 数字媒体传输技术

1. 内容集成分发技术

数字媒体内容集成分发是随着数字媒体内容的发展而提出的。从技术发展上,数字媒体内容的发展趋势是适应多种网络,融合更多服务,满足各类要求。目前,在数字媒体内容集成分发领域,全球仍处于发展阶段,相关体系与标准尚未健全,世界各主要国家均根据自身的特点在关键技术的研究应用、产品与服务的体系建设方面进行研究。

CDN 通常被称为内容分发网络(Content Distribution Network),有时也称为内容传递网络(Content Delivery Network)。一方面,分发和传递可以看作是 CDN 的两个阶段,分发是内容从源分布到 CDN 边界节点的过程,传递是用户通过 CDN 获取内容的过程;另一方面,分发和传递可以看作是 CDN 的两种不同的实现方式,分发强调 CDN 作为透明的内容承载平台,传递强调 CDN 作为内容的提供和服务平台。

一个 CDN 网络通常由 3 部分构成:内容管理系统、内容路由系统和 Cache 节点网络。其中,内容管理系统主要负责整个 CDN 系统的管理,特别是内容管理,如内容的注入和发布、内容的分发、内容的审核、内容的服务等;内容路由系统负责将用户的请求调度到适当的设备上,内容路由通常通过负载均衡系统来实现;Cache 节点网络是 CDN 的业务提供点,是面向最终用户的内容提供设备。从功能平面的角度,这 3 部分分别构成了 CDN 的管理平面、控制平面和数据平面。此外,从完整的 CDN 内容提供的角度,CDN 网络还可以包括内容源和用户终端。

在宽带流媒体业务的驱动下,CDN 目前正处于高速发展的时期。但长期以来,CDN 缺乏统一的技术标准。这给 CDN 的大规模应用造成很大的障碍。近年来,CDN 的标准化工作得到了很大的重视,各个标准化组织都展开了相关的研究。但 CDN 的标准化工作还是落后于产品的研发,CDN 的标准化工作还有很长的路要走。

传统的内容分发平台建立在客户/服务器模式的基础上,系统伸缩性差,服务器常常成为系统的瓶颈,而最近兴起的 P2P 技术在充分利用计算资源、提高系统伸缩性等方面具有巨大的潜力。利用 P2P 数据共享机制,有助于改进 CDN 分发效率,基于 P2P 的内容分发平台的研究正在成为一个备受关注的问题。P2P 流媒体传输系统根据其源节点提供数据的形式可分为两种:单源的 P2P 流媒体传输和多源的 P2P 流媒体传输。P2P 流媒体的关键技术涉及媒体文件定位机制、QoS 控制机制和激励机制等。此外,CDN 目前存在的一个亟待解决的问题是安全问题,采用 SSL 协议在 CDN 节点之间传输数据是大势所趋,而对 CDN 而言,其所面临的最大挑战是提供安全的和具有高 QoS 保障的内容分发。

目前,CDN 技术已经比较成熟,市场上有许多厂商提供 CDN 设备和集成的解决方案。CDN 的运营商主要分为两类:一类是传统的网络运营商建设 CDN 并运营,如 AT&T、德国电信、中国电信和中国网通;另一类是纯粹的 CDN 运营商,如国外的 Akamai 和国内的 ChinaCache。

2. 数字电视信道传输技术

目前,美国、欧洲和日本各自形成 3 种不同的数字电视标准,分别为 ATSC、DVB、ISDB,从这 3 种数字电视标准的成员数量及分布情况看,DVB 标准的发展最快,普及范围最大。

3 种数字电视标准在信源编码方面都采用 MPEG-2 的标准,在信道方面则各具特色。

(1) ATSC 标准。地面数字电视广播,采用 Zenith 公司开发的 8VSB,此系统可通过 6MHz 的地面广播频道实现 19.3Mb/s 的传输速率,有线数字电视广播,采用高数据率的 16VSB,可在 6MHz 的有线信道中实现 38.6Mb/s 的传输速率。

（2）主要的 DVB 标准包括数字卫星广播标准 DVB-S、数字有线广播标准 DVB-C 和数字地面广播标准 DVB-T。DVB-S 标准采用 QPSK 调制方式，一个 54MHz 转发器传送速率可达 68Mb/s。标准公布之后，几乎所有的卫星直播数字电视均采用该标准，包括美国的 Echostar 等，我国也选用了 DVB-S 标准；DVB-C 标准以有线电视网作为传输介质，调制选用 16QAM、32QAM、64QAM 3 种方式，采用 64QAM 正交调幅调制时，8MHz 带宽可传送码率为 41.34Mb/s，2001 年我国国家广电总局已颁布的行业标准《有线数字电视广播信道编码和调制规范》等同于 DVB-C 标准；DVB-T 标准采用 COFDM（编码正交频分复用）调制，8MHz 带宽内能传送 4 套电视节目。

（3）ISDB（Integrated Service Digital Broadcasting，综合业务数字广播）是日本的 DIBEG（Digital Broadcasting Experts Group，数字广播专家组）制定的数字广播系统标准，它利用一种已经标准化的复用方案在一个普通的传输信道上发送各种不同种类的信号，同时已经复用的信号也可以通过各种不同的传输信道发送出去。ISDB 具有柔软性、扩展性、共通性等特点，可以灵活地集成和发送多节目的电视和其他数据业务。

3. 异构网络互通技术

我国目前以及未来的一段时间内，IPTV、数字电视、移动媒体 3 种网络将是并存的态势。如何充分利用好各部分的资源，实现有效的互通共用、资源共享，通过转码技术来做到这一点是当前研究中的一个热点和难点。

数字电视的一种技术方案是采用 MPEG-2，虽然技术相对较老，但其技术成熟、设备解决方案非常完整，节目素材也很多。另外，以应用到数字电视和高清电视为初衷的 AVS 也是数字电视的一个选择。数字电视以广播的方式传播。利用转码技术把质量较高的 MPEG-2/AVS 节目转码到 H.264/AVS/VC-I 形式，可以为 IPTV 和移动视频网络提供较高质量的节目源。

未来双向电视网改造基本完成之后，在数字电视网中开展点播业务也成为一种可能，因此 IPTV 与 DTV 之间实现双向互通成为一种可能。

在移动网络中传播视频采用的压缩技术标准包括 H.264、AVS。这些标准支持移动传输中包的封装，更加友好地面向网络传输。在移动多媒体应用中，网络的带宽和终端设备的计算能力、显示分辨率是限制移动应用的关键因素。如何保证用户在有限的带宽、移动设备能力的条件下获得更好的数字媒体服务是移动媒体内容提供商最为关注的问题，也是转码研究的一个重要方面。在解决了这方面的问题之后才有可能实现数字电视、IPTV 到移动多媒体的互联互通。此时，需要根据终端用户所需要的视频内容和网络资源占用情况，综合进行降帧率、降码率、降分辨率转码，使用户得到最大的视频欣赏效果。

针对异构网络、异类终端及不同传输需求问题，现有的数字媒体内容传播与消费过程中的共享与互通技术主要可分为以下两大类。

（1）兼容已有音视频压缩标准的转码技术。转码技术在数字媒体压缩标准传输链路中增加额外处理环节，使码流能够适应异构传输网络和异类终端。它主要着眼于现有编码码流之间的转换处理。转码技术分为异构转码和同步转码。异步转码是指在同一压缩标准的编码码流之间的转码技术；同构转码则是指不同压缩标准的编码码流之间的转码技术。

（2）面向下一代媒体编/解码标准的可伸缩编/解码技术。为了适应传输网络异构、传输带宽波动、噪声信道、显示终端不同、服务需求并发和服务质量要求多样等问题，以"异构网络无缝接入"为主要目标的可伸缩编/解码技术的研究应运而生。

练习与思考

1-1　按照 ITU 对媒体的分类,哪几类属于媒质?哪几类属于媒介?

1-2　我国对于数字媒体的定义是什么?其基本特性有哪些?

1-3　简述数字媒体传播的原理及特点。

1-4　数字媒体技术的主要范畴包括哪些方面?

1-5　数字媒体的关键技术有哪些?

1-6　目前数字媒体技术的主要应用领域有哪些?

1-7　简述数字媒体产业形态、方向及发展趋势。

1-8　结合数字媒体技术的发展趋势,说明其应用前景。

1-9　数字媒体内容处理包括哪些典型技术?

1-10　分类描述基于内容的媒体检索技术现在主要存在的问题。

1-11　说明内容集成分发技术的主要原理。

1-12　异构网络互通融合的实现需要哪些技术?

参考文献

[1]　刘清堂,王忠华,陈迪.数字媒体技术导论[M].2 版.北京:清华大学出版社,2016.

[2]　张文俊.数字媒体技术基础[M].上海:上海大学出版社,2007.

[3]　宗绪锋,韩殿元,董辉.多媒体应用技术教程[M].北京:清华大学出版社,2011.

[4]　刘惠芬.数字媒体设计[M].北京:清华大学出版社,2006.

[5]　刘惠芬.数字媒体——技术·应用·设计[M].北京:清华大学出版社,2008.

[6]　冯广超.数字媒体概论[M].北京:中国人民大学出版社,2004.

[7]　林福宗.多媒体技术基础[M].北京:清华大学出版社,2000.

[8]　许永明,谢质文,欧阳春.IPTV——技术与应用实践[M].北京:电子工业出版社,2006.

[9]　朱耀庭,穆强.数字化多媒体技术与应用[M].北京:电子工业出版社,2006.

第 2 章

数字艺术设计

　　数字媒体是艺术和技术的完美结合,二者密不可分。数字艺术是运用数字媒体技术手段对图片、影音文件进行分析、编辑等应用,最终得到完美的升级作品。它广泛应用于平面设计、三维技术的教学和商业设计等,并随科技进步被大众接受和认可,受到越来越多从业人员的喜爱。

　　广义的数字艺术就是数字化的艺术,例如以数字技术为手段的平面设计、以万维网为媒介传播的所谓纯艺术,甚至手机铃声等,只要以数字技术为载体,具有独立的审美价值,都可以归类到数字艺术。数字艺术作品一般在创作过程中全面或者部分使用了数字技术手段。

　　狭义的数字艺术一般是指用计算机处理或制作出与艺术有关的设计、影音、动画或其他艺术作品。相对于传统艺术作品,它在传播、存储、复制等各个方面都有不可替代的优势,也称之为 CG。随着计算机的普及,在我国从事数字艺术的人员遍布行业的各个岗位。数字艺术建立在计算机硬件和数字艺术软件基础之上,所以数字艺术的发展也依附于它们,也有很多软件公司走在了前面,如 Adobe 公司、Autodesk 公司等。

2.1　设计艺术与艺术设计

　　数字艺术设计是一个宽口径的,以技术为主、艺术为辅,技术与艺术相结合的新学科方向。学生需要掌握信息技术的基础理论与方法,具备数字艺术设计、制作、传输与处理的专业知识和技能,并具有一定的艺术修养,能综合运用所学知识与技能去分析和解决实际问题。

　　"设计艺术"与"艺术设计"都是由"艺术"和"设计"这两个概念组成的。

1. 艺术

　　艺术是"通过塑造形象具体地反映社会生活,表现作者的思想情感的一种社会意识形态"。"由于表现的手段和方式不同,艺术通常分为表演艺术(音乐、舞蹈)、造型艺术(绘画、雕塑)、语言艺术(文学)、综合艺术(戏剧、电影)。另外一种分法为:时间艺术(音乐)、空间艺术(绘画、雕塑)和综合艺术(戏剧、电影)。"

　　"艺术"(TexHe,拉丁文)这个词在古希腊、古罗马哲学中所表示的是所有的实践活动,即连接经验和知识的所有能力,是"有用的技艺"的概念,而不仅仅是一种艺术创作。从这一角度出发,设计与艺术本是同一母体。

2. 设计

设计是指"在正式做某项工作之前,根据一定的目的要求,预先制定方法、图样等"。"设计"的概念是"设计者根据需求进行的有目的的、创造性的构思与计划,以及将这种构思与计划通过一定的手段视觉化的过程"。这一过程的结果即产生了设计品。这是一个广义的设计概念,它既包括人们的一般生活和工作计划,也包括理化、工学、机械的工程设计,还涉及各种视觉艺术的设计。这里的"设计"概念过去是指产品造型、室内装饰、包装、书籍装帧、广告和标志、陶瓷造型以及服装、纺织品等传统艺术设计,现在还涉及数字艺术设计这样一些新的学科,是与审美有关的视觉造型设计。

3. 设计艺术与艺术设计

设计艺术和艺术设计实际上涉及了设计这一行为的两个方面。设计艺术侧重的是设计的过程,而艺术设计侧重的是设计的结果。如今,设计艺术和艺术设计的概念已经约定俗成地统称为艺术设计。

2.2 数字艺术设计的基本要素与美学原则

2.2.1 基本要素与文字效果设计

图形、色彩和文字是数字艺术设计的三大基本要素。其中,文字和图形同属视觉符号,是数字艺术设计的重要组成部分,而色彩的传达设计是数字艺术设计的重要内容之一。

1. 图形基本要素

虽然图形可以传播信息,但是仅以简单的、未经设计的图形来进行传达是不能满足画面的注目性和印象性要求的,因而不能达到良好的效果。只有在图形的设计中加入高超的创意,才能使之具备成为优秀数字化图形作品的条件。

1) 图形创意的特点

创意是在设计中创造新意念的简称,它是作品设计的生命所在,侧重点在于图形的表现形式和形态的处理技巧。

由于视觉图形是以刺激人们的视觉来引起人的各种心理反应的,因而它在很大程度上受审美意识、情趣等心理因素的左右和支配。随着视觉经验和心理感受的积累,以及这两者间的共同作用,具有基本倾向和规律的视觉心理定势就会形成。对于图形设计来说,这种视觉心理定势会让消费者在接收信息时处于迟钝和麻木的心理状态。为了打破这种视觉心理定势,通常的表现手法是将抽象的概念转化为具体生动的形象,这是图形创意的最基本要求。

图形的创意离不开想象和夸张的作用。想象是一切创造性活动的基础。想象可以化平淡为神奇,使不可思议的形象变得富有哲理,从而准确、迅速、巧妙、广泛地打开图形的设计途径。富有创造力的图形可给人们带来一种自觉的、积极的接收信息的方式,让人们用他们自己的想象力去补充、寻味和理解图形所传播的信息。夸张可以超越现实和真实的形象,突破合理的、逻辑性的表现形式的局限,加深所传播形象的某些特点,创造出非同凡响的作品。想象和夸张是密不可分的,在图形的视觉设计中,想象是一种思维方式,而夸张是这种思维方式的表述和结果。

2）图形创意的视觉表现

图形设计的创意是一项以独特性为目标的创作活动,任何对以前创作结果的重复都意味着失败。从图形的形式结构特点来探寻其形态语言和创意途径,大体可归纳出下列几个方面。

(1) 置换。客观事物一般都按照自然的或现实的逻辑组合,形成特定的结构关系。但在创意中,通过对图形构成元素中的一个方面或某些部分进行置换,形成异常的组合,从而造成出乎意料的视觉感受和内心震撼。这种图形元素的置换无疑破坏了原有事物间的正常逻辑关系,然而,正是这种新的组合关系将图形的表形功能的荒诞性和表意功能的一致性统一起来,形成以反常求正常、以形象的不合理性求传播的合理性效果。实现这种图形元素置换的要点在于找出置换和被置换图形元素在某种层面上的内在联系。

(2) 颠倒。图形的颠倒处理就是将正常状态下事物间的关系,包括位置、尺寸、方向、明暗和颜色等在一定条件下做颠倒处理,造成一种图形形式上的戏剧性效果和幽默感,使人们对这种反常的视觉效果产生深刻印象。

(3) 重叠。重叠是指将两个以上的视觉形象叠合在一起而产生出新的视觉形象的方式。经重叠后的图形具有多层含义,这是在现实世界中凭肉眼无法观察到的图形形式,但是数字艺术设计却能较为容易地取得这种视觉效果。重叠处理图形完全打破了真实与虚幻间的沟通障碍,在激起人们的惊奇和对图形的辨识中,将所要传播的信息和事物表现出来。

(4) 解构。解构是将原有的形象解体,在打破原来结构关系的基础上重新进行排列组合。这是一种并不添加新视觉内容,仅以原形象要素的重新组合来创造新视觉形象的图形处理技巧。虽然解构图形中被分解的每一个小单元都是极其平凡的,但因整体组合结构关系上的变化,图形就呈现出图案化,并且略带抽象意味。图形的解构处理方式多种多样,常见的是分解有规则的图形,如矩形、三角形或圆形等。

(5) 变形。变形是通过夸张等手法,将视觉形象做局部或整体的变形,从而改变人们对事物固有的、常规的看法,制造出荒诞的画面效果。

(6) 多义。通常情况下,人们是凭借图形同其背景的边界线来确认形象的。区别图与底(背景)的边界时由于受某些因素的干扰,会出现两个形象共用相同边界线的情况,于是造成图底关系变化不定,可做多种解释的图形样式。这就是多义图形。对图形的多义现象进行研究的代表人物是丹麦心理学家鲁宾。他提出图底双关的理论,即人们的知觉并不孤立地接收图形信息,而受周围其他因素的制约。多义图形正是这一理论的证明。多义图形以图底共用轮廓边界而交替显现其中跃然而出的形象,具有独特且耐人寻味的视觉效果。它又能在一种形态的结构中构成两种形态的组织,以一个设计表达出两层信息的含义。所以,在现代视觉传达设计中多义图形被广泛应用。

(7) 渐变。渐变是将图形形象的逐渐变化过程一一展示出来,共同组构完整图形的处理方式。渐变不仅可以表现变化的过程,而且还可以将两个在形态上相去甚远的形象完成过渡和衔接。

(8) 相悖。人们是凭借着透视关系和前后遮掩关系这样的视觉经验和原理,从二维照片中理解其所显示的三维空间的。利用这些视觉经验和原理,刻意在一张照片上塑造出两种截然不同的空间,就是图形的相悖设计。由于这种相互矛盾的空间状态是建立在看似合理的视觉经验中的,因而矛盾双方的实体和空间效果能够连接得天衣无缝,虽然这在实际中是不可能存在的。相悖图形是视觉现象中的怪象,它以荒唐与真实的缠绕来形成深刻而强烈的视觉冲击,让人们在超现实的境界中接收信息。与同是现实中不存在的同构图形相比,它们的差异在于相悖图形刻意以视觉形式来震撼人们,展示视觉形式上的悬念;而同构图形则利用形象和象征意义的组合来完成概念的准确传播。简单地讲,相悖图形给人们以视觉形式上的问题,而同构图形则以离奇的视觉形式给人们以答案。

（9）模糊。一般情况下,模糊是视觉传播中的大忌,因为不明确的形象会降低信息的可信度并使其难以被有效传播。但是,如果模糊手法运用得当,也同样可以创造出非凡的效果,表达出特别的意念。例如,有时将事物的图像做适度模糊,反而可为信息的接收者提供足够的想象、补充和回味的余地,这是模糊图形在设计中能得以应用的基本原因。

2. 色彩的基本要素

在现代生活中,色彩扮演着非常重要的角色,与人类的生活有不可分割的关系,成为现代社会文明的象征。美的色彩具有美化和装饰的效果,影响人们的感觉、知觉、记忆、联想、感情等,产生特定的心理作用,产生共鸣和吸引力,在视觉艺术中具有不可忽略的艺术价值。

色彩甚至成为商品和品牌形象的重要组成部分。例如,可口可乐以其鲜明的红色,创造了热情、活泼、青春的品牌形象;百事可乐以其红、蓝两色,塑造了明朗、新颖和大众化的品牌个性;柯达胶卷的金黄色,树立了亮丽、精致、技术的独特形象;富士胶卷则以其纯净的蓝绿色和黄色的对比,象征着自然、真实和信任。色调是指一幅画中画面色彩的总体倾向,是大的色彩效果。在大自然中经常见到这样一种现象:不同颜色的物体被秋天迷人的金黄色所覆盖阳光之中,或被笼罩在一片轻纱薄雾似的、淡蓝色的月色之中,或在冬季的银装素裹中。这种在不同颜色的物体上,笼罩着某一种色彩,使不同颜色的物体都带有同一色彩倾向的色彩现象就是色调。

色调的变化是丰富多样的,概括起来讲,色调的形成受光源、固有色、高调与低调(指色调中颜色的明度和亮度对比)等因素的影响。

1）色彩的功能

色彩具有传达信息、增强记忆、激发情感、树立形象的重要作用,还具有注意功能、告知功能、再现功能、美化功能的作用。和商品原有的形象相比,再现形象是在保证真实性的前提下,采用各种艺术手法和技术手段,将对象进行概括、提炼、夸张、变化而实现的。在色彩表现中,应充分运用艺术手段,用人们乐于接收的、反映人们情感需求的、象征商品形象的、具有美的形式的色彩设计。

2）视觉与色彩

色彩是人们日常生活中最常见、最熟悉的视觉要素,通过光的反射和折射,人的视觉感官感知到色彩。自然界中存在的任何物体,都拥有与生俱来的色彩,随着时间的流逝、空间的改变而产生富有情趣的变化。例如,植物中的花草、树木,随着春、夏、秋、冬四季的时序转换而呈现早春的嫩绿、盛夏的艳绿、晚秋的熟黄、寒冬的枯寂等鲜明的征候。生动活泼、鲜明亮丽的色彩世界,已经成为人类生活中不可或缺的因素。

然而,色彩的存在离不开三个基本条件:光线、物体和视觉。可见,光刺激人的眼睛引起视觉反应,使人感觉到色彩和空间环境的光。

在色彩的视觉传达中,另两个重要的因素是色彩的视觉恒常性与视距变异性。

色彩的视觉恒常性是指人们对色彩的认识往往建立在学习的基础上，而忽视在某种条件下的色彩变异。例如，桌子有四条腿，房子由多个面组成，在描绘这一直观印象时，人们常常不顾空间、透视上的遮挡，而把桌子的四条腿都画出来。这种视觉恒常性心理是研究色彩形象的重要依据之一。

色彩的视距变异性产生于人们的视觉生理条件的客观限制，对色彩的刺激反应，人们的视觉神经细胞的兴奋是有限度的，不可长时间地维持较高的兴奋度，因此，对色彩的感觉会产生变化。

3) 色彩的三要素

明度、色相和饱和度是构成色彩关系的三个最基本的要素。

明度是指色彩感觉的明暗程度，包括色彩本身的明暗程度或是一种色相在不同强弱光线下呈现的明暗程度。

色相是指色彩的相貌，是每一个颜色所特有的、与其他颜色不相同的表象特征，例如红、橙、黄、绿等色的相貌。

饱和度是指色彩的鲜艳程度，也称为色彩的纯度。饱和度取决于该色中含色成分和消色成分(灰色)的比例。含色成分越大，饱和度越大；消色成分越大，饱和度越小。纯的颜色都是高度饱和的，例如鲜红、鲜绿。而混杂上白色、灰色或其他色调的颜色是不饱和的颜色，例如绛紫、粉红、黄褐等。完全不饱和的颜色根本没有色调，如黑白之间的各种灰色。

色彩有联想与象征的特性。色彩的联想是通过过去的经验、记忆或知识而取得的。色彩的联想可分为具体的联想与抽象的联想；色彩的象征是联想经过多次反复后，思维方式里固定了的专有表情，于是在思维中某色就变成了某事物的象征。

4) 色彩语言的一般意义

不同的色彩具有不同的象征意义，举例如下。

(1) 红色：红色是最引人注目的色彩，具有强烈的感染力，它是火的色、血的色，一方面象征热情、喜庆、幸福；另一方面又象征警觉、危险。红色色感刺激、强烈，在色彩配合中常起着主色和重要的调和对比用途，是使用得最多的色彩。

(2) 黄色：黄色是阳光的色彩，象征光明、希望、高贵、愉快。浅黄色表示柔弱，灰黄色表示病态。黄色在纯色中明度最高，与红色色系的色配合产生辉煌华丽、热烈喜庆的效果，与蓝色色系的色配合产生淡雅宁静、柔和清爽的效果。

(3) 蓝色：蓝色是天空的色彩，一方面象征和平、安静、纯洁、理智；另一方面又有消极、冷淡、保守等意味。蓝色与红、黄等色如果运用得当，能构成和谐的对比调和关系。

(4) 绿色：绿色是植物的色彩，象征平静与安全，带灰褐绿的色则象征衰老和终止。绿色和蓝色配合显得柔和宁静，和黄色配合显得明快清新。由于绿色的视认性不高，多作为陪衬的中性色彩使用。

(5) 橙色：橙色是秋天收获的颜色，鲜艳的橙色比红色更为温暖、华美，是所有色彩中最暖的色彩之一，橙色象征快乐、健康、勇敢。

(6) 紫色：紫色象征优美、高贵、尊严，同时又有孤独、神秘等意味。淡紫色有高雅和魔力的感觉，深紫色则有沉重、庄严的感觉。紫色与红色配合显得华丽和谐，与蓝色配合显得华贵低沉，与绿色配合显得热情成熟。紫色运用得当能构成新颖别致的效果。

(7) 黑色：黑色是暗色，是明度最低的非彩色，象征着力量，有时又意味着不吉祥和罪恶;能和许多色彩构成良好的对比调和关系,运用范围很广。

（8）白色:白色是表示纯粹与洁白的色,象征纯洁、朴素、高雅等。作为非彩色的极色,白色与黑色一样,与所有的色彩构成明快的对比调和关系,与黑色相配,构成简洁明确、朴素有力的效果,给人一种重量感和稳定感,有很好的视觉传达能力。

5）色彩的心理感觉

色彩作用于人的视觉器官,产生色感并促使大脑产生一种情感的心理活动,形成色彩的感情。色彩引起的感情是因人而异的,还会因环境及心理状态而发生变化。但是由于人类生理构造方面和生活方面存在共性,因此,对大多数人来说,无论是单一色,或是几个色的组合,都在色彩的心理方面存在共同的感觉,影响视觉传达。

（1）色彩的冷暖感。红、橙、黄色调带有温暖感,蓝、青色调带有冷静感。低明度的色彩具有温暖感,高明度的色彩具有冷静感。高饱和度的色彩具有温暖感,低饱和度的色彩具有冷静感。

（2）色彩的轻重感。色彩的轻重感主要由明度决定,高明度具有轻量感,低明度具有重量感。白色最轻,黑色最重。

（3）色彩的软硬感。色彩的软硬感与明度、饱和度有关,凡是明度较高的含灰色系有软的感觉,明度较低的含灰色系具有硬的感觉;强对比色调具有硬的感觉,弱对比色调具有软的感觉。

（4）色彩的明快感和忧郁感。色彩的明快感、忧郁感与明度、饱和度都有关。明亮而鲜艳的色调具有明快感,深暗而浑浊的色调具有忧郁感。强对比色调具有明快感,弱对比色调具有忧郁感。

（5）色彩的兴奋感和沉静感。有兴奋感的色彩,能刺激人们的感官,使人们兴奋,引起人们的注意。色彩的兴奋感和沉静感与色相、明度、饱和度都有关,其中饱和度的影响最大。在色相方面,红、橙色具有兴奋感,蓝、青色具有沉静感。饱和度高的色彩具有兴奋感,饱和度低的色彩具有沉静感。强对比色调具有兴奋感,弱对比色调具有沉静感。色相种类多的显得活泼热闹,少的则令人有寂寞感。

（6）色彩的华丽感和朴素感。色彩的华丽感和朴素感与饱和度关系最大,与明度也有关。鲜艳而明亮的色彩具有华丽感,浑浊而深暗的色彩具有朴素感;有彩色系具有华丽感,无彩色系具有朴素感;强对比色调具有华丽感,弱对比色调具有朴素感。

6）色彩设计的形式法则

色彩设计的技巧和方法是帮助人们掌握色彩表现的基本途径。而对形式法则的理解和掌握,可以使设计表现的纯技巧性的知识从感性的认识上升到理性的高度。色彩设计的美感来自对形式法则的合理运用,色彩构成的技巧是以形式法则为前提的。

在色彩设计中必须理解和掌握的形式法则,主要有以下几方面。

（1）色调。色彩是各种关系的总和,而色调是指色彩关系的基调。寻求统一、协调是人们的基本需要,一个纷乱、捉摸不定的形象是难以被人理解和接受的。色调的基本美感是将互相排斥的色彩统一在一个有秩序的主色调中,使人们在统一的效果中感受到一种和谐的美:或是充满生机活力的美,或是阴郁低沉的美,或是华丽丰富的美,或是朴素单纯的美,或是鲜明粗犷的美,或是柔和细腻的美。寻求统一的色调,取决于画面色彩各部分之间及各部分与总体之间的关系,与色彩的色相、明度、饱和度、面积和位置等相关。只要抓住主导画面统一关系的因素,就能形成统一的色调,如在面积上、数量上形成主导性色彩关系。

(2) 平衡。平衡是指画面上各种色彩视觉张力的平衡感觉。在一个作品中,两种以上的色彩放在一起,它们的色相、明度、饱和度、面积或位置的差异,有一定的联系,有的色彩面积大但明度低或饱和度弱,有的面积虽小却饱和度高,有的是由多个色块组合成统一的色调,或以小面积、高饱和度的色彩加以提示,以保持在色相、明度、饱和度等关系上的平衡。色彩的明暗、轻重和面积是配色的基本要素。一般来说,在对重色与轻色、前进色与后退色进行搭配时,应通过变化其面积和比例关系来取得视觉上的平衡。

(3) 韵律。节奏和韵律是色彩美感的基本形式之一。在色彩构成中,具体表现在色彩的重复、交替、变换以及在空间、位置、分量、面积上产生的疏密、大小,强调正反的节奏关系。这种节奏感和韵律感给作品带来较强的艺术效果,从美的角度传达信息的另一种含义。色彩的韵律是一种生动的、有活力的视觉形式,它们是有一定规律可循的,不管是基于色相的配色,还是基于明度和饱和度的配色,一般有重复韵律和渐变韵律两种。重复韵律只是几种节奏组合的简单重复,渐变韵律的特点是几种有规律变化的节奏的组合。

(4) 强调。强调是指通过色彩配置的方法,突出有特殊和典型意义的部分。平均地处理有关视觉要素,会导致重要的信息和一般的信息混为一谈,让人们自己去捉摸和理解设计的重点是不合适的。从设计的技法上来说,强调某个色彩因素,可以打破整体色调的单调和沉闷之感,再将一部分施以强烈醒目的色彩,能使画面产生凝聚力和一张一弛的表现力,从而刺激视觉引起兴趣,产生生动的色彩形象感。这种用来调节配色的色彩称为强调色。在具体设计中,要注意强调色的作用,须巧妙应用而不能过度,到处强调就无所谓强调了,其结果只能导致整体的混乱。

(5) 调和。调和是指通过个性色、无彩色和光泽色的特殊作用协调对比度过强的色彩关系,使之和谐统一。

(6) 渐变。渐变是指一个色相向另一个色相逐渐过渡,或在同一色相的基础上,一种明度向高或向低的明度逐渐推移,一种饱和度向高的或向低的饱和度逐渐推移。渐变是一种自然的过渡,渐变的过程呈现出明显的层次变化。通过这种层次的渐变,也可使原先对立的两个色彩之间架起一座桥梁。在配色实践中,要寻找两个色彩调和的关系,往往会在它们的共性上做文章,如果两种色彩的色相对比,明度相近,饱和度相同,甚至面积和分量感都有相同之处,这时两者的中间色或各色的渐变色一般可以调和对比的关系。通过渐变得到的色彩往往比较温和,易与其他色彩调和。

7) 现代色彩设计

数字艺术设计最终的演示平台多为数字化终端设备,例如显示器等。这些展示平台对色彩的控制是通过调配红色(R)、绿色(G)、蓝色(B)的比例来实现的,当三色同时达到最大值 255 时,色彩的明度最高。

当使用不同的终端设备时,就可能因为设备的区别(例如显示器的品牌、质量、功能不同)和设置的差异(例如显示器的明度、对比度等属性设置),而给人们带来不同的视觉效果。

作为新兴的艺术设计形式,数字艺术设计在色彩的运用上有几点值得注意。

(1) 商业性。数字艺术设计本身要服务社会,服务所要传达的信息。而各类信息都具有一定的共同属性,又有自己的个性特点。因此,这就要求设计时要具体对待作品中的色彩处理,要充分发挥色彩的形式要素(色相、饱和度、明度)和色彩的感觉要素(物理、生理、心理），力求表现出准确性、典型性。

（2）时尚性。色彩的时尚性有两种含义：一种是指某种地方风俗习惯或一定时期的流行色；另一种则带有象征性，例如我国几千年来一直以黄色传达皇家主题的信息。

（3）独特性。色彩形象的个性表现不仅是视知觉的生机所在，也是加强识别性和记忆性的销售竞争所需要的。

3. 文字的基本要素

文字设计主要起信息传递视觉化的作用，文字的表现形式具有极大的可塑性，既有规律性又有很大的自由度。文字自身的结构又具有视觉图形的意义，字体的造型变化构成各种形状和性格。文字的形态和组合方式的变化，使它以点、线、面的形式构成设计的最基本元素。一个字符可作为一个独立的单位，进而连为线，也可集结为一个面。

对文字进行研究，更能充分发挥文字在视觉传达中的作用。在数字艺术设计中，字体作为主要的视觉要素之一，是其他要素所不能替代的。

1）字体设计的功能

文字是人类智慧的高度结晶，其变化同样也反映着时代的特征。原始社会文字图形作为一种象形符号，维系着原始人类的群体生活。当社会发展处在一个比较低的阶段，大众文化落后，生产和消费还停留在追求基本生活的必需品时，文字在很大程度上起着记录和说明的作用。随着现代社会的高速发展，不同民族文化和生活方式之间有了广泛的交流，文字在其中发挥着巨大的作用。

由文字构成的字体设计起源于 20 世纪初，这个时期的欧洲科学技术得到了进一步的发展，对字体设计产生了重大影响。现代设计运动的兴起，使人们的艺术观念起了很大的变化。在图形设计领域中，改变了以往单纯将优美风景和著名肖像作为版面的设计，开始研究文字本身独特的价值。字体设计的功能包括以下两点。

（1）加强文案的吸引力。经过字体设计的文案，由于不同字体的笔画粗细有别，置于画面上之后，不同字体区域会各自形成深浅不同的色块，可赋予文案生命力，如同图画般悦目、迷人。

（2）辅助图形设计。设计人员也可利用文案排成图形，或将文字图形化，使文字产生图的功能，以强调信息诉求。

2）字体的种类

字体的种类繁多，功能各异，然而其基本的、共同的任务是建立信息、品牌等独特的风格，塑造差异的形象，以达到传达信息的目的。不同种类的字体的功能也有所不同。按视觉形态来分类，字体的种类主要有印刷体、手写体和设计师设计的各式各样的美术字。字形又可通过拉长、压扁、变斜等操作，做出多种多样的变形。由于字体种类的不断创新及计算机设计、排版功能的日新月异，版面字体的应用更为灵活。

（1）印刷体。字体种类繁多，例如有宋体（老宋、标宋、仿宋、粗宋）、黑体（粗黑、特黑、美黑、细黑）、楷体（行楷）、圆体（特圆、粗圆、细圆）、隶书、行书、综艺体、堪亭体、琥珀体、魏碑、印篆体、古印体、海报体等，还有几百种英文字体。

（2）手写体。手写体字形无规则性，大小不一，笔画不同，是富于个性与亲切感的字体。手写体可用毛笔、钢笔或马克笔等不同的工具来书写。利用粗马克笔写的文字，其横竖线条不等。手写字体，自然人性，易传达原始纯真的感情，常用来表现生动自然和亲切的主题。

毛笔字属于传统风格的字体,因书写者的个性不同而字体的风格也有所不同,字体从柔弱到阳刚变化颇大,可表达出多样的个性。

3) 字体的视觉设计

在数字艺术设计中,字体既可以是传达内容的叙述性符号,也可以是视觉形象的图形。从本质上讲,任何一种字体都具有图形的性质。字体设计的表现形式是由文字与内容的关系构成的。各种信息的不同内容和特点规定了表现形式的多样化。新颖的表现形式往往是对表现对象有深刻独特的把握。

(1) 字体的错视与校正。由于字体的结构、笔画繁简不一,因此,实际粗细相同、大小一致的字形在人们视觉上并不完全相同,这就是错视。与字体有关的错视主要有线粗细的错视、点与线的错视、交叉线的光谱错视、黑白线的粗细错视、正方形的错视、垂直分割错视和点在侧面上不同位置的错视等。常用的字体错视的校正方法包括字形粗细、大小处理,重心处理,内白调整,横轻直重处理和字形大小调整等。

(2) 字体的造型设计。字体之所以能表现出差异性的风格,主要在于字体具有统一的特征。中文字体无论如何变化,在印刷等方面常常离不开两个最基本的字体形式——宋体和黑体,这两种字体在笔画造型上有着截然不同的风格和特征。宋体直粗横细,黑体粗细一致。就线端来看,宋体字基本笔画的造型变化多样,黑体字则造型统一、平整匀称;再以文字的精神风貌来看,宋体字带有温婉含蓄、古典情趣的美,黑体字则传达刚硬明确、现代大方的理性美。因此,字体在设计时,首先应根据设计信息的内容与理念来选择合适的字体形式,从中发展、变化、创造出具有独特个性的字体。

字体的设计还在于统一线端造型与笔画弧度的表现。首先,线端形态是圆角、缺角、直切、切的角度的大小等,它们都会直接影响字体的"性格";再者,曲线弧度的大小也能表现字体的个性。例如表现技术、精密、金属材料、现代科技等特征时应以直线型为主来造型;表现柔和、松软的食品和活泼、丰富的日用品等特征时应以曲线为主来造型。

4) 文字的编排模式

文字编排模式的主要因素是字距和行距。研究表明,行距的变化对阅读率的影响不大,而字距的变化对阅读率的影响却非常显著。文字编排设计的基本模式包括以下方面。

(1) 以线构成。文字编排设计的最常见形式是线,把单一的点形文字排列成线,是最适宜阅读的形式。在设计中,常见的线型有直线和曲线两种。直线又包括水平线、垂直线、斜线和折线,曲线有弧线、波浪线和自由曲线;还可以根据需要把文字排列成间隔拉开的虚线形式。可以采用单一的线型排列模式,也可以采用由多种线型综合编排的模式。

(2) 以面构成。在文字的编排中,常常把文字由点排成线,再由线排成面,即所谓文字的"群化"。这往往是由于版面空间和构图形态的实际需要造成的。排列成面的文字整体性和造型性较好,便于阅读。排列成面的文字多是作为画面的辅助因素来考虑的,可以和其他主体性因素产生互补关系,形成画面的特征和个性。

(3) 齐头齐尾。这是最整齐的编排形式,就是把版面的文字排列成面,面的两端是整齐的。中文字体的基本形是方形的,不管是直排,还是横排,编排起来都比较容易。但英文单词常由许多字母组成,在编排时难免会出现一行的末尾空几个字母或一个单词只能排一半的情况,为了整块的整齐和单词的完整,只有拉开单词间的距离,将不完整的单词转入下一行。

（4）齐头不齐尾。把每一行文字的开头对齐，而在适当的地方截止换行，这样，在行尾就会出现参差不齐的形状，这就是齐头不齐尾的排列。这种排列方法在英文中很常见，中文采用这种方法编排时，通常以一个整句或一个段落作为划分的单位，例如，诗词短句就是采用这种齐头不齐尾的编排。

（5）齐尾不齐头。把每一行文字的结尾对齐，而在适当的地方截止换行，这样，在行头就会出现参差不齐的形状，这就是齐尾不齐头的排列。在视觉设计中常采用这种方法编排以创造一种别具一格的风格。通常以一个整句或一个段落作为划分的单位，诗词短句也可以用这种齐尾不齐头的方式编排。齐尾不齐头的编排方式与齐头不齐尾的方式比较起来，更能突出前卫、时髦和别致的个性特点。

（6）对齐中间。这是一种对称形式。如果每一行文字的长度不同，使之刻意地对齐中间，做对称形式的编排，在首尾自然会产生凹凹凸凸的白色空间，这种编排方式能使版面产生优雅的感觉：紧凑的中心，放松的四周空间，条理中又有变化。

（7）沿着图形排列。这是一种自由活泼的编排方式。当文本在设计编排时遇到图形，就顺着图形的轮廓线进行排列，使图形和文字互相嵌合在一起，形成互相衬托、互相融合的整体。这种编排方式需要注意文案语句意义的完整性，以及外形轮廓的整齐感，如果沿着不规则图形的外形编排，加之排成面的文案的外形不整齐，会给阅读带来一定的困难。

（8）文字的分段编排。在海报招贴、报纸、杂志、网络广告文字的编排设计中，文案量的大小相差很大。在编排大量文案的情况下，虽然横向阅读最符合人的生理特点，但每一行的文字不宜太多。为方便阅读，就必须采取合理、有效的编排方式。常常采用一段式、两段式、三段式和四段式的编排。一段式的编排简洁明了，适宜文案较短的编排；两段式的编排对称大方，适宜较长的文案；三段式和四段式的编排则比较活泼。

（9）错位式的文字编排。这是采用错位方法来区别或强调文案不同内容特点的手法。通过改变字体的造型、尺寸和位置，使重要内容突出醒目。具体的方法是对个别需要强调的文字进行提升、下沉、放大、压扁和拉长等操作。

（10）将文字编排成图形。将文字编排成具有造型特点的线、面或成为插图的一部分。在广告的画面上字体本身也属于图形的要素，把文字编排成图形，就是运用多种多样的编排手法，把文字排列成具有节奏变化、形态特征的视觉形象，以可视性和特征性为主，兼顾可读性，通过视觉形象来传达信息。

（11）将文字分开和重叠排列。分开排列就是打破通常的字距和行距，将文字按设计传达的需要，排列成特有的视觉形式。分开排列将拉大文字之间的距离，字体的间隔通常会超过字体本身的宽度，有的甚至更宽。这样做在视觉心理上会显得比较轻松、自由和富有节奏感。与之相反的是重叠式的排列，文字的部分形体相互重叠，前后叠加在一起，造成一种立体感和紧凑感。

（12）文字设计中的变异设计。此种设计改变字体在句中或段中的方向、字体、色彩、位置等，起到强调的作用。

此外，文字编排中的辅助手法主要包括以下几种。

（1）以线条分隔文本（不同线形分隔、规范外形、区分层次）。

（2）以线条制造空间（留白、粗细线区分层次、错落节奏）。

（3）以线条强调的方式（画线、勾框、分隔）。

（4）符号形象化设计（提高造型效果）。

（5）符号强调设计（几何形、自然形等）。

5）字体的视觉表现与应用

字体的视觉表现包括字体的搭配、字族的运用、字的变形设计等。

欲搭配并运用字体，使画面美观且易于阅读，需要注意以下原则。

（1）大标题、小内文。即利用字体大小的差异，来表现标题及内文不同的重要程度，这是字体的常用搭配方法。大标题字体的尺寸为内文的三倍以上，才能凸显其领导地位；副标题字体的尺寸必须小于大标题的一半，才不至于减弱大标题的力量；小标题可与内文一样大小或略为大一些，但不宜比内文小。中文排版中，内文字体通常为 10.5pt（5 号宋体）。

（2）粗标题，细内文。标题要粗，能以最快的速度吸引人的注意，使人印象深刻。

（3）字体少，字形少。同一组内采用的字体宜在三种以内，以不同的字体区隔标题、副标题，但内文与标题的字体可相同亦可不同。字体运用更应讲求整体感。

（4）字体与内容配合。着重理性说服的，宜采用较冷静、理智的正方形字体；诉诸感性的，不妨用较具变化感的字体。

总之，字体与字形均不可太多，但变化要合理，这样才能明显标示重点并区分内容，适当表达出数字艺术设计的诉求内容。如果字体与字形种类太多，会显得杂乱，从而降低设计效果。

一般字体在大小、粗细上有多样变化，足以让设计人员在区分重要性不同的文案时运用自如。字族就是以某种字形为蓝本，将之变化为一组字体，它们有一个总称。例如，"黑体"字族有细黑、中黑、粗黑、特黑、超黑、长黑、平黑、斜黑，但笔画形状都互相类似。

采用同一字族多种不同字体来制造变化时，字体间的相似性能产生整体印象，字体间的小差异也能使设计显得精致而有活力。

6）文字构成的图形特性

文字作为信息传递的图形符号，自身就具有构成、编排的价值。文字作为基本构成元素，字符是点词、句是线，而段是面。文字通过易被人识别理解的视觉元素，进行有意识的编排，最终完成信息的传递和交流，这已经成为数字艺术设计中一个重要的表现方式。

从信息化、视觉化、艺术化的视角来审视文字艺术，人们可以领略到它是一种具有巨大的生命力和感染力的设计元素，它有其他设计元素和设计方式所不可替代的设计效果，不仅可"读"，而且可"看"。发挥文字的图形作用，无疑会使视觉传达设计获得新颖、奇特的效果。人们在尊重文字的信息传递功能、阅读功能时，更应该看到文字作为一种视觉载体所具有的图形魅力与震撼力。

4. 文字效果的艺术设计

在数字艺术设计中，文字既是传达信息的媒介，又是强化与丰富画面艺术语言的构成元素。通常文字的效果创造包括文字本身的效果、文字组成的段落在画面上的效果、文字与图形或图像的组合效果等。

文字本身的效果是对字体、字形、色彩、纹理等特性进行修饰与变形而得到的。利用图像处理和排版软件，可以直接修改字体的各种属性，也可以方便地对字体进行修饰，根据字体的构成要素和创造过程，还可以在现有的基础上创造出新的艺术效果。

除了文字自身的书写,段落在画面上的排列组合也具有很强的艺术表现力。文字的编排除了段落间的疏密、大小、横竖、对齐等设置,还可以结合图形进行变形,例如沿着一条曲线排布文字,将文字嵌入到特定的图形中,或者沿图形绕排文字等。文字的编排要取得良好的效果,关键在于处理好画面整体与局部的协调关系,创造出生动的视觉效果。

1) 点阵字体

计算机中一般都配有丰富的内建字体供设计师选用,这些字体大部分都是从传统字体转换到计算机上的。点阵字体就是在一个矩形点阵内表示一个字的笔画形状。点阵字体的存储量大,在显示时不需要附加其他处理技术,能直接把字的形状显示出来,所以速度快,最适合用于屏幕显示。汉字的字形需要计算机有较大的容量来存放字符的点阵信息,通常以 16×16、24×24 或 32×32 点阵来表示一个汉字。点阵字体为固定大小的图形点阵,如果用户设定的大小与固定的大小不符,经放大或缩小后,在显示和打印时,字形便可能出现锯齿现象。点阵字体的原理如图 2-1 所示。

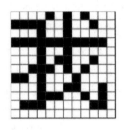

前5行
1: 00001010　1000　　→ 0x0a 0x80
2: 11110010　0100　　→ 0x12 0x40
3: 00010010　0000　　→ 0x12 0x00
4: 11111111　1110　　→ 0xff 0xe0
5: 00010010　0000　　→ 0x12 0x00

图 2-1　点阵字体的原理

2) 矢量字体

矢量字体(Vector Font)包含了字形边界上的关键点、连线的导数信息等,字体的渲染引擎通过读取这些数学矢量,然后进行一定的数学运算来进行渲染。这类字体的优点是字体实际尺寸可以任意缩放而不变形、变色。矢量字体主要包括 Type1、TrueType、OpenType 等几类。

2.2.2　美学原则与图案风格设计

所谓美学是指研究自然界、社会和艺术领域中美的一般规律与原则的科学,主要探讨美的本质、艺术和现实的关系、艺术创作的一般规律等。当数字艺术设计提高到艺术和美学的层次时,它能深入人的心灵、触动人的情绪。因此,想要巧妙地进行数字艺术设计就必须关注数字艺术设计的美学问题。

这里所说的数字艺术设计的美学,是指研究各种设计要素(如文字、图形、声音或动画等)在融入计算机应用系统后,给人们带来的艺术效果和美的感受的科学。另外,每一件优秀的数字艺术设计作品都应该有其独特的风格,于是,所谓的数字艺术设计中的美学设计,就是要创作出作品传达信息的独特表现方式和风格。在数字艺术设计的软件中,"创意"和"风格"可表现为屏幕信息主体、构图、背景、纹理、用户界面、运动效果、伴音和音效等,也就是说,视觉效果和听觉效果反映了一个软件的创意风格。当用户浏览一个数字艺术设计作品时,软件的视听效果可以影响他们的情绪,留下深刻的印象。

1. 数字艺术设计与美学

一个数字艺术设计的作品成功与否,在很大程度上取决于对其素材的展现是否得当,即作品是否体现了各种媒体素材应有的艺术感染力和美。设计人员的美学知识在很大程度上制约着一个作品的艺术效果和感染力。因此,数字艺术设计呼唤艺术和美学,这是一个不容忽视的事实。一个好的数字艺术设计作品绝非只是素材的罗列和事实的陈述,更重要的是,要借助于技术和艺术手段来吸引和感动人,通过饱含激情的文字、生动的图形和悦耳的声音来传达信息和知识。

数字艺术设计作品通过有意识和潜意识这两个途径将信息传达给人们。在有意识方面,人们注意到的是图形设计是否平衡和清楚。一般来说,利用插图来说明内容比利用文字更能引起人们的注意;音乐或配音可以比较自然地把人们导入主题;影像和动画能方便地描述事件情节,使人们易于理解和辨别。但在什么时候引用这些素材是有原则的,那就是只有当这些设计素材能够帮助把观点说明得更清楚或更有力时,才可以使用,否则有可能会适得其反。在潜意识角度,设计者只是想通过某些素材来引发人们自己的观点,即让人们从所提供的信息中产生自己的联想和看法。例如,通过音乐来营造系统所需要的气氛,通过图形或影像产生出乎意外的震撼等。

图形图像和色彩效果是表现数字艺术设计作品视觉风格的首要因素。视觉效果设计主要以屏幕或图形设计为主,而音频(语音、音效和音乐)是体现数字艺术设计成果的一个重要组成部分。高质量的音效和伴音可以使视觉效果更丰富、表现力更强。动画和视频具有最强的表现力,它在屏幕设计和音频设计的基础上考虑了视觉的运动和流畅,以及伴音与视像的配合等因素。

根据人类美感的共同性,可以归纳出数字艺术设计的美学原则有连续、渐变、对称、对比、比例、平衡、调和、律动、统一和完整等。在数字艺术设计的创作中,应该重视其版面设计。

优秀的数字艺术设计作品,要求设计者不断增强理论修养和综合素质;增强设计意识,提高总体把握能力;增强业务能力,提高视听表达能力等。设计者要注意改善自己的知识结构,加强对美学知识的学习,提高艺术素养,还要注意与专业教师、艺术人才等各种专业人才合作,取长补短。

2. 不同媒体的美感特点

从数字艺术设计的发展过程来看,图形图像和色彩效果是表现作品视觉风格的首要因素。如果不考虑运动效果(主要取决于动画和视频效果),视觉效果设计主要以屏幕或图形设计为主。此外,从某种意义上讲,音频(语音、音效和音乐)是体现数字艺术设计成果的一个重要组成部分,由于音频的加入才使得作品"有声有色"。高质量的音效和伴音可以使视觉效果更丰富、表现力更强。动画和视频具有最强的表现力,它们在屏幕设计和音频设计的基础上考虑了视觉的运动和流畅,以及伴音与图像的配合等因素。

1)文字

在众多素材中,文字被认为是最基本、最重要的成分,在概念的表达和描述抽象、复杂的问题方面具有简洁明了、精确度高的独特优点,而且最擅长的是高度概括各种极为抽象和结论性的表述。文字可以用显示或旁白方式,或者两者并用。文字较适合于描述概念和内容,旁白则较适合于演说和解释。

2）图形和图表

图形（包括静态图像）形象直观，不仅能直观、生动地传播信息，产生一目了然的视觉效果，而且富有丰富的色彩、多变的布局，本身具有强烈的审美性和艺术感染力。图形可以是写实的，也可以是象征的。图形也常用来作为背景，此时，图形要经过淡化或加亮处理，以使前景内容可以清晰地显示出来。图形可以用来解说概念、表示印象，或作为暗示和联想，常用来营造气氛等。

静态照片可以传递图像和信息，增加视觉的丰富程度，能产生详尽的效果和吸引注意力，可以具有高度的暗示性和象征性。艺术性的照片可以一下子抓住用户的注意力；戏剧性的主题照片能产生表面上的和背后隐藏的震撼力。

图表可以让信息显而易见，一目了然，并且可以使用户做比较式的阅读。图表有各种各样的种类和样式，可以组合出一些主题元素。

3）背景和材质

背景是放置文字、图形和其他元素的画布。从美学的观点看，背景是可以传送有关画面信息的最快捷形式，因为它通常在其他元素出现之前就呈现在用户面前，很可能会成为用户的第一注意焦点。

用作背景的图形大致有两种：一种是照片或美术图形经特别加工而成的图形；另一种是加上颜色的材质。两种方式的背景都可以赋予额外的含义，也能扩展到更广范围的联想。使用图形来作为背景，自然要采用切合主题的画面，或蕴含着某种特别意义的画面。此外，使用图形作为背景，图形上的线条应尽可能地简单，背景图形上的物件要与前景上的元素相配合，包括与空间上的色彩配合。一般来说，背景图形要淡化处理。

采用材质作为背景是一种流行的做法。不同的材质有不同的含义，要根据主题选取。例如，一些常见的材质及含义如下。

（1）皮革：具有优雅和工匠之气，适用于高级的车型和精细的家具。

（2）大理石：能编织出一种冷并且坚实的感觉，可以用来注释古典的、可信度高的和持久的事物，常用于与财务有关的应用系统。

（3）手制的纸张：适用于高尚的、艺术性的和非自动化的事物，通常用来表示文件的重要性。

（4）宝石：具有明显的财富和优雅含义，有时可以代表坚硬、永久和特殊的质感，通常适用于象征高雅、富贵的对象。

（5）工业金属板：给人们以现代的气息，具有可靠感。通常用在结构和制造业的应用系统中，也常用在计算机和微电子行业中。

（6）蓝天：提供自由、空间和具有想象力的特性。

使用一幅特别的图形作为背景也是常见的做法，此时，只要适当地利用图形上的元素及其相互间的关联性，便可以启发用户，引起他们的兴趣，营造出特定的气氛和环境，让用户通过对图形的联想而产生身临其境的感觉。

4）颜色

色彩是光刺激眼睛再传至大脑视觉中枢而产生的一种感觉，对作品的质量有着直接的影响。不管是字体、图片等单个元素还是整体合成，在色彩运用时要避免屏幕色彩过杂，注重整体色调的统一,强调色彩的对比关系,确保主体突出,利用色彩营造特定情绪气氛。

不同的颜色会使人产生不同的联想。颜色对个体的影响可能是生理的、心理的或是文化的。例如,有人会认为红色会带来幸福和吉祥,但也有人会从反面联想。设计中,应当考虑颜色会触发人们产生何种联想。

5) 声音

声音作为一种可以传递信息和刺激情绪的有力手段,实际上常常又会被忽略。例如,在画面上出现文字的同时又有相应的配音,人们往往习惯于将更多的注意力放在文字上。其实,被忽略的原因很简单,因为声音属于潜意识的影响因素,而且其效果也比较难以衡量。但毫无疑问,声音在一个数字艺术设计作品中是非常重要的,它可以增加趣味性和娱乐性,表现出一定的情感和风格,烘托出所需要的气氛,也可以增强用户对一些描述的记忆。

6) 影像和动画

影像能以连续、生动、形象的活动图像来表现真实场景、各种内容和主题思想,它本身就是多种媒体的综合体,有很强的表现力,具有形象性、再现性、高效性等多种特性,同时也具有高度的娱乐性。使用影像可以通过以时间为基础的方式来传达信息。

动画是指连续运动变化的图形、图像、活页、连环图画等,也包括画面的缩放、旋转切换、淡入淡出等特殊效果。可以表现其他媒体无法实现的各种内容,它形象、生动、直观、有趣,可以化抽象为具体。使用得当的话,动画成分可以增强多媒体的视觉效果,起到强调主题、增加情趣的作用。

7) 动作的效果

在数字艺术设计中,动作是指场景间的变换、文字或图形的平面移动以及三维动画和影像。一般来说,屏幕上的动作越多,能表达的信息就越多,能产生的趣味性和刺激性也就越多。运用动作可以抓住用户的兴趣和注意力,表达抽象的观点和概念,刺激用户情感上的反应以及产生潜意识上的联系,可以让用户在短时间内获得最新的想法。

3. 版面设计原则

一个数字艺术设计作品的好坏,主要取决于以下因素。

(1) 表演脚本的编写。

(2) 素材加工的艺术性。

(3) 版面设计的艺术性。

但是,版面设计很容易被设计者所忽略,不少数字艺术设计作品对版面设计都没有很多考虑。如果多分析一些设计优秀的数字艺术设计作品,就会发现版面设计是一件非常精细的工作,很多创意正是表现在版面的安排上。

人们一方面从计算机屏幕上所呈现的视觉表现得到信息,从而做出反应;另一方面根据其美感经验,由计算机屏幕上的视觉呈现引发其良好的沟通情绪。一个赏心悦目的视觉呈现有赖于设计者的创意、表现技巧和编排能力。

数字艺术设计作品所展现的画面受到计算机屏幕的尺寸限制。好的版面设计是指能恰到好处地使用有限的屏幕空间并达到良好的视觉传播效果,能配合主题达到对人们的感染作用。

版面设计中常遵循一定的原则。它们的作用是活跃版面的气氛,增加吸引力,突出重点和提升美感。

（1）连续原则。连续是一种没有开始、没有终结、没有边缘的严谨的秩序排列。连续可无限地扩张，可超越任何框架限制。

（2）渐变原则。渐变是指有一定秩序和规律的逐渐的改变。渐变除形状渐变外，还有色彩渐变、位置渐变和方向渐变等，可单独或混合运用。

（3）对称原则。视觉上以一个点或一条线为基准，上下或左右看起来相等的形体称为对称。左右对称的形体向来都被认为是安定且具有庄重和威严的感觉。对称的表现形式包括线对称、点对称等。

（4）对比原则。将相对的要素放在一起相互比较，以形成两种抗拒的紧张状态，称为对比。这种造成相对排斥性质的要素也即一般所谓的对比要素。好的布局的重要标志是版面清晰明确。当用户的目光落在画面上时，要让用户清楚地判别哪些是重要的，哪些是不重要的。要实现版面清晰，一个有效的途径是遵循对比原则。通过对比来强化设计者要表达的主要问题，吸引人们的注意力，淡化那些非主流信息。通常，在设计时所涉及的对比有形状的对比、大小的对比、明暗的对比、粗细的对比、曲线和直线的对比、质感的对比、位置的对比、色形的对比和多种对比的混合等。

（5）比例原则。在造型上，所谓比例，是指关于长度或面积等的一种量度对比，它描述的是部分与部分或部分与全体之间的关系。比例一直被运用在建筑、工艺以及绘画上。在古代，学者已经把它们加以公式化，作为设计的基本原理，以便求得统一与变化。其中，最基本并且最重要的比例就是黄金比例（又称为黄金分割，指把一条线段分成两部分，使其中一部分与全长的比等于另一部分与这部分的比。因这种比例在造型上比较赏心悦目而得名）。

（6）平衡原则。平衡是指两个力量相互保持，是把两种以上的构成要素互相均匀地配置在一个基础的支点上，以保持力学上的平衡而达到的稳定状态。

（7）调和原则。当两种构成要素共同存在时，如果互相差距过大，即造成对比。如果两种构成要素相近，则对比刺激变小，能产生共同秩序使两者达到调和的状态。如黑与白是两种强烈对比的颜色，而存在于其间的灰色便是两者的调和色。调和在视觉上可产生美感。因此，调和原则一直被人们关心，尤其是关于色彩和造型的调和问题。在造型上，如线条的粗细与线的长短均会有影响，但只要在造型上能够保持一致，也可产生调和感。调和除了体现在色彩与造型方面外，质感也是相当重要的因素。例如，以相同材质作为建筑物或庭院设计的材料，也是获得调和感的方法之一。

（8）协调原则。协调原则贯穿对主要内容的突出、图形与文字的比例和色彩的均衡等方面。只有协调才能给人们以自然的印象。

（9）律动原则。凡是规则的或不规则的反复和排列，或属于周期性、渐变性的现象均为律动，它是一种给人以抑扬顿挫而又有统一感的运动现象。一般来说，律动和时间的关系密切，因为在其他具有时间性的艺术领域中均能表现律动美，如音乐、舞蹈、电影、戏剧、诗歌等。以音乐来说，利用时间间隔可以使声音的强弱或高低表现出律动美，从而呈现出抑扬顿挫的变化。在人们的生活环境中，四季的变化、植物的成长、动物的运动以及各种生理反应等都存在着律动现象。此外，自然界中的海浪、沙丘、麦浪、炊烟等形象，都能呈现出视觉上的律动美。

（10）统一原则。结合共同的要素，把相同或类似的形态、色彩、机理等诸要素做秩序性或整齐划一性的组织、整理，使之有条不紊，这就是统一。

（11）完整原则。任何一件艺术作品，不论运用哪一个美学原则，或经过多么复杂的创作过程，到作品完成时，艺术家追求的是作品的完整性。完整性按照人的感觉、需求的不同划分为感官、知觉、意念和功能等方面。

（12）乐趣原则。良好的布局可以使人感觉到作品富有乐趣，丧失乐趣会使人们失去学习的耐心。

2.3 数字艺术设计涵盖领域

2.3.1 平面设计

平面设计是一门历史悠久、应用广泛的应用设计艺术。Adobe公司开发的Photoshop是一款优秀的平面设计和图形图像处理软件，它集图形图像采集、编辑和特效处理于一身，并能在位图图像中合成可编辑的矢量图形，是图形图像素材准备过程中重要的处理工具之一，被广泛地应用于企业介绍画册、产品目录、宣传片、产品包装等设计领域。

由于平面设计的出现，形成了从设计到成品的印刷工艺过程的数字革命，如数字照排、数字打样、直接制版和数字印刷等。这些平面设计"后端"的数字变革，是以"前端"平面设计的计算机化、数字化为基础的。所以，虽然平面设计仍然沿用传统的艺术设计规律，但是它的设计过程和结果已经数字化了。

平面设计的应用范围大致包括以计算机为平台的平面广告设计、封面设计、字体设计、版式设计、插图设计、包装装潢设计和标识设计等。对于这些艺术设计内容来说，实际上是一个"换笔"的过程——即从传统的手工绘制到用计算机图形设计软件绘制。无论从技术还是艺术上，以计算机为平台的平面设计大大提高了平面设计的速度、精度、艺术效果与艺术水平。

随着社会和技术的发展，在平面设计领域产生了一些新的设计项目。例如服装的效果图设计和剪裁打板设计等，如图2-2所示。

图 2-2　服装设计效果图

又如工业设计和环境艺术设计，如果仅仅作为某一个特定角度的立体设计，其实这两类设计都可以是二维设计。例如，可以利用二维平面设计软件来设计"假三维"的工业设计和环境艺术设计作品，如图2-3所示。

图 2-3　工业设计和环境艺术设计

另外,如果利用三维图形设计软件进行工业设计和环境艺术设计,虽然在开始阶段不是用平面设计软件进行设计(因此在设计的前期阶段这些设计不属于二维静画设计)的,但是,当三维效果图设计完成之后,可能会对这些效果图进行气氛渲染,例如,在建筑环境设计效果图中添加一些人物、器物或者景物,或者在一些工业产品设计中对这些产品的背景或者产品本身做些艺术效果处理,这时平面设计软件就比三维设计软件快捷。而此时的三维设计就是一个经过渲染的二维艺术设计图形。对这些图形进行艺术效果处理,就属于平面艺术设计。

除此之外,平面艺术设计在科学、技术及事务管理中可用来绘制数学、物理或表示经济信息的各类二维、三维图表,如统计用的直方图、柱状图、饼图、扇形图、工作进程图、各种统计管理图表等。所有这些图表都用简明的方式提供形象化的数据和变化趋势,以增加对复杂对象的了解并协助用户做出决策。

另外,计算机二维图形被广泛地用于绘制地理、地质以及其他自然现象的高精度勘探、图形的测量,例如地理图、矿藏分布图、海洋地理图、气象气流图、人口分布图以及其他各类等值线、等位面图等。

2.3.2　网页设计

20 世纪人类最重要的发明是计算机及其网络技术,因特网改变着世界,促成了网络经济的形成与电子商务的发展。因特网因其传播信息容量极大、形态多样、迅速方便、全球覆盖、自由和交互的特点,已经发展成为新的主流传播媒体。

从技术上讲,网络技术带来了通信革命,它使人们的信息交流变得方便快捷;从经济上讲,网络技术带来了电子商务,使传统产业及其商业模式都面临着巨大的机遇、改造与挑战;从文化上讲,网络技术把人们真正带入了信息社会,给人们的生产方式、生活方式、思想观念都带来了新的变化;从认知科学的角度上讲,网络是一种新的认知结构,通过它个体与社会相互作用,使知识得到延伸。

网页设计一般有以下原则。

(1) 内容与形式的统一。这里的内容是指网站的信息数据及文字内容,而形式是指网页设计的版式、构图、布局、色彩以及它们所呈现出的风格特点。网页的形式是为内容服务的,但本身又有自己的独立性和艺术规律。

无论是个体还是组织,设立网站都有自己的明确目的。网页设计的目的就是使网页内容得到更好的体现,使之更加形象、直观,更易于被大众所接受。因而,不同内容的网页要求用不同的设计形式。例如,政府机构的网页形式应简洁、庄重;教育单位的网页应明快、大方；商业类的网页应鲜艳夺目、丰富多彩；文化艺术类的网页应讲求格调与品位。

（2）特色鲜明。特色鲜明的网站是精心策划的结果，只有独特的创意和赏心悦目的网页设计才能在一瞬间打动浏览者。设计者应该清楚地了解网站面向群体的基本情况，如受教育程度、收入水平、需要信息的范围及深度等，从而能够有的放矢。应挑选关键信息，利用合理的逻辑结构有序地组织起来，开发一个页面设计原型，选择用户代表来进行测试，并逐步精炼这个原型，形成创意。

（3）统一整体的形象。网页（企业）标志以及标准色确定后，就应该应用在每一幅页面上，使浏览者始终可以判定自己的方位，并且还会给浏览者留下深刻而统一的印象。主题要鲜明突出，力求简洁、要点明确。

（4）减少浏览层次。据调查，网页的层次越复杂，实际内容的具体访问率越低。因此要尽量简化网页的层次，力求以最少的单击次数连接到具体的内容。

（5）了解浏览者的心理状态。从心理学的角度分析浏览者的心态有助于网页页面的设计。

2.3.3　插画艺术设计

插画是以书籍为主要载体的图形艺术形式，即插附在书刊中的图画，如文学、科学、技术、儿童读物等，因内容不同而形式各异。绘制者将读者在文字中感受到的形象、情节以及感情因素，非常明确、直接地通过画面表现出来。画面内容要使传达的信息更加准确，更加富有感染力，并富有独立的审美意义。因此，可以把插画简单地理解为：将书籍中的文字或信息传达的内容进行视觉形象化的阐述。

现代数字技术的发展，为插画提供了新的技术手段和表现形式。创作者不仅可以使用纸、笔、颜料等传统绘画工具来绘制插画，还可以通过计算机软件来绘制插画，这种插画形式被称为 CG 插画。

现代插画的应用范围非常广泛，除了书籍外，还应用于各种商业活动，如平面广告、包装和影视媒体等。因此，广义地说，插画是将书籍、文章的内容或者企业产品等相关信息的内涵，以绘画、数字技术、摄影等形式加以表现，是具有相对独立意义的视觉造型元素，如图 2-4 所示。

1. 插画的分类

根据不同的传播媒介，插画大致可以分为出版物插画与商业插画两大类。

1）出版物插画

出版物插画主要以报纸、杂志和书籍为主。

图 2-4　插画欣赏

现在的报纸无论是版面内容或是印刷质量，都有很大的进步。彩色的插图也成为丰富报纸内容的形式之一，大大增强报纸的可读性。报纸插画主要根据报纸的内容要求或版面风格来进行创作。

杂志的分类和特点比报纸更为明确，例如，学术性杂志、时尚类杂志、娱乐性杂志、动漫杂志等。因此，杂志广告中的插画所表现出来的特点也更为突出。杂志的印刷质量与报纸相比有无法比拟的优越性,也促使插画风格的多样性,具有一定的资料价值。

根据书籍的不同类别,可将书籍的插画形式分为文艺性插画、科技及史地书籍插画两种。文艺性插画将书中的人物、场景和情节以插画的形式表现出来,以增加读者阅读书籍的兴趣,提高可读性和可视性;科技及史地书籍插画则帮助读者进一步理解知识内容,以达到文字表达难以起到的作用,其形象语言应力求准确、实际,并能说明问题。

2)商业插画

出现在各种各样的商业活动中,如平面广告、包装和影视媒体等,这就是商业插画。商业插画是信息传播与视觉传达设计中的一种特殊的表现形式。商业插画涉及的领域非常广泛,例如海报、路牌广告、看板、霓虹灯广告、包装、网络、影视广告等。

2. 插画风格

插画的表现风格可以分为写实风格、抽象风格、装饰风格和卡通风格四类。

1)写实风格

写实风格的插画并不是一个对客观世界的模仿,而是一个经过插图创作者精心构思和组织的画面。摄影技术在写实方面具有无可比拟的优越性,借助摄影技术的帮助,综合运用了各种绘画中的写实表现手法的插画具有更加丰富的表现力和更加独特的艺术性。许多插画师在创作时运用铅笔、水彩、丙烯颜料、油画颜料等各种材料或者多种材料共同使用,会呈现出不同的质感和肌理效果,同时能够借此传达创作者的意念、情感以及个性。写实风格的插画如图 2-5 所示。

图 2-5　写实风格插画欣赏

2)抽象风格

抽象风格是相对于写实风格而言的,它一般根据点、线、面、色彩等元素,通过自由组合构成非具象的画面。抽象风格的插画受现代抽象绘画的影响,表现手法不拘一格,形式丰富多样,时代特征鲜明,给人以更多的想象空间。因此,在很多时尚的商业广告中,抽象风格的插画成为了一种引人注目的表现形式。

抽象风格插画大致可以分为人为抽象插画和偶发抽象插画。人为抽象插画是指通过对点、线、面等造型元素进行精心的编排和设计,创造出视觉上具有规律的秩序。偶发抽象插画也是人为设计的,但形象更具偶然性,给人更自然、更有个性的感觉,如图 2-6 所示。

3)装饰风格

装饰风格的插画强调画面的平面化、图案化,富有装饰性,通过对表现内容的归纳、夸张,运用重复、对比、穿插等形式,创作出精美独特的插画作品,因其具有审美特征而被广泛应用于各种领域。装饰风格大致可分为传统装饰风格与创新装饰风格两类。传统装饰风格插画大多运用于不同民族或民间的传统装饰纹样、吉祥图形,体现强烈的民族文化气息;创新装饰风格则是根据主题的需要,按造型规律,创造性地运用相应的素材进行插画创作,能体现独特的时代特色,表现出主题和鲜明的个性,如图2-7所示。

图 2-6　抽象风格插画欣赏

图 2-7　装饰风格插画欣赏

4) 卡通风格

卡通风格的插画极具个性,富有亲和力,能使要表现的主题更加生动、有趣。如今的卡通形象创作已不再只针对少年儿童,越来越多的成年大众也对卡通特别青睐。其亲和力很容易打动大众,很容易在人们心中建立起良好的形象。卡通形象的创作要求在表现对象的基础上进行,运用夸张、变形等手法突出其性格特征。

3. 插画主题

插画的表现主题主要分为幽默性、讽刺性、象征性、幻想性、意象性、直叙性、寓言性、装饰性。例如,幽默性的插画可通过造型、色彩、构图等方面营造一种诙谐、幽默的画面气氛,能使人产生轻松愉悦的感觉,适合于幽默性读物或某些需要体现轻松诙谐的商业活动等,因此,在出版物插画与商业插画中经常使用这种表现手法;而讽刺性的插画大多针对某些事件或者人性弱点进行尖锐的暴露和批判,因此在表现上往往比较夸张、耐人寻味。一些讽刺性的插画也同样具有幽默的效果。

4. 数字插画

数字媒体技术的发展为数字插画的发展提供了条件。如今,绘画艺术已与录像、计算机、网络、数字技术等最新科技成果结合起来,涌现出各种风格的数字绘画创作并深入到现代艺术的各个领域中。

数字艺术的表现形式非常丰富,录像及互动装置、虚拟现实、多媒体、游戏、计算机动画、

DV、数字摄影、数字绘画和数字音乐等都属于数字艺术。数字插画可以被理解为使用计算机参与美术作品的创作。无论是完全使用计算机制作,还是后期使用计算机进行加工处理,都可以称为数字插画。

数字插画与传统插画之间的区别主要表现在以下几个方面。

(1) 内容。传统插画经过长时间的发展演变,蕴涵着深刻的文化积淀、民族情感、风俗习惯、审美观念及审美情趣,因此,具有很大的内容表现空间。而数字插画是从单一的商业插画派生出来的,缺乏艺术创作的根基,在表现的内容上有较大的局限性。

(2) 表现手法。传统的创作技巧、笔墨造型和传统工艺的材料使传统插画具有非常丰富的表现形式和创作风格。而数字插画创作的根本基础是数字化图形处理技术,这种机械的技术手段容易导致表现语言的缺乏和表现形式的单一。

(3) 效果。传统的创作技巧和绘画笔墨效果,使传统的插画作品有着本身的材料感和制作时的手感,所以具有独一无二的收藏价值。而数字插画是通过计算机完成的作品,具有无限复制和网络传播的特性,因此,只能达到仿真效果。

由此可见,数字插画并不可能完全取代传统插画。在数字插画的表现过程中,吸收不同文化和数字技术的运用是数字插画发展的根本。结合民族的优秀传统文化和艺术形式是不断充实数字插画艺术的魅力所在。数字艺术所追求和体现的正是科学技术与传统艺术的统一。

2.3.4 二维动画设计

二维动画艺术设计是指以计算机为平台,结合二维动画设计软件和艺术设计规律进行二维动画艺术设计的过程。二维动画设计一般情况下都需要配音,即要进行音频与音效设计,其情节、影像和音频与音效设计都必须在时间中展开,否则无法对其进行欣赏和了解。

在造型艺术中,通常把时间算作二维、三维之外的另外一维,于是,通常所说的二维动画中一直都包含着时间这个维度,因此,实际上传统的二维动画应该称为三维艺术。当然,这里的"三维"与我们习惯中称立体为"三维"的"三维"有着本质的区别。称立体为"三维"指的是长度、高度和深度这三个维度。有些三维动画软件可以将三维动画生成二维动画的效果,看似是二维动画实际却是三维动画,这种情况下二维动画和三维动画的界限就更模糊了。

二维动画设计与传统动画的关系体现在动画的数字化方面。例如,网页设计或者多媒体光盘设计,虽然在字体运用、色彩构成和版式设计等方面与传统平面设计有关,也就是说一帧静态的网页页面设计与传统平面艺术设计在视觉效果和设计原理上十分接近,但是网页和多媒体设计中的网页动画、交互设计、视频应用、动态链接的效果以及声效和音频设计等方面,无论是从设计的领域、范围、难度、工作量还是其所涉及的各种综合知识和修养的角度来看,已经大大地超越了传统的平面艺术设计和传统动画设计的领域。

1. 传统动画

传统动画的定义是:用电影胶片或录像带以逐格记录的方式拍摄出来的图像,在连续放映状态下经过人类的视觉幻象创造出来的动态影像。定义中包括以下两点。

(1) 传统动画的影像是用电影胶片或录像带以逐格记录的方式拍摄出来的。

(2) 这些影像的"动态"是视觉幻象创造出来的,不是原本存在而被摄影机记录下来的。这就是说,传统动画中动作运动的幻觉只有在放映时才存在,当没有连续放映时,这些生命感就不存在了。

动画大师 Norman McLaren 说："动画不是'会动的画'的艺术，而是'画出来的运动'的艺术。"这里的"运动"的来源是连续放映的画面与它前后画面之间的差异，由于人类的"视觉暂留"功能而产生了连续动作的幻觉。

2. 计算机二维动画

在计算机动画出现以后，上述的定义也发生了变化。计算机动画每一格动作与下一格动作之间不需要停格制作或停格拍摄，它的制作原理是设定关键帧，即动作的起点和终点，然后设置一定的参数，计算机会自动计算，生成连续的动画，于是动画艺术产生了一个崭新的领域，即计算机动画艺术，它又分为二维动画和三维动画。

这里所谓的二维动画设计不仅仅局限于传统的二维动画与计算机的结合，更重要的是扩展了二维动画的概念。计算机二维动画设计泛指以计算机为平台、采用二维动画设计软件或者将三维动画生成二维效果、结合艺术设计规律进行二维动态图形艺术设计的过程。计算机技术的发展，为艺术家全方位地进行创作提供了崭新的平台。二维动画艺术设计不仅仅是"动画设计"的概念，它包括二维数字动画、网页设计、二维电子游戏设计、二维动画商业或科学图表设计、计算机图形界面设计、计算机控制界面设计、计算机动态信息统计以及电子商务、网络营销、网络购物、虚拟商场和科学视觉化等领域中的二维动画图示等。同时，计算机图形还被用于过程控制及系统环境模拟。使用者利用计算机图形来实现、控制或管理对象间的相互作用。例如，石油化工、金属冶炼、电网控制的有关人员可以根据设备关键部位的传感器送来的图像和数据，对设备运行过程进行有效的监视和控制；机场的飞行控制人员和铁路的调度人员可通过计算机产生的静态或者动态图形的运行状态信息来有效、迅速、准确地调度、调整空中交通和铁路运输。这些相关学科都可以包含在计算机二维动画设计的内涵和外延之中。

2.3.5 三维动画艺术设计

三维是指构成普通立体的三个项度，即长度、高度和深度。在传统艺术设计中，三维艺术设计主要涉及环境艺术设计、建筑设计、展示艺术设计、工业设计、服装艺术设计和陶瓷设计等领域。以前的环境艺术设计和工业设计的效果图都是手工画的，费用很高。随着计算机图形艺术的普及，计算机硬件成本降低，运算速度提高，设计软件普及，特别是能够运用计算机图形设计软件进行三维艺术设计的人员也越来越多，计算机三维艺术设计的发展对传统三维艺术设计产生了很大的影响。无论从技术还是从艺术的角度讲，三维艺术设计在速度、精度、艺术效果，特别是在真实感等方面，其效果是手绘根本无法与之相比的。

如今，科学的视觉化、技术产品模型的制作、教学课件、网页设计、多媒体、光盘设计中的三维设计，以及玩具、工艺品设计、艺术雕塑等领域，都有三维艺术设计的用武之地。

由于三维艺术设计的实现，形成了从设计到成品的工艺过程的数字化变革，如运用计算机辅助设计(Computer Aided Design，CAD)进行产品无纸化设计，使用快速原型成型制造(Rapid Prototyping Manufacturing，RPM)技术快速完成任意复杂形状三维实体零件的成型，以及计算机辅助制造技术(Computer Aided Manufacturing，CAM)等设计、模型成型和数字机床加工技术、设备和工艺等，都是以三维设计的计算机化和数字化为基础的。

由于加入了"时间"这一维，三维动画艺术设计应该称为四维图形艺术。在这里，仍然以传统的说法为准,称其为计算机三维动态图形艺术设计。这里所说的三维动画艺术设计与在影视片中看到的影像不一样,因为影视片中的影像无论是人物、动物或者景物都是一个假的三维立体(除了激光全层摄影),无法通过移动观众的观察视点来看到物体其他部位的物像或者被物体遮挡了的物像。而此处所讲的计算机三维动画艺术设计,虽然在最终生成或者转化为传统影视画面进行观看时与传统影视效果没有什么两样,但是它既不同于二维动画,也不同于电影和电视中的影像,而是真正三维的和可以交互的动画。

所谓计算机三维动画艺术设计,是指用计算机数字化技术生成的具有高、长、深三个空间维度的立体动态连续运动画面的一种形式。三维动画艺术设计综合了现代数学、系统控制论、图形图像学、人工智能、软硬件技术和艺术设计等学科的成果。目前,主要用于电影、电视特技、商业广告、电子游戏、影视片头、工业设计、建筑设计和飞行模拟等领域,随着科学与艺术的不断融合,将在更多的领域中实现计算机三维静画和动画的图形、图像设计。

三维动画艺术设计的视觉原理是在传统动画的基础上融入现代计算机图形技术而发展起来的,它利用三维动画设计软件,直接在计算机所构建的虚拟空间中制作数字模型和材质,配合模拟灯光和摄像机,再为模型或摄像机设置运动轨迹,通过最终的渲染从而在计算机屏幕上显示出运动的连续画面。

三维动画艺术设计具有以下特点。

(1) 真三维性。计算机三维动画艺术设计中的影像,在其被渲染并以静帧画面生成之前都是真三维的,可以运用鼠标对其进行 360°的旋转和观看,而且每一个角度都是真实的三维图像。

(2) 交互性与虚拟现实性。计算机三维动画艺术设计与传统动画的区别在于可以利用定位设备(鼠标、操纵杆等)对计算机屏幕、数字目镜以及数字头盔中的虚拟景物进行实时的、真三维的动态交互,就像在现实空间中摆弄一个物体一样,而这一点是传统三维动画无法实现的。正是由于这些交互性与虚拟现实性,使得计算机图形艺术设计的应用空间远远大于传统的艺术设计的范围和领域,增强了设计者和使用者的参与感和身临其境感。这些特点已经在许多领域开始应用,例如游戏娱乐领域,由于有了以计算机为平台的交互性与虚拟现实性,使得游戏与娱乐的身临其境感倍增,这也是现在以计算机为平台的游戏娱乐业如此繁荣和受人喜爱的重要原因之一。

(3) 真实性。三维动画艺术设计在制作过程中也与传统动画有很大的不同。传统动画的每一帧画面都是人工绘制的,效率低,准确性差,出错后不易修改,且色数有限,着色易受到化学颜料的限制;由于手工绘制受技术水平的限制,很难制作出复杂的、真实性的角色和场景。场景中的光线变化单调,镜头的运动也比较简单。一些常用的特殊效果,如下雨、火焰、爆炸等制作起来也很困难。

三维动画艺术设计完全能够克服传统动画的这些局限。目前,一些主流的三维动画设计软件在建模技术上已经相当成熟,基本上能够满足任何复杂角色和场景的制作,而且修改快捷、准确。在材质的设定上能够达到 16 万种颜色,通过贴图技术还可以使模型表现出更加丰富多彩的、真实的肌理效果。

由于三维动画艺术设计的真三维性,与传统手绘动画相比其最显著的特点就是立体与空间感的真实性,强调光对形体塑造的作用,进而给人一种视觉真实感。

(4) 经济性。三维动画艺术设计中以传统摄像机的运动特点为基础来模拟摄像机的运动,可以在场景中任意、全方位地运动,人们可以在任何角度实时地观看场景中的物体。在增加了计算机三维图像和影视视觉效果和视觉冲击力的同时,节约了经济成本。其中许多视觉效果、机位、拍摄角度和摄像机的运动,在真实的拍摄情况下是无法实现的。另外,三维图形设计软件中有许多模拟光源,如泛光灯、聚光灯、线状光源和环境光源等,可以模拟出现实世界中复杂的光线变化。

三维动画软件中的粒子系统和动力学插件等工具,使得影视片的特效制作更加方便和逼真。三维动画艺术设计逐渐成熟,在很大程度上替代了传统影视动画中的道具和模型,不仅提高了效率,缩短了制作周期,而且提高了视觉艺术表现力和观赏效果。

练习与思考

2-1 谈谈对数字艺术设计的初步认识。

2-2 以某个作品封面中的标题为基础,手绘创作一组具有数字艺术表现的文字。

2-3 思考数字艺术设计中图案与构成风格间的关系。

2-4 熟悉平面设计软件及其基本功能,为接下来的课程打下基础。

2-5 通过对各类网站的分析,思考网站建设需要注意的问题,学习网站建设和网页设计的成功经验。

2-6 对插画作品进行浏览与分析,体会插画技术的基本技能。

2-7 通过对 Flash 二维动画的欣赏,思考二维动画制作流程。

2-8 欣赏三维艺术的优秀作品,提高自己对三维设计作品的鉴赏能力。

参考文献

[1] 周苏,张欣,张丽娜,等.数字艺术设计基础[M].北京:清华大学出版社,2011.

[2] 王受之.世界现代设计史[M].北京:中国青年出版社,2002.

[3] 贾秀清,等.重构美学:数字媒体艺术本性[M].北京:中国广播电视出版社,2006.

[4] Negroponte.数字化生存[M].胡泳,译.海口:海南出版社,2005.

第 3 章

数字图像处理技术

3.1 数字图像处理基础知识

3.1.1 人类视觉与图像基础知识

1. 数字图像

数字图像又称数码图像或数位图像,是由模拟图像通过数字化后得到的,以像素(Pixel)为基本元素。

数字图像是物体的一个数字表示,是以数字格式存放的图像,它是目前社会生活中最常见的一种信息媒体,传递着物理世界中事物状态的信息,是人类获取外界信息的主要途径。

据统计,人类从自然界获取的信息中,视觉信息占 75%～85%。美国人有句口头禅:A picture is worth a thousand words,意思是一张图片胜过千言万语。

数字图像可以由许多不同的输入设备和技术生成,例如数码相机、数码摄像机、扫描仪等;也可以从任意的非图像数据合成得到,例如数学函数或者三维几何模型(三维几何模型是计算机图形学的一个主要分支)。

2. 数字图像处理

数字图像处理(Digital Image Processing)又称计算机图像处理,它是指将图像信号转换成数字信号并利用计算机对其进行处理的过程,以提高图像的实用性,从而达到人们所要求的预期结果。

数字图像处理的目的主要如下。

(1) 提高图像的视觉质量,以达到赏心悦目。

(2) 提取图像中所包含的某些特征或特殊信息,便于计算机分析。

(3) 对图像数据进行变换、编码和压缩,便于图像的存储和传输。

数字图像处理技术是计算机技术、信息论和信号处理相结合的综合性学科,是通过计算机对图像进行诸如去除噪声,增强、复原、分割、提取特征等处理的方法和技术。

3.1.2 电磁波谱与可见光

人们所处的空间中存在一个大的交变电磁场,即电磁波。它在真空中的传播速度约为每秒 30 万千米。电磁波包括的范围很广,无线电波、红外线、可见光、紫外线、X 射线、γ 射线等都属于电磁波。光波的频率比无线电波的频率要高很多,光波的波长比无线电波的波长短很多;而 X 射线和 γ 射线的频率则更高,波长则更短。为了对各种电磁波有一个全面的了解,人们按照波长或频率、波数、能量的顺序把这些电磁波排列起来,这就是电磁波谱,如图 3-1 所示。

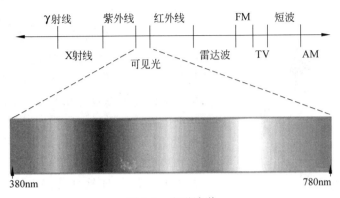

图 3-1 电磁波谱

光是原子或分子内的电子运动状态改变时所发出的电磁波。电磁波谱中,可见光是人们所能感光的极狭窄的一个波段,大约为 380~780nm。从可见光向两边扩展,波长比它长的称为红外线,波长比它小的称为紫外线。

正常视力的人眼对波长约 555nm 的电磁波最为敏感,这种电磁波处于光学频谱的绿光区域。不少其他生物能看见的光波范围跟人类不一样,例如,包括蜜蜂在内的一些昆虫能看见紫外线波段,这对于寻找花蜜有很大帮助。

可见光成像的数字化过程大致如图 3-2 所示。照射到物体上的可见光通过数码相机等成像设备聚到 CCD 或 CMOS 感光部件上,将光信号转化成电信号,再经过采样、量化和编码等过程就形成了数字化的图像文件,然后存储到存储设备(如存储卡等)上。

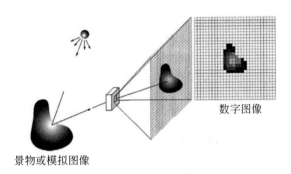

图 3-2 可见光成像的数字化过程

3.1.3 位图与矢量图

要学习图像处理,首先要区分位图图像与矢量图形这两种不同格式的图像,其应用领域和处理技术有很大的不同。它们各有优缺点,两者各自的优点几乎是无法相互替代的。

1. 位图图像

位图图像简称位图(Bitmap),也叫作点阵图,在技术上称为栅格图像,使用彩色网格及像素来表现图像。每个像素都有特定的位置和颜色值。在对位图进行编辑操作时,可操作的对象是每个像素,人们可以改变图像的色相、饱和度、亮度,从而改变图像的显示效果。

图 3-3　位图放大后会出现锯齿状边缘

一幅位图是由若干行和若干列像素组成的一个矩形区域,位图和分辨率有着直接的联系,单位面积上像素数越多,分辨率就越大,位图清晰度就越高,图像质量就越好,但存储图像时所占用的空间就越大。

位图的优点是色彩变化丰富,编辑时,可以改变任何形状的区域的色彩显示效果。其缺点是当位图的放大倍数超过其最佳分辨率时,就会出现细节丢失,并产生锯齿状边缘的情况,如图 3-3 所示。

常用的位图处理软件是 Adobe Photoshop,简称 PS,它在处理图片和拍摄的照片时,有非常强大的功能。另外还有美图秀秀、ACDSee、光影魔术手、Windows 系统自带的画图程序,以及 Google 提供的 Picasa2 等软件,这些软件大都免费,且使用简单,也经常被使用。

2. 矢量图形

矢量图形(Vector)也称面向对象的图像、绘图图像或矢量图,在数学上定义为一系列由线连接的点。矢量图是以数学向量方式记录图像的,其内容以线条和色块为主。

矢量图的优点是轮廓的形状更容易修改和控制,并且和分辨率无关,它可以任意地放大且清晰度不变,也不会出现锯齿状边缘。但是对于单独的对象,色彩上变化的实现不如位图方便直接。另外,支持矢量格式的应用程序也远远没有支持位图的多,很多矢量图都需要专门设计的程序才能打开浏览和编辑。

常用的矢量图绘制软件有 Adobe Illustrator(文件格式为 AI 或 EPS)、CorelDRAW(文件格式为 CDR)、Freehand(文件格式为 FH)、Flash(文件格式为 FLA/SWF)等。

矢量图可以很容易地转化成位图,但是位图转化为矢量图却并不简单,往往需要比较复杂的运算和手工调节。

3.2　数字图像处理应用领域

数字图像处理最早的应用领域之一是在报纸业,当时,图像第一次通过海底电缆从伦敦传往纽约。早在 20 世纪 20 年代曾引入 Bartlane 电缆图片传输系统,把横跨大西洋传送一幅图片所需的时间从一个多星期减少到 3h。第一台可以执行有意义的图像处理任务的大型计算机出现在 20 世纪 60 年代早期。随着大型数字计算机和太空科学研究计划的出现,人们注意到图像处理的潜力。数字图像处理技术在 20 世纪 60 年代末和 20 世纪 70 年代初开始用于医学图像、地球遥感监测和天文学等领域。早在 20 世纪 70 年代发明的计算机轴向断层术(CAT)是图像处理在医学诊断领域最重要的应用之一。

现在,数字图像处理技术已广泛应用于生物医学、遥感、工业生产、军事、通信、公安及气象预报等领域。

3.2.1 数字图像处理在生物医学中的应用

生物医学中图像处理在生命科学研究、医学诊断、临床治疗等方面起着重要的作用。

X射线、CT(计算机断层扫描)、MRI(核磁共振成像)的发现或发明者获得诺贝尔奖,就是其重要价值的印证。目前临床中广泛使用的医学成像模式主要分为X射线透视成像、CT成像、MRI和超声波成像(UI)四类。

1. X射线透视成像

X射线是在1895年由威廉·康拉德·伦琴发现的,由于这一发现,他获得了1901年诺贝尔物理学奖。当X射线被伦琴发现以后,不久就被应用在医学诊断上。X射线是一种有能量的电磁波或辐射,利用X射线的贯穿作用,医学上可以进行X射线透视,一般用来检查骨的损伤情况,如图3-4所示。

2. CT成像

Hounsfield和Cormack于1972年发明了CT,并共同获得了1979年诺贝尔医学奖。

CT能在一个横断解剖平面上,准确地探测各种不同组织间密度的微小差别,是观察骨关节及软组织病变的一种较理想的检查方式。CT优于传统X射线检查之处在于其分辨率高,而且还能做轴位成像。CT成像检查如图3-5所示。CT实例如图3-6所示。

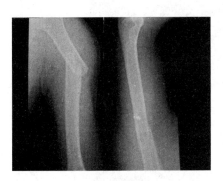

图3-4　X射线透视成像检查骨的损伤情况　　　　　图3-5　CT成像检查

在目前的影像医疗诊断中,利用计算机图像处理技术对二维切片图像进行分析和处理,实现对人体器官、软组织和病变体的分割提取、三维重建和三维显示,可以辅助医生对病变体及其他感兴趣的区域进行定性甚至定量分析,从而大大提高医疗诊断的准确性和可靠性,图3-7所示用CT对脑部进行三维重建。

3. MRI

MRI是Magnetic Resonance Imaging的简称,中文为磁共振成像。磁共振仪如图3-8所示。

MRI是把人体放置在一个强大的磁场中,通过射频脉冲激发人体内氢质子,发生核磁共振,然后接收质子发出的核磁共振信号,经过梯度场三个方向的定位,再经过计算机的运算,构成各方位的图像。磁共振图像如图3-9所示。

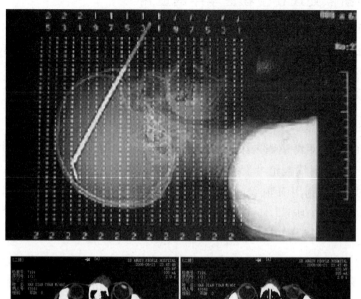

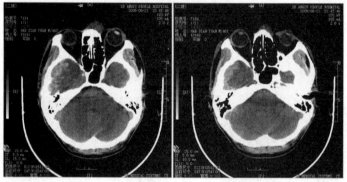

图 3-6　CT 实例

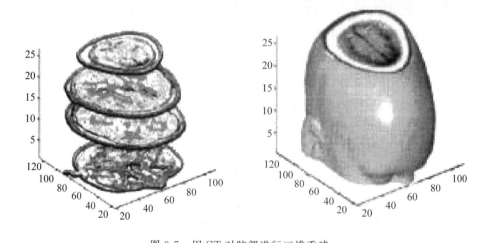

图 3-7　用 CT 对脑部进行三维重建

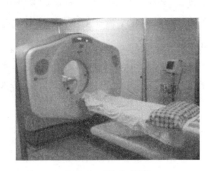
图 3-8　磁共振仪

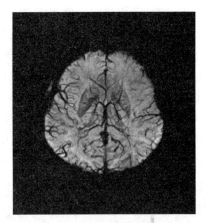
图 3-9　磁共振图像

4. UI

频率在 20 000 Hz 以上的机械振动波称为超声波（Ultrasound）。

UI 是向人体发射一组超声波，按一定的方向进行扫描，根据检测其回声的延迟时间、强弱就可以判断脏器的距离及性质。经过电子电路及计算机的处理，形成 B 超图像。

B 超采用灰度调制显示，以光点的亮度表示回声的大小，以声束进行一维扫描检查，形成与声束方向一致的二维切面声像图。声像图内亮暗不等、疏密不等、排列多样的光点直观构成组织器官的形态结构剖面图，如图 3-10 所示。

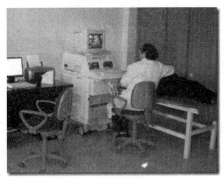
(a) B超检查

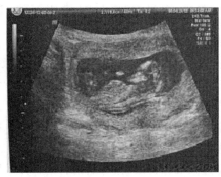
(b) B超成像示例

图 3-10　B 超检查及 B 超成像示例

目前的医用超声诊断仪大都利用超声波照射人体，通过接收和处理载有人体组织或结构性质特征信息的回波，获得人体组织性质与结构的可见图像的方法和技术。它有自己独特的优点，是其他成像所不能代替的。

高分辨率的二维超声和彩色多普勒超声的技术进步是超声诊断学发展的重要里程碑，尤其是在妇产科的应用方面，已成为无可替代的非侵入性的诊断工具。

多普勒诊断法主要用于测量血流速度、确定血流方向和性质（如层流或湍流）等，获得最大速度、平均速度、压差、阻力指数等有关血流动力学的参数。图 3-11 所示为彩色多普勒超声心动图。

近年来,四维超声技术的发展和进步为非侵入性的诊断技术又开辟了一个新的领域。四维超声技术能够克服二维超声空间显像的不足,成为二维超声技术的重要辅助手段。

四维超声技术就是采用三维超声图像加上时间维度参数。同其他三维超声诊断过程相比,四维超声使得医生可以实时地观察人体内部器官的动态运动,如能够显示未出生宝宝的实时动态活动图像,或者其他人体内脏器官的实时活动图像。

临床医生和超声科医生可以检测和发现各种异常,从血管畸形到遗传性综合征。四维彩超前沿技术将大大提高胎儿畸形的检出率及准确率,减少缺陷儿的出生概率,提高人口出生素质。图 3-12 所示为三胞胎的四维超声波图像。

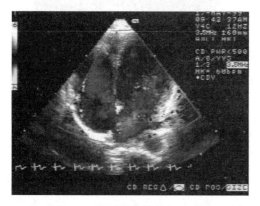

图 3-11   彩色多普勒超声心动图   图 3-12   三胞胎的四维超声波图像

3.2.2   数字图像处理在遥感中的应用

遥感技术可广泛用于农林等资源的调查,农作物长势监视,自然灾害监测、预报,地势、地貌以及地质构造解译、找矿,环境污染检测等。

航天遥感是指在地球大气层以外的宇宙空间,以人造卫星、宇宙飞船、航天飞机、火箭等航天飞行器为平台的遥感。

卫星遥感为航天遥感的组成部分,以人造地球卫星作为遥感平台,主要利用卫星对地球和低层大气进行光学和电子观测。

航空遥感又称机载遥感,是指利用各种飞机、飞艇、气球等作为传感器运载工具在空中进行的遥感技术,是由航空摄影侦察发展而来的一种多功能综合性探测技术。

航空侧视雷达从飞机侧方发射微波,在遇到目标后,其后向散射的返回脉冲在显示器上扫描成像,并记录在存储介质上,产生雷达图像,如图 3-13 所示。

航空拍摄(航拍)就是人们借用航空设备在高空对地面的物体进行拍摄,可以分为航空摄影和航空摄像。而对于航空器材,人们现在可以选用载人的航空器材和不载人的航空器材来进行拍摄。相对来说,载人的航空器材风险更大,但拍摄更为灵活,摄影师更能掌控摄影器材,创造更为精美的画面;不载人的航空器材说给予摄影师的创作空间较小,拍摄周期更长。

地震等自然灾害的发生十分突然,如汶川地震发生后,对震中汶川的灾情了解很少,借助航拍,能够通过高空作业对当地灾情进行连续实时拍摄,及时了解受灾情况并实施救援。其应用如图 3-14 所示。

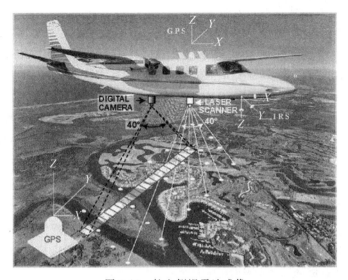

图 3-13　航空侧视雷达成像

图 3-14　航拍应用实例

航空遥感和航拍可以结合起来,以达到更好的应用效果。如在汶川地震救灾中,中国国土资源航空物探遥感中心在对地震灾区航拍图片及卫星遥感数据解译后发现 34 处堰塞湖,其中水量在 300 万立方米以上的大型堰塞湖 8 处,100 万立方米至 300 万立方米的中型堰塞湖 11 处,100 万立方米以下的小型堰塞湖 15 处,这为有效救援提供了极大的帮助。

3.2.3　数字图像处理在工业生产中的应用

数字图像处理在工业生产中的应用主要有无损检测、石油勘探、生产过程自动化(识别零件、装配质量检查)、工业机器人研制等。

无损检测(Nondestructive Testing,NDT)利用声、光、磁和电等特性,在不损害或不影响被检对象使用性能的前提下,检测被检对象中是否存在缺陷或不均匀性,给出缺陷的大小、位置、性质和数量等信息,进而判定被检对象所处的技术状态(如合格与否、剩余寿命等)的所有技术手段的总称。

常用的无损检测方法有射线照相检验(RT)、超声检测(UT)、磁粉检测(MT)和液体渗透检测(PT)四种。其他无损检测方法还有涡流检测(ET)、声发射检测(ET)、热像/红外(TIR)、泄漏试验(LT)、交流场测量技术(ACFMT)、漏磁检验(MFL)和远场测试检测方法(RFT)等。

1. 射线照相检验

射线照相检验是利用 X 射线或 γ 射线的众多特性(如感光),通过观察记录在胶片上的有关 X 射线或 γ 射线在被检材料或工件中发生的衰减变化,来判定被检材料和工件的内部是否存在缺陷。其示例如图 3-15 所示。

在压铸过程中,零件的成型会因工艺参数、机床状况变化而有所不同,因此,成型后的零件厚度、致密度也有差异,而经 X 射线照射,其吸收及透过 X 射线的量也不一样,因而在透视荧光屏上有亮暗之分,如图 3-16 所示。

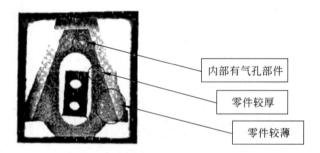

内部有气孔部件

零件较厚

零件较薄

图 3-15　射线照相检验火箭质量　　　　图 3-16　X 射线探伤仪检验铸件质量

2. 超声检测

超声波探伤比 X 射线探伤具有较高的探伤灵敏度、周期短、成本低、灵活方便、效率高,对人体无害等优点,能够快速、便捷、无损伤、精确地进行工件内部多种缺陷(焊缝、裂纹、夹杂、折叠、气孔、砂眼等)的检测、定位、评估和诊断。其示例如图 3-17 所示。

3. 红外热像检测

红外热像仪是通过非接触探测红外能量(热量),并将其转换为电信号,进而在显示器上生成热图像和温度值,并可以对温度值进行计算的一种检测设备。红外热像仪能够将探测到的热量精确量化,使人们不仅能够观察热图像,还能够对发热的故障区域进行准确识别和严格分析。图 3-18 为现场红外热像检测。

红外热生命探测仪是一种用于探测生命迹象的高科技援救设备,带有图像显示器且具有夜视功能,主要通过感知温度差异来判断不同的目标,因此,在黑暗中也可照常工作,能经受救援现场的恶劣条件,可在震后的浓烟、大火和黑暗环境中搜寻生命,如图 3-19 所示。

图 3-17 相控阵超声波无损检测设备　　图 3-18 现场红外热像检测

图 3-19 红外热生命探测仪

3.2.4 数字图像处理在军事中的应用

数字图像处理在军事中的应用主要有侦察卫星、雷达、声呐、导弹制导、军事仿真等。下面介绍其中的几种。

1. 侦察卫星

侦察卫星一般是指照相侦察卫星,它又分为可见光(红外)照相侦察卫星和雷达照相侦察卫星,如图 3-20 所示。

美国的 KH-12"高级锁眼"可见光照相侦察卫星的分辨率已达到 0.1~0.15m,有"极限轨道平台"之称,如图 3-21 所示。

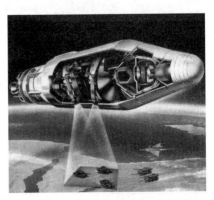

图 3-20 侦察卫星　　图 3-21 美国 KH-12"高级锁眼"可见光照相侦察卫星

2014 年 8 月 19 日 11 时 15 分,我国在太原卫星发射"高分二号"卫星,标志着我国遥感卫星进入亚米级"高分时代"。它使国产光学遥感卫星空间分辨率首次精确到 1m,同时还具有高辐射精度、高定位精度和快速姿态机动能力等特点,主要用户是国土资源部、住建部、交通运输部和林业局。

2. 雷达

雷达利用电磁波探测目标。发射电磁波对目标进行照射并接收其回波,由此获得目标至电磁波发射点的距离、距离变化率(径向速度)、方位、高度等信息。图 3-22 为空军雷达某部为飞行表演编队导航。

雷达的优点是白天黑夜均能探测远距离的目标,且不受雾、云和雨的阻挡,具有全天候、全天时的特点,并有一定的穿透能力。

3. 声呐

声呐是利用水中声波进行探测、定位和通信的电子设备。声呐是各国海军进行水下监视使用的主要技术,用于对水下目标进行探测、分类、定位和跟踪,进行水下通信和导航,保障舰艇、反潜飞机和反潜直升机的战术机动和水中武器的使用。

此外,声呐技术还广泛用于鱼雷制导、水雷引信、鱼群探测、海洋石油勘探、船舶导航、水下作业、水文测量和海底地质地貌的勘测等。图 3-23 是用 Klein System 530 声呐(使用的频率是 500kHz)发现的沉船的残骸。该残骸位于离马萨诸塞州海岸 25m 水下,该船沉于 1944 年 9 月 14 日,当时 12 人丧生。

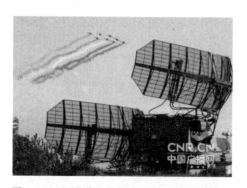

图 3-22　空军雷达某部为飞行表演编队导航

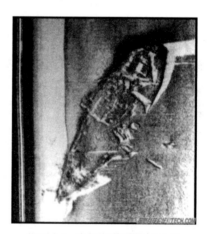

图 3-23　声呐发现的船只残骸

3.2.5　数字图像处理在通信中的应用

数字图像处理在通信中的应用主要有图像传真、可视电话、卫星通信和数字电视等。

1. 图像传真

图像传真将文字、图表、相片等记录在纸面上的静止图像,通过扫描和光电变换,变换成电信号,经各类信道传送到目的地,在接收端通过一系列逆变换过程,获得与发送原稿相似记录副本的通信方式,如图 3-24 所示。

2. 可视电话

可视电话业务是一种点到点的视频通信业务。它能利用电话网双向实时传输通话双方的图像和语音信号。可视电话能达到面对面交流的效果,实现人们通话时既闻其声又见其人的梦想,如图 3-25 所示。

图 3-24 图像传真

图 3-25 可视电话通信

3. 卫星通信

卫星通信系统由卫星和地球站两部分组成。卫星在空中起中继站的作用,即把地球站发上来的电磁波放大后再返送回另一地球站。地球站是卫星系统与地面公众网的接口,地面用户通过地球站出入卫星系统形成链路。

4. 数字电视

数字电视指从演播室到发射、传输、接收的所有环节都是使用数字电视信号或对该系统所有的信号传播都是通过由 0、1 数字串所构成的数字流来传播的电视类型。数字电视信号损失小,接收效果好。

3.2.6 数字图像处理在公安中的应用

数字图像处理在公安中的应用主要有指纹识别、人脸识别、印鉴、伪钞识别、手迹分析、通行安检等。下面介绍其中的几种。

1. 指纹识别

指纹识别是指通过比较不同指纹的细节特征点来进行鉴别。由于每个人的指纹不同,就是同一人的十指之间,指纹也有明显区别,因此指纹可用于身份鉴定。

指纹识别系统是一个典型的模式识别系统,包括指纹图像获取、处理、特征提取和比对等模块,如图 3-26 所示。

图 3-26 指纹识别的应用

2. 人脸识别

人脸识别特指通过分析、比较人脸视觉特征信息进行身份鉴别的计算机技术。人脸识别系统包括图像摄取、人脸定位、图像预处理以及人脸识别。

人脸识别技术可应用于公安刑侦破案、门禁系统、摄像监视系统、网络应用等。利用人脸识别还可辅助信用卡网络支付、身份辨识(如电子护照及身份证)、信息安全(如计算机登录)、电子政务和电子商务等。图 3-27 即为人脸识别的应用。

 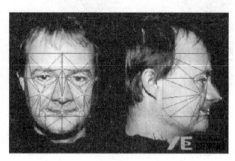

(a) 门禁人脸识别　　　　　　　　　(b) 三维面部识别

图 3-27　人脸识别的应用

3. 通行安检

通行安检是火车站、地铁、机场等必不可少的。图 3-28 为 X 光射线行李安全检查设备。

美国机场首先使用的反向散射安检扫描仪如一个大衣柜大小,如图 3-29 所示。它利用 X 光对人体进行扫描,能够发现被检查者的衣服底下所藏的爆炸物。

接受新型反向散射检查时,乘客需要做的是:站在扫描仪器前,两个手掌向外,然后在机器前转 360°,让身体背面也进行扫描。整个过程需要约 1min。

图 3-28　X 光射线行李安全检查设备

图 3-29　美国机场首先使用的安检扫描仪

据美国交通安全管理局在其网站的介绍,反向散射在对人体进行扫描时使用的是有限的、低能量的 X 光,人们受到的辐射相当于乘坐飞机在高空飞行 2min 所接受的太阳光照,因此,不会对人身健康造成损害。

反向散射利用 X 光透视可以看到人的清晰裸体,构成了对隐私的侵犯,如图 3-30 所示。有民权组织甚至宣称,这种 X 射线安全检查设备简直是把人的衣服扒光了再检查,并且希望美国国会禁止机场安装此类设备。

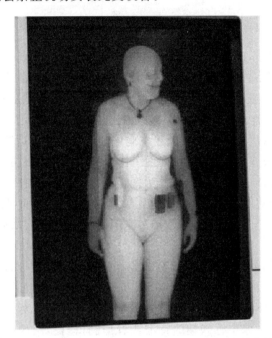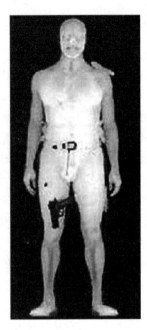

图 3-30　安检扫描仪的反向散射透视效果

3.2.7　数字图像处理在气象预报中的应用

气象云图进行测绘、判读等是数字图像处理在气象预报中的典型应用。

气象卫星从太空不同的位置对地球表面进行拍摄,大量的观测数据通过卫星传回地面工作站,再合成精美的云图照片。

人们既可以接收可见光云图,也可以通过使用合适的感光仪器接收到其他波段的卫星照片,如红外云图。

目前,电视节目中通常使用的云图就是红外云图,通过计算机处理、编辑而成的假彩色动态云图画面。

卫星在 $10.5\sim12.5\mu m$ 测量地表和云面发射的红外辐射,将这种辐射以图像表示就是红外云图。

在红外云图上物体的色调决定其自身的温度,物体温度越高,发射的辐射越大,色调越暗。红外云图是一张温度分布图。

数字图像处理技术的应用领域还有很多,限于篇幅,就不再一一列举了。

3.3　数字图像处理的关键技术

数字图像处理的技术较为复杂,可分为低级处理(如降噪、对比度增强、图像锐化等)、中级处理(涉及分割、识别等)和高级处理(识别物体的总体理解、识别函数等)。

下面介绍数字图像处理的一些常用技术。

3.3.1　图像增强

图像增强的目的是采用一系列技术改善图像的视觉效果,如将原来不清晰的图像变得清晰或强调某些感兴趣的特征,抑制不感兴趣的特征,从而改善图像质量,丰富信息量。或者将图像转换成一种更适合人或机器进行分析处理的形式,加强图像判读和识别效果。

图像增强的方法可分成两大类:空间域法和频率域法。

空间域法在处理时直接对图像灰度级做运算。基于空间域的算法分为点运算算法和邻域去噪算法。点运算算法即灰度级校正、灰度变换和直方图修正等,其目的是使图像成像均匀或扩大图像动态范围、扩展对比度。邻域增强算法分为图像平滑和锐化两种。平滑一般用于消除图像噪声,但是也容易引起边缘的模糊,其常用算法有均值滤波、中值滤波。锐化的目的在于突出物体的边缘轮廓,便于目标识别,其常用算法有梯度法、算子、高通滤波、掩模匹配法、统计差值法等。

频率域法把图像看成一种二维信号,对其进行基于二维傅里叶变换的信号增强。采用低通滤波(即只让低频信号通过)法,可去掉图中的噪声;采用高通滤波法,则可增强边缘等高频信号,使模糊的图片变得清晰。图像增强的频率域方法是通过一定手段对原图像附加一些信息或变换数据,有选择地突出图像中感兴趣的特征或者抑制(掩盖)图像中某些不需要的特征,使图像与视觉响应特性相匹配。基于频率域的算法是在图像的某种变换域内对图像的变换系数值进行某种修正,是一种间接增强的算法。

图 3-31 是由空间域对噪声图像进行去噪处理的结果。

图 3-31　图像去噪示例

在图像的识别中常需要突出边缘和轮廓信息。图像锐化可以增强图像的边缘,如图 3-32 所示。

3.3.2　图像变换

为了用正交函数或正交矩阵表示图像而对原图像所做的二维线性可逆变换称为图像变

图 3-32　图像锐化示例

换。一般称原图像为空间域图像,称变换后的图像为转换域图像,转换域图像可反变换为空间域图像。图像处理中所用的变换都是酉变换,即变换核满足正交条件的变换。经过酉变换后的图像往往更有利于特征抽取、增强、压缩和图像编码。

实现图像变换常用的有三种方法。

(1) 傅里叶变换:它是应用最广泛和最重要的变换。它的变换核是复指数函数,转换域图像是原空间域图像的二维频谱,其"直流"项与原图像亮度的平均值成比例,高频项表征图像中边缘变化的强度和方向。为了提高运算速度,计算机中多采用傅里叶快速算法。

(2) 沃尔什-阿达玛变换:它是一种便于运算的变换。变换核是值+1 或-1 的有序序列。这种变换只需要做加法或减法运算,不需要像傅里叶变换那样做复数乘法运算,所以能提高计算机的运算速度,减少存储容量。这种变换已有快速算法,能进一步提高运算速度。

(3) 离散卡夫纳-勒维变换:它是以图像的统计特性为基础的变换,又称霍特林变换或本征向量变换。变换核是样本图像的协方差矩阵的特征向量。这种变换用于图像压缩、滤波和特征抽取时在均方误差意义下是最优的。但在实际应用中往往不能获得真正的协方差矩阵,所以不一定有最优效果。它的运算较复杂且没有统一的快速算法。

除上述变换外,余弦变换、正弦变换、哈尔变换和斜变换也在图像处理中得到应用。

图像变换处理流程如图 3-33 所示。

图 3-33　图像变换处理流程

3.3.3　图像压缩与编码

一张 600MB 的光盘,能存储 20s 左右图像帧分辨率为 640×480 的彩色视频。不经过编码压缩,保存多媒体信息有多么困难是可想而知的。

图像压缩是数据压缩技术在数字图像上的应用,主要研究数据的表示、传输、变换和编码方法,目的是减少存储数据所需的空间和传输所用的时间。编码是实现图像压缩的重要手段。压缩比很大程度上取决于对图像质量的要求。广播电视压缩比 3∶1,可视电话压缩比可达 1500∶1。

图像编码技术大致经历了如下发展。

Kunt 提出第一代、第二代的编码概念。第一代编码是以去除冗余为基础的编码方法,如 PCM、DPCM、ΔM、DCT、DFT、W-H 变换编码以及以此为基础的混合编码法。

第二代编码法多为 20 世纪 80 年代以后提出的,如 Fractal 编码法、金字塔编码法、小波变换编码法、模型基编码法、基于神经网络的编码法等。这些编码方法有如下特点。

(1) 充分考虑人的视觉特性。

(2) 恰当地考虑对图像信号的分解与表述。

(3) 采用图像的合成与识别方案压缩数据。

根据解压后数据能否完全复原,图像压缩可以分为有损压缩和无损压缩。

对于如绘制的技术图、图表或者漫画,优先使用无损压缩,再如医疗图像或者用于存档的扫描图像等,这些有价值的内容的压缩也尽量选择无损压缩方法。常用的无损压缩方法有游程编码、熵编码法等。

常见的无损压缩图像文件格式有.gif 和.tiff。有损压缩方法非常适合于自然的图像,如 JPEG 图像文件就是有损压缩,通过离散余弦变换后选择性丢掉人眼不敏感的信号分量,实现高压缩比率。

3.3.4 图像复原与重建

1. 图像复原

图像复原就是要尽可能恢复退化图像的本来面目,它是沿图像退化的逆过程进行处理。典型的图像复原是根据图像退化的先验知识建立一个退化模型,以此模型为基础,采用各种逆退化处理方法进行恢复,使图像质量得到改善。

图像复原过程如下:找出退化原因→建立退化模型→反向推演→恢复图像。图 3-34 所示为模糊图像复原。

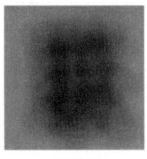

(a) 复原前图像　　　　　　　　(b) 复原后图像

图 3-34　模糊图像复原

2. 图像重建

图像重建要通过物体外部测量的数据,经数字处理获得三维物体的形状信息的技术。图像重建技术开始应用在放射医疗设备中,显示人体各部分的图像,即计算机断层扫描技术

（简称 CT 技术），后来逐渐在许多领域中获得应用。

目前应用较多的图像重建技术主要有投影重建、明暗恢复形状、立体视觉重建和激光测距重建。

1）投影重建

投影重建是利用 X 射线、超声波透过被遮挡物体（如人体内脏、地下矿体）的透视投影图，计算恢复物体的断层图，利用断层图或直接从物体的二维透视投影图重建物体的形状。这种重建技术是通过某种射线的照射，射线在穿过组织时吸收不同，引起在成像面上投射强度的不同，反演求得组织内部分布的图像。如前所述的 X 射线、CT 技术就是应用了这种重建，为医学诊断提供了手段。投影重建还用于地矿探测。在探测井中，用超声波源发射超声，用相关的仪器接收不同地层和矿体反射的超声。按照超声波在媒质的透射率和反射规律，用有关技术对得到的透射投影图进行分析计算，即可恢复重建埋在地下的矿体形状。

2）明暗恢复形状

单张照片不含图像中的深度信息，利用物体表面对光照的反射模型可以对图像灰度数据进行分析计算，从而恢复物体的形状。

物体的成像是由于光源的分布、物体表面的形状、反射特性，以及观察者（照相机、摄像机）相对于物体的几何位置等因素确定。用计算机图形学方法可以生成不同观察角度时的图像。它在计算机辅助设计中得到应用，可以演示设计物体从不同角度观察的外形，如房屋建筑、机械零件、服装造型等。反过来，则可以通过图像中各个像素明暗程度，并且根据经验假设光源的分布、物体表面的反射性质以及摄像时几何位置，计算物体的三维形状。这种重建方法计算复杂，计算量也相当大，目前主要用于遥感图像的地形重建中。

3）立体视觉重建

立体视觉重建用两个照相机（或摄像机）在左右两边对同一景物摄下两幅照片（或摄像图像），利用双目成像的立体视觉模型恢复物体的形状，提取物体的三维信息，也称三维图像重建。这种方法是对人类视觉的模仿。先从两幅图像提取出物体的边缘线条、角点等特征。物体的同一边缘和角点由于立体视差在两幅图中的位置略有不同，经匹配处理找出两幅图中的对应线和对应点，经几何坐标换算得到物体的形状。它主要应用于工业自动化和机器人领域，也用于地图测绘。

4）激光测距重建

激光测距重建应用扫描激光对物体测距，获得物体的三维数据，经过坐标换算，恢复物体的三维形状数据。激光测距的特点是准确。有两种方法可以实现重建：一种方法是固定激光源，让物体转动，并做升降，就可以获得物体在各个剖面的三维数据，重建物体在各个方向上的图像；另一种方法是激光源在一个锥形区域进行前视扫描，获得前方物体的三维数据。这种方法在行走机器人中得到应用，可以发现前方障碍，计算出障碍的区域，从而绕道行走。图像重建在通信领域也得到重要的应用。例如，利用图像重建技术获得非常直观的无线电场强的三维空间分布图像；通过极高压缩比的人脸图像传输，用图像重建技术可在接收端恢复原始人脸图像。

3.3.5　图像特征提取

图像特征提取是图像识别的基础，其目的是让计算机具有认识或者识别图像的能力。

特征选择是图像识别中的一个关键问题。特征选择和提取的基本任务是如何从众多特征中找出最有效的特征。

常用的图像特征有颜色特征、纹理特征和形状特征等。根据待识别的图像,通过计算产生一组原始特征,称之为特征形成。

1. 颜色特征

颜色特征是图像的一种全局特征,它描述图像或图像区域所对应的景物的表面性质。一般情况下,颜色特征是基于像素点的特征,此时所有属于图像或图像区域的像素都有各自的贡献。由于颜色对图像或图像区域的方向、大小等变化不敏感,所以颜色特征不能很好地捕捉图像中对象的局部特征。

常用的颜色特征提取与匹配方法是颜色直方图。颜色直方图的优点是能简单描述一幅图像中颜色的全局分布,即不同色彩在整幅图像中所占的比例,特别适用于描述那些难以自动分割的图像和不需要考虑物体空间位置的图像。其缺点在于它无法描述图像中颜色的局部分布及每种色彩所处的空间位置,即无法描述图像中的某一具体的对象或物体。

颜色直方图特征匹配方法有直方图相交法、距离法、中心距法、参考颜色表法、累加颜色直方图法等。

2. 纹理特征

纹理特征也是图像的一种全局特征,它也描述了图像或图像区域所对应景物的表面性质。但由于纹理只是一种物体表面的特性,并不能完全反映出物体的本质属性,所以仅仅利用纹理特征是无法获得高层次图像内容的。与颜色特征不同,纹理特征不是基于像素点的特征,它需要在包含多个像素点的区域中进行统计计算。在模式匹配中,这种区域性的特征具有较大的优越性,不会由于局部的偏差而无法匹配成功。作为一种统计特征,纹理特征常具有旋转不变性,并且对于噪声有较强的抵抗能力。但是,纹理特征也有其缺点,一个很明显的缺点是当图像的分辨率变化时,所计算出来的纹理可能会有较大偏差。另外,由于有可能受到光照、反射情况的影响,从二维图像中反映出来的纹理不一定是三维物体表面真实的纹理。

常用的纹理特征提取与匹配方法有统计方法(如灰度共生矩阵)、几何法(如棋盘格特征法和结构法)、模型法(如马尔可夫随机场(MRF)模型法和Gibbs随机场模型法)、信号处理法(如自回归纹理模型、小波变换等)。

3. 形状特征

基于形状特征的检索方法可以比较有效地利用图像中感兴趣的目标来进行检索。通常情况下,形状特征有两类表示方法:一类是轮廓特征;另一类是区域特征。图像的轮廓特征主要针对物体的外边界,而图像的区域特征则关系到整个形状区域。

典型的形状特征描述方法有边界特征法、傅里叶形状描述符法、几何参数法。

(1)边界特征法:该方法通过对边界特征的描述来获取图像的形状参数。其中,Hough变换检测平行直线方法和边界方向直方图方法是经典方法。

(2)傅里叶形状描述符法:傅里叶形状描述符法的基本思想是用物体边界的傅里叶变换作为形状描述,利用区域边界的封闭性和周期性,将二维问题转化为一维问题。

(3)几何参数法:形状的表达和匹配采用更为简单的区域特征描述方法,例如,采用有关形状定量测度(如矩、面积、周长等)的形状参数法。在图像检索系统中,便是利用圆度、偏心率、主轴方向和代数不变矩等几何参数,进行基于形状特征的图像检索。

3.3.6　图像分割

图像分割是图像处理中的一项关键技术,自 20 世纪 70 年代以来,其研究已经有几十年的历史,一直都受到人们的高度重视,至今借助于各种理论提出数以千计的分割算法,而且这方面的研究仍然在积极地进行着。

通常,提取图像空间关系特征可以有两种方法:一种方法是首先对图像进行自动分割,划分出图像中所包含的对象或颜色区域,然后根据这些区域提取图像特征,并建立索引;另一种方法则简单地将图像均匀地划分为若干规则子块,然后对每个图像子块提取特征,并建立索引。

图像分割就是把图像分成区域的过程。这是从处理到分析的转变关键,也是图像自动分析的第一步。人类视觉系统能将所观察的复杂景物中的对象分开,并识别出每个物体,但对于计算机来说却是个难题。目前,大部分图像的自动分割还需要人工提供必需的信息来帮助识别,只有一部分领域开始使用,例如,印刷字符自动识别、指纹识别等。

图像中通常包含多个对象,图像处理为达到识别和理解的目的,几乎都必须按照一定的规则将图像分割成区域,每个区域代表被成像的一个部分。图像自动分割是图像处理中最困难的问题之一。

图像分割通常根据灰度、颜色、纹理和形状等特征把图像划分成若干互不相交的区域,并使这些特征在同一区域内呈现出相似性,而在不同区域间呈现出明显的差异性。下面介绍图像分割的常用方法。

1. 基于阈值的分割方法

基于阈值的分割方法的基本思想是基于图像的灰度特征来计算一个或多个灰度阈值,并将图像中每个像素的灰度值与阈值相比较,最后将像素根据比较结果分到合适的类别中。该类方法的关键是如何按照某个准则函数来求解最佳灰度阈值。

2. 基于边缘的分割方法

边缘是指图像中两个不同区域的边界线上连续的像素点的集合,是图像局部特征不连续性的反映,体现了灰度、颜色、纹理等图像特性的突变。通常情况下,基于边缘的分割方法是指基于灰度值的边缘检测,它是建立在边缘灰度值会呈现出阶跃型或屋顶型变化这一观测基础上的方法。

阶跃型边缘两边像素点的灰度值存在明显的差异,而屋顶型边缘则位于灰度值上升或下降的转折处。正是基于这一特性,可以使用微分算子进行边缘检测,即使用一阶导数的极值与二阶导数的过零点来确定边缘,具体实现时可以使用图像与模板进行卷积来完成。

3. 基于区域的分割方法

此类方法是将图像按照相似性准则分成不同的区域,主要包括种子区域生长法、区域分裂合并法和分水岭法等。

种子区域生长法是从一组代表不同生长区域的种子像素开始,接下来将种子像素邻域里符合条件的像素合并到种子像素所代表的生长区域中,并将新添加的像素作为新的种子像素继续合并过程,直到找不到符合条件的新像素为止。该方法的关键是选择合适的初始种子像素以及合理的生长准则。

区域分裂合并法的基本思想是首先将图像任意分成若干互不相交的区域,然后再按照相关准则对这些区域进行分裂或者合并从而完成分割任务。该方法既适用于灰度图像分割,也适用于纹理图像分割。

分水岭法是一种基于拓扑理论的数学形态学的分割方法,其基本思想是把图像看作是测地学上的拓扑地貌,图像中每一点像素的灰度值表示该点的海拔高度,每一个局部极小值及其影响区域称为集水盆,而集水盆的边界则形成分水岭。该算法的实现可以模拟成洪水淹没的过程,图像的最低点首先被淹没,然后水逐渐淹没整个山谷。当水位到达一定高度的时候将会溢出,这时在水溢出的地方修建堤坝,重复这个过程直到整个图像上的点全部被淹没,这时所建立的一系列堤坝就成为分开各个盆地的分水岭。分水岭算法对微弱的边缘有着良好的响应,但图像中的噪声会使分水岭算法产生过分割的现象。

4. 基于图论的分割方法

此类方法把图像分割问题与图的最小分割问题相关联。首先将图像映射为带权无向图 $G=<V,E>$,图中每个节点 $N\in V$ 对应于图像中的每个像素,每条属于 E 的边连接着一对相邻的像素,边的权值表示了相邻像素之间在灰度、颜色或纹理方面的非负相似度。而对图像的一个分割 S 就是对图的一个剪切,被分割的每个区域 $C\in S$ 对应着图中的一个子图。而分割的最优原则就是使划分后的子图在内部保持相似度最大,而子图之间的相似度保持最小。基于图论的分割方法的本质就是移除特定的边,将图划分为若干子图从而实现分割。基于图论的方法主要有 GraphCut、GrabCut 和 Random Walk 等。

5. 基于能量泛函的分割方法

该类方法主要是指活动轮廓模型以及在其基础上发展出来的算法,其基本思想是使用连续曲线来表达目标边缘,并定义一个能量泛函使得其自变量包括边缘曲线,因此,分割过程就转变为求解能量泛函的最小值的过程,一般可通过求解函数对应的欧拉方程来实现,能量达到最小时的曲线位置就是目标的轮廓所在。按照模型中曲线表达形式的不同,活动轮廓模型可以分为两大类:参数活动轮廓模型和几何活动轮廓模型。

3.3.7 目标检测与运动检测

1. 目标检测

目标检测(Object Detection)也称为目标提取,是一种基于目标几何和统计特征的图像分割,它将目标的分割和识别合二为一,其准确性和实时性是整个系统的一项重要能力。尤其是在复杂场景中,需要对多个目标进行实时处理时,目标自动提取和识别就显得特别重要。

随着计算机技术的发展和计算机视觉原理的广泛应用,利用计算机图像处理技术对目标进行实时跟踪研究越来越热门,对目标进行动态实时跟踪定位在智能化交通系统、智能监控系统、军事目标检测及医学导航手术中手术器械定位等方面具有广泛的应用价值。

2. 运动分析

运动分析(Motion Analysis)就是在不需要人为干预的情况下,综合利用计算机视觉、模式识别、图像处理、人工智能等诸多方面的知识对摄像机拍录的图像序列进行自动分析，实现对动态场景中人的定位、跟踪和识别，并在此基础上分析和判断人的行为。

人体运动分析主要包括运动目标检测、人体运动跟踪、人体运动识别与描述四个环节。人体运动分析在许多领域有着广泛的应用。

3. 运动检测

运动检测（Motion Detection）将运动前景从图像序列中提取出来，也就是说将背景与运动前景分离开。

运动目标检测的基本方法主要有帧间差分法、光流法及背景差法等。

3.3.8　图像识别

图像识别是指利用计算机对图像进行处理、分析和理解，以识别各种不同模式的目标和对象的技术。

图像识别可能是以图像的主要特征为基础的。每个图像都有它的特征，如字母 A 有个尖，P 有个圈，而 Y 的中心有个锐角等。对图像识别时眼睛运动的研究表明，视线总是集中在图像的主要特征上，也就是集中在图像轮廓曲度最大或轮廓方向突然改变的地方，这些地方的信息量最大，而且眼睛的扫描路线也总是依次从一个特征转到另一个特征上。由此可见，在图像识别过程中，知觉机制必须排除输入的多余信息，抽出关键的信息。同时，在大脑里必定有一个负责整合信息的机制，它能把分阶段获得的信息整理成一个完整的知觉映像。

在人类图像识别系统中，对复杂图像的识别往往要通过不同层次的信息加工才能实现。对于熟悉的图形，由于掌握了它的主要特征，就会把它当作一个单元来识别，而不再注意它的细节了。这种由孤立的单元材料组成的整体单位叫作组块，每一个组块是同时被感知的。在文字材料的识别中，人们不仅可以把一个汉字的笔画或偏旁等单元组成一个组块，而且能把经常在一起出现的字或词组成组块单位来加以识别。

在计算机视觉识别系统中，图像内容通常用图像特征进行描述。事实上，基于计算机视觉的图像检索也可以分为类似文本搜索引擎的三个步骤：提取特征、建索引以及查询。

图像识别的发展经历了三个阶段：文字识别、数字图像处理与识别、物体识别。

文字识别的研究是从 1950 年开始的，一般是识别字母、数字和符号，从印刷文字识别到手写文字识别，应用非常广泛。

数字图像处理和识别的研究开始于 1965 年。数字图像与模拟图像相比具有存储、传输方便，可压缩，传输过程中不易失真，处理方便等巨大优势，这些都为图像识别技术的发展提供了强大的动力。

物体的识别主要是指对三维世界的客体及环境的感知和认识，属于高级的计算机视觉范畴。它是以数字图像处理与识别为基础的结合人工智能、系统学等学科的研究方向，其研究成果被广泛应用在各种工业及探测机器人上。现代图像识别技术的一个不足就是自适应性能差，一旦目标图像被较强的噪声污染或是目标图像有较大残缺，往往就得不出理想的结果。

图像识别问题的数学本质属于模式空间到类别空间的映射问题。目前，在图像识别的发展中，主要有三种识别方法：统计模式识别、结构模式识别、模糊模式识别。

图像识别是人工智能的一个重要领域。为了编制模拟人类图像识别活动的计算机程序,人们提出了不同的图像识别模型,例如模板匹配模型、原型匹配模型及"泛魔"识别模型等。

一般工业使用中,采用工业相机拍摄图片,然后利用软件根据图片灰阶差做处理后识别出有用信息。图像识别软件国外代表性的有康耐视等,国内代表性的有图智能等。

3.4　图像处理的主要任务与技术展望

3.4.1　图像处理面临的主要任务

数字图像处理技术已经得到非常迅速的发展,其应用领域也日趋广泛。当前面临的主要任务如下。

(1)在进一步提高精度的同时着重解决处理速度问题。巨大的信息量、数据量和处理速度仍然是一对主要矛盾。

(2)加强软件研究,开发新的处理方法,特别是要注意移植和借鉴其他学科的技术和研究成果,创造出新的处理方法。

(3)加强边缘学科的研究工作,促进图像处理技术的发展。

(4)加强理论研究,逐步形成图像处理科学自身的理论体系。

(5)图像处理领域的标准化。建立图像信息库和标准子程序,统一存放格式和检索。图像信息量和数据量大,若没有图像处理领域的标准化,图像信息的建立、检索和交流将是一个极严重的问题,交流和使用极不方便,造成资源共享的严重障碍。

3.4.2　图像处理技术展望

未来一段时间内,数字图像处理技术会在以下几个领域得到进一下的发展。

(1)计算机图像处理的发展将向高清晰度及实时图像处理的理论及技术研究,高速传输、高分辨率、三维成像或多维成像、多媒体化、智能化等方向发展。

(2)图像、图形相结合,朝着三维成像或多维成像的方向发展。

(3)图像的智能生成、处理、识别与理解成为新的热点。

(4)更新的理论研究与更快、更优的算法研究。在图像处理领域,近几年来,引入了一些新的理论并提出了一些新的算法,如小波分析、分形几何、形态学、遗传算法、人工神经网络等。这些理论及算法,将会成为今后图像处理理论与技术的研究热点。

(5)嵌入式图像处理系统。嵌入式技术和图像处理技术相结合的嵌入式图像处理成为一个新的热点,如数码相机嵌入了运动目标检测与跟踪、目标的识别与提取、特技效果等基于图像内容的处理。在AF(自动对焦)设置下能够自动根据画面内的天空与背景、前景识别出人物所在位置并且对人物进行自动聚焦。

嵌入式雾天视频清晰化装置是通过摄像头采集实时图像,并通过基于DSP的视频信号处理系统将雾天天气下肉眼不易分辨的景物转换成可以识别的图像信息,从而达到在特殊气象条件下的实时监控,可应用于港口、交通、安防、图像监控等多方面领域的特殊气象条件下的实时监控安防。

练习与思考

3-1 数字图像处理的作用和主要目的是什么？

3-2 分别说明什么是位图、矢量图,两者各有什么特点。

3-3 简述数字图像处理技术在不同领域的应用实例。

3-4 简述当前数字图像处理技术面临的主要任务。

3-5 列举并简要解释数字图像处理的关键技术。

参考文献

[1] 杨杰. 数字图像处理及 MATLAB 实现[M]. 北京：电子工业出版社,2014.

[2] 章毓晋. 图像处理和分析[M]. 北京：清华大学出版社,1999.

[3] GONZALEZ R C,WOODS R E. 数字图像处理 [M]. 2 版. 阮秋琦,阮宇智,等译. 北京：电子工业出版社,2003.

[4] 陈炳权,刘宏立,孟凡斌. 数字图像处理技术的现状及其发展方向[J]. 吉首大学学报(自然科学版),2009,30(1):63-70.

第 4 章

计算机图形学技术

自 20 世纪 60 年代以来,交互式计算机图形学有了引人瞩目的发展。可以说"已经没有哪一个领域未从计算机图形学的发展和应用中获得好处"。本章讲述计算机图形学的基础知识和技术,为在这一领域深入学习和研究奠定基础。

4.1 计算机图形学概述

图形图像技术是现代社会信息化的重要技术。人类主要通过视觉、触觉、听觉和嗅觉等感觉器官感知外部世界,其中约 80% 的信息来自视觉,"百闻不如一见"就是一个非常形象的说法。因此,旨在研究用计算机来显示、生成和处理图像信息的计算机图形学便成为一个非常活跃的研究领域。

4.1.1 计算机图形学及其相关概念

计算机图形学(Computer Graphics,CG)是研究怎样利用计算机来显示、生成和处理图形的原理、方法和技术的一门学科。具体来说,计算机图形学的主要研究内容是如何在计算机中表示图形,以及利用计算机进行图形的计算、处理和显示的相关原理与算法。

计算机图形学的一个主要目的就是要利用计算机产生令人赏心悦目的真实感图形。为此,必须建立图形所描述的场景的几何表示,再用某种光照模型,计算在假想的光源、纹理、材质属性下的光照明效果。所以,计算机图形学与另一门学科——数字几何处理有着密切的关系。事实上,计算机图形学也把可以表示几何场景的曲线、曲面造型技术和实体造型技术作为其主要的研究内容。同时,真实感图形计算的结果是以数字图像的方式提供的,计算机图形学也就和图像处理有着密切的关系。

图像(Image)与图形(Graphics)这两个概念间的区别越来越模糊,但还是有区别的:图像是指计算机内以位图形式存放的灰度信息;而图形含有几何属性,在计算机中以点、线、面的形式进行存储,图形可以是二维的,也可以是三维的。通常情况下,也把图像叫作点阵图,把图形叫作矢量图。

4.1.2 计算机图形学的产生和发展

1950 年,第一台图形显示器作为美国麻省理工学院(MIT)旋风 I 号(Whirlwind I)计算机的附件诞生了。该显示器用一个类似于示波器的阴极射线管(CRT)显示一些简单的图形。1958 年,美国 Cal 公司将联机的数字记录仪发展成滚筒式绘图仪,Gerber 公司把数控机床发展成为平板式绘图仪。在20世纪50年代,只有电子管计算机,用机器语言编程,主要应用于科学计算,为这些计算机配置的图形设备仅具有输出功能。计算机图形学处于准备和酝酿时期,被称为"被动式"图形学。到20世纪50年代末期,MIT的林肯实验室在"旋风"计算机上开发SAGE空中防御体系,第一次使用了具有指挥和控制功能的CRT显示器,操作者可以用笔在屏幕上指出被确定的目标。与此同时,类似的技术在设计和生产过程中陆续得到应用,它预示着交互式计算机图形学的诞生。

1962年,MIT林肯实验室的Ivan E. Sutherland发表了一篇题为"Sketchpad:一个人机交互通信的图形系统"的博士论文,他在论文中首次使用了Computer Graphics(计算机图形学)这个术语,证明了交互式计算机图形学是一个可行的、有用的研究领域,从而确定了计算机图形学作为一个崭新的学科分支的独立地位。他在论文中所提出的一些基本概念和技术,如交互技术、分层存储符号的数据结构等至今还在广泛应用。1964年,MIT的教授Steven A. Coons提出被后人称为超限插值的新思想,通过插值四条任意的边界曲线来构造曲面。同在20世纪60年代早期,法国雷诺汽车公司的工程师Pierre Bézier发展了一套被后人称为Bézier曲线、曲面的理论,成功地用于几何外形设计,并开发了用于汽车外形设计的UNISURF系统。Coons方法和Bézier方法是CAGD最早的开创性工作。值得一提的是,计算机图形学的最高奖是以Coons的名字命名的,而获得第一届(1983)和第二届(1985)Steven A. Coons奖的,恰好是Ivan E. Sutherland和Pierre Bézier,这也算是计算机图形学的一段佳话。

20世纪70年代是计算机图形学发展过程中一个重要的历史时期。由于光栅显示器的产生,在20世纪60年代就已萌芽的光栅图形学算法迅速发展起来,区域填充、裁剪、消隐等基本图形概念及其相应算法纷纷诞生,图形学进入了第一个兴盛的时期,并开始出现实用的CAD图形系统。又因为通用、与设备无关的图形软件的发展,图形软件功能的标准化问题被提了出来。1974年,美国国家标准化协会(ANSI)在ACM SIGGRAPH的一个名为"与机器无关的图形技术"的工作会议上,提出了制定有关标准的基本规则。此后ACM专门成立了一个图形标准化委员会,开始制定有关标准。该委员会于1977、1979年先后制定和修改了"核心图形系统"(Core Graphics System)。ISO随后又发布了计算机图形接口(Computer Graphics Interface, CGI)、计算机图形元文件标准(Computer Graphics Metafile, CGM)、计算机图形核心系统(Graphics Kernel System, GKS)、面向程序员的层次交互图形标准(Programmer's Hierarchical Interactive Graphics Standard, PHIGS)等。这些标准的制定,为计算机图形学的推广、应用、资源信息共享,起了重要作用。

1980年,Whitted提出了一个光透视模型——Whitted模型,并第一次给出光线跟踪算法的范例,实现了Whitted模型;1984年,美国康奈尔大学和日本广岛大学的学者分别将热辐射工程中的辐射度方法引入到计算机图形学中,用辐射度方法成功地模拟了理想漫反射表面间的多重漫反射效果;光线跟踪算法和辐射度算法的提出,标志着真实感图形的显示算法已逐渐成熟。自20世纪80年代中期以来,超大规模集成电路的发展为图形学的飞速发展奠定了物质基础。计算机运算能力的提高、图形处理速度的加快,使得图形学的各个研究方向得到了充分的发展。如今,图形学已广泛应用于虚拟现实、计算机动画、科学计算可视化、CAD/CAM、影视娱乐等各个领域。

4.1.3 计算机图形学的应用领域

近年来,计算机图形学已经广泛地应用于多个领域,如科学、艺术、医药、工业、商业、娱乐业、广告业、教育和培训等。计算机图形学最为常见的应用如下,这些产业与计算机图形学学科互为支撑。

1. 计算机辅助设计与制造

计算机辅助设计与制造(CAD/CAM)是计算机图形学在工业界最广泛、最活跃的应用领域。计算机图形学被用来进行土建工程、机械结构和产品的设计,包括设计飞机、汽车、船舶的外形和发电厂、化工厂等的布局以及电子线路、电子器件等。有时,着眼于产生工程和产品相应结构的精确图形,然而更常用的是对所设计的系统、产品和与工程的相关图形进行人机交互设计和修改,经过反复的迭代设计,便可利用结果数据输出零件表、材料单、加工流程和工艺卡,或者数据加工代码的指令。在电子工业中,计算机图形学应用到集成电路、印制电路板、电子线路和网络分析等方面的优势是十分明显的。一个复杂的大规模或超大规模集成电路板图根本不可能用手工设计和绘制,用计算机图形系统不仅能进行设计和画图,而且可以在较短的时间内完成,把其结果直接送至后续工艺进行加工处理。在飞机工业中,美国波音飞机公司已用有关 CAD 系统实现波音 777 飞机的整体设计和模拟,其中包括飞机外形、内部零部件的安装和检验。随着计算机网络的发展,在网络环境下进行异地异构系统的协同设计,已经成为 CAD 领域最热门的课题之一。现代产品设计已不再是一个设计领域内孤立的技术问题,而是综合产品各个相关领域、相关过程、相关技术资源和相关组织形式的系统化工程。它要求设计团队在合理的组织结构下,采用群体工作方式来协调和综合设计者的专长,并且从设计一开始就考虑产品生命周期的全部因素,从而达到快速响应市场需求的目的,协同设计的出现使企业生产的时空观发生了根本的变化,使异地设计、异地制造、异地装配成为可能,从而为企业在市场竞争中赢得了宝贵的时间。

2. 计算机动画

计算机动画技术的发展是和许多其他学科的发展密切相关的。计算机图形学、计算机绘画、计算机音乐、计算机辅助设计、电影技术、电视技术、计算机软件和硬件技术等众多学科的最新成果都对计算机动画技术的研究和发展起着十分重要的推动作用。20 世纪 50 年代到 60 年代,大部分计算机绘画艺术作品都是在打印机和绘图仪上完成的。直到 20 世纪 60 年代后期,才出现利用计算机显示点阵的特性,通过精心地设计图案来进行计算机艺术创造的活动。自 20 世纪 70 年代开始,计算机艺术走向繁荣和成熟。1973 年,在东京 Sony 公司举办了首届国际计算机艺术展览会。自 20 世纪 80 年代至今,计算机艺术的发展速度远远超出了人们的想象。在代表计算机图形研究最高水平的历届 SIGGRAPH 年会上,精彩的计算机艺术作品层出不穷。另外,在此期间的奥斯卡奖的获奖名单中,采用计算机特技制作的电影频频上榜,大有舍我其谁的感觉。我国首届计算机艺术研讨会和作品展示活动于 1995 年在北京举行,它总结了近年来计算机艺术在中国的发展,对未来的工作起到重要的推动作用。

计算机动画的一个重要应用就是制作电影特技,可以说电影特技的发展和计算机动画的发展是相互促进的。1987 年由著名的计算机动画专家塔尔曼夫妇领导的 MIRA 实验室制作了一部七分钟的计算机动画片《相会在蒙特利尔》，再现了国际影星玛丽莲·梦露的风采。此外，比较著名的计算机动画作品还有《侏罗纪公园》(Jurassic Park)、《狮子王》(The King Lion)、《玩具总动员》(Toy Story)等。

我国的计算机动画技术起步较晚，在1990年的第11届亚洲运动会上，首次采用了计算机三维动画技术来制作有关的电视节目片头。从那时起，计算机动画技术在国内影视制作方面得到了迅速的发展，继而以3ds Studio为代表的三维动画制作软件和以Photoshop为代表的二维平面设计软件的普及，对我国计算机动画技术的应用起到了巨大的推动作用。计算机动画的应用领域十分宽广，除了用来制作影视作品外，在科学研究、视觉模拟、电子游戏、工业设计、教学训练、计算机仿真、过程控制、建筑设计等许多方面都有重要应用。

3. 虚拟现实

也有人称虚拟现实(Virtual Reality)为虚拟环境(Virtual Environment)，虚拟现实是美国国家航空和航天局及军事部门为模拟真实环境而开发的一门高新技术。它利用计算机图形产生器、位置跟踪器、多功能传感器和控制器等有效地模拟实际场景和情形，从而能够使观察者产生一种真实的身临其境的感觉。虚拟环境由硬件和软件组成，其中硬件部分主要包括传感器(Sensors)、印象器和连接传感器与印象器以产生模拟物理环境的特殊硬件。利用虚拟现实技术产生虚拟现实环境的软件需完成以下三个功能：建立作用器(Actors)以及物体的外形和动力学模型；建立物体之间以及周围环境之间按照牛顿运动定律所决定的相互作用；描述周围环境的内容特性。虚拟现实技术是一门多学科交叉和综合集成的新技术，它的发展将取决于相关科学技术的发展和进步。虚拟现实技术最基本的要求就是反应的实时性和场景的真实性。但一般来说，实时性与真实性往往是相互矛盾的。

4. 科学计算可视化

科学技术的迅猛发展、数据量的与日俱增使得人们对数据的分析和处理变得越来越难，人们无法从数据海洋中得到最有用的数据、找到数据的变化规律、提取最本质的特征。但是如果能将这些数据用图形的形式表示出来，情况就不一样了，事物的发展趋势和本质特征将会很清楚地呈现在人们面前。1986年，美国科学基金会(NSF)专门召开了一次研讨会，会上提出了"科学计算可视化"。第二年，美国计算机成像专业委员会向NSF提交了"科学计算可视化的研究报告"后，科学计算可视化就迅速发展起来了。目前科学计算可视化广泛应用于医学、流体力学、有限元分析、气象分析当中。尤其在医学领域，可视化有着广阔的发展前途。依靠精密机械和医学专家配合完成的远程手术是目前医学上很热门的课题，而这些技术实现的基础则是可视化。可视化技术将医用CT扫描的数据转化为三维图像，使得医生能够看到并准确地判别病人体内的患处，然后通过碰撞检测一类的技术实现手术效果的反馈，帮助医生成功完成手术。

5. 图形用户界面

用户界面是计算机系统中人与计算机之间相互通信的重要组成部分。20世纪80年代以WIMP(窗口、图标、菜单、鼠标)为基础的图形用户界面(Graphical User Interface, GUI)极大地改善了计算机的可用性、可学性和有效性，迅速代替了以命令行为代表的字符界面，成为当今计算机用户界面的主流。以用户为中心的系统设计思想、增进人机交互的自然性、提高人机交互的效率和带宽是用户界面的研究方向。于是提出了多通道用户界面的思想,它包括语言、姿势输入、头部跟踪、视觉跟踪、立体显示、三维交互技术、感觉反馈及自然语言界面等。需要强调的是,这些新技术的发展都要大量用到计算机图形处理技术。

计算机图形学的应用远远不止上述几个方面,它在艺术、广告、教学、游戏以及商业等许多方面都有很好的应用和发展前景。总之,交互式计算机图形学的应用极大地提高了人们观察数据进而分析和理解数据的能力。随着各种软硬件设备与图形应用软件的不断推出,计算机图形学的应用前景将更加具有魅力。

4.2　图形硬件与系统

计算机图形系统由计算机图形硬件和计算机图形软件组成,它的基本任务是研究如何用计算机生成、处理和显示图形。一个交互式计算机图形系统应具有计算、存储、输入、输出、交互 5 种功能,其基本组成如图 4-1 所示。

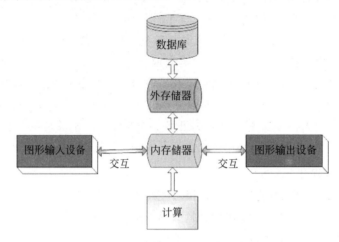

图 4-1　交互式计算机图形系统的基本组成

(1) 数据库应包括形体设计和分析方法的程序库、描述形体的图形数据库。数据库中应有坐标的平移、旋转、投影、透视等几何变换程序库,曲线、曲面生成和图形相互关系的检测库等。

(2) 在计算机内存储器和外存储器中,应能存放各种形体的几何数据及形体之间的相互关系,可实现对有关数据的实时检索以及保存对图形的删除、增加、修改等信息。

(3) 由图形输入设备将所设计的图形形体的几何参数(例如大小、位置等)和各种绘图命令输入到图形系统中。

(4) 图形系统应有文字、图形、图像信息输出功能。在显示屏幕上显示设计过程当前的状态以及经过图形编辑后的结果,同时还能通过绘图仪、打印机等设备实现硬拷贝输出,以便长期保存。

(5) 可通过显示器或其他人机交互设备直接进行人机通信,对计算结果和图形,利用定位、拾取等手段进行修改,同时对设计者或操作员执行的错误给予必要的提示和帮助。

4.2.1　图形硬件系统

图形硬件系统包括图形计算机系统和图形设备两类。图形计算机系统的硬件性能与一般计算机系统相比,要求主机性能更高、速度更快、存储容量更大、外设种类更齐全。目前,面向图形应用的计算机系统有微型计算机、工作站和中小型计算机等。

微型计算机采用开放式体系结构,其中,CPU 以 Intel 和 AMD 公司为主,操作系统以 Microsoft 公司的 Windows 为主,厂商以 IBM、Dell、Acer 和联想公司为主。微型计算机系统体积小,价格低廉,用户界面友好,是一种普及型的图形计算机系统。

工作站自 20 世纪 80 年代流行以来,采用封闭式体系,不同的厂商采用的硬件和软件都不相同,且互不兼容。主要厂商有 SUN、HP、IBM、DEC 和 SGI 等。工作站是具有高速的科学计算、丰富的图形处理、灵活的窗口及网络管理功能的交互式计算机系统,不仅可用于办公自动化、文字处理和文本编辑等领域,更主要的是用于工程和产品的设计与绘图、工业模拟和艺术模拟。例如,SGI IRIS 工作站采用图形处理技术和 VLSI 技术相结合的产物——几何图形发生器以及与其相配套的 IRIS 图形库 GL。用几何图形发生器可以产生各种线框图,实现图形的几何变换和各种光照效果。用户应用交互式三维图形程序设计库 GL,可以创建各种物理模型,实现几何变换、光线、色彩、明暗、阴影、表面纹理和复杂帧缓存处理等各种图形处理功能。由于 GL 已经固化,使 SGI IRIS 工作站在三维图形动态显示和实时仿真方面的功能尤为突出。SGI IRIS 普及型工作站每秒可处理 120 万条三维线段、200 万个多边形以及 3.23 亿次纹理及反走样。

中小型计算机是一类高级的、大规模计算机工作环境,一般在特定的部门、单位和应用领域采用。它是建立大型信息系统的重要环境,这种环境中信息和数据的处理量很大,要求机器有极高的处理速度和极大的存储容量。这类平台以其强大的处理能力、集中控制和管理能力、海量数据存储能力、数据与信息的并行和分布式处理能力而在计算机中自占一域,具有强大的竞争力。一般情况下,图形系统在这类平台上作为一种图形子系统来独立运行和工作。

图形设备除大容量外存储器、通信控制器等常规外围设备外,还有图形输入和输出设备。图形输入设备种类繁多,在国际图形标准中,按照它们的逻辑功能分为定位设备、选择设备、拾取设备等若干类。通常,一种物理设备往往兼具几种逻辑功能。在交互式系统中,图形的生成、修改等人机交互操作,都是由用户通过图形输入设备来控制的。图形输出设备分为图形显示器和图形硬拷贝设备两类:各类图形显示器,如 CRT 显示器、液晶显示器等,都属于前者,而图形打印机(点阵、喷墨、静电、激光打印机等)、绘图仪以及图形复制设备属于后者。

4.2.2　图形软件标准

计算机图形软件多种多样,它们大致可分三类:第一类是扩充某种高级语言,使其具有图形生成和处理功能,如 Turbo Pascal、Turbo C、BASIC、Auto Lisp 都是具有图形生成、处理功能和各自使用的子程序库;第二类是按国际标准或公司标准,用某种语言开发的图形子程序库,如 GKS、CGI、PHIGS、PostScript 和 MS-Windows SDK,这些图形子程序库功能丰富,通用性强,不依赖于具体设备与系统,与多种语言均有接口,在此基础上开发的图形应用软件不仅性能好,而且易于移植;第三类是专用的图形系统,对某一类型的设备,配置专用的图形生成语言,专用系统功能可做得更强,且执行速度快、效率高,但系统的开发工作量大,移植性差。

图形输入输出设备种类繁多,性能参数差别很大,图形应用程序种类越来越多,开发成本越来越高。为了降低开发应用程序的成本,使程序具有可移植性,软件的标准化是非常重要的一环。图形软件标准是指系统的各界面之间进行数据传递和通信的接口标准。图形软件标准也称为图形界面标准,一般可分为三个层面:一是图形应用程序与图形软件包之间的接口标准;二是图形软件包与硬件设备之间的接口标准;三是图形程序之间的数据交换接口标准。作为图形软件标准,其特点主要体现在可移植性方面,即应用程序在不同系统间的可移植性、应用程序与图形设备的无关性,以及图形数据本身的可移植性,从而使得编程人员可容易地为不同系统编制图形程序。

20 世纪 70 年代后期,计算机图形在工程、控制、科学管理方面的应用逐渐广泛。人们要求图形软件向着通用、与设备无关的方向发展,因此提出了图形软件标准化的问题。

1974 年,美国国家标准局(ANSI)举行的 ACM SIGGRAPH"与机器无关的图形技术"工作会议,提出了制定有关计算机图形标准的基本规则。美国计算机协会(ACM)成立了图形标准化委员会,开始图形标准的制定和审批工作。

1977 年,美国计算机协会图形标准化委员会(ACM GSPC)提出"核心图形系统"(Core Graphics System,CGS);1979 年又提出修改第二版;同年德国工业标准提出了"图形核心系统"(Graphical Kernel System,GKS)。

1985 年,GKS 成为第一个计算机图形国际标准。1987 年,国际标准化组织(ISO)将(Computer Graphics Metafile,CGM)宣布为国际标准,CGM 成为第二个国际图形标准。

随后由 ISO 发布了计算机图形接口(Computer Graphics Interface,CGI)、程序员层次交互式图形系统(Programmer's Hierarchical Interactive Graphics System,PHIGS)及三维图形标准 GKS-3D,这些先后成为国际图形标准。

现在工业界常用的两个图形 API 是 OpenGL 和 Direct 3D,下面将对这两个标准进行简单的介绍。

1. OpenGL

OpenGL 是由 Silicon Graphics 公司开发的能够在 Windows 95、Windows NT、Mac OS、BeOS、OS/2 以及 UNIX 上应用的 API。由于 OpenGL 起步较早,一直用于高档图形工作站,其 3D 图形功能很强,能最大限度地发挥 3D 芯片的巨大潜力。

OpenGL 的前身是 SGI 公司为其图形工作站开发的 IRIS GL。IRIS GL 是一个工业标准的 3D 图形软件接口,功能虽然强大但是移植性不好,后来根据用户的反馈和希望移植到开发系统的愿望,SGI 公司便在 IRIS GL 的基础上开发了 OpenGL。随后又与 Microsoft 公司共同开发了 Windows NT 版本的 OpenGL,从而使一些原来必须在高档图形工作站上运行的大型 3D 图形处理软件,如因制作电影《侏罗纪公园》而大名鼎鼎的 Softimage 3D,也可以在计算机上运用。

OpenGL 是与硬件无关的软件接口,可以在不同的平台之间进行移植,因此获得非常广泛的应用。OpenGL 具有网络功能,这一点对于制作大型 3D 图形、动画非常有用。例如,《侏罗纪公园》等电影的计算机特技画面就是通过应用 OpenGL 的网络功能,使 120 多台图形工作站共同工作来完成的。

由于 OpenGL 是 3D 图形的底层图形库,没有提供几何实体图元,不能直接用来描述场景。但是,通过一些转换程序,可以很方便地将 AutoCAD、3ds 等 3D 图形设计软件制作的 DFX 和 3ds 模型文件转换成 OpenGL 的顶点数组。

2. Direct 3D

Direct 3D 是 Microsoft 公司专为 PC 游戏开发的 API,与 Windows 95 和 Windows NT 操作系统兼容性好,可绕过图形显示接口直接进行支持该 API 的各种硬件的底层操作,大大提高了游戏的运行速度。但由于要考虑与各方面的兼容性,在执行效率上不见得是最优的。

最初的 Direct 3D 与传统三维领域专业级的 OpenGL 是没法比的。但借助 Microsoft 公司 Direct X SDK 工具包在外围程序员中的传播,很快 Direct 3D 成为令大家刮目相看的 3D API。Direct 3D 主要应用于娱乐软件之中。从硬件角度看,主要支持 Direct 3D 的显卡往往不是专业显卡;而从软件上看,Direct 3D 可以算是目前最普遍的 API 函数了。可以说,正是 Direct 3D 的不断完善,才使 Direct X 有了今天。也正是 Direct 3D 的功劳,才加速了 3D 图形处理应用的日益普及。

随着 Direct X 加入"3DNOW!"函数,Direct 3D 真正成为一个比较完善、能够不断充实的 3D API。材质压缩刚刚出台,Direct X 马上就将其加入到自己众多的 3D 函数中去。可以说 Direct 3D 随着新技术的推出其应用范围也会越来越广。

4.3 颜色模型

颜色模型也称为颜色空间,是表示颜色的一种数学方法,用以定量地描述颜色。三种最常用的颜色模型是:RGB(用于计算机图形学中);CMYK(用于彩色打印);HSB、YIQ 和 YUV(用于视频系统中)。为了更好地理解颜色模型,首先要知道自然界中的颜色是如何产生的。

4.3.1 光的特性与颜色感知

光是自然界的一种物理现象。对于地球来说,最大的光源就是太阳。太阳给地球带来生命,同时也赋予世界万紫千红的色彩。人们习惯上认为太阳光是白色的,但实际上,它包含了彩虹的全部色彩:红、橙、黄、绿、青、蓝、紫,这就是光谱的颜色,是人类肉眼可感知的可见光颜色。

在牛顿的光学色彩理论里,光与色彩是密不可分的,有光才会有色彩,人们之所以能够感知色彩,是因为有光照(发射光和反射光)的结果。把人眼所能见到的颜色,根据它们的光学性质分为两大类别:一是发射光;二是反射光。

发射光就是光源发出的光,如阳光、灯光、计算机显示器、数码相机显示屏等,它是数字色彩得以存在的前提条件。严格意义上的数字色彩的颜色,都是发射光形成的颜色。反射光是从物体表面反射出去的光,能用肉眼看到的一切非发光体的颜色,都属于反射光,如山川、天空、建筑、园林、花草、服装、家具等。

从物体表面反射出去的反射光,其颜色可以因物体表面材质的不同而发生改变。因为光源照射在物体上的光,有一部分被物体吸收,有一部分被物体反射,只有那些被反射出来的光才能被人眼所接收,这就是人眼能感知不发光物体颜色的缘故。

4.3.2　RGB 颜色模型

RGB 颜色模型使用了颜色成分红(Red)、绿(Green)和蓝(Blue)来定义所给颜色中红色、绿色和蓝色的光的量。在 24 位图像中,每一颜色成分都由 0~255 的数值表示。在位率更高的图像中,如 48 位图像,值的范围更大。这些颜色成分的组合就定义了一种单一的颜色。

RGB 是一种加色模型,各种颜色由不同比例的红、绿、蓝三种基本色叠加而成。因此,RGB 被应用于监视器中,对红色、绿色和蓝色的光以各种方式调和来产生更多颜色。当红色、绿色和蓝色的光以其最大强度组合在一起时,眼睛看到的颜色就是白色。理论上,颜色仍为红色、绿色和蓝色,但是在监视器上这些颜色的像素彼此紧挨着,用眼睛无法区分出这三种颜色。当每一种颜色成分的值为 0 时,即表示没有任何颜色的光,因此,眼睛看到的颜色就为黑色。

RGB 是最常用的颜色模型,它可以存储和显示多种颜色。

4.3.3　CMYK 颜色模型

CMYK 颜色模型主要用于打印,它使用了青色(Cyan)、品红色(Magenta)、黄色(Yellow)和黑色(black)来定义颜色。这些颜色成分的值的范围是 0~100,表示百分比。

CMYK 是一种减色模型,颜色(即油墨)会被添加到一种表面上,如白纸。颜色会"减少"表面的亮度。当每一种颜色成分(C、M、Y)的值都为 100 时,所得到的颜色即为黑色。当每一种颜色成分的值都为 0 时,即表示表面没有添加任何颜色,因此,表面本身就会显露出来——在这个例子中白纸就会显露出来。出于打印目的,颜色模型会包含黑色(K),因为黑色油墨会比调和等量的 C、M 和 Y 得到的颜色更中性,色彩更暗。黑色油墨能得到更鲜明的结果,特别是打印的文本。此外,黑色油墨比彩色油墨更便宜。

4.3.4　HSB 颜色模型

HSB 颜色模型使用色度(Hue)、饱和度(Saturation)和亮度(Brightness)定义颜色的成分。色度描述颜色的色调,用度数表示在标准色轮上的位置。例如,红色是 0°、黄色是 60°、绿色是 120°、青色是 180°、蓝色是 240°,而品红色是 300°。0°~360°的色调覆盖了所有可见光谱的颜色。饱和度描述颜色的深浅程度。饱和度值的范围是 0~100,表示百分比(数值越大,颜色就越深)。亮度描述颜色的明亮程度。和饱和度值一样,亮度的范围也是 0~100,表示百分比(数值越大,颜色就越亮)。

4.3.5　YUV 与 YIQ 颜色模型

YUV 是 PAL 制式和 SECAM 制式采用的颜色空间,其中 Y 代表亮度,U、V 代表色度,也记为 Cr、Cb。亮度是通过 RGB 输入信号来建立的,方法是将 RGB 信号的特定部分叠加到一起。色度则定义了颜色的两个方面:色调(Hue)与饱和度(Saturation),分别用 Cr 和 Cb 来表示。其中,Cr 反映 RGB 输入信号红色部分与 RGB 信号亮度值之间的差异,而 Cb 反映的是 RGB 输入信号蓝色部分与 RGB 信号亮度值之间的差异。

YIQ 是 NTSC 制式采用的颜色空间。在 YIQ 系统中，Y 分量代表图像的亮度信息；I、Q 两个分量则携带颜色信息，I 分量代表从橙色到青色的颜色变化，而 Q 分量则代表从紫色到黄绿色的颜色变化。

无论是用 YUV、YIQ 还是用 HSB 模型来表示彩色图像，由于现在所有的显示器都采用 RGB 值来驱动，所以要求在显示每个像素之前，把彩色分量值转化成 RGB 值。

4.4　基本图形元素生成

计算机图形学已成为计算机技术中发展最快的领域，计算机图形软件也相应得到快速发展。计算机绘图显示有屏幕显示、打印机打印图样和绘图仪输出图样等方式，其中，用屏幕显示图样是计算机绘图的重要内容。

计算机上常见的显示器为光栅图形显示器，光栅图形显示器可以看作像素的矩阵。像素是组成图形的基本元素，一般称为点。通过点亮一些像素，灭掉另一些像素，即在屏幕上产生图形。在光栅显示器上显示任何一种图形必须在显示器的相应像素点上画上所需颜色，即具有一种或多种颜色的像素集合构成图形。确定最佳接近图形的像素集合，并用指定属性写像素的过程称为图形的扫描转换或光栅化。对于一维图形，在不考虑线宽时，用一个像素宽的直线或曲线来显示图形。二维图形的光栅化必须确定区域对应的像素集，并用指定的属性或图案进行显示，即区域填充。

复杂的图形系统都是由一些最基本的图形元素组成的。利用计算机编制图形软件时，编制基本图形元素是相当重要的，也是必需的。点是基本图形，本节主要讲述如何在指定的输出设备（如光栅图形显示器）上利用点构造其他基本二维几何图形（如点、直线、圆、椭圆、多边形区域等）的算法与原理。

4.4.1　直线的扫描转换

数学上，理想的直线是由无数个点构成的集合，没有宽度。计算机绘制直线是在显示器所给定的有限个像素组成的矩阵中，确定最佳逼近该直线的一组像素，并且按扫描线顺序，对这些像素进行写操作，实现显示器绘制直线，即通常所说的直线的扫描转换，或称直线光栅化。

由于一个图形中可能包含成千上万条直线，所以要求绘制直线的算法应尽可能地快。本小节介绍一个像素宽直线的常用算法：数值微分法（DDA 算法）、中点画线法、Bresenham 算法。

1. DDA 算法

DDA 算法原理：已知过端点 $P_0(x_0, y_0)$，$P_1(x_1, y_1)$ 的直线段 P_0P_1；直线斜率为 $k = \dfrac{y_1 - y_0}{x_1 - x_0}$，在 y 轴上的截距为 $B = y_0 - kx_0$，从 x 的左端点 x_0 开始，向 x 右端点步进画线，步长为 1 个像素，计算相应的 y 坐标 $y = kx + B$；取像素点 $[x, \text{round}(y)]$ 作为当前点的坐标。若当前点的坐标记为 (x_i, y_i)，则下一个点的坐标 (x_{i+1}, y_{i+1}) 的数值为 $x_{i+1} = x_i + 1$，$y_{i+1} = y_i + k$，即当 x 每递增 1，y 递增 k（即直线斜率）。图 4-2 以 $P_0(0,0)$，$P_1(5,2)$ 为例，演示了 DDA 算法对直线段进

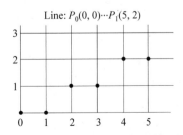

图 4-2　DDA 算法扫描转换连接两点

行扫描转换的过程。

上述分析的算法仅适用于 $k \leqslant 1$ 的情形。在这种情况下，x 每增加 1，y 最多增加 1。当 $k \geqslant 1$ 时，把 x、y 互换即可，即 y 每增加 1，x 相应增加 $1/k$。

2. 中点画线法

中点画线法的基本原理如图 4-3 所示。在画直线段的过程中，当前像素点为 P，下一个像素点有两种选择，点 P_1 或 P_2。M 为 P_1 与 P_2 的中点，Q 为理想直线与 $x = x_p + 1$ 垂线的交点。当 M 在 Q 的下方时，则 P_2 应为下一个像素点；当 M 在 Q 的上方时，应取 P_1 为下一个像素点。

中点画线法的实现：令直线段为 $L[p_0(x_0, y_0), p_1(x_1, y_1)]$，其方程式 $F(x, y) = ax + by + c = 0$。其中，$a = y_0 - y_1$，$b = x_1 - x_0$，$c = x_0 y_1 - x_1 y_0$。点与 L 的关系如下：在直线上，$F(x, y) = 0$；在直线上方，$F(x, y) > 0$；在直线下方，$F(x, y) < 0$。

把 M 代入 $F(x, y)$，判断 F 的符号，可知 Q 点在中点 M 的上方还是下方。为此构造判别式 $d = F(M) = F(x_p + 1, y_p + 0.5) = a(x_p + 1) + b(y_p + 0.5) + c$。

当 $d < 0$，$L(Q$ 点$)$ 在 M 上方，取 P_2 为下一个像素点。

当 $d > 0$，$L(Q$ 点$)$ 在 M 下方，取 P_1 为下一个像素点。

当 $d = 0$，选 P_1 或 P_2 均可，取 P_1 为下一个像素点。

其中，d 是 x_p、y_p 的线性函数。

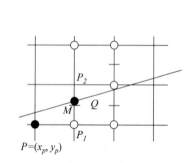

图 4-3　中点画线法每步迭代涉及的
像素和中点示意图

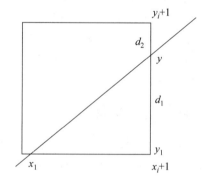

图 4-4　第一象限直线光栅化
Bresenham 算法

3. Bresenham 算法

Bresenham 算法是计算机图形学领域中使用最广泛的直线扫描转换算法，由误差项符号决定下一个像素取右边点还是右上方点。

设直线从起点 (x_1, y_1) 到终点 (x_2, y_2)。直线可表示为方程 $y = mx + b$，其中，$b = y_1 - mx_1$，$m = (y_2 - y_1)/(x_2 - x_1) = dy/dx$；此处讨论的直线方向限于第一象限，如图 4-4 所示。当直线光栅化时，x 每次都增加 1 个单元，设 x 像素为 (x_i, y_i)。下一个像素的列坐标为 $x_i + 1$，行坐标为 y_i 或者递增 1 为 y_{i+1}，或由 y 与 y_i 及 y_{i+1} 的距离 d_1 及 d_2 的大小而定。计算公式为

$$y = m(x_i + 1) + b \tag{4-1}$$

$$d_1 = y - y_i \tag{4-2}$$

$$d_2 = y_i + 1 - y \tag{4-3}$$

如果 $d_1 - d_2 > 0$，则 $y_{i+1} = y_i + 1$，否则 $y_{i+1} = y_i$。

式(4-1)～式(4-3)代入 $d_1 - d_2$，再用 $\mathrm{d}x$ 乘以等式两边，并令 $P_i = (d_1 - d_2)\mathrm{d}x$，得

$$P_i = 2x_i\mathrm{d}y - 2y_i\mathrm{d}x + 2\mathrm{d}y + (2b-1)\mathrm{d}x \tag{4-4}$$

$d_1 - d_2$ 用以判断符号的误差。由于在第一象限，$\mathrm{d}x$ 总大于 0，所以 P_i 仍旧可以用作判断符号的误差。P_{i+1} 为

$$P_{i+1} = P_i + 2\mathrm{d}y - 2(y_{i+1} - y_i)\mathrm{d}x \tag{4-5}$$

求误差的初值 P_1，可将 x_1、y_1 和 b 代入式(4-4)中的 x_i、y_i，而得到

$$P_1 = 2\mathrm{d}y - \mathrm{d}x$$

综合上面的推导，第一象限内的直线 Bresenham 算法思想如下。

(1) 画点 (x_1, y_1)，$\mathrm{d}x = x_2 - x_1$，$\mathrm{d}y = y_2 - y_1$，计算误差初值 $P_1 = 2\mathrm{d}y - \mathrm{d}x$，$i = 1$。

(2) 求直线的下一点位置 $x_{i+1} = x_i + 1$，如果 $P_i > 0$，则 $y_{i+1} = y_i + 1$，否则 $y_{i+1} = y_i$。

(3) 画点 (x_{i+1}, y_{i+1})。

(4) 求下一个误差 P_{i+1}，如果 $P_i > 0$，则 $P_{i+1} = P_i + 2\mathrm{d}y - 2\mathrm{d}x$，否则 $P_{i+1} = P_i + 2\mathrm{d}y$。

(5) $i = i + 1$；如果 $i < \mathrm{d}x + 1$ 则转到步骤(2)；否则结束操作。

4.4.2 圆的扫描转换

给出圆心坐标 (x_c, y_c) 和半径 r，逐点画出一个圆周的方法有下列几种。

1. 直角坐标法

直角坐标系的圆的方程为

$$(x - x_c)^2 + (y - y_c)^2 = r^2$$

由上式可推导出

$$y = y_c \pm \sqrt{r^2 - (x - x_c)^2}$$

当 $x - x_c$ 从 $-r$ 到 r 做加 1 递增时，就可以求出对应的圆周点的 y 坐标。但是这样求出的圆周上的点是不均匀的，$|x - x_c|$ 越大，对应生成圆周点之间的圆周距离也就越长。因此，所生成的圆不美观。

2. 中点画圆法

如图 4-5 所示，函数为 $F(x, y) = x^2 + y^2 - R^2$ 的构造圆，圆上的点满足 $F(x, y) = 0$，圆外的点满足 $F(x, y) > 0$，圆内的点满足 $F(x, y) < 0$，构造判别式

$$d = F(M) = F(x_p + 1, y_p - 0.5)$$
$$= (x_p + 1)^2 + (y_p - 0.5)^2$$

若 $d < 0$，则应取 P_1 为下一像素点，而且下一像素点的判别式为

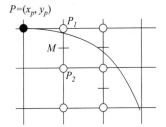

图 4-5　中点画圆法示意图

$$d = F(x_p + 2, y_p - 0.5)$$
$$= (x_p + 2)^2 + (y_p - 0.5)^2 - R^2$$
$$= d + 2x_p + 3$$

若 $d \geqslant 0$，则应取 P_2 为下一像素点，而且下一像素点的判别式为

$$d = F(x_p + 2, y_p - 1.5) = (x_p + 2)^2 + (y_p - 1.5)^2 - R^2 = d + 2(x_p - y_p) + 5$$

我们讨论按顺时针方向生成第二个八分圆,则第一个像素点是$(0, R)$,判别式d的初始值为

$$d_0 = F(1, R - 0.5) = 1.25 - R$$

3. 圆的 Bresenham 算法

设圆的半径为r,先考虑圆心在$(0, 0)$,从$x = 0$、$y = r$开始的顺时针方向的 1/8 圆周的生成过程。在这种情况下,x 每步增加 1,从 $x = 0$ 开始到 $x = y$ 结束,即有 $x_{i+1} = x_i + 1$;相应地,y_{i+1} 则在两种可能中选择:$y_{i+1} = y_i$ 或者 $y_{i+1} = y_i - 1$。选择的原则是考察精确值 y 是靠近 y_i 还是靠近 $y_i - 1$(见图 4-6),计算式为

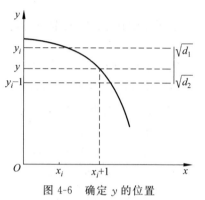

图 4-6 确定 y 的位置

$$y^2 = r^2 - (x_i + 1)^2$$

$$d_1 = y_i^2 - y^2 = y_i^2 - r^2 + (x_i + 1)^2$$

$$d_2 = y^2 - (y_i - 1)^2 = r^2 - (x_i + 1)^2 - (y_i - 1)^2$$

令 $p_i = d_1 - d_2$,并代入 d_1、d_2,则有

$$p_i = 2(x_i + 1)^2 + y_i^2 + (y_i - 1)^2 - 2r^2 \quad (4\text{-}6)$$

p_i 称为误差。如果 $p_i < 0$,则 $y_{i+1} = y_i$;否则 $y_{i+1} = y_i - 1$。

p_i 的递归式为

$$p_{i+1} = p_i + 4x_i + 6 + 2(y_i^2 + 1 - y_i^2) - 2(y_i + 1 - y_i) \quad (4\text{-}7)$$

p_i 的初值由式(4-6)代入 $x_i = 0, y_i = r$,得

$$p_1 = 3 - 2r \quad (4\text{-}8)$$

根据上面的推导,圆周生成算法思想如下。

(1) 求误差初值,$p_1 = 3 - 2r, i = 1$,画点$(0, r)$。

(2) 求下一个光栅位置,其中 $x_{i+1} = x_i + 1$,如果 $p_i < 0$ 则 $y_{i+1} = y_i$,否则 $y_{i+1} = y_i - 1$。

(3) 画点(x_{i+1}, y_{i+1})。

(4) 计算下一个误差,如果 $p_i < 0$ 则 $p_{i+1} = p_i + 4x_i + 6$,否则 $p_{i+1} = p_i + 4(x_i - y_i) + 10$。

(5) $i = i + 1$,如果 $x = y$ 则结束,否则返回步骤(2)。

4.4.3 椭圆的扫描转换

下面讨论椭圆的扫描转换中点算法,设椭圆为中心在坐标原点的标准椭圆,其方程为

$$F(x, y) = b^2x^2 + a^2y^2 - a^2b^2 = 0$$

(1) 对于椭圆上的点,有 $F(x, y) = 0$。

(2) 对于椭圆外的点,有 $F(x, y) > 0$。

(3) 对于椭圆内的点,有 $F(x, y) < 0$。

以弧上斜率为 -1 的点作为分界,将第一象限椭圆弧分为上下两部分(如图 4-7 所示)。

法向量为

$$\boldsymbol{N}(x, y) = \frac{\partial F}{\partial x}\boldsymbol{i} + \frac{\partial F}{\partial y}\boldsymbol{j} = 2b^2x\boldsymbol{i} + 2a^2y\boldsymbol{j}$$

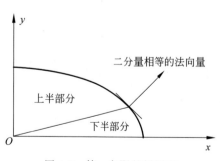

图 4-7 第一象限的椭圆弧

$$b^2(x_i+1) < a^2(y_i-0.5)$$

而在下一个点,不等号改变方向,则说明椭圆弧从上部分转入下部分。

与中点绘制圆算法类似,一个像素点确定后,在下面两个候选像素点的中点计算一个判别式的值,再根据判别式符号确定离椭圆最近的点。先看椭圆弧的上半部分,具体算法如下。

假设横坐标为 x_p 的像素中与椭圆最近的点为 (x_p, y_p),下一对候选像素的中点应为 $(x_p+1, y_p-0.5)$,判别式为

$$d_1 = F(x_p+1, y_p-0.5) = b^2(x_p+1)^2 + a^2(y_p-0.5)^2 - a^2b^2$$

$d_1 < 0$,表明中点在椭圆内,应取正右方像素点,判别式变为

$$d_1' = F(x_p+2, y_p-0.5) = b^2(x_p+2)^2 + a^2(y_p-0.5)^2 - a^2b^2 = d_1 + b^2(2x_p+3)$$

若 $d_1 \geqslant 0$,表明中点在椭圆外,应取右下方像素点,判别式变为

$$\begin{aligned} d_1' = F(x_p+2, y_p-1.5) &= b^2(x_p+2)^2 + a^2(y_p-1.5)^2 - a^2b^2 \\ &= d_1 + b^2(2x_p+3) + a^2(-2y_p+2)^2 \end{aligned}$$

判别式 d_1 的初始条件确定。椭圆弧起点为 $(0, b)$,第一个中点为 $(1, b-0.5)$,对应判别式为

$$d_{10} = F(1, b-0.5) = b^2 + a^2(b-0.5)^2 - a^2b^2 = b^2 + a^2(-b+0.25)$$

在扫描转换椭圆的上半部分时,在每步迭代中需要比较法向量的两个分量来确定并核实从上半部分转到下半部分。在下半部分算法有些不同,要从正下方和右下方两个像素中选择下一个像素点。在从上半部分转到下半部分时,还需要对下半部分的中点判别式进行初始化。即若上半部分所选择的最后一个像素点为 (x_p, y_p),则下半部分中点判别式应在 $(x_p+0.5, y_p-1)$ 的点上计算。其在正下方与右下方的增量计算同上半部分。

4.4.4 多边形的扫描转换与区域填充

在计算机图形学中,多边形有两种重要的表示方法:顶点表示和点阵表示。顶点表示是用多边形的顶点序列来表示多边形,其特点是直观、几何意义强、占内存少、易于进行几何变换,但由于它没有明确指出哪些像素在多边形内,故不能直接用于面着色。点阵表示是用位于多边形内的像素集合来刻画多边形。这种表示丢失了许多几何信息,但便于帧缓冲器表示图形,是面着色所需的图形表示形式。光栅图形的一个基本问题是把多边形的顶点表示转换为点阵表示。这种转换称为多边形的扫描转换。

1. 多边形的扫描转换

多边形可分为凸多边形、凹多边形和含内环多边形。

(1) 凸多边形:任意两顶点间的连线均在多边形内。

(2) 凹多边形:任意两顶点间的连线有不在多边形内的部分。

(3) 含内环多边形:多边形内包含有封闭多边形。

扫描线多边形区域填充算法是按扫描线顺序,计算扫描线与多边形的相交区间,再用要求的颜色显示这些区间的像素。区间的端点可以通过计算扫描线与多边形边界线的交点获得。对于一条扫描线,多边形的填充过程可以分为四个步骤。

(1) 求交:计算扫描线与多边形各边的交点。

（2）排序：把所有交点按 x 值递增顺序排序。

（3）配对：第一个与第二个、第三个与第四个等进行配对，每对交点代表扫描线与多边形的一个相交区间。

（4）填色：把相交区间内的像素置成多边形颜色，把相交区间外的像素置成背景色。

具体实现方法：首先建立一个链表（称为有序边表），存放多边形中每一条边的信息；为了提高效率，在处理一条扫描线时，仅对与它相交的多边形的边进行求交运算。把与当前扫描线相交的边称为活性边，并把它们按与扫描线交点递增的顺序存放在一个链表中，称此链表为活性边表。另外，使用增量法计算时，需要知道一条边何时不再与下一条扫描线相交，以便及时把它从扫描线循环中删除出去。为了方便活性边表的建立与更新，为每一条扫描线建立一个新边表（NET），存放在该扫描线第一次出现的边中。为使程序简单、易读，这里新边表的结构应保存其对应边的如下信息：当前边的边号、边的较低端点 $(x_{\min}, y_{\min})$、边的较高端点 $(x_{\max}, y_{\max})$ 和从当前扫描线到下一条扫描线间 x 的增量 Δx。

相邻扫描线间 x 的增量 Δx 的计算。假定当前扫描线与多边形某一条边的交点的 X 坐标为 x，则下一条扫描线与该边的交点不要重计算，只要加一个增量 Δx。设该边的直线方程为 $ax + by + c = 0$，若 $y = y_i$，$x = x_i$，则当 $y = y_{i+1}$ 时

$$x_{i+1} = \frac{1}{a}(-b \cdot y_{i+1} - c_i) = x_i - \frac{b}{a}$$

其中，$\Delta x = -b/a$ 为常数。

扫描线与多边形顶点相交的处理方法如图 4-8 所示。

（1）扫描线与多边形相交的边分别处于扫描线的两侧，则记为一个交点，如点 P_5 和 P_6。

（2）扫描线与多边形相交的边分别处于扫描线同侧，且 $y_i < y_{i-1}$，$y_i < y_{i+1}$，则计 2 个交点（填色），如 P_2；若 $y_i > y_{i-1}$，$y_i > y_{i+1}$，则计 0 个交点（不填色），如 P_1。

（3）扫描线与多边形边界重合（当要区分边界和边界内区域时需特殊处理），则计 1 个交点。

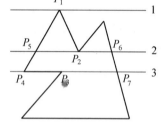

图 4-8 扫描线与多边形相交，特殊情况的处理

具体实现时，只需检查顶点的两条边的另外两个端点的 y 值。按这两个 y 值中大于交点 y 值的个数是 0、1、2 来决定。

算法步骤如下。

（1）初始化：构造边表。

（2）对边表进行排序，构造活性边表。

（3）对每条扫描线对应的活性边表中求交点。

（4）判断交点类型，并两两配对。

（5）对符合条件的交点之间用画线方式填充。

（6）处理下一条扫描线，直至满足扫描结束条件（活性边表为空）。

2. 区域填充算法

这里的区域指已表示成点阵形式的填充图形，是像素的集合。区域有两种表示形式：内点表示和边界表示，如图 4-9 所示。内点表示即区域内的所有像素有相同颜色；边界表示即区域的边界点有相同颜色。区域填充指先将区域的一点赋予指定的颜色，然后将该颜色

扩展到整个区域的过程。

区域填充算法要求区域是连通的。区域可分为4连通区域和8连通区域,如图4-10所示。4连通区域是指从区域上一点出发,可通过4个方向,即上、下、左、右这4个方向的移动的组合,在不越出区域的前提下,到达区域内的任意像素;8连通区域是指从区域内每一像素出发,可通过8个方向,即上、下、左、右、左上、右上、左下、右下这8个方向的移动的组合来到达。

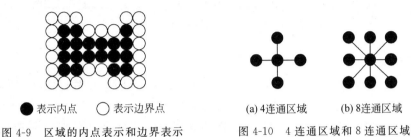

●表示内点 ○表示边界点　　　(a) 4连通区域　(b) 8连通区域

图4-9　区域的内点表示和边界表示　　图4-10　4连通区域和8连通区域

上面讨论的多边形填充算法是按扫描线顺序进行的。种子填充算法则是假设在多边形内有一像素已知,由此出发利用连通性填充区域内的所有像素。一般采用多次递归方式。

算法的基本过程如下:给定种子点(x,y),首先填充种子点所在扫描线上给定区域的一个区段,然后确定与这一区段相连通的上、下两条扫描线上位于给定区域内的区段,并依次保存下来。反复这个过程,直到填充结束。

区域填充的扫描线算法可由下列三个步骤实现。

(1) 初始化:确定种子点元素(x,y)。

(2) 判断种子点(x,y)是否满足非边界、非填充色的条件,若满足条件,以y作为当前扫描线沿当前扫描线向左、右两个方向填充,直到边界为止。

(3) 确定新的种子点:检查与当前扫描线y上、下相邻的两条扫描线上的像素。若存在非边界、未填充的像素,则返回步骤(2)进行扫描填充。直至区域所有元素均为填充色,程序结束。

区域填充的扫描线填充算法提高了区域填充的效率。

4.4.5　反走样

在光栅显示器上显示图形时,直线段或图形边界或多或少会呈锯齿状。原因是图形信号是连续的,而在光栅显示系统中,用来表示图形的却是一个个离散的像素。这种用离散量表示连续量引起的失真现象称为走样(Aliasing),走样是伴随着光栅显示系统而出现的,也是数字化的必然产物。用于减少或消除这种现象的技术称为反走样(Antialiasing)。常用的反走样方法主要有:提高分辨率、区域采样和基于加权模板的过取样等。下面将对一些简单的反走样方法进行介绍。

1. 提高分辨率

一种简单的反走样方法是以较高的分辨率显示对象,如图4-11所示。假设把显示器分辨率提高一倍,直线经过两倍的像素,锯齿也增加一倍,但同时每个阶梯的宽度也减小一半,所以显示出的直线段看起来就平直光滑了一些。这种反走样方法是以4倍的存储器代价和扫描转换时间获得的。因此,增加分辨率虽然简单,但是不经济的方法,而且它也只能减轻而不能消除锯齿问题。不过它的思想会带来一定的启示。

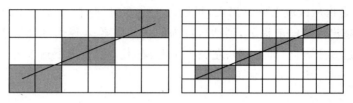

图 4-11　分辨率提高一倍,阶梯宽度减小一半

2. 区域采样

反走样的另一种简单实现方法是用较高的分辨率进行计算,也称过取样,如图 4-12 所示,在 x 方向和 y 方向上把分辨率提高一倍,使每个像素都对应 4 个子像素,然后扫描转换求得各子像素的颜色亮度,再对 4 个像素的颜色亮度进行平均,得到较低分辨率下的像素颜色亮度。由于像素中可供选择的子像素最大数目是 4,因此,提供的亮度等级数是 5。图 4-12 中,编号为 1 和 7 的像素亮度级别是 1,编号为 2、3、4、5 和 6 的像素亮度是 2。通过这个方法为图中的每个像素设定不同的灰度值,可以使显示出来的直线看起来平滑一些,达到减少走样的目的。

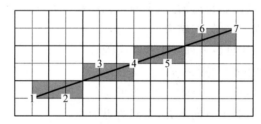

图 4-12　简单的区域采样方法

3. 基于加权模板的过取样

基于加权模板的过取样是指为了得到更好的效果,在对一个像素点进行着色处理时,不仅仅只对其本身的子像素进行采样,同时对其周围的多个像素的子像素进行采样,来计算该点的颜色属性,如图 4-13 所示。

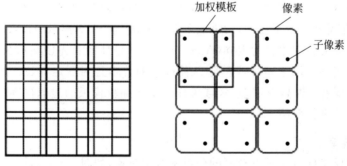

图 4-13　基于加权模板的区域采样方法

由于接近像素区域中心的子像素在决定像素的颜色亮度值中发挥着重要作用,因此,过取样算法中采用了加权平均的方法来计算显示像素的颜色亮度值(基于加权模板的过取样)。图 4-14 显示出 3×3 像素分割常采用的加权模板。中心子像素的权是角子像素的 4 倍,是其他子像素的 2 倍;中心子像素的加权系数是 1/4,顶部和底部及两侧子像素的加权系数是 1/8,而角子像素的加权系数是 1/16。

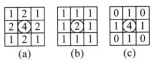

图 4-14 常用的加权模板

4.5 三维建模技术

三维建模是计算机图形学的一个基本问题,目的是得到真实世界中的物体在数字空间的一个表示。数字空间中的信息主要有一维、二维、三维几种形式。一维的信息主要指文字,通过现有的键盘、输入法等软硬件设备得到。二维的信息主要指平面图像,通过照相机、扫描仪、Photoshop 等图像采集与处理的软硬件设备得到。对于虚拟现实技术来说,物体的三维模型是更需要关心的核心,也是当今的难点技术。按使用方式的不同,现有的建模技术主要可以分为以下三类:基于几何造型的建模、三维扫描建模和基于图像的三维重建等。

4.5.1 基于几何造型的建模

基于几何造型的建模技术是由专业人员通过使用专业软件(如 AutoCAD、3ds Max、Maya)等工具,通过运用计算机图形学与美术方面的知识,搭建出物体的三维模型,有点类似画家作画。这种造型方式主要有三种:线框模型、表面模型与实体模型。

(1) 线框模型只有"线"的概念,使用一些顶点和棱边来表示物体。对房屋、零件设计等更关注结构信息,对显示效果要求不高的计算机辅助设计(CAD)应用,线框模型以其简单、方便的优势得到较广泛的应用。AutoCAD 软件是一个较好的造型工具。但这种方法很难表示物体的外观,应用范围受到限制。

(2) 表面模型相对于线框模型来说,引入了"面"的概念。对于大多数应用来说,用户仅限于"看"的层面,看得见的物体表面是用户关注的,而看不见的物体内部则是用户不关心的。因此,表面模型通过使用一些参数化的面片来逼近真实物体的表面,就可以很好地表现出物体的外观。这种方法以其优秀的视觉效果被广泛应用于电影、游戏等行业中,也是人们平时接触最多的。3ds Max、Maya 等工具在这方面有较优秀的表现。

(3) 实体模型相对于表面模型来说,引入了"体"的概念,在构建了物体表面的同时,深入到物体内部,形成物体的"体模型",这种建模方法被应用于医学影像、科学数据可视化等专业应用中。

4.5.2 三维扫描建模

从理论上说,对于任何应用情况,只要有了方便的建模工具,水平较高的专业建模人员都可以用几何造型技术达到很好的效果。然而,科技在发展,人们总希望机器能够帮助人做更多的事。于是,人们发明了一些专门用于建模的自动工具设备,被称为三维扫描仪。它能够自动构建出物体的三维模型,并且精度非常高,主要应用于专业场合,当然其价格也非常高,一套三维扫描仪价格动辄数十万元,并非普通用户可以承受得起。三维扫描仪有接触式与非接触式之分。

（1）接触式三维扫描仪。需要扫描仪接触到被扫描物体，它主要使用电压传感器捕捉物体的表面信息。这种设备价格稍便宜，但使用不方便，已经不是当前主流技术。

（2）非接触式三维扫描仪。不需要接触被扫描物体，就可捕捉到物体表面的三维信息。根据使用传感器的不同，有超声波、电磁波、光学等多种不同类型。其中，光学的方法有结构简单、精度高、工作范围大等优点，得到了广泛的应用。激光扫描仪、结构光扫描仪技术是当今较主流的方向，其扫描结果可以达到非常高的精度。

总的来说，三维扫描仪以其高精度的优势而得到应用，但由于传感器容易受到噪声干扰，还需要进行一些后期的专业处理，如删除散乱点、点云网格化、模型补洞、模型简化等。

4.5.3 基于图像的三维重建

专业的三维扫描仪虽然可以弥补几何建模需要大量人工操作的麻烦，并且可以达到很高的建模精度，但其昂贵的设备费用、专业的操作步骤，却使得它无法得到很好的推广，并且，它只可以得到物体表面的几何信息，对于表面纹理，仍旧无法自动获得。针对这些问题，计算机领域的专家们结合了最近发展的计算机图形学与计算机视觉领域的知识，实现了基于图像的建模技术（Image Based Modeling），这种技术只需使用普通的数码相机拍摄物体在多个角度下的照片，经过自动重构，就可以获得物体精确的三维模型。而根据使用图像中不同的信息，这种技术又可以分成以下几类。

（1）使用纹理信息。这种方法通过在多幅图像中搜索相似的纹理特征区域，重构得到物体的三维特征点云。它可以得到较高精度的模型，但对于纹理特征比较容易提取的建筑物等规则物体效果较好，不规则物体的建模效果不理想。

（2）使用轮廓信息。这种方法通过分析图像中物体的轮廓信息，自动得到物体的三维模型。这种方法健壮性较高，但是由于从轮廓恢复物体完全的表面几何信息是一个病态问题，不能得到很高的精度，特别是对于物体表面存在凹陷的细节，由于在轮廓中无法体现，三维模型中会丢失。这种方法比较适用于对精度要求不是很高的场合，如计算机游戏。

（3）使用颜色信息。这种方法基于 Lambertian 漫反射模型理论，它假设物体表面点在各个视角下颜色基本一致。因此，根据多张图像颜色的一致性信息，重构得到物体的三维模型。这种方法精度较高，但由于物体表面颜色对环境非常敏感，这些方法对采集环境的光照等要求比较苛刻，健壮性也受到影响。

（4）使用阴影信息。这种方法通过分析物体在光照下产生的阴影，进行三维建模。它能够得到较高精度的三维模型，但对光照的要求更为苛刻，不利于实用。

（5）使用光照信息。这种方法给物体打上近距离的强光，通过分析物体表面光反射的强度分布，运用双向反射分布函数（Bidirectional Reflectance Distribution Function）等模型，分析得到物体的表面法向，从而得到物体表面三维点面信息。这种方法建模精度较高，而且对于缺少纹理、颜色信息（如瓷器、玉器）等其他方法无法处理的情况非常有效，然而其采集过程比较麻烦，健壮性也不高。

（6）混合使用多种信息。这种方法综合使用物体表面的轮廓、颜色、阴影等信息，提高了建模的精度，但多种信息的融合使用比较困难，系统的健壮性问题无法根本解决。

虽然基于图像的全自动建模系统还无法达到实用的程度，然而，在这方面已经出现了一些半自动的成熟软件工具。随着研究人员的不懈努力,基于图像的三维重建技术在不久的将来会逐渐趋于成熟。

4.6 真实感图形绘制

真实感图形绘制是计算机图形学的一个重要组成部分,它综合利用数学、物理学、计算机科学和其他学科知识在计算机图形设备上生成彩色照片那样的具有真实感的图形。一般用计算机在图形设备上生成真实感图形必须完成以下四个步骤:一是建模,即用一定的数学方法建立所需三维场景的几何描述,场景的几何描述直接影响图形的复杂性和图形绘制的计算时间;二是将三维几何模型经过一定变换转为二维平面透视投影图;三是确定场景中所有可见面,运用隐藏面消除算法将视域外或被遮挡住的不可见面消去;四是计算场景中可见面的颜色,即根据基于光学物理的光照模型计算可见面投射到观察者眼中的光亮度大小和颜色分量,并将它转换成适合图形设备的颜色值,从而确定投影画面上每一像素的颜色,最终生成图像。

4.6.1 图形渲染流水线

图形渲染流水线的主要功能是在给定视点、三维物体、光源、照明模式以及纹理条件下,生成或者绘制一幅二维图像,并将其写入帧缓冲存储器,然后由显示控制器驱动显示器显示。其中的生成和绘制过程是由CPU或者显示处理器完成的。图4-15以一个基本的图形元素——三角面片为例,显示图形渲染流水线各阶段的处理过程。

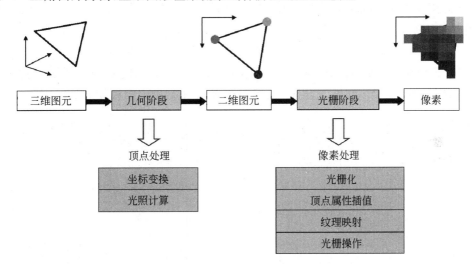

图 4-15 图形渲染流水线

4.6.2 坐标变换

图形变换是计算机图形学的基础内容之一。图形在计算机上的显示可以比喻为用假想的照相机对物体进行拍照,并将产生的照片贴在显示屏上的指定位置进行观察的过程。三维物体要在屏幕上显示首先要做的就是投影变换。此外,还要求能够对物体进行旋转、缩放、平移变换。绘图过程还要用窗口来规定显示物体的哪个部分,用视区来规定将窗口中的内容显示在屏幕上的什么位置。图形显示的坐标变换过程如图 4-16 所示。

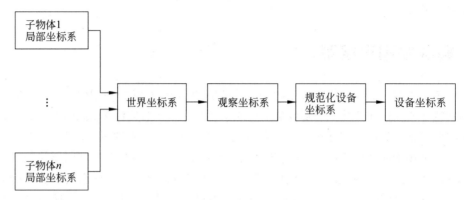

图 4-16　图形显示的坐标变换过程

本小节以二维图形为例,讲解几个基本的几何变换,包括平移变换、比例变换和旋转变换。

1. 平移变换

平移变换是将平面上的一点 (x,y) 沿平行于 X 轴的方向平移 T_x,沿平行于 Y 轴的方向平移 T_y 后变成点 (x',y'),如图 4-17 所示。则有

$$x' = x + T_x, \quad y' = y + T_y$$

2. 比例变换

比例变换是相对于原点,将平面上一点 (x,y) 沿 X 轴方向乘以常数 S_x,沿 Y 轴方向乘以常数 S_y 后,变成点 (x',y'),则有

$$x' = xS_x, \quad y' = yS_y$$

可见,如果 $S_x = S_y = 1$,则为恒等变换,图形不变;如果 $S_x = S_y > 1$,则图形被放大了;如果 $S_x = S_y < 1$ 则图形被缩小了。如果 $S_x \neq S_y$,则图形在 X 轴和 Y 轴方向被缩放的倍数不一样。

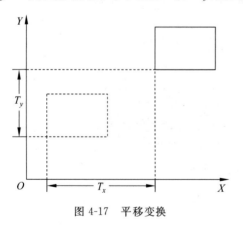

图 4-17　平移变换

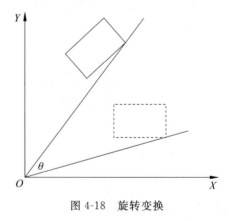

图 4-18　旋转变换

3. 旋转变换

旋转变换是将图形绕某一旋转中心转动一个角度,通常约定以逆时针方向为正方向。最简单的旋转变换是以坐标原点 $(0,0)$ 为旋转中心,这时,平面上一点 (x,y) 旋转了 θ 之后,变成点 (x',y'),如图 4-18 所示。则有

$$x' = x\cos\theta - y\sin\theta, \quad y' = x\sin\theta + y\cos\theta$$

4.6.3 光照模型

光照模型的研究对真实感图形的生成至关重要。光照模型主要研究的是如何根据光学物理的有关定律,采用计算机来模拟自然界中光照明的物理过程。计算机图形学的光照模型分为局部光照模型和全局光照模型。

处在一定环境中的物体,其表面的光亮度除了与其自身表面的光学属性有关外,还与环境中的光源和它周围的景物有着密切的联系。如果忽略周围环境对物体的作用,而只考虑光源对物体表面的直接照射效果,这样的光照模型被称为局部光照模型。这仅是一种理想状况,所得结果与自然界中的真实情况有一定的差距。自然界中的大多数物体具有反光特性,有些物体又具有透明特性,这都会影响物体的表面颜色。这种考虑了周围环境对景物表面影响的光照模型被称为全局光照模型。

本小节简单介绍局部光照模型的情况。

当光线照射到物体表面时,会出现以下三种情形。

(1) 光照射到物体表面后向空间反射,产生反射光。

(2) 如果是透明体,光则穿透该物体从另一端射出,产生透射光。

(3) 部分光将被物体表面吸收而转换成热。

在这三部分光中,仅反射光和透射光能产生视觉效果。反射光和透射光强弱决定物体表面的明暗程度。

对于简单光照模型,假设物体不透明,则物体表面呈现的颜色仅由其反射光决定。在一般情况下,将反射光看成三个分量的组合,即环境反射、漫反射和镜面反射。环境反射分量是假定入射光均匀地从周围环境入射到物体的表面,并等量地向各个方向反射。而漫反射分量和镜面反射分量则表示特定光源照射在景物表面上所产生的反射光。

1. 环境光和漫反射光

物体没有受到光源的直射,但其表面仍有一定的亮度,这是环境光在起作用。环境光是环境中其他物体散射到该物体表面后再反射出来的光。由周围各物体多次反射所产生的环境光来自周围各个方向,又均匀地向各个方向反射。例如,从墙壁、地板和天花板等反射回来的光是环境光。

漫反射光可以认为是在位置光源(点光源)的照射下,光被物体表面吸收后,然后重新反射出来的光。漫反射光是从一点照射,向多个方向反射,均匀地散布在各个方向,因此同观察者的位置无关。正是由于漫反射光才使得人们清清楚楚地看到物体。

朗伯(Lambert)余弦定理总结了位置光源所发出的光照射在一个完全漫反射物体上的反射法则。根据朗伯定律,物体漫反射出来的光强同入射光与物体表面法线之间夹角的余弦成正比,即

$$I_d = k_d \cdot I_p \cdot \cos\theta, \quad 0° \leqslant \theta \leqslant \pi/2, 0 \leqslant k_d \leqslant 1$$

2. 镜面反射光和 Phong 模型

镜面反射光是朝一定方向反射的光。在光线的照射下,光滑物体会形成一片非常亮的区域,称为高光区域。物体表面越光滑,高光区域越小,亮度越高;物体表面越粗糙,则高光

区域越大,亮度越低。利用镜面反射可以很好地模拟光滑物体在光照下产生的高光区域。

镜面反射光的反射角等于入射角,分别位于表面的单位法向量的两侧,如图 4-19 所示。对于一个理想的镜面反射,入射光仅在镜面反射方向有反射现象,而在其他方向都看不到反射光。

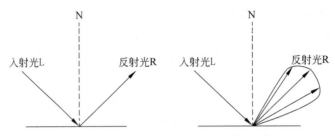

图 4-19　理想镜面反射和一般光滑表面的镜面反射

1973 年,Phong 提出一个计算镜面反射光的经验公式,称为 Phong 模型。公式用余弦函数的幂次模拟镜面反射光的空间分布,可以表示为

$$I_s = k_s \cdot I_p \cdot cos^n\alpha, \quad 0° \leqslant \alpha \leqslant \pi/2, 0 \leqslant k_s \leqslant 1$$

这表明投向视点的镜面反射光不仅取决于入射光强度,而且与视点方向有关。光的汇聚程度愈高,在表面形成的高光愈集中。

4.6.4　OpenGL 中的光照与材质

1. OpenGL 中的光照模型

在 OpenGL 的简单光照模型中反射光可以分成三个分量:环境光(Ambient Light)、漫反射光(Diffuse Light)和镜面反射光(Specular Light)。光源有许多特性,如颜色、位置、方向等。选择不同的特性值,则对应的光源作用在物体上的效果也不一样。在 OpenGL 中通过函数 glLight * () 来定义光源的特性,下面对这个函数进行详细解释。

定义光源特性的函数为 glLight * (light , pname, param)。其中,第一个参数 light 指定所创建的光源号,如 GL_LIGHT0、GL_LIGHT1、……、GL_LIGHT7;第二个参数 pname 指定光源特性,这个参数的辅助信息如表 4-1 所示;最后一个参数设置相应的光源特性值。

表 4-1　函数 **glLight * ()** 参数 **pname** 说明

pname 参数名	默认值	说　　明
GL_AMBIENT	(0.0, 0.0, 0.0, 1.0)	RGBA 模式下环境光
GL_DIFFUSE	(1.0, 1.0, 1.0, 1.0)	RGBA 模式下漫反射光
GL_SPECULAR	(1.0, 1.0, 1.0, 1.0)	RGBA 模式下镜面光
GL_POSITION	(0.0, 0.0, 1.0, 0.0)	光源位置齐次坐标(x, y, z, w)
GL_SPOT_DIRECTION	(0.0, 0.0, −1.0)	点光源聚光方向(x, y, z)
GL_SPOT_EXPONENT	0.0	点光源聚光指数
GL_SPOT_CUTOFF	180.0	点光源聚光截止角
GL_CONSTANT_ATTENUATION	1.0	常数衰减因子

pname 参数名	默认值	说　明
GL_LINER_ATTENUATION	0.0	线性衰减因子
GL_QUADRATIC_ATTENUATION	0.0	平方衰减因子

注意：以上列出的 GL_DIFFUSE 和 GL_SPECULAR 的默认值只能用于 GL_LIGHT0，其他几个光源的 GL_DIFFUSE 和 GL_SPECULAR 默认值为(0.0,0.0,0.0,1.0)。

光源的颜色由 AMBIENT、DIFFUSE、SPECULAR 决定。其中，DIFFUSE(漫反射光)与光源的颜色最紧密；要实现真实感，应将属性 SPECULAR 的值设置成与 DIFFUSE 相同。

光源位置坐标采用齐次坐标(x, y, z, w)设置。w 为 0.0 时，相应的光源是定向光，(x, y, z)描述光源的方向，该方向将根据模型视点矩阵进行变换；w 为 1.0 时，光源为定位光源。(x, y, z, w)指定光源在齐次坐标系下的具体位置，该位置根据模型视点矩阵进行变换，保存为视点坐标系下的坐标。

离光源越远则光强越弱。由于定向光源是无穷远光源，根据距离衰减光强无意义，因此对于定向光源将禁用衰减；对于定位光源有衰减，OpenGL 的光衰减是通过光源的发光量乘以衰减因子来实现衰减。

在 OpenGL 中，设置好光源特性之后，必须明确指出光照是否有效或无效。如果光照无效，则只是简单地将当前颜色映射到当前顶点上去，不进行法向、光源、材质等复杂计算，那么显示的图形就没有真实感。要使光照有效，首先得启动光照计算；要启用光照或关闭光照，需要调用函数 glEnable(GL_LIGHTING) 或 glDisable(GL_LIGHTING)。

启用光照后必须调用函数 glEnable(GL_LIGHT0)使所定义的光源有效。其他光源类似，只是光源号不同而已。

在 OpenGL 中，用单一颜色处理的称为平面明暗处理(Flat Shading)；用许多不同颜色处理的称为光滑明暗处理(Smooth Shading)，也称为 Gourand 明暗处理(Gourand Shading)。

设置明暗处理模式的函数为 glShadeModel(mode)。其中，函数的参数 mode 为 GL_FLAT 或 GL_SMOOTH，分别表示平面明暗处理和光滑明暗处理。

2. OpenGL 中的材质模型

OpenGL 用材质对光的红、绿、蓝三原色的反射率来近似定义材质的颜色。和光源一样，材质颜色也分成环境、漫反射和镜面反射分量，它们决定了材质对环境光、漫反射光和镜面反射光的反射程度，材质对环境光与漫反射光的反射程度决定了材质的颜色。

材质的颜色与光源的颜色有些不同。对于光源，R、G、B 值等于 R、G、B 对其最大强度的百分比。若光源颜色的 R、G、B 值都是 1.0，则是最强的白光；若值变为 0.5，颜色仍为白色，但强度为原来的一半，于是表现为灰色。对于材质，R、G、B 值为材质对光的 R、G、B 成分的反射率。如一种材质的 $R=1.0$、$G=0.5$、$B=0.0$，则材质反射全部的红色成分、一半的绿色成分，不反射蓝色成分。即若 OpenGL 的光源颜色为(LR、LG、LB)，材质颜色为(MR，MG，MB)，那么，在忽略所有其他反射效果的情况下，最终到达眼睛的光的颜色为(LR *

MR,LG * MG,LB * MB)。

材质的定义函数为 glMaterial * (face，pname，param)。其中，第一个参数 face 可以是 GL_FRONT、GL_BACK、GL_FRONT_AND_BACK，它表明当前材质应该应用到物体的哪一个面上；第二个参数 pname 指定材质特性，这个参数的辅助信息如表 4-2 所示；最后一个参数设置相应的材质特性值，若函数为向量形式，则 param 是数组的指针，反之为参数值本身。

表 4-2 函数 glMaterial * ()参数 pname 说明

pname 参数名	默认值	说　　明
GL_AMBIENT	(0.2, 0.2, 0.2, 1.0)	材料的环境光颜色
GL_DIFFUSE	(0.8, 0.8, 0.8, 1.0)	材料的漫反射光颜色
GL_AMBIENT_AND_DIFFUSE		材料的环境光和漫反射光颜色
GL_SPECULAR	(0.0, 0.0, 0.0, 1.0)	材料的镜面反射光颜色
GL_SHININESS	0.0	镜面指数(光亮度)
GL_EMISSION	(0.0, 0.0, 0.0, 1.0)	材料的辐射光颜色
GL_COLOR_INDEXES	(0, 1, 1)	材料的环境光、漫反射光和镜面光颜色

参数 GL_AMBIENT_AND_DIFFUSE 表示可以用相同的 RGB 值设置环境光颜色和漫反射光颜色。

4.6.5 OpenGL 中的纹理映射

能够模拟物体表面颜色细节或几何细节的计算机图形学技术称为纹理映射技术(Texture Mapping Technology)。利用纹理映射技术，可以在不增加场景绘制复杂度、不显著增加计算量的前提下，大幅度提高图形的真实感。

OpenGL 提供了三个函数来指定纹理：glTexImage1D()用于指定一维纹理；glTexImage2D()用于指定二维纹理；glTexImage3D()用于指定三维纹理。其中比较常用的是二维纹理。

指定二维纹理映射的函数为

```
void glTexImage2D (GLenum target, GLint level, GLint internalFormat, GLsizei
width, glsizei height, GLint border, GLenum format, GLenum type, const GLvoid *
pixels);
```

关于函数参数的具体含义，在此不做详细说明，有兴趣的读者可以查阅图形学相关文献。

4.6.6 真实感绘制实例

下面给出一个真实感绘制的实例，场景中绘制了一个简单光源照射的小球。

```
#include <glut.h>
```

```
void init(void)
{
    GLfloat mat_sp[]={1.0,1.0,1.0,1.0};
    GLfloat mat_sh[]={50.0};
    GLfloat light_p[]={1,1,1,0};
    GLfloat yellow_l[]={1,1,0,1};
    GLfloat lmodel_a[]={0.1,0.1,0.1,1.0};
    glClearColor(0,0,0,0);
    glShadeModel(GL_SMOOTH);
    glMaterialfv(GL_FRONT,GL_SPECULAR,mat_sp);
    glMaterialfv(GL_FRONT,GL_SHININESS,mat_sh);
    glLightfv(GL_LIGHT0,GL_POSITION,light_p);              //指定光源的位置
    glLightfv(GL_LIGHT0,GL_DIFFUSE,yellow_l);              //设定漫反射效果
    glLightfv(GL_LIGHT0,GL_SPECULAR,yellow_l);             //设定高光反射效果
    glLightModelfv(GL_LIGHT_MODEL_AMBIENT,lmodel_a);       //设定全局环境光
    glEnable(GL_LIGHTING);                                 //启用光源
    glEnable(GL_LIGHT0);                                   //使用指定灯光
    glEnable(GL_DEPTH_TEST);
}
void myDisplay(void)
{
    glClearColor(1,1,1,0);                                 //设置背景色
    glClear(GL_COLOR_BUFFER_BIT|GL_DEPTH_BUFFER_BIT);      //以上面颜色清屏并清除
                                                           //深度缓存
    glutSolidSphere(1.0,40,40);                            //画一个球体
    glFlush();
}
void reshape(int w,int h)
{
    glViewport(0,0,(GLsizei) w,(GLsizei) h);
    glMatrixMode(GL_PROJECTION);
    glLoadIdentity();
    if(w<=h)
    glOrtho(-1.5,1.5,-1.5*(GLfloat)h/(GLfloat)w,1.5*(GLfloat)h/(GLfloat)w,
    -10.0,10.0);
    else
    glOrtho(-1.5*(GLfloat)w/(GLfloat)h,1.5*(GLfloat)w/(GLfloat)h,-1.5,1.5,
    -10.0,10.0);
}
int main(int argc, char * argv[])
{
    glutInit(&argc, argv);
    glutInitDisplayMode(GLUT_RGB | GLUT_SINGLE|GLUT_DEPTH);
    glutInitWindowSize(500, 500);                          //显示框大小
    glutInitWindowPosition(200,400);                       //确定显示框左上角的位置
```

```
    glutCreateWindow("球的光影效果");
    init();
    glutDisplayFunc(myDisplay);
    glutReshapeFunc(reshape);
    glutMainLoop();
    return 0;
}
```

本程序的运行效果如图 4-20 所示。

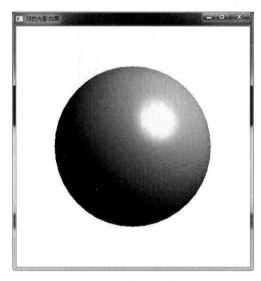

图 4-20　小球的光照效果图

练习与思考

4-1　有关计算机图形学的软件标准有哪些?

4-2　试用 OpenGL 中的 GL_POINTS 模式实现 Bresenham 画线算法。

4-3　现有的三维建模方法主要有哪些?

4-4　简述三维图形渲染流水线各阶段的处理过程。

4-5　OpenGL 中实现光照和材质的函数是哪两个? 分别说明其参数的含义。

参考文献

[1]　徐文鹏,王玉琨,等.计算机图形学基础(OpenGL 版)[M].北京:清华大学出版社,2014.

[2]　陆枫,何云峰.计算机图形学基础[M].2 版.北京:电子工业出版社,2008.

[3]　杜晓增,丁宇辰.计算机图形学基础[M].2 版.北京:机械工业出版社,2013.

[4]　孔令德.计算机图形学基础教程[M].北京:清华大学出版社,2008.

第 5 章

数字音频处理技术

声音是人们进行信息交流的最好工具,自从计算机能够处理声音后,声音就成了重要的多媒体元素,成为多媒体信息的重要载体。声音在物理学上的三个基本特性是频率、振幅和波形,对应到人耳的主观感觉就是音调、响度和音色。声音的数字化包括采样、量化和编码三个基本过程,数字化声音质量的好坏取决于采样的频率和采样的精度。

在数字媒体中,数字音频是携带信息的重要媒体。音频信号可分为两类:语音信号和非语音信号。非语音信号又可分为音乐和杂音。非语音信号的特点是不具有复杂的语音和语法信息,信息量低,识别简单。语音是语言的载体。语言是人类社会特有的一种信息系统,是社会交流工具的符号。

随着数字媒体技术与内容的发展,数字音频处理技术受到人们的高度重视,数字音频不仅作为单一媒体形式,同时也与其他媒体(例如图文、视频等)构成多媒体形式,对提升和丰富数字媒体内容起着举足轻重的作用,并得到了广泛的应用。例如,影视作品的配音、配乐,游戏的音响效果,虚拟现实中的声音模拟,数字出版的有声输出,语音识别,声音操控等。

5.1 音频的概念及特性

声音是通过一定介质(如空气、水等)传播的一种连续振动的波,声音被看成一种波动的能量,也称为声波。声波是由物体振动所产生并在介质中传播的一种波,具有一定的能量。同时在物理学上,一般用声音的三个基本特性来描述声音,即频率、振幅和波形。生理学上,声音是指声波作用于听觉器官所引起的一种主观感觉。声音的主观感觉是听觉的主观属性,属于心理学范畴。人的感觉不像话筒的测试系统那样绝对化,人类对物理量的响应通常与所描述的物理单位量并不一致,因为这里存在一个心理物理量的问题。这就是为什么会出现人们对声音量的主观描述,如响度、音调、音色和音长等。

尽管这两个关于声音的理解含义有所不同,但它们之间有一定的内在联系。在物理学上声音的三个基本特性:频率、振幅和波形,对应到人耳的主观感觉就是音调、响度和音色。

具体来说,所谓频率即发声物体在振动时单位时间内的振动次数,单位为赫兹(Hz)。一般来说,物体振动越快,频率就越高,人感受到的音调也越高,反之亦然。这也是为什么把声音称为音频的主要原因。

振幅是指发声物体在振动时偏离中心位置的幅度,代表发声物体振动时动能、势能的大小。振幅是由物体振动时所产生声音的能量或声波压力的大小所决定的。声能或声压越大,引起人耳主观感觉到的响度也越大。

音色是指声音的纯度,它由声波的波形形状所决定。即使两个声音的振幅和频率都一样,也就是说它们的音调高低、声音强弱都相同,但若它们的波形不一样,听起来也会有明显的区别。例如,听音乐时,能分辨出胡琴、小提琴和钢琴等乐器。日常生活中人们听到的多是复合音,单纯的纯音是很少的。实验室的音频发生器和耳科医生用来检查病人听觉用的音叉能发出纯音。

声音在生活中是无处不在的,不但能够为人们传递信息,而且能够带来感官的愉悦。因此,人们通常对声音的分类也有多种不同方法。

按照人耳可听到的频率范围,声音可分为超声、次声和正常声。人耳不是对所有物体的振动都能听得见。物体振动次数过低或过高,人耳都不能感受。人耳可感受声音频率的范围为20~20 000Hz。低于20Hz的信号为亚音信号或者称为次音信号;高于20kHz的信号称为超音频信号,或称为超声波信号。声音的频率范围如表5-1所示。

表 5-1   声音的频率范围

分类	亚音频波	音频波	超音波
频率	小于20Hz	20~20 000Hz	大于20 000Hz

按照来源及作用,声音可分为人声、乐音和响音。人声包括人物的独白、对向、旁白、歌声、啼笑、感叹等;乐音也可称为音乐,是指人类通过相关乐器演奏出来的声音,如影视作品中的背景声音,一般起着渲染气氛的作用;响音是指除语言和音乐之外电影中所有声音的统称,如动作音响、自然音响、背景音响、机械音响、特殊音响。

5.2 音频处理设备

5.2.1 声音记录设备

最初声音信息的传播是瞬时性的,不能对声音进行存储和回放。直到爱迪生发明留声机,声音才得以记录和重放。爱迪生的留声机记录声音利用的是"声音是由振动产生的"这一基本原理。爱迪生的留声机从发明到现在,其设备外形和记录介质已有天壤之别,在记录形式和记录技术上也有所不同。下面通过几种不同的声音记录设备来简述声音记录技术的发展历史。

1. 机械留声机

最早用来记录声音的是机械留声机,是1877年由美国人爱迪生发明的。初期的留声机结构非常简单,只是在一个木盒中装上一只铜制的大喇叭,录、放音的声波都经过这只喇叭传递。之后,留声机不断改进,出现了爱氏(爱迪生)和贝氏(伯利纳,Emil Berliner)留声机,当然音质很差,频率仅为200~3000Hz,失真、噪声都较大,动态范围很小。1925年,美国的贝尔研究所开始运用电子管放大器和传声器进行电气灌片——电唱机。虽然机械式留声机质量很差,但由于在当时它是唯一的声音记录设备,所以还是经历了50年之后才销声匿迹。

2. 钢丝录音机

世界上最早出现的钢丝录音机是1898年由丹麦科学家波尔森发明的,第一次用磁性记录的方式进行记录。它是把声音信号记录在钢丝上,最初的钢丝品录音机采用无偏磁录音,失真度很大,到1907年之后才发明并出现用直流偏磁法进行录音,失真和灵敏度才大有改观,但信噪比仍然很差。直到1927年美国科学家卡尔逊发明了采用交流偏磁技术的专利才使音质大为提高,很多20世纪40～50年代的优秀文艺节目都是利用这种录音机保留下来的。20世纪60年代初还在使用这种机器。

3. 磁带录音机

磁带录音机属于磁性记录技术的再发展,是根据电磁感应定律,提出用永久剩磁录音的可能性,把声音记录在磁带上,接着再用磁带进行还原。1926年,美国人开始用纸质带基制作成最初的磁带,后来进化成塑料带基涂敷型磁带,进而出现环形磁头、使用氧化铁粉磁带。

这时的录音机已基本定型为开盘式的,一直到1949年英国马可尼公司利用非线性磁头制成世界上第一台立体声录音机。立体声录音很快风靡全世界,许多录音机制造厂也就应运而生。

录音机由开盘式衍生出各种各样的盒式录音机,广播电台、电视台、电影厂的盒式专业录音机和民用录音机纷纷出现。由于音频技术的迅猛发展,在机型的繁衍、结构的改进、功能的扩展、性能的提高等诸多方面都取得了令人瞩目的进步。

4. 激光唱机

激光唱机是1982年由荷兰飞利浦公司和日本索尼公司联合开发推出的以数字方式记录的媒体,是一种用计算机控制的智能化高保真立体声音响设备。它采用先进的激光技术、数字信号处理技术、大规模集成电路技术以及自动控制、精密机械等先进技术,具有记录密度高、放音时间长、操作简单、选曲快、重放的声音层次分明及临场感强等优点,是目前最好的高质量音源设备。

激光唱机通常称为CD机,CD是英文Compactdisc-Digital audio的缩写,原意为"数字化精密型唱片及放唱系统",该系统由激光唱片和激光唱机组成。

5. MP3随身听

MP3随身听的操作方法分为准备MP3音乐节目和播放两个过程。将MP3音乐文件由PC下载到MP3随身听并存储在闪存卡或微型硬盘内。播放过程就是MP3音乐文件的解码过程,MCU(微控制单元)利用CPU(中央处理器)对MP3音乐文件进行解码运算,也有使用专用DSP(数字信号处理)来解码的,然后将数字音频信号经DAC(数字模拟转换器)转换为模拟音频信号并用耳机来收听。

上述材料中显示了传统音频记录技术的演变历史。从记录介质上看,历经了石蜡(锡箔)记录、钢丝记录、磁带记录、激光数字记录;从技术手段上来看,经历了机械记录和磁性记录、激光记录;从外形上来看,录音设备由原来的开放式结构变成后来的封闭式设备(盒式)。

5.2.2　音频制作设备

在对声音进行处理的过程中,除了对声音进行记录之外,还需要对声音进行一些其他方面的调整。如对声音进行音调的调节、多声音混合、高中低音的调整,还有诸如原始声波信号的拾取等。这就涉及音频制作设备。

1. 话筒

话筒(Microphone,麦克风)的主要功能就是进行声音能量的收集。例如,在机械留声机中的铜制大喇叭除了完成还原声音(播放)这一功能外,另一个功能就是在记录声音时进行声音能量的收集,这可以说是最早的话筒雏形。当出现磁性记录技术之后,话筒的功能就开始发生变化,除了完成声音的收集外,还要完成声能向电能的转化(声音信号转化成电流信号),但是其还原声音(播放)的功能已逐渐消失。

2. 音箱

音箱(Speaker,扬声器)的主要功能就是还原声音,将音频电流信号变换成声音信号,可以说是留声机中大喇叭另一功能的转化。

3. 模拟调音台

调音台在现代电台广播、舞台扩音、音响节目制作中是一种经常使用的设备。它具有多路输入,每路的声音信号可以单独被处理。例如,可放大,做高音、中音、低音的音质补偿,给输入的声音增加韵味,对该路声源做空间定位等;还可以进行各种声音的混合,且混合比例可调;拥有多种输出(包括左右立体声输出、编辑输出、混合单声输出、监听输出、录音输出及各种辅助输出等)。调音台在诸多音频系统中起着核心作用,它既能创作立体声、美化声音,又可以抑制噪声、控制音量,是声音艺术处理必不可少的一种设备。

5.3　音频的数字化

在传统音频处理技术中,通常处理的是模拟音频信号。一般情况下,模拟信号在时间或者空间维度上可以无限制地细分下去。模拟信号最大的特点就是它是一种连续的不间断的信号。如果用数学函数来表示,模拟信号的函数属于连续函数,在空间坐标轴上可以描出函数曲线上的无数个点。

在对音频模拟信号进行处理时,一般采用模拟的技术手段。例如,在记录音频信号时,是用无数个连续变化的磁场状态来记录,人们根本无法从中找到一个能代表声波元素的绝对磁场强度,而且每个点的磁场强度也不是单独存在的。在进行磁性信号记录之前,信号的传递是线性的传递,即便是在不同能量形式之间的转换(声能-电能-磁能)也是如此,信号各点之间的关系是不变的。电器元件是将连续的原始信号的变化形式原封不动地传递给下一个单元,这就是模拟的处理方式。

“原封不动”是指信号本身的连续性,在信号的强弱和纯净度上或许由于电子器件本身的频响特性而有一定的出入。例如,在记录时,会出现磁性材料的自身噪声难以完全去除、模拟电子器件信号传输过程中的噪声电流无法避免等问题,这是模拟处理方式的缺陷所在。

由于模拟音频处理技术对声音的处理会无法避免地引入噪声,难以最大限度地保持声音的原始效果,且存储介质的磁性变化会直接影响模拟音频的回放质量。因此,科学工作者开始探究数字音频技术,试图通过数字来保存声音,而且目前数字音频技术已经取得了良好的实际应用效果。那么,究竟什么是数字音频?数字音频技术解决了什么问题?数字音频技术中的关键是什么?

5.3.1　音频数字化过程

模拟音频信号在能量转换、传输和记录存储以及声音信号的重放过程中,其信号是连续不间断的。实际上,根据人耳的听觉特性,人们是无法区别间隔微秒级别以上声音的前后差别的,而且模拟音频处理设备在工艺上也无法保证在微秒级别上的前后声音频率响应特征完全不一致。

声音信号是时间和幅度上都连续的模拟信号。而计算机只认识 0 和 1,或者说计算机只能处理一个个数据,尽管数据量可能是巨大的。所以,计算机处理声音的第一步是将声音数字化,将模拟信号变为数字信号。

把模拟声音信号转换为数字化声音的过程称为声音的数字化,或称为模/数(A/D)变换。模拟音频在时间和幅度上都是连续变化的。数字音频在时间和幅度上都是离散、不连续的。数字音频是指用一连串二进制数据来保存的声音信号。这种声音信号在存储和电路传输及处理过程中,不再是连续的信号,而是离散的信号。关于离散的含义,可以这样去理解,例如说某一数字音频信号中,数据 A 代表的是该信号中的某一时间点 a,数据 B 是记录的时间点 b,那么时间点 a 和时间点 b 之间可以分多少时间点,就已经固定,而不是无限制的。也就是说,在坐标轴上描述信号的波形和振幅时,模拟信号是用无限个点去描述,而数字信号是用有限个点去描述。

数字音频只是在存储和传输处理过程中采用离散的数据信号方式,而非全部的音频处理过程。因为在采集数字音频时的处理对象(音源信号)以及还原数字音频时的所得信号其实都还是模拟信号。数字信号与模拟信号相比较而言,具有处理技术简单、传输过程中无噪声及可多次无损复制等优点。音频处理倾向于采用数字音频技术,而且只需一台多媒体计算机和简单的配套设施,就可以组建起个人音频工作室。

模拟声音的数字化处理包括采样、量化和编码三个过程。连续时间的离散化通过采样来实现,连续幅度的离散化通过量化来实现。模拟声音的数字化过程如图 5-1 所示。

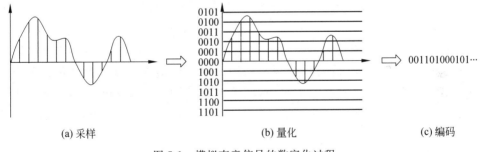

(a) 采样　　　　　　　　　　　(b) 量化　　　　　　　　　(c) 编码

图 5-1　模拟声音信号的数字化过程

1. 采样

为实现 A/D 转换,需要把模拟声音信号波形进行分割,以转换成数字信号,这种方法称为采样(Sampling)。

采样的过程是每隔一个时间间隔在模拟声音的波形上取一个幅度值,把时间上的连续信号变成时间上的离散信号。该时间间隔称为采样周期,其倒数为采样频率。

采样频率是指计算机每秒采集多少个声音样本。采样频率越高,即采样的间隔时间越短,则在单位时间内计算机得到的声音样本数据就越多,对声音波形的表示也越精确。

采样频率的选择与声音信号本身的频率有关,根据奈奎斯特(Nyquist)理论,只有采样频率高于声音信号最高频率的两倍时,才能把数字信号表示的声音较好地还原为原来的声音。最常用的采样频率有 11.025kHz、22.05kHz、44.1kHz 等。

2. 量化

采样所得到的声波上的幅度值,即某一瞬间声波幅度的电压值,影响音量的高低,该值的大小需要用某种数字化的方法来表示。通常把对声波波形幅度的数字化表示称为量化(Quantization)。

量化的过程是先将采样后的信号按整个声波的幅度划分成有限个区段的集合,把落入某个区段内的采样值归为一类,并赋予相同的量化值。采样信号的量化值采用二进制表示,表示采样信号的幅度二进制的位数称量化位数。如果以 8b 为记录模式,则将其纵轴划分为 28 个量化等级,它的量化位数为 8。

在相同的采样频率之下,量化位数越高,声音的质量越好。同样,在相同量化位数的情况下,采样频率越高,声音效果也就越好。这就好比是量一个人的身高,若是以 mm 为单位来测量,会比以 cm 为单位量更加准确。

3. 编码

模拟信号经过采样和量化以后,形成一系列的离散信号——脉冲数字信号。这种脉冲数字信号可以用一定的方式进行编码,形成计算机内部运行的数据。所谓编码,就是按照一定的格式把经过采样和量化得到的离散数据记录下来,并在有效的数据中加入一些用于纠错同步和控制的数据。在数据回放时,可以根据所记录的纠错数据判别读出的声音数据是否有错,如果有错,可加以纠正。

5.3.2 数字音频的编码技术

数字声音的编码技术分为三类:波形编码、参数编码和混合编码。

1. 波形编码

波形编码是声音信号常用的编码方法,它直接对波形采样、量化和编码,算法简单,易于实现。而且,声音恢复时能保持原有的特点,因此被广泛应用。常用的波形编码方法有 PCM(Pulse Code Modulation,脉冲编码调制)、DPCM(Differential Pulse Code Modulation,差分脉冲编码调制)和 ADPCM(Adaptive Differential Pulse Code Modulation,自适应差分编码调制)等。

1) PCM

PCM 简称脉码调制,可以直接对声音信号做 A/D 转换,用一组二进制数字编码表示,得到的是未经压缩的声音数据。这是一种最常用、最简单的编码方法。

PCM 编码方法不需要复杂的信号处理技术就能实现瞬时的数据的量化和还原,而且信噪比高。在解码后恢复的声音,只要采样频率足够高、量化位数足够多,就会有很好的质量。但是,这种对声音信号直接量化的方法编码数据量很大,需要很高的传输速率。

在多媒体个人计算机(MPC)中,声卡都具有 PCM 编码和解码的功能。激光唱盘(CD-DA)记录声音时就采用这种方法,存储未经压缩的数字声音信号。

PCM 编码是波形压缩编码的基础,波形压缩编码把 PCM 编码作为输入,并对其进行压缩。

2) DPCM

DPCM 编码是利用声音信号的相关性,通过只传输声音的预测值和样本值的差值来降低声音数据的编码率的一种方法。它采用预测编码技术,实现声音数据的压缩编码。

因为声音信号一般不会发生突然变化,相邻的语音采样值之间存在很大的相关性,从一个采样值到相邻的另一个采样值的差值要比样值本身小得多。利用预测编码方法建立预测模型,通过预测器对未来的样本进行预测,然后对样本值与预测器得到的预测值之差进行量化和传输。由于这个差值的幅度远远小于样本值本身,需要较少的比特数来表示,这样可以降低数据的编码率,从而使编码数据得到压缩。

3) ADPCM

在实际使用中,由于输入信号的不稳定性,造成 DPCM 方法的信噪比大大降低。因此,在 DPCM 编码中加入自适应的方法,就形成了自适应差分编码调制(ADPCM)方案。所以,ADPCM 是对 DPCM 方法的改进,通过调整量化位数,对不同的频段设置不同的量化位数,可使数据得到进一步压缩。

ADPCM 压缩方案的压缩倍率可达 2~5 倍,信噪比高,性能优越,因此,多媒体计算机所获得的数字化的声音信息大都采用此压缩方法。MPC 的声卡也提供有 ADPCM 算法,如将 16 位的采样值压缩成 4 位,将 8 位的采样值压缩成 4 位、3 位或 2 位。

2. 参数编码

波形编码方法的编码率比较高,但可以获得较好的音质。除此之外,还有一类的编码方法是通过建立声音的产生模型,将声音信号以模型参数表示,再对参数进行编码,这种编码方法称为参数编码。声音重放时,再根据这些参数通过合成各种声音元码来产生声音。参数编码压缩倍数很高,但计算量大,而且保真度不高,合成声音的质量不如波形编码,所以,它适合于语音信号的编码。

3. 混合编码

将波形编码和参数编码的方法结合起来就称为混合编码。这是一种吸取波形编码和参数编码的优点进行综合编码的方法,在降低数据率的同时,能够得到较高的声音质量。典型的混合编码方法有码激励线性预测编码(CELP)和多脉冲激励线性预测编码(MRLPC)等。

5.3.3　数字音频编码标准

当前编码技术发展的一个重要方向就是综合现有的编码技术,制定全球的统一标准,使信息管理系统具有普遍的互操作性,并确保未来的兼容性。

1. ITU-T G 系列声音压缩标准

国际电报电话咨询委员会(CCITT)和国际标准化组织(ISO)先后提出一系列有关声音编码的建议,对语音信号压缩编码的审议在 CCITT 下设的第十五研究组进行,相应的建议为 G 系列,多由国际电信联盟(ITU)发表。

1) G.711

本建议公布于 1972 年,它给出了话音信号的编码的推荐特性。话音的采样率为 8kHz,每个样值采用 8 位二进制编码,推荐使用 A 律和 μ 律编码。本建议中分别给出了 A 律和 μ

律的定义,它是将 13 位的 PCM 按 A 律、14 位的 PCM 按 μ 律转换为 8 位编码。

2) G.721

本建议公布于 1984 年,1986 年做了进一步修订。采用自适应差值量化的算法对声音波形编码,数据率为 32kb/s,用于把 64kb/s 的 A 律或 μ 律的 PCM 编码转换成 32 kb/s 的 ADPCM 编码,实现对 PCM 信道的扩容。

G.721 和 G.711 标准都适用于 200~3400Hz 窄带话音信号,可用于公共电话网。

3) G.722

本建议公布于 1988 年,它是针对宽带语音制定的标准,给出了 50~7000Hz 声音编码系统的特性,可用于各种高质量语音。它的编码系统采用子带自适应差分脉冲编码(SB-ADPCM)技术,整个频带分成高和低两个子带,用 ADPCM 分别对每个子带进行编码。系统的比特率为 64kb/s,所以称为 64kb/s(7kHz)声音编码。

4) G.728

为了进一步降低数据速率,实现低码率、短延时、高质量的目标,在 AT&T Bell 实验室研究的 16kb/s 短延时码激励编码方案(LD-CELP)的基础上,CCITT 于 1992 年和 1993 年分别公布了浮点和定点算法的 G.728 语音编码标准,该算法编码延时小于 2ms。这个标准可用于可视电话、无绳电话、数字卫星通信、公共电话网、ISDN、数字电路倍增设备(DCME)、声音存储和传输系统、声音信息的记录和发布、地面数字移动雷达和分组化语音等。

2. MPEG 中的声音编码

MPEG(Moving Picture Experts Group,动态图像专家组)是国际标准化组织/国际电工委员会(ISO/IEC)于 1988 年成立的专门针对运动图像和语音压缩制定国际标准的组织,其制定推荐了视频、音频、数据的压缩标准,即 MPEG 标准。MPEG 标准主要有五个,即 MPEG-1、MPEG-2、MPEG-4、MPEG-7 及 MPEG-21。

MPEG-1 声音压缩编码是国际上第一个高保真声音数据压缩的国际标准,它分为三个层次。

(1) 层 1(Layer 1):编码简单,用于数字盒式录音磁带。

(2) 层 2(Layer 2):算法复杂度中等,用于数字音频广播(DAB)和 VCD 等。

(3) 层 3(Layer 3):编码复杂,用于互联网上的高质量声音的传输。

MP3 是 MPEG Audio Layer-3 的简称,是 MPEG-1 的衍生编码方案,可以做到 12:1 的惊人压缩比并保持基本可听的音质。MP3 是目前最为普及的声音压缩格式,各种与 MP3 相关的软件产品层出不穷,而且更多的硬件产品也开始支持 MP3。随着网络的普及,MP3 被数以亿计的用户所接受。

3. AC-3 编码和解码

AC-3 声音编码标准起源于由美国的杜比(DOLBY)公司推出的 DOLBY AC-1。AC-1 应用的编码技术是自适应增量调制(ADM),它把 20kHz 的宽带立体声声音信号编码成 512kb/s 的数据流。AC-1 曾在卫星电视和调频广播上得到广泛应用。1990 年,DOLBY 实验室推出了立体声编码标准 AC-2,它采用类似 MDCT 的重叠窗口的快速傅里叶变换

(FFT)编码技术,其数据率在256kb/s以下。AC-2被应用在PC声卡和综合业务数字网等方面。

1992年,DOLBY实验室在AC-2的基础上,又开发了AC-3的数字声音编码技术。AC-3提供了五个声道,20Hz~20kHz的全通带频,即正前方的左(L)、中(C)和右(R),后边的两个独立的环绕声通道左后(LS)和右后(RS)。AC-3同时还提供了一个100Hz以下的超低音声道供用户选用,以弥补低音的不足,此声道仅为辅助而已,故定为0.1声道,所以AC-3被称为5.1声道。AC-3将这六个声道进行数字编码,并将它们压缩成一个通道,而它的比特率仅是320kb/s。

5.3.4 数字音频信息的质量与数据量

采样、量化和编码技术是声音数字化的关键技术。而采样频率、每个采样值的量化位数以及声音信息的声道数目,是影响数字化声音信息质量和存储量的三个重要因素。采样频率越高、量化位数越大、声道数目越多,声音的质量就越高,但存储量就越大。

1. 声音质量的评价

声音质量的评价是一个很困难的问题,也是一个值得研究的课题。目前声音质量的度量有两种基本方法:一种是客观的质量度量;另一种是主观的质量度量。

1)客观的质量度量

对声波的测量包括评价值的测量、声源的测量和音质的测量,其测量与分析工作是使用带计算机处理系统的高级声学测量仪器来完成的。度量声音客观质量的一个主要指标是信噪比(Signal to Noise Ratio,SNR),信噪比是有用信号与噪声之比的简称,其单位是分贝(dB)。信噪比越大,声音质量越好。

2)主观的质量度量

采用客观标准方法很难真正评定编码器的质量,在实际评价中,主观的质量度量比客观的质量度量更为恰当、合理。主观的质量度量通常是对某编码器输出的声音质量进行评价。例如,播放一段音乐、记录一段话,然后重放给一批实验者听,再由实验者进行综合评定,得出平均判分(Mean Opinion Score,MOS)。这种判分采用五分制,如表5-2所示,不同的MOS对应不同的质量级别和失真级别。

表5-2 MOS标准

MOS	质量级别	失真级别
5	优(Excellent)	未察觉
4	良(Good)	刚察觉但不可厌
3	中(Fair)	察觉及稍微可厌
2	差(Poor)	可厌但不令人反感
1	劣(Unacceptable)	极可厌(令人反感)

3)常用的数字化声音技术指标及音质

常用的数字化声音技术指标及声音的质量有表5-3所列的几种。

表 5-3 常用的数字化声音技术指标及声音的质量表

采样频率 /kHz	量化位数 /b	每分钟数据量(无压缩)/MB		常用编码 方法	质量与应用
		单声道	双声道		
44.1	16	5.05	10.09	PCM	相当于 CD 质量,应用于超高保真质量要求
22.05	16	2.52	5.05	ADPCM	相当于收音质量,可应用于伴音及各种音响效果
	8	1.76	2.52	ADPCM	
11.025	16	1.76	2.52	ADPCM	相当于电话质量,可应用于伴音或解说词的录制
	8	0.63	1.26	ADPCM	

2. 声音信息的数据量

确定了数字声音的采样频率、量化位数和声道数就可以计算出声音信息的数据量,其计算公式为

$$S = R \times r \times N \times D/8$$

其中,S 表示文件的大小,单位是 B;R 表示采样频率,单位是 Hz;r 表示量化位数,单位是 b;N 表示声道数;D 表示录音时间,单位是 s。

5.3.5 数字音频的文件格式

在多媒体计算机中,存储声音信息的文件格式有许多,主要有 WAV 格式、MP3 格式、WMA 格式、RealAudio 格式、MIDI 格式、QuickTime 格式、VQF 格式、DVD Audio 格式、MD 格式和 VOC 格式等。

1. WAV 格式

WAV 格式是 Microsoft 公司开发的一种波形文件格式,采用.wav 作为扩展名,是如今计算机中最为常见的声音文件类型之一。它符合 RIFF 文件规范,用于保存 Windows 平台的音频信息资源,被 Windows 平台机器应用程序所广泛支持。WAV 格式存放的是未经压缩处理的音频数据,利用该格式记录的声音文件能够和原声基本一致,音频质量高,但由于体积很大(1min 的 CD 音质需要 10Mb),不适于在网络上传播。

2. MP3 格式

MP3 是一种以高保真为前提实现的高效压缩技术,压缩率为 10∶1～12∶1。

用 MP3 格式来存储,一般只有 WAV 格式文件的 1/10,而音质要次于 WAV 格式的声音文件。MP3 格式采用高压缩率编码方式,文件较小。所以 MP3 成为目前最为流行的一种音乐文件。

3. WMA 格式

WMA 的全称是 Windows Media Audio,它是 Microsoft 公司推出的一种音频格式。压缩率一般都可以达到 18∶1。

4. RealAudio 格式

RealAudio 格式是一种流式音频文件格式,最大的特点就是可以实时传输音频信息,尤

其在网速较慢的情况下,仍然可以较为流畅地传输数据,因此,RealAudio 主要适用于网上在线音乐欣赏。现在的 RealAudio 格式主要有 RA、RM 和 RMX 三种。

5. MIDI 格式

MIDI 是 Musical Instrument Digital Interface 的缩写,又称为乐器数字接口,是数字音乐电子合成乐器的统一国际标准。它定义了计算机音乐程序、数字合成器及其他电子设备交换音乐信号的方式,规定了不同厂家的电子乐器与计算机连接的电缆和硬件及设备间数据传输的协议,可以模拟多种乐器的声音。MIDI 文件就是 MIDI 格式的文件,在 MIDI 文件中存储的是一些指令。把这些指令发送给声卡,由声卡按照指令将声音合成而来。MIDI 格式的文件采用 mid 作为扩展名。

6. QuickTime 格式

QuickTime 是苹果公司于 1991 年推出的一种数字流媒体,它面向视频编辑、Web 网站创建和媒体技术平台。QuickTime 支持几乎所有主流的个人计算机平台,可以通过互联网提供实时的数字化信息流、工作流与文件回放功能。

7. VQF 格式

VQF 格式是由 YAMAHA 和 NTT 共同开发的一种音频压缩技术,它的压缩率能够达到 18∶1,因此,相同情况下压缩后,VQF 的文件体积比 MP3 小,更便于网上传播,同时音质极佳,接近 CD 音质(16 位 44.1kHz 立体声)。但 VQF 未公开技术标准,至今未能流行起来。

8. DVD Audio 格式

DVD Audio 格式是新一代的数字音频格式,与 DVD Video 尺寸及容量相同,为音乐格式的 DVD 光碟,采样频率为 48kHz、96kHz、192kHz、44.1kHz、88.2kHz、176.4kHz,量化位数可以为 16b、20b 或 24b,它们之间可自由地进行组合。低采样率的 192kHz、176.4kHz 虽然是两声道重播专用,但它最多可收录到六声道。而以两声道 192kHz/24b 或六声道 96kHz/24b 收录声音,可容纳 74min 以上的录音,动态范围达 144dB,整体效果出类拔萃。

9. MD 格式

Sony 公司出品的 MD(MiniDisc)大家都很熟悉。MD 之所以能在一张小小的盘中存储 60～80min 采用 44.1kHz 采样的立体声音乐,就是因为使用了 ATRAC 算法(自适应声学转换编码)压缩音源。

10. VOC 格式

在 DOS 程序和游戏中常会遇到这种文件,它是随声霸卡(Creative 公司生产的声卡)一起产生的数字声音文件,与 WAV 文件的结构相似,可以通过一些工具软件方便地互相转换。

常用音频格式如表 5-4 所示。

表 5-4　常用音频格式

常用音频格式	全　　称	压缩率	扩展名	特点
WAV	Windows Media Audio		wav	未经压缩处理 音频质量高 文件大,不适合网络传播

续表

常用音频格式	全　　称	压缩率	扩展名	特点
MP3	MPEG-1 Audio Layer 3	10∶1～12∶1	mp3	采用高压缩率编码 文件较小
WMA	Windows Media Audio	18∶1	wma	高频失真严重
RealAudio			rm	实时传输音频信息,主要适用于网上在线音乐赏析
MIDI	Musical Instrument Digital Interface		mid	容量小 乐谱可视 可编辑

5.4　计算机音乐

5.4.1　合成音乐

声音合成的研究目的是通过使用一定的原理和方法来生成相应的音频波形。音乐的合成是其中之一,它是伴随着电子乐器而出现的。

1. 模拟式电子合成器

最初电子乐器中采用的是模拟式电子合成器。产生音乐时,需要分别对音高(频率)、音色和音量等参数进行控制。音高控制是通过对压控振荡器(VCO)的控制来实现的,VCO是一种通过改变电压大小来控制振荡频率的电子电路,而由此产生的震荡信号还需要加入调制信号来产生各种乐器的效果,然后由压控放大器(VCA)来完成对音量的控制。

为了模拟电子乐器按键的触键特性,通常使用包络发生器来控制 VCO 的幅度特性,它包含四个基本系数。

(1) Attack:起音,模拟键盘弹下后声音升高的速率,可以比较好地体现触键的效果。

(2) Decay:衰减,声音升到最高峰后回落的速率。

(3) Sustain:延音,决定了键按下去后声音的延迟长度。

(4) Release:释音,键放开后声音结束的速度。

随着电子合成器的不断发展,仅通过包络发生器来控制声音属性已经远远不够,还需要模拟更多乐器的音色。因此,在电子合成器中应设有大量的滤波器,滤波器可以用来改变声音中频率成分的构成。例如,通过高通滤波器可以去除声音中的低频分量,模拟出乐器的高音音色。

模拟电子合成器分为减法合成器和加法合成器两种合成方法。

(1) 减法合成器的原理:用复杂的波形作为样本,然后按照目标波形的要求,把样本波形中的一些频率滤除,从而产生不同的目标波形。

(2) 加法合成器的原理:首先由基本波形出发,然后按照目标波形的要求把不同频率的泛音加入基本波形,产生声波的和谐共振,从而产生不同的音色。

2. 数字式电子合成器

数字式电子合成器不是由电子元器件制成的信号发生器来产生声音中的各种频率成

分,而是直接由数字的方法来造出波形,然后转换为声音信息。

数字式电子合成器的波形既可以是取样得来的,也可以是数学方程计算出来的。它们以方程或数据的形式存储在 RAM 中,或者直接固化为硬件。

数字式电子合成器的合成方法也可简单分为数字调频(FM)合成和波形表(Wave table)合成两大类。

1) 数字调频合成

数字调频合成是采用频率调制的方法,通过一些波形(调制信号)改变载波频率的相位来实现音乐的合成。从原理上来说,这种方法可以模拟任何声音信号。

2) 波形表合成

波形表合成也称为取样回放合成,其原理是首先从一种乐器中取下一个或多个周期的波形作为基础,然后确定该周期的起点和终点,对该取样波形的振幅进行处理和测试,以满足声音回放的要求。调整波形的振幅,以模拟自然乐器自然演奏时的效果,对波形进行滤波等再处理,然后把波形和相应的合成系数写入电子合成器的 ROM 中,这些波形及合成系数是以波形表形式存储在合成器的 ROM 中的。与数字 FM 合成不同的是,它的波形不是由振荡器产生的基本波形,而通过实际录制乐器而得来的波形,但是波形表合成器仍保留了FM 调制方法,使取样波形不仅仅用来被回放,而且可以进行相应的改造。

3. 计算机音乐

计算机音乐是信息技术与音乐艺术发展相结合的产物,属于交叉学科,其技术涉及音乐理论、音乐创作、MIDI 制作技术、电子乐器演奏、计算机应用、电子学、音响学、数字录音技术等多个专业。计算机音乐是指通过计算机控制 MIDI 乐器完成音乐作品的创作与制作。

从音乐制作的角度来看,它是以计算机为控制中心,以 MIDI 技术为控制语言,以音序器、合成器等电子乐器为音频终端的数字音频系统,即计算机音乐制作系统。最早的计算机音乐是电子音乐,它是使用电子元件制造出来的。利用振荡电路产生不同波形,经过放大后形成声音,不同的波形变化产生不同的音色,此时还处在对声音的创造与变化的实验阶段。

从作品创作的角度来看,使用计算机音乐制作系统,一名音乐制作人可以独立操作一套设备完成作曲、配器、演奏、录音合成的全过程,大大缩短了音乐创作的周期,减少了成本。因此,它改变了传统的音乐创作方式,使更多的音乐作品最终得以实现。

5.4.2 乐器数字接口

乐器数字接口(MIDI)是在 1983 年由世界上主要的电子乐器制造商,如 YAMAHA、Roland 等公司联合建立起来的一个通过电缆将电子音乐设备连接起来的协议。它规定了电子乐器与计算机之间进行连接的电缆与硬件方面的标准,以及电子乐器之间、电子乐器与计算机之间传送数据与控制信号的方法。

1. MIDI 与数字音频比较

虽然 MIDI 也是利用计算机和数字技术来制作、处理音乐,但是它与数字音频技术在数据来源、处理方法和重放方式等方面都存在着差别。

(1) 数字音频处理的数据是声音信息的数字化记录,而 MIDI 主要是用数字来记录MIDI 键盘的按键状况,主要包括键按下、音高、力度、持续时间和键释放等信息。因此,任何声音都可使用数字音频技术,而 MIDI 主要用于音乐制作方面。

(2) 数字音频技术的主要处理手段是数字信号处理(如回声效果制作),而 MIDI 是编辑各种乐曲的相关参数,如音高、音色等。

(3) 数字音频重放声音比较方便,只需通过 D/A 变换后放大即可。而 MIDI 数据必须先送到专门的 MIDI 音源设备,它可以读取 MIDI 信息,根据这些信息去控制发声电路,产生声音。

(4) 对于同一段乐曲,MIDI 的数据量对于数字音频来说要小很多,这一点在存储、处理和传送过程中非常有用。由于 MIDI 必须通过相应的音源设备才能实现声音,一方面这带来了使用灵活的特点,如可以把一种乐器声直接更改成任意另一种乐器声(如钢琴的音色改成小提琴的音色),可以在任何地方任意地改变音色、和弦等,而数字音频技术的作用有限;另一方面,又造成了对 MIDI 设备的依赖,如果音源设备的性能一般,仍不能播放出高质量的声音。

2. MIDI 系统的基本单元

一个最基本的 MIDI 系统至少需要三个基本单元,更复杂的系统可在此基础上扩展。

(1) MIDI 输入单元。主要是 MIDI 键盘,以及其他具有 MIDI 信息输入功能的设备。MIDI 键盘是一种外部类似钢琴键盘的设备,但它的内部装有电子传感器。当按键时,它并不发出声音,而是把按键信息变为 MIDI 事件(MIDI Event),通过 MIDI 接口发送到 MIDI 的编辑控制单元。除了 MIDI 键盘外,还有许多其他的设备和手段,如 MIDI 吉他和 MIDI 吹管,以及与 MIDI 键盘一起连用的滑音轮、踏板。

(2) 编辑控制单元。MIDI 的编辑控制单元又称为音序器(Sequencer),它把从 MIDI 键盘发送来的 MIDI 事件分轨(每一音轨代表一个声部或一种乐器)记录下来。音序器既可以是专门的硬件设备也可以用计算机中的软件来担当。在音序器中可以对整体或单个的 MIDI 事件进行编辑和修改。

(3) 音源单元。MIDI 信息是一种控制信号,需要通过"翻译"才能播放,而音源单元就是用来担任此项工作的。由于所产生的音乐是通过使用一定的方法把音乐合成出来的,因此也称为音乐合成器(Music Synthesizer)。常用的是数字调频(FM)合成器和 PCM 波形表合成器。近年来,由于物理模型音源(也称为仿真声学合成器)音色效果逼近真实乐器音色,因此受到了专业制作界极大的欢迎。音源单元在整个 MIDI 系统中的地位极为重要,它对系统的音质起着决定性的作用。

在只有单台计算机没有其他外围设备作为制作系统的环境中,可以利用计算机本身的键盘和鼠标来输入 MIDI 信息,利用相应的制作软件,如 Cakewalk 等,作为编辑用的音序器,利用声卡中的合成器作为音源设备。一般认为,MIDI 音乐只能用于游戏等低档产品的配乐。随着技术的发展,MIDI 生成的音乐音色效果有了很大的进步,用高档专业的 MIDI 设备制作出的作品,使人们越来越分辨不出它们与传统方式制作出的音乐之间的差别。

5.4.3 数字音频工作站

1. 数字音频工作站概述

数字音频工作站(DAW)是一种集多种音频处理工具、以计算机软硬件平台为主的数字音频制作系统,它可代替多轨录音机、调音台、效果器以及合成器等设备,是计算机技术和数字音频技术相结合的产物。它可以把众多操作烦琐的音频制作过程集成在通用多媒体计算机上完成。与传统的数字音频制作相比,省去大量的周边辅助数字音频设备,省去大量设备的连接、安装与调试,且性价比高,操作也较简单。数字音频工作站目前已逐步应用到广播中心的广播节目制作、播出、管理以及系统控制的各个环节中,成为广播电台播控中心数字化、网络化的关键设备之一。

2. 数字音频工作站的功能

数字音频工作站几乎提供了制作广播与影视节目中音频部分所需的全部功能,其主要功能如下。

(1) 具有专业要求的音质录入和声音播放。最低取样频率为 44.1kHz,量化比特数为 16b,频响范围达到 20Hz～20kHz,动态范围和信噪比都接近 90dB 或更高。

(2) 录音、放音与合成。与普通制作多声轨节目一样,能够同时播放至少 8 个音轨。录音、放音时既能听到声音,同时还可看到屏幕上描绘出的彩色信号波形,所有操作更直观。例如,需要补录时,可根据显示波形精确地选择入点和出点。

(3) 先进的剪辑功能。数字音频工作站具有全面、快捷和精细的音频剪辑功能,可准确、细致、快速地对录入的声音素材进行删除、静音、复制、移位、拼接、移调、伸缩等操作,因而编辑工作的质量和效率都很高。

(4) 数字效果处理。利用数字信号处理器提供的许多处理手段,可实时完成调音、均衡、声音压扩、声像移动、电平调整、混响、延时、降噪、变速变调等多种功能,对声音进行时域和频域的处理。

3. 数字音频工作站的构成

数字音频工作站以通用计算机为基础,配置有音频信号的输入输出接口、专门的数字音频信号处理器以及相关的编辑和控制软件等模块。

(1) 输入输出接口包括各种模拟与数字的专业接口。随着数字音频技术的发展,越来越多的工作站配置全数字化的音频接口,如 S/PDIF、AES3 等。S/PDIF 是由 SONY 和 PHILIPS 制定的数字接口标准,其缺点在于传输距离不长,和专业标准相比信号易受干扰。AES3 又称为 AES/EBS 标准,是目前通用的专业标准之一。相对于 S/PDIF 接口,AES3 的信号强度大,抗干扰能力更强,因此适合更远距离的传输。AES3 输出的数据带有自己的时钟,因此,整体抑制时基误差的能力比 S/PDIF 接口要好得多。另外一个显著特点在于 AES3 的数据报头与 S/PDIF 接口的并不完全一样,因此两者虽然有时可以通用,但是由于电气性能的差异,最好避免混用。综合来看,AES3 减小了通道间的极性偏移、通道间的不平衡、噪声、高频衰减和增益漂移等问题造成的影响。

(2) 数字音频信号处理器是音频工作站中重要的组成部分,主要负责音频信号的数字化处理,如对输入的音频信号进行取样、量化和加工。它可实现虚拟声轨设置、逻辑多轨操作等功能。除了可用于音频信号的录制和编辑,还可在数字状态下对音频信号进行降噪、均衡、时间压扩、限幅、混响、延迟、声像移动等特技处理。

(3) 编辑和控制软件采用图形界面,可以提供非线性编辑和虚拟混音功能。虚拟混音功能相当于虚拟数字调音台,还可以处理 MIDI 音轨。对数字音频工作站的操作大多数是通过鼠标和键盘来实现的,有些系统还配备有硬件控制器可以远程控制系统。

5.5 数字语音处理技术

语音是人类交流和交换信息中最便捷的工具和最重要的媒体,因此,在数字媒体内容与应用中有着极其重要的位置。语音领域的数字音频处理技术主要包括语音合成、语音增强和语音识别三方面的内容,特别是语音识别技术为人机交互提供了一个更友好的界面。

5.5.1 语音合成

语音合成最基本的目的是让机器模仿人类的语言发音来传送信息。数字语音合成方法主要有波形编码语音合成、参数式分析语音合成和规则语音合成技术。文-语转换系统是语音合成技术的典型应用。

1. 波形编码语音合成

语音的波形编码合成也称录音编辑合成,其基本思路是:以语句、短语、词和音节为合成单元,这些单元被分别录音后,直接进行数字编码,经适当的数据压缩,组成一个合成语音库;重放时,根据待输出的信息,在语音库中取出相应单元的波形数据,串接或编辑在一起,经解码还原出语音。这类系统的特点是结构简单、价格低廉,但其合成音质的自然度取决于单元的大小,因而需要很大的存储空间,码率也大。

基音同步叠加法(PSOLA)技术使波形编码语音合成得到了广泛的应用。PSOLA 技术的主要特点是:在拼接语音波形片段之前,首先根据上下文的要求,用 PSOLA 算法对拼接单元的韵律特性进行调整,使合成波形既保持了原始发音的主要音段特征,又能使拼接单元的韵律特征符合上下文的要求,从而获得很高的清晰度和自然度。国内对 PSOLA 技术应用于汉语的文-语转换系统进行了大量广泛深入的研究,也开发出了基于波形拼接的汉语文-语转换系统,如清华大学的 Sonic 系统。

2. 参数式分析语音合成

语音的参数式分析合成是以音节、半音节或音素为合成单元,其基本思路是:首先,按照语音理论,对所有合成单元的语音进行分析,一帧一帧地提取有关语音参数,这些参数经编码后组成一个合成语音库;输出时,根据待合成的语音信息,从语音库中取出相应的合成参数,经编辑和连接,顺序送入语音合成器。在合成器中,在合成参数的控制下,再一帧一帧重新还原语音波形。主要的合成参数有控制音强的幅度、控制音高的基频和控制音色的共振峰参数。这类系统的码率较波形编辑公式得到的低得多,但系统结构要复杂些,合成音质也要差一些。目前,已做到芯片级系统。

3. 规则语音合成

语音的规则合成是通过语音学规则来产生语音为目标的。规则合成系统存储的是诸如音素、双音素、半音节或音节等较小的语音单位的声学参数,以及由音素组成音节,再由音节组成词或句子的各种规则。当输入字母符号时,合成系统利用规则自动地将它们转换成连续的语音声波。由于语音中存在协同发音效应,与单独存在的元音和辅音不同,所以合成规则是在分析每一语音单元出现在不同环境中的协同发音效应后,归纳其规律而制定的,如共振峰频率规则、时长规则、声调的语调规则等。由于语句中有轻重音,还要归纳出语音减缩规则。与参数式分析合成方法相比,规则合成方法的语音库的存储量更小,但音质也次之,且涉及许多语音学和语音学模型,结构复杂。

4. 文-语转换系统

文-语转换系统是一种以文字串输入的规则合成系统,其输入的文字串是通常的文本字串。系统中文本分析器首先根据发音字典,将输入的文字串分解为带有属性标记的词及其读音符号,再根据语义规则为每一个词、每一个音节确定重音等级和语句结构及语调,以及各种停顿等,这样,文字串就转换为代码串。规则合成系统可以据此合成抑扬顿挫和不同语气的语句。文-语转换系统除了语义学规则、词规则、语音学规则等各种规则外,还必须对文字的内容有正确的理解,也就是自然语义的理解问题,所以真正的文-语转换系统实际上是一个人工智能系统。

5.5.2 语音增强

语音传播过程中不可避免地会受到来自周围环境、传输媒介等引入的噪声等干扰,这些干扰最终使得信宿接收到的语音已经不是纯净的原始语音信号,而是带有噪声的语音信号。语音增强的目的就是从带噪声信号中提取尽可能纯净的原始语音。然而,由于干扰通常是随机的,从带噪声语音中提取完全纯净的语音几乎是不可能的。因此,语音增强主要有两方面的目的:一是改进语音质量,消除背景噪声,使听者乐于接收且不觉疲劳,这是一种主观度量;二是提高语音可懂度,这是一种客观度量。这两方面目的往往不可兼得。语音增强不但与语音信号数字处理有关,且涉及人的听觉感知和语音学。语音增强的基础是对语音和噪声特性的了解与分析,由于噪声特性各异,利用语音信号增强的方法也各不相同。对于加性宽带噪声,语音增强方法大体可分为四大类,即噪声对消法、谐波增强法、基于参数估计的语音再合成法和基于语音短时谱估计的增强算法。

1. 噪声对消法

噪声对消法的原理很简单,就是从带噪声语音中减去噪声。问题的关键是如何获得噪声的复制品,其中一种方法是采用双话筒采集法。它是用两个(或多个)话筒进行语音采集,一个采集带噪声语音,另一个(或多个)采集噪声,从而获得带噪声语音和噪声,分别经快速傅里叶变换(FFT)后提取它们的频域分量,噪声分量幅度谱经数字滤波后与带噪声语音相减,然后加上带噪声语音分量的相位,再经傅里叶反变换恢复为时域信号。在强背景噪声时,这种方法能较好地消除噪声。

2. 谐波增强法

语音信号的浊音段有明显的周期性,利用这一特点,可采用自适应梳状滤波器来提取语音分量,抑制噪声。

3. 基于参数估计的语音再合成法

语音的发生过程可以模型化为激励源作用于一个线性时变滤波器,激励源可以分为浊音和清音两类,浊音由气流通过声带产生。时变滤波器则是声道的模型。通常认为声道是一个全极点滤波器,滤波器参数可以通过线性预测分析得到,但若考虑到鼻腔的共鸣作用则采用零极点模型更为合适。显然,若能知道激励参数和声道滤波器的参数,就能利用语音生成模型合成得到纯净的语音,这种增强方法称为分析合成法,其关键在于准确估计语音模型的激励参数和声道参数。另一种方法则是鉴于激励参数难以准确估计,而只利用声道参数构造滤波器进行滤波处理。

4. 基于语音短时谱估计的增强算法

语音是非平衡随机过程,但在 10～30ms 的分析帧内可以近似看成是平稳的,若能从带噪声语音的短时谱中估计出纯净语音的短时谱,则可达到增强的目的。

5.5.3　语音识别

语音识别技术是集声学、语音学、语言学、计算机、信息处理和人工智能等领域的一项综合技术,应用需求十分广阔,在半个多世纪以来一直是人们研究的热点,其研究成果已广泛应用于人类社会的各个领域。

语音识别是一个模式识别匹配的过程,其系统构成如图 5-2 所示。

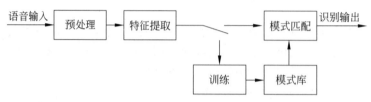

图 5-2　语音识别系统构成

(1) 预处理部分包括语音信号的采样、反混叠滤波、自动增益控制、去除声门激励和口唇辐射的影响以及设备、环境引起的噪声影响等,并涉及语音识别基元的选择和端点检测等关键性问题。

(2) 特征提取部分的作用是从语音信号波形中提取一组或几组能够描述语音信号特征的参数,如平均能量、过零数或平均过零数、共振峰、倒谱、线性预测系数,以及音长、音调、声调等超音段信息函数等。特征提取是模式识别的关键。

(3) 训练部分和模式库部分是一个不可分割的整体,训练是建立模式库的必备过程。在识别之前进行,通常是让不同类型的讲话人多次重复相同的语音发音,系统从这些原始的语音样本中去除冗余,保留关键数据并按一定规则对数据加以分类,从而形成作为语音识别判断标准的语意等。

(4) 模式库的内容除现场训练提取以外,通常还包括建立在以往或经验基础上的语音专家知识库信息。

(5) 模式匹配部分是整个系统的核心,其作用是根据语音和不同的层面按照相应的准则求取待测语音特征参数和语音信息与模式库中相应模板之间的测度,从而形成系统认为最佳的识别输出。

语音识别系统的分类标准很多。

(1) 按识别的词汇量多少,可以分为小、中、大词汇量三种。一般而言,能识别的词汇小于 100 条的,称为小词表语音识别;100～1000 条的称为中词表语音识别;大于 1000 条的称为大词表语音识别。词表越大,识别越困难。

(2) 按照语音输入方式,语音识别的研究集中在对孤立词、连续词和连续音的识别。词表中每个条目,无论是单音节还是短语,发音时都是以条目为单位的,条目间有明显的停顿,而条目内的音节要求连续,这就是孤立词语音识别,如识别 0～9 十个数字、人名、地名、控制命令、英语单词、汉语音节或短语。对连续词表中的几个条目,识别时进行切分,最后给出连续词的识别结果,这种识别需要用到词与词之间的连接信息,所以称为连接词语音识别,如连续数字串的识别。自然语言的特点是使用连续自然的语音。语音识别的目标是让计算机能理解自然语言,这是语音识别中最困难的课题,如听写机、翻译机、智能计算机中人机对话等都需要连续语音识别。

(3) 按照发音人,语音识别系统可分为特定人、限定人和非特定人语音识别。对于特定人进行语音识别的系统,使用前需要由特定人对系统进行训练,由特定人口呼待识别词或指定字表,系统建立相应的特征库,之后,特定人即可口呼待识词由系统识别,这样的系统只能识别训练者的声音;如果需要限定的几个人使用同一系统,则可以研制成限定人识别系统;如果系统不必经使用者训练就可以识别各种发音者的语音,则称为非特定人语音识别。

语音识别最终的目标是要实现大词汇量、非特定人和连续语音的识别,这样的系统才有可能完全听懂并理解人类的自然语言。对说话人的声纹进行识别,称之为说话人识别。这是研究如何根据语言来辨别说话人的身份、确定说话人的姓名等。

语音识别还可以从语音识别系统的实现细节的其他方面对语音识别系统进行分类,如基于模板匹配的语音识别系统、基于概率统计模型的识别系统、基于人工神经网络的语音识别系统等;也可以根据语音识别系统所完成的任务来分,如语音命令系统、语音听写机系统、关键词确认系统等。

5.5.4　汉语语音识别

1. 语音识别基元的选取

作为人类唯一的会意文字,汉语有着与其他语言截然不同的特点:以字为最小语音单位,而且每一个汉字的发音对应一个音节,在常用的 6000 多个汉字中,全部汉字音节只有 1281 个,如果不考虑声调(四声:阴平、阳平、上声、去声),真正独立的汉语无调单音节字只有 412 个。由于音节不仅是听觉上能够自然辨别出来的最小语音单位,也是音义结合的基本语言单位,因此,在汉语语音识别中的基元选择中,音节无疑是最佳方案,这也是汉语孤立词和小词汇量汉语语音识别系统研究一直沿用的方法。

作为大词汇连续汉语语音识别系统,由于字与字和词与词之间没有明显的停顿,沿用全音节作为语音识别基元的传统方法,其识别率受到很大限制。因此,为了更好地描述汉语连续语音中的细节,提高识别率,作为语音识别的基元需要选择比音节更小的声母、韵母等半音节基元(共 61 个)和按不同韵头(共 6 种:a、o、e、i、u、ü)进行分类细化后的声母、韵母基元(共 161 个)。

2. 语音特征参数的提取

在汉语语音识别系统中,语音特征参数的提取主要采用以下三种特征提取方法。

1) 倒谱系数分析法

线性预测系数(LPC)是从人的发声机理入手,通过对声道的短管级联模型的研究,认为系统的传递函数符合全极点数字滤波器的形式,从而 n 时刻的信号可以用前若干时刻的信号的线性组合来估计。通过使实际语音的采样值和线性预测采样值之间达到均方误差最小,即可得到 LPC。对 LPC 的计算方法有自相关法、协方差法、格型法等。计算上的快速有效保证了这一声学特征的广泛使用。与 LPC 这种预测参数模型类似的声学特征还有线谱对(LSP)、反射系数等。倒谱系数(CEP)是利用同态处理方法,对语音信号求离散傅里叶变换(DFT)后取对数,再求反变换 IDFT 就可得到倒谱系数。对 LPC 倒谱(LPCC),在获得滤波器的线性预测系数后,可以用一个递推公式计算得出。实验表明,使用倒谱可以提高特征参数的稳定性。

2) Mel 倒谱系数和感知线性预测分析法

Mel 倒谱系数(MFCC)和感知线性预测(PLP)不同于 LPC 等通过对人的发声机理的研究而得到的声学特征,MFCC 和 PLP 是受人的听觉系统研究成果推动而导出的声学特征。对人的听觉机理的研究发现,当两个频率相近的音调同时发出时,人只能听到一个音调。临界带宽指的就是这样一种令人的主观感觉发生突变的带宽边界,当两个音调的频率差小于临界带宽时,人就会把两个音调听成一个,这称之为屏蔽效应。Mel 刻度是对这一临界带宽的度量方法之一。MFCC 的计算首先用 FFT 将时域信号转化成频域,之后对其对数能量谱用依照 Mel 刻度分布的三角滤波器组进行卷积,最后对各个滤波器的输出构成的向量进行离散余弦变换(DCT),取前 N 个系数。PLP 仍用自相关法去计算 LPC 参数,但在计算自相关参数时用的也是对听觉激励的对数能量谱进行 DCT 的方法。

(3) 小波变换系数分析法

小波变换系数分析法将语音信号与一个在时域和频域均具有良好局部化性质的小波函数族进行小波变换,从而把信号分解成一组位于不同频率和时段内的分量,即选择小波函数为某类平滑函数的一阶导数,则经小波变换后的局部最大值反映信号的尖锐变化(即声门闭着点),而局部最小值则反映信号的缓慢变化,从而获得反映基音周期的小波语音特征参数。

3. 模式识别匹配

模式识别匹配以距离测度为准则,对于传统的语音识别系统,它是一个按一定测度算法实现被识别特征参数与模式库中的模板进行最优模式匹配的过程。而对基于人工神经网络(ANN)的新型语言识别系统,其模式识别过程则有所不同:首先其模式库是分布式的,即采用一些模拟人类思维过程的算法,在训练过程中通过自学建立类似于传统语言识别系统中模式库的参数系统,但这些参数以分布方式存在于不同网络层的节点之中;其次是通过模拟人类联想过程逐层将有关参数与被识别特征进行匹配距离计算和比较,最终形成最佳匹配的识别结果。

在汉语语音识别系统中常用的识别技术如下。

1) 动态时间规整技术

动态时间规整(DTW)是采用一种动态规整法的最优化算法,通过将待识别语音信号的时间轴进行不均匀地扭曲和弯曲,使其特征与模板特征对齐,并在两者之间不断地进行两个矢量距离最小的匹配路径计算,从而获得两个矢量匹配时累积距离最小的规整函数。这是一个将时间规整和距离测度有机结合在一起的非线性规整技术,保证了待识别特征与模板特征之间最大的声学相似特性和最小的时差失真,是成功解决模式匹配问题最早和最常用的方法。DTW 方法的不足之处是运算量大、对语音信号的端点检测数过大和未能充分利用语音信号的时序动态信息等。因此,主要用于孤立词、小词汇等相对简单的汉语语音识别系统。

2) 隐马尔可夫模型技术

隐马尔可夫(HMM)模型法与 DTW 法不同,首先,其模式库不是预先存储好的模式样本,而是通过反复的训练过程,用迭代算法形成一套与训练输出信号吻合概率最大的最佳 HMM 模型参数: $\lambda = f(\pi, A, B)$,其中,π 为初始状态概率分布;A 为状态转移概率分布;B 为某状态下系统输出的概率分布。这些参数均为反映训练中语音的随机过程的统计特性下的数字参数,不是模式特征参数本身。另外,在识别过程中,采用基于一种在最佳状态序列基础上的整体约束最佳准则算法(Viterbi 算法),计算待识别语音序列与 HMM 模型参数入之间的似然概率达到最大值所对应的最佳状态序列作为识别输出。这其中也是一个反映待识别序列与 HMM 模型参数状态序列最大关联的随机过程的统计过程,因此,HMM 方法可以看成一个数字上的双重随机过程,这种机制合理地模仿了人类语言活动的随机性,是一种更为理想的语音识别模型。HMM 方法虽然在训练过程中的处理比 DTW 方法要复杂,但识别过程远比 DTW 方法简单,在孤立词和小词汇的汉语识别中,识别率要高于 DTW 方法,而且解决了 DTW 无法实现的连续语音识别的应用问题。因此,在汉语语音识别中,HMM 方法不仅可用于孤立词识别系统中,而且在连续语音识别、说话识别等方面也得到广泛的应用,是迄今为止最为完美的一种语音识别模型,也是目前汉语语音识别技术的主流。

3) 人工神经网络技术

人工神经网络(ANN)是用于模拟人脑组织结构和思维过程的一个前沿研究领域,基于 ANN 的语音识别系统通常由神经元、训练算法及网络结构三大要素构成。ANN 采用并行处理机制、非线性信息处理机制和信息分布存储机制等多方面的现代信息技术成果,因此,具有高速的信息处理能力,并且有着较强的适应和自动调节能力,在训练过程中能不断调整自身的参数权值和结构拓扑,以适应环境和系统性能优化的需求,在模式识别中有着速度快、识别率高等显著特点。用于汉语语音识别的 ANN 主要有:基于反向传播(BP)算法的多层感知机(MLP)神经网络和基于仿生人类大脑皮层信息特征区形成的生理过程特征照射(SOM)神经网络等,其识别率已高于传统的 HMM 方法。而具有良好的动态时变性能和结构的时延神经网络(TDNN)和良好的动态时间关联特性的循环神经网络(RNN),则应用于大词汇量连续的汉语语音识别。

4) 混合型模式匹配技术。

由于汉语的特殊性和复杂性,单一模式匹配的识别率往往受到一定的限制。为了提高识别率,将不同的识别模式结合起来构成混合型模式匹配的汉语语音识别系统。其主要应用有:动态时间规整法与隐马尔可夫模型法混合的 DTW-HMM 模式、矢量量化法与隐马尔可夫模型法混合的 VQ-HMM 模式、隐马尔可夫模型法级联式和多层决策树式的 HMM-HMM 模式。IBM 公司的 ViaVoice 中文语音识别系统采用的就是 VQ-HMM 模式。

由于独立的人工神经网络普遍存在着时间规整问题和训练过程复杂、识别时间过长等缺点,因此,可以考虑与传统的 DTW、HMM 方法等相结合,形成优势互补的新型混合的汉语语音识别技术,以有效解决汉语语音识别中同音字多、声调不明、界限不清、新词不断出现等诸多与其他语言语音识别所不同的特殊难题。

4. 自适应与健壮性

语音识别系统的性能受许多因素的影响,包括不同的说话人、说话方式、环境噪声、传输信道等。提高系统健壮性,是要提高系统克服这些因素影响的能力,使系统在不同的应用环境、条件下性能稳定。自适应的目的是根据不同的影响来源,自动地、有针对性地对系统进行调整,在使用中逐步提高性能。

解决办法主要有两类:针对语音特征的方法和模型调整的方法。前者需要寻找更好的、高健壮性的特征参数,或是在现有的特征参数基础上,加入一些特定的处理方法;后者是利用少量的自适应语料来修正或变换原有的说话人无关模型,从而使其成为说话人自适应(SA)模型。

虽然汉语语音识别系统的各个方面技术在实际使用中达到较好的效果,但如何克服影响语音的各种因素还需要更深入地分析。目前,听写机系统还不能完全实用化以取代键盘的输入,但识别技术的成熟同时推动了更高层次的语音理解技术的研究。由于英语与汉语有着不同的特点,针对英语提出的技术在汉语中如何使用也是一个重要的研究课题,而四声等汉语本身特有的问题也有待解决。

5.6　数字音频编辑工具

随着音频技术的发展,各种功能强大、各具特色的数字音频编辑软件不断涌现。现在音频编辑软件的功能已是非常强大,几乎涵盖了传统录音棚的所有功能,只要输入的音频素材质量足够好,软件制作出来的成品完全可以满足专业录音制作的要求。

5.6.1　数字音频编辑工具介绍

目前可使用的音频编辑软件很多,常见的且较为典型的有 Adobe Audition、Sonar、Vegas、Samplitude、Nuendo、Sound Forge、WaveCN、GoldWave、WaveLab 等。这些软件可分为单轨和多轨两大类,Sound Forge、WaveCN、GoldWave 和 WaveLab 属于单轨音频编辑软件,主要用于对单个音频文件的处理,如调节音量的均衡、声音降噪和效果等,甚至可以直接对音频文件进行编辑。Adobe Audition、Sonar、Vegas、Samplitude 和 Nuendo 则是多轨音频编辑软件,可以把多个音频文件剪辑、合并为一个音频文件,创作出丰富多彩的音效作品。

1. 单轨数字音频编辑软件

在单轨音频编辑软件中,名声最大的要数 Sound Forge,其功能非常全面,包括声音的任意剪辑、绘制声波或对声波直接修改、声音振幅的放大和缩小、声像和声道相位差的改变、频率均衡处理、混响/回声/延迟处理、和唱处理、动态处理、失真处理、降噪处理、升降调、时间拉伸处理、声音文件格式转换等;还支持基于 Direct X 标准的效果插件。总的说来,该软件包括全套的音频录制、处理、编辑和多种输出功能。因为 Sound Forge 的功能最为全面,这就使得该软件的操作相对复杂,一般用户在掌握了 Sound Forge 的使用与操作后,使用其他的音频编辑软件基本上都不会有太大的障碍。

WaveLab 具有很好的音频制作质量,其集成了立体声和多声道编辑、控制、CD/DVD刻录和制作等功能,几乎可算是唯一能够对 Sound Forge 在单轨音频编辑软件市场的霸主地位构成威胁的软件,其功能与 Sound Forge 相比毫不逊色,可以说是各有千秋。Sound Forge 的优势是功能多样,对各类音频格式的支持很好,操作方便;而 WaveLab 的优势在于处理速度快,能够进行实时效果处理及简单的多轨混音。实时效果处理是WaveLab 的一大特色,即该软件可以在不改变原有数据的情况下给声音增添效果,而在Sound Forge 中则显得较为麻烦,要想听到效果就必须把整个音频数据处理一遍,会将原有的数据覆盖掉。

相对于 Sound Forge 来说,WaveCN 的功能较为简单,软件提供了音频的录制、一些简单的编辑功能和十余种效果处理。由于 WaveCN 是免费中文软件,对于国内用户而言,使用该软件没有语言障碍,没有使用限制,其功能基本上能够满足业余爱好者和初学者的使用要求,因此,也能够吸引一些用户。

GoldWave 是另一款单轨数字音频编辑软件,内含丰富的音频处理特效,如多普勒、回声、混响、降噪等,还可以利用公式产生任何理论上想要的声音效果。GodlWave 支持的音频文件格式相当多,包括 WAV、OGG、VOC、IFF、AIF、AFC、AU、SND、MP3、MAT、DWD、SMP、VOX、SDS、AVI、MOV 等。软件可进行录制、播放、编辑等处理。除此之外,GoldWave 还具有抓取 CD 音轨和批量转换文件格式的实用功能。与 Sound Forge 相比,GoldWave 操作更为简单,易于初学者使用,功能虽不如 Sound Forge 强大和全面,但也能够满足一般使用要求。

2. 多轨数字音频编辑软件

在多轨数字音频编辑软件中,首先就应该提到 Adobe Audition,其前身是鼎鼎大名的Cool Edit Pro,该软件在 2003 年被 Adobe Software 公司收购之后更名为 Adobe Audition,是一款综合性能出色、在国内多轨音频编辑软件中市场占有率较高的软件。其优势在于集合了单轨编辑和多轨编辑的两种模式,且两方面都做得十分出色,值得一提的是,只需通过一个按钮就能够方便地进行单轨和多轨模式的切换。Adobe Audition 拥有集成的多音轨和编辑视图、实时特效、环绕支持、分析工具、恢复特性和视频支持等功能,提供了高级混音、编辑、控制和特效处理能力,允许用户编辑个性化的音频文件、创建循环、引进了 45 个以上的 DPS 特效以及高达 128 个音轨。总的说来,该软件功能强大,但操作稍复杂,其可为音乐、视频、音频和声音设计人员提供全面集成的音频编辑和混音解决方案。

Sonar 原名 Cakewalk,原本是一款 MIDI 音序器软件,在其推出 6.0 版本之后加入了音频编辑和音频合成功能,后来 Cakewalk 公司放弃 Cakewalk 的软件商标,启用了 Sonar 这个新的名称。现在的 Sonar 集成了 MIDI 制作处理和数字音频编辑处理的功能,通过其音序器可以方便显示并编辑标准的乐谱和吉他谱,可以调整单独的音符和添加表演记号,或者简单地使用画图的方法画出速度和音量的改变,还可以把 MIDI 乐曲和高质量的声音文件混合在一起;同时 Sonar 也有很多快速、有效的音频后期处理工具,还有实时的立体声效果,如合唱、镶边、混响以及延迟都可以应用在音轨、循环或者后期混音里。因此,Sonar 不仅是一款传统的 MIDI 音序器软件,更是一个全方位、多功能的音乐制作系统。

Vegas 与单轨编辑软件 Sound Forge 是同一家软件公司的产品,因而 Vegas 可以方便地和 Sound Forge 结合在一起使用,这极大地增强了 Vegas 的音频编辑功能。与一般的多轨音频编辑软件相比,Vegas 在录音、编辑和效果处理等功能方面的表现也算全面,其特别之处是它能把不同格式的音频文件任意混合在一起编辑,甚至不同采样率、不同精度的音频素材,它都可以随意混合放置。另外,与其他音频编辑软件不同的是,Vegas 同时也提供了强大的视频编辑功能,是一款全面的音视频编辑软件。

Samplitude 包含了多轨录音、波形编辑、调音台、信号处理器、母盘制作工具和 CD 刻录等众多功能。该软件的特点是对音频素材的所有操作都是非破坏性的,不必担心会损坏素材文件。与前面提到的软件相比,Samplitude 的功能更加强大和完善,从 7.0 版开始,其支持 ASIO 标准的 VST 插件、VST 乐器及分轨 MIDI 等功能,已成为全面的音频和 MIDI 数字音乐工作站软件。

Nuendo 是一套软硬件结合的专业多轨录音/混音系统。这套系统是目前欧美数字录音最受欢迎的软件产品。它界定的 VST 数字音频处理技术和 ASIO 音频数据流构架目前正得到越来越多厂家的认可与支持。Nuendo 提供了 200 个单轨、26 对输入输出声道、强大的音频编辑功能、基于硬件的 DPS 处理能力,另外它还可以提供多达 8 声道的环绕声制作功能及超强的音视频同步能力,因此这套系统完全能够满足专业录音棚的工作需要,也适用于影视节目的后期制作与合成。

5.6.2　数字声音编辑软件 Adobe Audition 的应用

Adobe Audition 是 Adobe 公司开发的一款专门的音频编辑软件,是为音频和视频专业人员而设计的。该软件提供了先进的音频混音、编辑和效果处理功能,其前身就是大名鼎鼎的 Cool Edit 音频编辑软件。

1997 年 9 月 5 日,美国 Syntrillium 公司正式发布了一款多轨音频制作软件,名为 Cool Edit Pro,取“专业酷炫编辑”之意,随后 Syntrillium 公司不断对其升级完善,陆续发布了一些插件,丰富着 Cool Edit Pro 的声效处理功能,并使它支持 MP3 格式的编码和解码,支持视频素材和 MIDI 播放,并兼容了 MTC 时间码,另外还添加了 CD 刻录功能,以及一批新增的实用音频处理功能。从 Cool Edit Pro 2.0 开始,这款软件在欧美业余音乐音频界已经颇为流行,并开始被我国的广大多媒体玩家所注意。

2003 年 5 月,为了填补公司产品线中音频编辑软件的空白,Adobe 公司向 Syntrillium 公司收购了 Cool Edit Pro 软件的核心技术,并将其改名为 Adobe Audition,版本号为 1.0。从 1.5 版开始,支持专业的 VST 插件格式。后来,Adobe 公司对软件的界面结构和菜单项目做了较多的调整,使它变得更加专业。

Adobe Audition 定位于专业数字音频工具,面向专业音频编辑和混合环境。它专为在广播设备和后期制作设备方面工作的音频、视频专业人员设计,提供先进的混音、编辑、控制和效果处理功能。最多混合声音达到 128 轨,也可以编辑单个音频文件,创建回路并可使用 45 种以上的数字信号处理效果。Adobe Audition 是个完善的“多音道录音室”,工作流程灵活,使用简便。无论是录制音乐、制作广播节目,还是配音,Adobe Audition 均可提供充足动力,创造高质量的音频节目。目前最新版本是 Adobe Audition 3.0,该软件几乎支持所有的数字音频格式,功能非常强大。借助 Adobe Audition 3.0 软件,可以以前所未有的速度和控制能力录制、混合、编辑和控制音频,创建音乐,录制和混合项目,制作广播点,整理电影的制作音频,或为视频游戏设计声音。

Adobe Audition 3.0 界面由标题栏、菜单栏、工具栏、面板、基本功能区、电平显示区和状态栏组成。

1. 认识 Adobe Audition 3.0 工作界面

Adobe Audition 3.0 工作界面如图 5-3 所示。

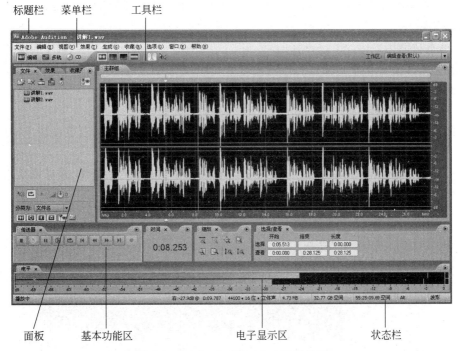

图 5-3　Adobe Audition 3.0 工作界面

1）标题栏

标题栏显示当前面板中处理的工程名称或是文件名称，如果是新建工程或文件尚未命名保存，则显示为未命名。

2）菜单栏

标题栏下方是菜单栏，其下拉菜单中显示可进行的操作命令。黑色字体表示当前状态下可用，灰色字体则表示当前状态下不可用。

3）工具栏

工具栏的左侧有三个工程模式按钮，分别是单轨编辑模式、多轨混录模式和 CD 编辑模式。三种模式所对应的工具有所不同。

（1）混合工具：通常使用于多轨状态下，它兼备了时间选择工具、移动工具等的特点。单击可以实现选中剪辑、选择音频范围等功能，右击可以实现移动音频剪辑等功能。

（2）时间选择工具：以时间为单位进行音频范围的选择。按住鼠标左键并左右拖曳，即可选中音频中相应范围。

（3）移动/复制剪辑工具：通常使用于多轨状态下，利用它可以对多轨文件中的音频剪辑位置进行移动。使用时，按住鼠标左键并拖曳，即可实现对音频剪辑位置的移动。

（4）刷选工具，使用刷选工具可以自由地控制播放音频的速度。按住鼠标左键并拖曳，可以播放音频，鼠标离游标越远，播放速度越快。如果按住鼠标左键并不断拖曳来变更鼠标位置，可制造出 DJ 搓碟的效果。

4）面板

工作界面的中间部分是 Audition 的主面板，其中，左边是文件/效果器面板；右边是主群组,显示轨道区。多轨模式下轨道区提供了承载音频、视频和 MIDI 信息的轨道,默认情况下承载音频。

5) 基本功能区

主面板的下方是基本功能区,包括"传送器"面板、"时间"面板、缩放控制面板、选区和显示范围功能的属性面板等。

6) 电平显示区

在播放音频时,电平显示区可以显示音频的电平。

7) 状态栏

状态栏显示各种即时信息,如工程状态、工程采样率、内部混音精度、磁盘剩余空间等,可以方便地查看工程的当前状态。

2. Adobe Audition 3.0 基本操作

1) 获取音频波形的三种方式

(1) 执行"文件"|"打开"命令:打开后编辑区直接出现文件波形,如图 5-4 所示。

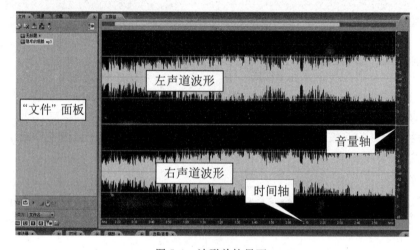

图 5-4　波形单轨界面

(2)"文件"面板:导入文件后,在"文件"面板出现该音频文件,双击文件,在编辑区出现文件波形。

(3) 在"文件"面板空白处双击。

2) 录制声音

在 Windows 7 中将麦克风与计算机相连,然后试一下麦克风,确保在音箱中能听到麦克风中传出的声音。如果听不到麦克风中的声音,则在计算机右下角找到扬声器的图标,右击该图标,在弹出的快捷菜单中选择"录音设备"命令。在打开的"声音"对话框中麦克风处于选中状态,并右击"属性"|"级别"|"麦克风",调整好麦克风音量。

执行"文件"|"新建"命令,弹出"新建波形"对话框,如图 5-5 所示。在其中设置录音参数。解说通常只用单声道,采样频率为 22kHz 即可。根据自己录音的需要,选择采样率和分辨率即可。选择完毕后,单击"确定"按钮进入录音界面,此时就可以开始录音了。在录音的同时可以从工作区看到声音的波形,如图 5-6 所示。

图 5-5 "新建波形"对话框

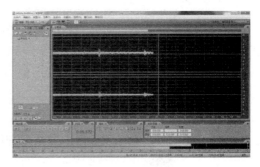

图 5-6 多音轨录音工作区

录音完毕后,再次单击录音键即可结束录音。这时就可以用传送器调板进行音频的重放,听听录制的效果。如果满意的话,执行"文件"|"另存为"命令,然后在弹出的对话框中,选择保存的位置,更改文件名之后,单击"保存"按钮即可。

3. 波形基本编辑操作

1) 选择波形

在波形区单击并拖动选择波形,双击整个显示窗口的波形。也可使用"选择/查看"面板中的"选择"输入框,输入编辑区域的开始时间、结束时间以及时间长度等信息来确定编辑区域。编辑区域被确定后,以白色为背景颜色,而编辑区域以外的区域为黑色,以示区别,如图 5-7 所示。

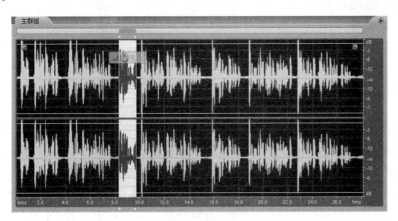

图 5-7 选定编辑区域

确定了编辑区域后,编辑区域内的波形密度一般很大,无法辨别波形细节,也就无法进行细腻的编辑。在音轨上方的左右拖曳杆上右击,在弹出的快捷菜单中选择"放大"命令,展开编辑区域内的波形,如图 5-8 所示。

2) 声道编辑

如果希望对左声道或者右声道进行单独编辑时,执行"编辑"|"编辑声道"命令,在出现的子菜单中选择所要编辑的声道。默认情况下为同时对两个声道进行编辑,选择"编辑左声道"命令,位于顶部的左声道成为当前声道,右声道波形图变成灰色,所有编辑操作都只对左声道有效。同样,选择"编辑右声道"命令,所有编辑操作都只对右声道有效。

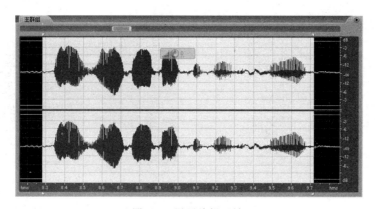

图 5-8　展开编辑区域

在对单独声道进行删除片段、剪切片段等能够取消时间长度的操作时,该声道的时间长度并不会缩短,而被删除或剪切的片段只是相当于做了静音处理。

3) 剪切、复制、粘贴、删除、修剪、恢复

Adobe Audition 音频编辑与 Windows 其他应用软件一样,其操作中也大量使用剪切、复制、粘贴、删除等基础操作命令。除了使用"编辑"菜单下的命令选项外,这些操作的快捷键也和其他 Windows 应用软件差不多。剪切——Ctrl＋X;复制——Ctrl＋C;粘贴——Ctrl＋V;删除——Del;修剪——Ctrl＋T;恢复——Ctrl＋Z。

4. 声音的编辑

1) 声音的连接

声音的连接处理就是将两段声音首尾相接,或者将一段声音插入另一段声音中间。具体操作如下:截取一段声音,并复制或移动到另外的位置;连接两段或是两段以上的声音。

启动 Adobe Audition 3.0,在单轨编辑状态下,打开需要编辑的声音素材。如果需要复制一段波形,可先选中这段波形区域并右击,在弹出的快捷菜单中选择"复制"命令,单击要放置的位置,然后右击,在弹出的快捷菜单中选择"粘贴"命令即可完成复制;如果要移动一段波形,则在选中这段波形区域后右击,在弹出的快捷菜单中选择"剪切"命令,然后在要放置的位置粘贴。此操作也可以在两个或多个不同的声音素材之间进行。

连接两段声音的操作即可以复制一段声音,然后粘贴到另外一段声音上,也可以新建一个声音文件,然后分别复制所需要的声音,粘贴到新文件的适当位置,形成一个新的声音文件。此操作也适用于多段声音的连接处理。

2) 声音的混合粘贴

在编辑过程中,执行"编辑"|"混合粘贴"命令,会弹出"混合粘贴"对话框,如图 5-9 所示。其中,最常用的粘贴方式有插入、重叠和替换。

(1) 插入:把剪贴板上的波形插入到适当位置。

(2) 重叠:把剪贴板上的波形与由插入点开始的相同长度原有的波形混合。

(3) 替换:用剪贴板上的波形替换由插入点开始的相同长度原有的波形。

Adobe Audition 3.0 中提供了三种粘贴波形的来源:从剪贴板、从 Windows 剪贴板和从文件中选择。执行"编辑"|"剪贴板设置"命令,可以看出有 5 个剪贴板,如图 5-10 所示,依次勾选,可分别存储 5 段剪切或复制的波形。

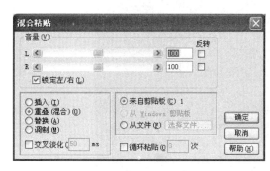

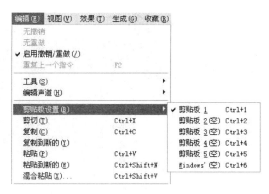

图 5-9 "混合粘贴"对话框 图 5-10 剪贴板设置

3) 声音的混合

所谓声音的混合,就是将两个或两个以上的声音素材合成在一起,使多种声音能够同时听到,形成新的声音文件。声音的混合处理是制作多媒体声音素材最常用的手段。带背景音乐的语音、音乐中的鸟鸣声、电影独白中的背景效果声等,都是声音合成的结果。

声音的混合需要在多轨模式下进行。启动 Adobe Audition,在工程模式按钮栏中选择多轨混录模式,其界面如图 5-11 所示。此时主面板中出现多条音轨。默认情况下共有 7 条轨道,其中 6 条是波形音轨,一条是主控音轨。如果编辑需要插入更多的轨道,则可以直接在任意一个轨道上右击,在弹出的快捷菜单中选择"插入"命令,此时共有 4 种轨道可供插入,分别是声音轨、MIDI 轨、视频轨道和总线轨。其中视频轨道只能插入一个,并且它的位置始终在所有轨道的最上方。此外还可以通过功能菜单中的"插入"命令添加新的轨道。

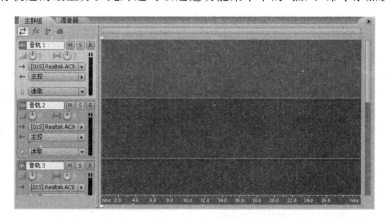

图 5-11 多轨混录模式

在每个音轨名字后面有 3 个不同颜色的常用功能按钮。

(1) "静音"按钮 M:按下该按钮,则本音轨处于静音状态。

(2) "独奏"按钮 S:按下该按钮,则除本音轨外其他所有音轨都处于静音状态。

(3) "录音"按钮 R:接下该按钮,则本音轨切换到录音状态。

3 个按钮下方有两个旋钮 :一个是调节轨道音量的;另一个是调节直体声声相,即左右声道的。

单击"混音器"选项卡可以切换到"混音器"面板对各轨道进行编辑,如图 5-12 所示。

图 5-12 "混音器"面板

执行"文件"|"新建会话"命令,在弹出的"新建会话"对话框中选择采样率,默认情况下为 44 100Hz。当然高采样率会录制效果更好的声音,但是资源的消耗也会更大,一般情况下 44 100Hz 就足够了。

此时就建立了一个扩展名为 ses 的文件,此文件称为会话文件。该文件将详细记录多轨编辑模式下的操作信息,其中包括会话使用的外部文件所在的硬盘位置、效果器的参数设置、调音台的设置、插入的效果器/音源/合成器、MIDI 相关信息等。这些信息存储在会话文件中,以便下次可以直接调入,继续编辑。

执行"文件"|"导入"命令,将要导入的声音文件导入到"文件"面板中。然后按住鼠标左键将声音文件从"文件"面板中拖曳到轨道上。当所要混合的声音素材采样频率与会话文件不一致时,Adobe Audition 会自动提醒转换采样类型,如图 5-13 所示。单击"确定"按钮,弹出"转换采样类型"对话框,如图 5-14 所示。单击"确定"按钮,将会生成一个采样率为 44 100Hz(会话文件的默认采样率为 44 100Hz)的声音文件的副本,并将其添加到轨道上。

图 5-13 提醒转换采样类型

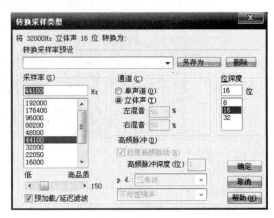

图 5-14 "转换采样类型"对话框

每个音轨可根据其承载的声音素材来命名,如需要编辑某一音轨的波形,可以双击该音轨,使其切换到单轨编辑模式进行操作。

在任意一波形段上按住鼠标右键可以随意拖动该波形到达音轨上任意位置,也可从一个轨道拖至另一轨道。当拖动波形与其他轨道波形对齐时,会出现一条灰线提示。也可使用 Ctrl 键任选几段波形,然后右击,使用左对齐或右对齐功能将其对齐。

在 Adobe Audition 多轨模式下,有一些常用的操作。

(1) 分解剪辑:在某一轨道的波形上右击,在弹出的快捷菜单中选择"分离"命令,波形将以游标为界分成两部分。

(2) 时间延伸:按 Ctrl 键的同时将鼠标放在所要编辑波形的左下角或右下角,会出现时钟标志,这时拖动鼠标拉长或缩短该波形的时间长度,可实现声音文件的"时间伸展"效果。

(3) 交叉淡化:当上下两个轨道的波形有交叉部分时,选中交叉部分,并利用 Ctrl 键将两个轨道的交叉部分同时选中,右击,在弹出的快捷菜单的"剪辑淡化"命令中勾选"自动交叉淡化"选项,可实现交叉淡入淡出的效果。

(4) 混缩音频:如果需要将多轨导出为单轨的声音文件,则执行"文件"|"导出"|"混缩音频"命令,弹出"导出音频混缩"对话框,如图 5-15 所示。在对话框中为文件命名并选择保存类型,然后单击"保存"按钮。导出完毕后,Adobe Audition 会自动以单轨模式打开导出的声音文件。

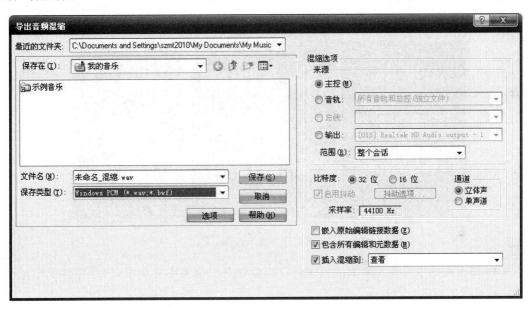

图 5-15　"导出音频混缩"对话框

5. 音量的调整及淡入和淡出

所谓的淡入和淡出,是指声音的渐强和渐弱。淡入就是在声音的持续时间内逐渐增加其幅度;相反,淡出就是在声音的持续时间内逐渐减小其幅度。对声音做淡入和淡出处理,可以避免产生突然开始和突然停止的感觉。

(1) 打开需要编辑的声音文件,在主面板上波形图的左上角和右上角分别有一个小方块,这就是淡入和淡出符号。当鼠标指向左上角小方块的时候,会显示"淡化"二字;当鼠标指向右上角小方块时,会显示"淡出"二字,如图 5-16 所示。

(2) 将鼠标放在左上角的小方块上,然后按住鼠标左键并拖动,这时会发现声波左侧出现一条黄色的指示线。当鼠标持续移动时黄线随之发生变化,而声波的振幅则在黄线的波

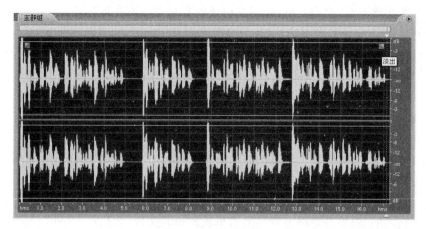

图 5-16　淡出符号

动下决定其减小的程度。最后鼠标停止的位置则是淡入结束的位置,如图 5-17 所示。操作结束后,文件会自动被保存。

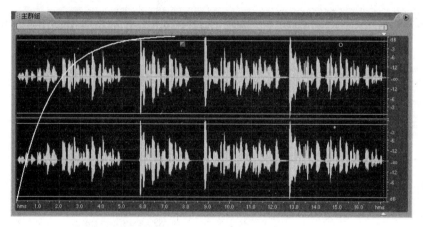

图 5-17　淡入操作

　　(3) 淡出的操作与淡入基本一致。将鼠标放在右上角的小方块上,然后按住鼠标左键并拖动,直到达到满意的效果。

　　(4) 单击"传送器"面板上的播放键,试听编辑效果,不满意的话可以执行"编辑"|"撤销"命令,恢复到编辑前状态,然后再重新操作,直到满意为止。

　　同样,也可以通过菜单命令为声音设置淡入和淡出效果。而淡入淡出的过渡时间长度由编辑区域的宽窄来决定。下面还是以设置声音的淡入效果为例进行介绍,其淡出效果的设置与此类似。

　　(1) 在声音的开始部分选择编辑区域,以确定淡入的过渡时间。

　　(2) 执行"效果"|"振幅和压限"|"振幅/淡化"命令,在弹出的"振幅/淡化"对话框中选择"渐变"选项卡,如图 5-18 所示。

　　(3) 分别设定初始音量和结束音量,这里初始音量和结束音量分别设置为 0% 和 100%,设置好后单击"确定"按钮即可。

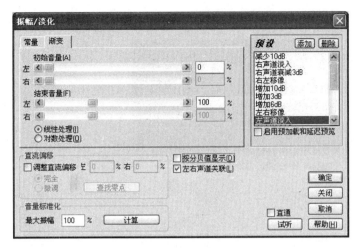

图 5-18　用"振幅/淡化"对话框设置淡入效果

6. 声音的噪音处理

1）采样降噪处理

对于录制完成的音频,由于硬件设备和环境的制约,总会有噪音生成,所以,需要对音频进行降噪,以使得声音干净、清晰。当然如果录制的是新闻,为了保证新闻的真实性,除了后期的解说可以进行降噪之外,所有录制的新闻声音是不允许降噪的。

假设已经录制完成了一段音频,音频的最前面是一开始录制的环境噪音。现在,先将环境噪音中不平缓的部分(也就是有爆点的地方)删除,然后选择一段较为平缓的噪音片段,如图 5-19 所示。

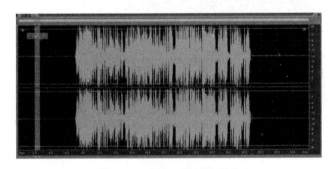

图 5-19　选取一段环境噪音

执行"效果"|"修复"|"降噪器"命令,软件会自动开始捕获噪音特性,然后生成相应的图形,如图 5-20 所示。捕获完成后,单击"保存"按钮,将噪音的样本保存。

然后关闭"降噪器"对话框,单击工作区,按 Ctrl+A 全选波形,再打开"降噪器"对话框,单击"加载"按钮,将刚才保存的噪音样本加载进来,接下来,要修改一下降噪级别,如图 5-21 所示。噪音的消除最好不要一次性完成,因为这样可能会使得录音失真,建议第一次降噪时将降噪级别调低一些,如 10%,再单击"确定"按钮,软件会自动进行降噪处理。

完成第一次降噪之后,可以再次对噪音部分重新进行采样,然后降噪。多进行几次,每进行一次将降噪级别提高一些,一般经过两三次降噪之后,噪音基本上就可以消除了。

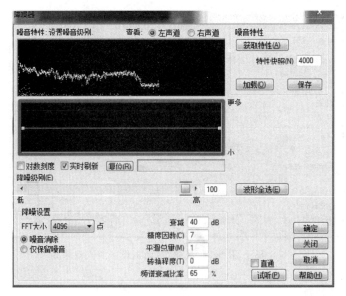

图 5-20　"降噪器"对话框

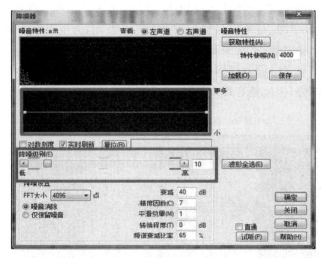

图 5-21　降噪级别

2）消除咔哒声和噗噗声

这种方法主要针对类似"咔哒"声、"噼啪"声之类的短时间突发爆破音进行处理。选中有"咔哒"声、"噼啪"声以及"噗噗"声等噪音声音文件。执行"效果" | "修复" | "消除咔哒声/噗噗声（进程）"命令。弹出"咔哒声和噗噗声消除器"对话框，如图 5-22 所示。对话框的"预设"列表框中有 4 个选项，不同的选项对应不同的电平最大阈值、最小阈值和平均阈值。灵敏度设置越低表明能找到越多的咔哒声，较低的识别率则代表能修复更多的咔哒声。同样检测值较低能发现更多的咔哒声，拒绝值较小能修复更多的咔哒声。设定好各个选项后单击"确定"按钮，则 Adobe Audition 开始修复，如图 5-23 所示。

3）消除嘶声

这种方法主要针对"嘶嘶"声进行降噪处理。选中有"嘶嘶"声噪音的声音文件，执行"修

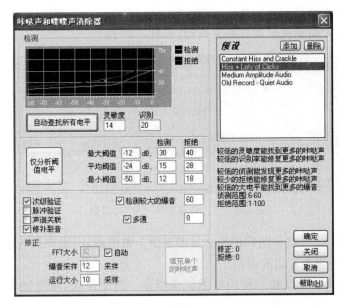

图 5-22　"咔哒声和噗噗声消除器"对话框

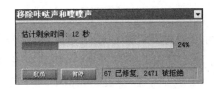

图 5-23　"移除咔哒声和噗噗声"对话框

复"|"消除嘶声"命令,弹出"嘶声消除"对话框,如图 5-24 所示。"预设"列表框中给出了 3 种不同级别的 Hiss 降噪标准,分别相应于不同的参数设置,降噪处理时根据不同的情况选择不同的标准。

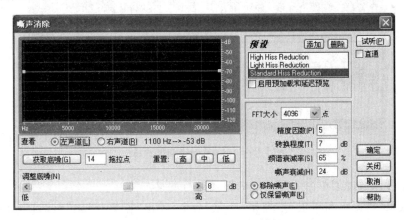

图 5-24　"嘶声消除"对话框

4)自动移除咔哒声

这种方法主要针对类似"咔哒"声、"噼啪"声以及"嘭嘭"声之类的短时间突发爆破音进

行降噪处理。选中要处理的声音文件,执行"效果"|"修复"|"自动移除咔哒声"命令,在弹出的"自动移除咔哒声"对话框中调节相关参数,如图 5-25 所示。

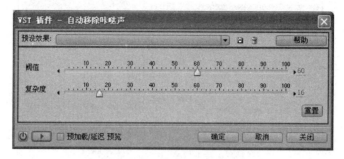

图 5-25 "自动移除咔哒声"对话框

(1) 阈值:决定了查找并消除的噪音量的多少。数值越小,则查找并消除的噪音越多。但是,过小的数值会对声音造成损伤。

(2) 复杂度:代表着降噪处理的精细复杂程度。数值越大,则处理程度越精细复杂。但过大的数值会对声音造成损伤。

7. 声音特效

1) 声音音量的调整

在 Adobe Audition 中,可以通过对波形振幅的缩放,对声音音量的大小进行调整。

启动 Adobe Audition,打开需要编辑的声音文件,使其在主面板上显示出波形图。双击音轨,全部选中波形,在轨道上出现一个音量旋钮,如图 5-26 所示。通过这个旋钮,可以调整音量,将鼠标指向旋钮,向左拖动音量变小,向右拖动音量变大。

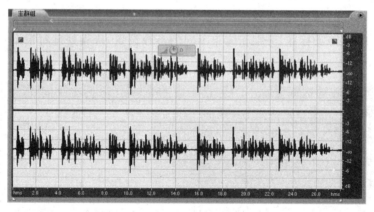

图 5-26 用音量旋钮调整音量

另外,还可以通过菜单命令对波形的振幅进行调整。

执行"效果"|"振幅和压限"|"振幅/淡化"命令,弹出"振幅/淡化"对话框,如图 5-27 所示。在右侧的"预设"列表框中选中一个选项,来增加或减少音量,或直接在左侧的"常量"选项卡中进行设置。

在设置过程中,可以通过"试听"按钮和"直通"复选框,试听处理后的声音效果以及跟处理前的效果进行比较。

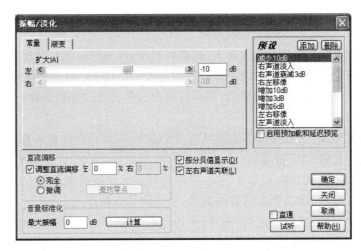

图 5-27　用"振幅/淡化"对话框调整音量

（1）单击"试听"按钮，可以听到处理后的效果，再单击它则停止试听。

（2）勾选"直通"复选框，声音信号不经过效果处理而直接输出勾中此复选框后，在试听时只能听到声音的原始效果。

若对试听的效果满意，可单击"确定"按钮，按对话框的设置对波形进行调整。

2）声音的回声效果

录制好的声音通过去除杂音，其质量有了明显的改善，但听起来还是有些单薄，要想使它更丰满，可以给它添加一些回声效果。

声音遇到障碍物会反射回来，使人闪听到比发出的声音稍有延迟的回声。一系列重复的衰减的回声所产生的效果就是回声效果。在声音的处理上，回声效果是通过按一定时间间隔将同一声音重复延迟并逐渐衰减而实现的。

打开声音文件，执行"效果"|"延迟和回声"|"回声"命令，弹出"回声"对话框，如图 5-28 所示。可以一边试听效果，一边通过各个滑块调整其中的参数值，直到满意为止。

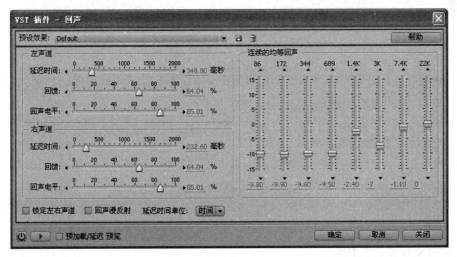

图 5-28　"回声"对话框

其中：

(1) 延迟时间：决定延迟声产生的时间。

(2) 回馈：决定延迟声量。数值越大，延迟声越多，过大的回馈可能使声音浑浊不清。

(3) 回声电平：决定处理后的回声量。数值越大回声越多，回声感越强。

(4) 回声漫反射：勾选该复选框后，回声将在左右声道之间互相反弹。

3) 声音的混响效果

声波经过建筑墙壁、天顶等的多次漫反射后形成的一系列音场效果称之为混响。混响效果可为录制的声音添加音场感，使之饱满动听。Adobe Audition 提供了 4 种混响效果：回旋混响、完美混响、房间混响和简易混响，使用的时候可以根据实际需求选择适当的效果。一般非专业的音乐编辑，追求简单的混响效果，使用简易混响即可。

执行"效果" | "混响" | "简易混响"命令，弹出"简易混响"对话框，如图 5-29 所示。可以根据声音素材将用于的场合选择合适的选项，也可以根据需要调节其中的参数值设置。

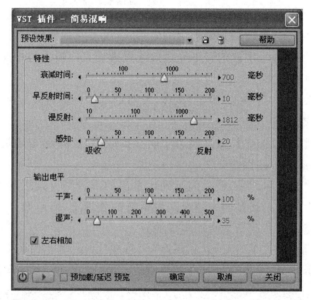

图 5-29　"简易混响"对话框

其中：

(1) 衰减时间：决定混响声从产生到衰落至 60dB 之下所需要的时间。值越大，所对应的混响空间越大，声音越悠远。

(2) 早反射时间：指直达声到达人耳及早期反射声到达人耳之间的时间间隔值。过大的预延迟时间值可以造成回声效果。

(3) 漫反射：决定混响声的扩散情况。越大的扩散值听起来越自然，回声的效果越不明显。但过大的扩散值可能会带来一些异音、怪音。

(4) 感知：决定声音的反射情况。值越小，空间的吸音能力越强，反射声音的能力越弱。

8. 声音文件格式的转换

常见的声音格式很多，包括 WAV、MP3、MP4、MIDI、RA 等。为了不同的应用，有时需要对文件的格式进行转换。Adobe Audition 可以对其所支持的所有格式进行相互转换,且转换时尽可能减少失真,也可以对部分失真进行编辑修复。对一个声音文件的转换非常方便,在 Adobe Audition 中打开声音文件后,将其另存为需要转换的文件格式即可。

5.7　数字音频技术的应用

人类接收信息的来源中有 21% 是来自于声音。而就声音的处理技术上,数字音频技术比模拟音频技术有更大的优势,特别是在当前数字化设备越来越普及的情况下,数字音频技术在工业生产和日常生活中的应用范围也越来越大,大有替代模拟音频处理技术之势。下面就简单介绍数字音频技术在几个方面的具体应用。

1. 数字广播

传统的音频广播技术有不可克服的技术缺陷。例如,声音质量满足不了人民的生活需求;广播业务单一,受众只能被动接受广播信息和数据;接收质量不能有效地保证,特别是在移动接收的情况下。

数字广播可以克服这些缺点。试想一下,每个人只要拥有一台计算机,就可以自己制作广播节目,可以建立一个基于互联网的数字广播台,自己可以有选择地收听他人制作的各种节目而不受时间的限制。当然这仅仅是基于互联网的数字音频广播技术,人们也可以利用数字通信卫星来传输数据信号,从而实现数字音频无线广播,这样无论从声音节目的制作、传输和接收上都可以采用数字方式。可以试想一下,借助于这种无线音频广播技术,无论身置何处,都可以通过一个数字式的收音机听到 CD 音质的广播节目;还可以设想一下,在校园广播中也可收听到自己宿舍录制的节目等。

2. 音乐制作

通常音乐制作中追求的是声音效果,在传统的音乐制作过程中,追求音乐效果是以昂贵的专业设备为代价的。而对于现在的音乐制作而言,并非专业录音棚中才能出成果。通过普通的话筒、声卡,再配上专业的调音台软件和一个技术操作能手,就可以制作出与传统工艺相媲美的音乐作品,还可以通过数字音源软件去模拟专业乐器的声音效果,创作层次更丰富的音乐产品,而无须手指弹奏。

3. 影视和游戏配乐

影视和游戏作品中的声音元素是非常重要的。对于影视作品中的声音,除了现场的同期声之外,还有后期处理过程中加上去的背景音乐等,在传统影视制作过程中,这就需要音频制作的相关技术。而在当前影视制作技术开始数字化的情况下,影视制作中的配音和配乐也越来越多地依靠数字音频技术,在声音与画面的对位上面,借助于数字化技术可以更方便,同时也可以得到效果更逼真的声音记录。对于游戏而言,一个好的背景音乐和逼真的音响效果是增强游戏人气的重要一环。

4. 个人和家庭娱乐

数字音频技术还广泛应用于个人和家庭娱乐生活中,如录制个人原创或翻唱歌曲、记录家庭生活声音片段、网络发布个人播客(个人电台)等。

练习与思考

5-1 人耳可感受声音频率的范围为多少？

5-2 模拟音频获取和处理所涉及的设备有哪些？说出各自的主要功能。

5-3 原始声音信号是一种模拟信号，而计算机、数字 CD、数字磁道中存储的都是数字化声音。计算机要对声音信号进行处理，必须将模拟音频信号转换成数字音频信号。说明模拟声音信号数字化过程中的三个基本步骤。

5-4 波形编码的常用方法有哪些？

5-5 采用 PCM 编码，若采样频率为 22.05kHz，量化位数为 16 位，双声道，录音 5min 的数据量为多少？

5-6 数字声音的编码标准有哪些？

5-7 简述声音文件的格式。

5-8 简述音乐合成的原理及目前主要采用的音乐合成技术。

5-9 简述 MIDI 技术的应用。

5-10 什么是数字音频工作站？其主要功能是什么？

5-11 简述语音识别系统的工作原理。

5-12 自己录制一段散文朗诵，进行降噪处理后配上背景音乐。

参考文献

[1] 刘清堂,王忠华,陈迪. 数字媒体技术导论[M]. 2 版. 北京：清华大学出版社,2016.

[2] 张文俊. 数字媒体技术基础[M]. 上海：上海大学出版社,2007.

[3] 宗绪锋,韩殿元,董辉. 多媒体应用技术教程[M]. 北京：清华大学出版社,2011.

[4] 王定朱,庄元. 数字音频编辑 Adobe Audition CS5.5[M]. 北京：电子工业出版社,2013.

第 6 章

数字视频处理技术

数字视频技术的出现与普及,给影视制作方式和视觉媒体都带来了深刻的变化。随着计算机技术特别是数字媒体技术的发展,数字视频处理技术有了极大的提高。电视是根据人眼的视觉暂留特性以一定的信号形式实时传送活动图像,电视图像数字化采用彩色电视图像数字化标准,通过彩色空间转换、采样频率统一定义、有效分辨率定义、输出格式标准化等实现数字化。数字视频的获取通常采用从现成的数字视频库中截取、利用计算机软件制作视频、用数字摄像机直接摄录和视频数字化等多种方法。常用的设备包括摄像机、录像机、视频采集卡和数码摄像机。获取到的数字视频可以通过画面拼接或影视特效制作进行数字化编辑与处理,涉及镜头、组合和转场过渡等基本概念。影视特效主要处理电影或其他影视作品中特殊镜头和画面效果。后期特效处理通常采用抠像、动画特效和其他一些视频特效。

6.1 视频的定义及分类

1. 视频的定义

视频(Video)就是其内容随时间变化的一组动态图像,所以又称运动图像或活动图像。根据视觉暂留特性,连续的图像变化每秒超过 24 帧(Frame)画面以上时,人眼无法辨别单幅的静态画面,看上去是平滑连续的视觉效果。

视频与图像是两个既有联系又有区别的概念:静止的图片称为图像(Image),运动的图像称为视频(Video)。两者的信源方式不同:图像的输入要靠扫描仪、数字照相机等设备;而视频的输入是电视接收机、摄像机、录像机、影碟机以及可以输出连续图像信号的设备。

视频信号具有以下特点。

(1) 内容随时间的变化而变化。

(2) 伴随有与画面同步的声音。

2. 视频的分类

按照处理方式的不同,视频分为模拟视频和数字视频两类。

1) 模拟视频

模拟视频(Analog Video)是一种用于传输图像和声音的随时间连续变化的电信号。传统视频(如电视录像节目)的记录、存储和传输都是采用模拟方式,视频图像和声音是以模拟信号的形式记录在磁带上,它依靠模拟调幅的手段在空间传播。

模拟视频信号的缺点是：视频信号随存储时间、复制次数和传输距离的增加衰减较大，产生信号的损失，不适合网络传输，也不便于分类、检索和编辑。

2）数字视频

要使计算机能够对视频进行处理，必须把来自电视机、模拟摄像机、录像机、影碟机等视频源的模拟视频信号进行数字化，形成数字视频（Digital Video，DV）信号。

视频信号数字化以后，有着模拟信号无可比拟的优点。

（1）再现性好。模拟信号由于是连续变化的，所以不管复制时采用的精确度有多高，失真总是不可避免的，经过多次复制以后，误差积累较大。而数字视频可以不失真地进行无限次复制，它不会因存储、传输和复制而产生图像质量的退化，从而能够准确地再现图像。

（2）便于编辑处理。模拟信号只能简单调整亮度、对比度和颜色等，从而限制了处理手段和应用范围。而数字视频信号可以传送到计算机内进行存储、处理，很容易进行创造性的编辑与合成，并进行动态交互。

（3）适合于网络应用。在网络环境中，数字视频信息可以通过网线、光纤很方便地实现资源的共享。在传输过程中，数字视频信号不会因传输距离长而产生任何不良影响，但是模拟信号在传输过程中会有信号损失。

6.2 电视信号的数字化

1. 电视视频信号的扫描方式

电视视频信号是由视频图像转换成的电信号。任何时刻，电信号只有一个值，是一维的，而视频图像是二维的，将二维视频图像转换为一维电信号是通过光栅扫描实现的。而视频的重现是通过在监视器上水平和垂直方向的扫描来实现，扫描方式主要有逐行扫描和隔行扫描两种。

隔行扫描行方式的每一帧画面由两次扫描完成，每次扫描组成一个场，即一帧由两个场组成。它节省频带，且硬件实现简单。逐行扫描方式的每一帧画面一次扫描即可完成，图像垂直清晰度高，空间处理效果好，能获得更好的图像质量和更高的清晰度，其缺点是行扫描频率高，数码速率高，硬件实现难度较大。

2. 彩色电视制式

彩色电视制式就是彩色电视的视频信号标准。电视机显示一幅画面，是显像管中的电子枪发射电子束，从左到右、从上到下扫描荧光屏的结果。电视视频信号在发射时，由于采用传送视频图像信号的频率不同、颜色编码系统不同、行频场频不同，就有不同的彩色电视制式标准。对于彩色电视的模拟信号，世界上现行的彩色电视制式有三种：NTSC 制式、PAL 制式和 SECAM 制式。它们分别定义了彩色电视机对于所接受的电视信号的解码方式、色彩处理方式和屏幕的扫描频率。随着数字技术的发展，全数字化的电视标准——HDTV 标准将逐渐代替现有的彩色电视制式。

1）NTSC 制式

NTSC（National Television System Committee）制式是 1952 年美国国家电视标准委员会定义的彩色电视广播标准，也称为正交平衡调幅制。美国、加拿大、日本、韩国、菲律宾等国家采用这种制式。NTSC 制式规定水平扫描 525 行、30 帧/秒、隔行扫描、每场 1/60s。

2) PAL 制式

PAL(Phase Alternation Line)制式称为逐行倒相正交平衡调幅。德国、英国等一些西欧国家,以及中国、朝鲜等亚洲国家都采用这种制式。PAL 制式规定水平扫描 625 行、25 帧/秒、隔行扫描、每场 1/50s。

3) SECAM 制式

SECAM(Sequential Color and Memory)制式是法国制定的彩色电视广播标准,称为顺序传送彩色与存储制式。1959 年由法国研究,1966 年形成 SECAM-b 制式。法国、俄罗斯及东欧、非洲国家采用这种制式。SECAM 制式规定水平扫描 625 行、25 帧/秒、隔行扫描、每场 1/50s。SECAM 制式的基本技术和广播方式与 NTSC 和 PAL 有很大的区别。

4) 数字电视

1990 年,美国通用仪器公司研制出高清晰度电视(HDTV),提出信源的视频信号及伴音信号用数字压缩编码,传输信道采用数字通信的调制和纠错技术,从此出现了信源和传输通道全数字化的真正数字电视,它被称为数字电视。

数字电视(Digital TV,DTV)包括高清晰度电视(HDTV)、标准清晰度电视(SDTV)和VCD 质量的低清晰度电视(LDTV)。

3. 彩色电视机的彩色模型

在 PAL 制式中采用 YUV 模型来表示彩色图像。其中 Y 表示亮度,U 和 V 表示色差,是构成彩色的两个分量。与此类似,在 NTSC 制式中使用 YIQ 模型,其中 Y 表示亮度,I 和 Q 表示两个彩色分量。

YUV 表示的亮度信号(Y)和色度信号(U、V)是相互独立的,可以对这些单色图分别进行编码。采用 YUV 模型的优点之一是亮度信号和色差信号是分离的,使彩色信号能与黑白信号相互兼容。一方面黑白电视机可接收彩色电视信号,显示黑白图像;另一方面彩色电视机能接收黑白电视信号,显示的也是黑白图像。另外,利用人眼对色差的敏感度低的特点,可以适当降低色度信号的精度,不影响收视效果。

由于所有的显示器都采用 RGB 值来驱动,所以在显示每个像素之前,需要把 YUV 彩色分量值转换成 RGB 值。

4. 彩色电视信号的类型

电视频道传送的电视信号主要包括亮度信号、色度信号、复合同步信号和伴音信号,这些信号可以通过频率域或者时间域相互分离出来。电视机能够将接收到的高频电视信号还原成视频信号和低频伴音信号,并在荧光屏上重现图像,在扬声器上重现伴音。

根据不同的信号源,电视接收机的输入、输出信号有三种类型。

1) 分量视频信号与 S-Video

为保证视频信号的质量,近距离时可用分量视频信号(Component Video Signal)传输,即把每个基色分量(R、G、B 或 Y、U、V)作为独立的电视信号传输。分量视频信号采用亮度信号和两个色差信号的方式记录和传输视频信号。S-Video 是一种两分量的视频信号,它把亮度和色度信号分成两路独立的模拟信号,用两路导线分别传输并可以分别记录在模拟磁带的两路磁轨上。

2) 复合视频信号

为便于电视信号远距离传输,必须把三个信号分量以及同步信号复合成一个信号,然后再进行传输。复合视频信号(Composite Video Signal)包括亮度和色度的单路模拟信号,即从全电视信号中分离出伴音后的视频信号,这时的色度信号是调制在亮度信号的高端。由于复合视频的亮度和色度是调制在一起的,在信号重放时很难恢复到完全一致的色彩。

3) 高频或射频信号

为了能够在空中传播电视信号,必须把视频全电视信号调制成高频或射频(Radio Frequency,RF)信号,每个信号占用一个频道,这样才能在空中同时传播多路电视节目而不会导致混乱。电视机在接收到某一频道的高频信号后,要把全电视信号从高频信号中解调出来,才能在屏幕上重现视频图像。

5. 视频数字化

要让计算机处理视频信息,首先要解决的是视频数字化的问题。对彩色电视视频信号的数字化有两种方法:一种是将模拟视频信号输入到计算机系统中,对彩色视频信号的各个分量进行数字化,经过压缩编码后生成数字化视频信号;另一种是由数字摄像机从视频源采集视频信号,将得到的数字视频信号输入到计算机中直接通过软件进行编辑处理,这是真正意义上的数字视频技术。目前,视频数字化主要还是采用将模拟视频信号转换成的数字信号的方法。

视频的数字化过程也要经过采样、量化和编码三个步骤。

1) 采样

采样格式分别有 4:1:1、4:2:2 和 4:4:4 三种。由于人的眼睛对颜色的敏感程度远不如对亮度信号灵敏,所以色度信号的采样频率可以比亮度信号的采样频率低,以减少数字视频的数据量。其中,4:1:1 采样格式是指在采样时每四个连续的采样点中取四个亮度 Y、一个色差 U 和一个色差 V 共六个样本值,这样两个色度信号的采样频率分别是亮度信号采样频率的 1/4,使采样得到的数据量可以比 4:4:4 采样格式减少一半。

2) 量化

采样是把模拟信号变成时间上离散的脉冲信号,而量化则是进行幅度上的离散化处理。在时间轴的任意一点上,量化后的信号电平与原模拟信号电平之间在大多数情况下存在一定的误差,通常把量化误差称为量化噪波。量化位数越多,层次就分得越细,量化误差就越小,视频效果就越好,但视频的数据量也就越大。所以在选择量化位数时要综合考虑各方面的因素,一般现在的视频信号均采用 8 位、10 位,在信号质量要求较高的情况下可采用 12 位量化。

3) 编码

经采样和量化后得到数字视频的数据量将非常大,所以在编码时要进行压缩。其方法是从时间域、空间域两方面去除冗余信息,减少数据量。编码技术主要分成帧内编码和帧间编码,前者用于去掉图像的空间冗余信息,后者用于去除图像的时间冗余信息。

6.3 数字电视标准

数字电视是指电视信号的采集、编辑、传播、接收整个广播链路数字化的数字电视广播系统。数字电视利用 MPEG 标准中的各种图像格式,把现行模拟电视制式下的图像、伴音信号的平均码率压缩到大约 $4.69\sim21\mathrm{Mb/s}$,其图像质量可以达到电视演播室的质量水平、胶片质量水平,图像水平清晰度达到 1200 线以上,并采用 AC-3 声音信号压缩技术,传输 5.1 声道的环绕声信号。

6.3.1 数字电视的分类

按图像清晰度分类,数字电视包括数字高清晰度电视(HDTV)、数字标准清晰度电视(SDTV)和数字普通清晰度电视(LDTV)三种。HDTV 的图像水平清晰度大于 800 线,图像质量可达到或接近 35mm 宽银幕电影的水平;SDTV 的图像水平清晰度大于 500 线,主要是对应现有电视的分辨率量级,其图像质量为演播室水平;LDTV 的图像水平清晰度为 200~300 线,主要是对应现有 VCD 的分辨率量级。

按信号传输方式分类,数字电视可分为地面无线传输数字电视(地面数字电视)、卫星传输数字电视(卫星数字电视)、有线传输数字电视(有线数字电视)三类。

按照产品类型分类,数字电视可分为数字电视显示器、数字电视机顶盒和一体化数字电视接收机。

按显示屏幕幅型比分类,数字电视可分为 4∶3 幅型比和 16∶9 幅型比两种类型。

6.3.2 主要的数字电视标准

1. 美国数字电视标准 ATSC

美国地面电视广播迄今仍占其电视业务的一半以上,因此,美国在发展高清晰度电视时首先考虑的是如何通过地面广播网进行传播,并提出以数字高清晰度电视为基础的标准 ATSC(Advanced Television System Committee)。美国 HDTV 地面广播频道的带宽为 6MHz,调制采用 8VSB。预计美国的卫星广播电视会采用 QPSK 调制,有线电视会采用 QAM 或 VSB 调制。

ATSC 数字电视标准由四个分离的层级组成,层级之间有清晰的界面。最高为图像层,确定图像的形式,包括像素阵列、幅型比和帧频。接着是图像压缩层,采用 MPEG-2 压缩标准。然后是系统复用层,特定的数据被纳入不同的压缩包中,采用 MPEG-2 压缩标准。最后是传输层,确定数据传输的调制和信道编码方案。

2. 日本数字电视的标准 ISDB

日本数字电视首先考虑的是卫星信道,采用 QPSK 调制,并在 1999 年发布了数字电视的标准 ISDB。ISDB 是日本的 DIBEG(Digital Broadcasting Experts Group,数字广播专家组)制定的数字广播系统标准,它利用一种已经标准化的复用方案在一个普通的传输信道上发送各种不同种类的信号,同时已经复用的信号也可以通过各种不同的传输信道发送出去。ISDB 具有柔软性、扩展性、共通性等特点,可以灵活地集成和发送多节目的电视和其他数据业务。

3. 中国的数字电视标准

1) 中国的卫星数字电视标准

中国卫星数字电视采用 QPSK 调制方式,与欧洲、美国和日本采用的标准相同。由于中国限制个人直接接收卫星数字电视节目,所以目前是由有线电视台集中接收数字电视信号,并将其转化为模拟信号通过有线网络传输给广大用户收看的。

2）中国的有线数字电视标准

中国有线数字电视的标准还在报批过程中,预计采用 QAM 调制方式,与欧洲、美国和日本相同。中国有线数字电视的发展基础较好,且播出所需的投入成本较小,已经在部分大中型城市试播。

3）中国的地面数字电视标准

数字电视地面广播与数字卫星广播相较,有容易普及、接收价格低廉的特点;与数字有线电视广播相比,不易受城市施工建设、自然灾害、战争等因素造成的网络中断影响。因此,在传输状况、应用需求等方面,地面传输方式更加复杂,全球各地在地面数字电视传输系统方案的选择上争议也最大。

6.4　数字视频的获取方式

获取数字视频信号可通过多种方式,常用的方式主要有通过视频采集卡采集视频和数字摄像机获取视频。

6.4.1　视频采集卡采集视频

1. 视频采集卡

视频采集卡又称视频捕捉卡,用它可以获取数字视频信息。很多视频采集卡能在捕捉视频信息的同时获得伴音,使音频部分和视频部分在数字化时同步保存、同步播放。大多数视频采集卡都提供硬件压缩功能,采集速度快,成功地实现了 30 帧/秒、全屏幕、视频的数字化抓取,但在回放时,还需要相应的硬件才能实现。视频采集卡不但能把视频图像以不同的视频窗口大小显示在计算机的显示器上,而且还能提供许多特殊效果,如冻结、淡出、旋转、镜像以及透明色处理。

2. 视频采集卡的类型

按照其用途可以分为广播级视频采集卡、专业级视频采集卡、民用级视频采集卡。它们的区别主要是采集的图像指标不同,广播级视频采集卡的最高采集分辨率一般为 768 像素×576 像素（均方根值）PAL 制,或 720 像素×576 像素（CCIR-601 值）PAL 制 25 帧/秒,或 640 像素×480 像素/720 像素×480 像素 NTSC 制 30 帧/秒,最小比一般在 4∶1 以内。这一类产品的特点是采集的图像分辨率高、视频信噪比高;缺点是视频文件庞大,每分钟数据量至少为 200MB。广播级模拟信号采集卡都带分量输入输出接口,用来连接 BetaCam 摄/录像机,此类设备是视频采集卡中最高档的,用于电视台制作节目。专业级视频采集卡的级别比广播级视频采集卡的性能稍微低一些,两者分辨率是相同的,但压缩比稍微大一些,其最小压缩比一般在 6∶1 以内,输入输出接口为 AV 复合端子与 S 端子,此类产品适用于电视教育、多媒体公司制作节目及多媒体软件。民用级视频采集卡的动态分辨率一般最大为 384 像素×288 像素,PAL 制 25 帧/秒。

视频采集卡可以接收来自视频输入端的模拟视频信号,对该信号进行采集并量化成数字信号,然后压缩编码成数字视频流。大多数视频采集卡都具备硬件压缩的功能。在采集视频信号时首先在卡上对视频信号进行压缩,然后才通过 PCI 接口把压缩的视频数据传送到主机上。一般的 PC 视频采集卡采用帧内压缩的算法把数字化的视频存储成 AVI 文件，高档一些的视频采集卡还能直接把采集到的数字视频数据实时压缩成 MPEG 格式的文件。

6.4.2　摄像机获取数字视频

数字摄像机是获取数字视频的重要工具。镜头、CCD 器件、数字信号处理(DSP)芯片、存储器和显示器件(LCD)等是数字摄像机的主要部件，尤其 DSP 芯片部分是数字摄像机的核心。

专业级和广播级的摄像系统是将图像信号数字化后存储，因为相应设备的价格很高，一般单位和家庭无法承受。随着数字视频(Digital Video，DV)的标准被国际上 55 个大电子制造公司统一，数字视频正以不太高的价格进入消费领域，数字摄像机也应运而生。

数字摄像机是将通过 CCD 转换光信号得到的图像电信号，以及通过话筒得到的音频电信号，进行 A/D 转换并压缩处理后送给磁头转换记录，即以信号数字处理为最大特征。数字摄像机如图 6-1 所示。

数字摄像机与目前许多家庭广为采用的模拟摄像机相比具有许多优点。

(1) 记录画面质量高。视频图像清晰程度的最基本、最直观的量度是水平清晰度。水平清晰度的线数越多，意味着图像清晰程度越高。由数字摄像机所摄并播放在电视机屏幕上的图像，比人们现在普遍采用

图 6-1　数字摄像机

的模拟、非广播级摄像机所摄的图像清晰度要高得多，它可与广播级模拟摄像机所摄图像质量相媲美。目前，数字摄像机记录画面的水平清晰度高达 500 线以上(最高 520 线)，与前些年广播级的摄像机清晰度水平相当，而家用模拟摄像机记录画面的水平清晰度最高为 430 线，还有许多画面的水平清晰度只有 250 线。

(2) 记录声音达到 CD 水准。数字摄像机采用两种脉冲调制(PCM)记录方式：一种是采样频率为 48kHz、16 位量化的双声道立体声方式，提供相当于 CD 质量的伴音；另一种是采样频率为 32kHz、12 位量化的四声道(两个立体声声道)方式。

(3) 能与计算机进行信息交换。数字摄像机以数字形式记录的图像信号，如通过接口卡与 PC 相连接，将信号输入到计算机硬盘，就可方便地进行摄像后的编辑和多种特技处理。这使数字摄像机成为多媒体的最佳活动采集源和输入源，而且这种转换无须进行转换压缩，因此，图像几乎没有质量损失和信号丢失，便于人们构建数字化的视频编辑系统。

(4) 信噪比高。播放录像时在电视画面上出现的雪花斑点是视频噪音。数字摄像机所记录播放的视频信噪比达 54dB，而目前激光视盘的信噪比下限为 42dB。另外，用模拟方式播放时会出现图像上下颤抖的现象，但在以数字方式拍摄记录的录像上不会出现这种现象。

(5) 可拍摄数字照片。数字摄像机也可以像数码相机一样进行数字照相，Mini 数字摄像机上有照片拍摄(Photo Shot)模式，一旦启用它就能够"冻结"和"凝固"一幅幅画面。用 Mini 数字摄像机所摄的照片，影像特别清晰，它们不仅可通过电视屏幕观看，而且可直接输入计算机进行艺术处理。

6.5　数字视频编辑技术

6.5.1　视频编辑技术的相关概念

1. 剪辑

剪辑就是将影片制作中所拍摄的大量镜头素材,利用非线性编辑软件,并遵循一定的镜头语言和剪辑规律,经过选择、取舍、分解和组接,最终完成一个连贯流畅、主题明确的艺术作品。在影片制作中需要将镜头素材重新裁剪编辑处理,使其达到更好的表达效果,因此,需要了解剪辑的基础知识,以方便以后的学习理解。

2. 非线性编辑

非线性编辑是相对传统上以时间顺序进行线性编辑而言。非线性编辑借助计算机来进行数字化制作,几乎所有的工作都在计算机中完成,不依靠外部设备,打破按传统时间的顺序进行编辑的限制,根据制作需求自由排列组合,具有快捷、简便、随机的特性。

3. 镜头

在影视作品的前期拍摄中,镜头是指摄像机从启动到关闭期间,不间断摄取的一段画面的总和。在后期编辑时,镜头可以指两个剪辑点间的一组画面。在前期拍摄中的镜头是影片组成的基本单位,也是非线性编辑的基础素材。非线性编辑就是对镜头的重新组接和裁剪编辑处理。

4. 景别

景别是指由于摄影机与被摄体的距离不同,而造成被摄体在镜头画面中呈现出范围大小的区别。景别一般可分为五种,由近至远分别为特写、近景、中景、全景和远景。

5. 运动拍摄

运动拍摄就是指在一个镜头中通过移动摄像机机位,或者改变镜头焦距所进行的拍摄。通过这种拍摄方式所拍到的画面称为运动画面。通过推、拉、摇、移、跟、升降摄像机和综合运动摄像机,可以形成推镜头、拉镜头、摇镜头、移镜头、跟镜头、升降镜头和综合运动镜头等运动镜头画面。

在后期处理的非线性编辑过程中,可以通过缩放和位移等特效属性,模拟摄像机镜头运动,形成运动镜头画面效果。

6. 镜头组接

镜头组接就是将拍摄的画面镜头按照一定的构思和逻辑,有规律地串联在一起。一部影片是由许多镜头合乎逻辑地、有节奏地组接在一起,从而清楚地表达作者的阐释意图。在后期剪辑的过程中,需要遵循镜头组接的规律,使影片表达得更为连贯流畅。画面组接的一般规律就是动接动、静接静和声画统一等。

如果影片画面中同一主体或不同主体的动作是连贯的,可以利用动作镜头组接动作镜头的方式,达到镜头流畅过渡的目的,简称为动接动。如果两个画面中的主体运动是不连贯的,那么这两个镜头的组接必须在前一个画面主体做完一个完整动作停下来后,衔接画面开始是静止的镜头,这就是静接静。静接静组接时,前一个镜头结尾停止的片刻称为落幅,后一镜头运动前静止的片刻称为起幅,起幅与落幅时间间隔大约为 1～2s。

运动镜头和固定镜头组接,同样需要遵循动接动、静接静的规律。当一个固定镜头要接一个运动镜头时,则运动镜头开始要有起幅。相反一个运动镜头接一个固定镜头时,运动镜头要有落幅,否则画面就会给人一种跳动的视觉感。为了达到一些特殊效果,有时也会使用静接动或动接静的镜头。

6.5.2　数字视频处理软件 Adobe Premiere

Adobe Premiere 是 Adobe 公司推出的一款非常优秀的非线性视频编辑软件,它融视频和音频处理为一体,功能强大、易于使用,能对视频、声音、动画、图片、文本进行编辑加工,并最终生成电影文件,为制作数字视频作品提供了完整的创作环境。不管是专业人士还是业余爱好者,使用 Adobe Premiere 都可以编辑出自己满意的视频作品。Adobe Premiere 是所有非线性交互式编辑软件中的佼佼者,Adobe Premiere 首创的时间线编辑和剪辑项目管理等概念,已经成为事实上的工业标准。

用 Adobe Premiere 可以进行非线性编辑,以及建立 Adobe Flash Video、QuickTime、Real Media 或者 Widows Media 等影片。

1. Adobe Premiere 的主要功能

(1) 视频和音频的剪辑。提供了多种编辑技术,使用非线性编辑功能,对视频和音频进行剪辑。

(2) 使用图片、视频片段等制作数字电影。

(3) 加入视频转场特效。Adobe Premiere 提供了多种从一个素材到另一个素材的转场方法,人们可以从中选择转场效果,也可以自己创建新的转场效果。

(4) 多层视频合成。可以利用不同的视频轨道进行视频叠加,也可以创建文本和图形并叠加到当前视频素材中。

(5) 音频、视频的修整及同步。给音频、视频做各种调整,添加各种特效,调整音频、视频不同步的问题。

(6) 具有多种活动图像的特技处理功能。使用运动功能使任何静止或移动的图像沿某个路径移动,具有扭转、变焦、旋转和变形等效果,并提供了多种视频效果的设置。

(7) 对导入数字摄影机中的影音段进行编辑。

(8) 格式转换。几乎可以处理任何格式,包括对 DV、HDV、Sony XDCAM、XDCAM EX、Panasonic P2 和 AVCHD 的原生支持。支持导入和导出 FLV、F4V、MPEG-2、QuickTime、Windows Media、AVI、BWF、AIFF、JPEG、PNG、PSD 和 TIFF 等。

Adobe Premiere 以其优异的性能和广泛的应用,能够满足各种用户的不同需求。用户可以利用它随心所欲地对各种视频图像和动画进行编辑,添加音频,创建网页上播放的动画并对视频格式进行转换等。

2. Adobe Premiere 的主要特点

(1) 提供了多达 99 条的视频和音频轨道,以帧为精度精确编辑视频和音频并使其同步,极大地简化了非线性编辑的过程。

(2) 提供了多种过渡和过滤效果,并可进行运动设置,从而可以实现在许多传统的编辑设备中无法实现的效果。

（3）上百种音频、视频特效的参数调整、运动的设置、不透明度和转场等，都能够在 DV 显示器和计算机屏幕上实时显示出效果。实时的画面反馈，使用户能够快速地修改调整，提高了工作效率。

（4）有着广泛的硬件支持，能够识别 .avi、.mov、.mpg 和 .wmv 等许多视频和图像文件，为用户制作节目提供广泛选择素材的可能。它还可以将制作的节目直接刻录成 DV，生成流媒体形式或者回录到 DV 磁带。只要用户计算机中安装相关的编码解码器，就能够输入、生成相关格式的文件。

3. Adobe Premiere Pro CS4 的工作界面

启动 Adobe Premiere Pro CS4 后，其工作界面如图 6-2 所示。

图 6-2 Adobe Premiere Pro CS4 工作界面

Adobe Premiere Pro CS4 是具有交互式界面的软件，其工作界面中存在着多个工作组件。用户可以方便地通过菜单和面板相互配合使用，直观地完成视频编辑。Adobe Premiere Pro CS4 的工作界面主要包括项目窗口、时间线窗口、监视器窗口、工具栏面板、效果面板以及声道电平面板等工作组件。

4. 用 Adobe Premiere Pro CS4 创建数字影片

用 Adobe Premiere Pro CS4 制作数字影片,一般的流程为:首先创建一个项目文件,再对拍摄的素材进行采集,存入计算机,然后再将素材导入到项目窗口中,通过剪辑并在时间线窗口中进行装配、组接素材,还要为素材添加特技、字幕,再配好解说,添加音乐、音效,最后把所有编辑好的素材合成影片,导出视频文件。下面通过制作"风筝专题片",介绍创建数字影片的过程。

(1) 创建项目。

创建项目是编辑制作影片的第一步,用户应该按照影片的制作需求,配置好项目设置,以便编辑工作顺利进行。

① 启动 Adobe Premiere Pro CS4,弹出欢迎对话框,如图 6-3 所示。

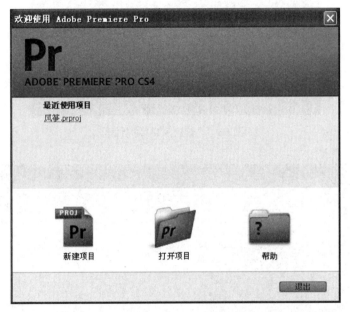

图 6-3　欢迎对话框

② 单击"新建项目",弹出"新建项目"对话框,如图 6-4 所示。在"常规"选项卡中的"视频"栏里将"显示格式"设置为"时间码",将"音频"栏里的"显示格式"设置为"音频采样",将"采集"栏里的"采集格式"设置为 DV。在"位置"栏里设置项目保存的盘符和文件夹名,在"名称"文本框中填写制作的影片名。在"暂存盘"选项卡中,保持默认状态。

③ 在"新建项目"对话框中单击"确定"按钮,弹出"新建序列"对话框,如图 6-5 所示。在"序列预置"选项卡的"有效预置"选项组中,单击 DV-PAL 文件夹前的小三角按钮,选择"标准 48kHz","常规"选项卡和"轨道"选项卡为默认状态,然后在"序列名称"文本框中填写序列名称。单击"确定"按钮后,就进入了 Adobe Premiere Pro CS4 非线性编辑工作界面。

(2) 采集素材。

用非线性编辑软件制作电视节目时,首先需要把视频素材形成数字信号并存放在计算机的硬盘中,这一过程称为素材采集。素材采集前,要确定采集的素材源、素材采集的路径

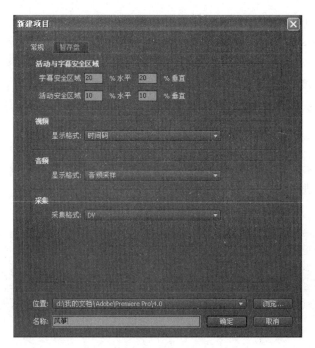

图 6-4 "新建项目"对话框

图 6-5 "新建序列"对话框

以及压缩比,然后在非线性编辑系统中进行相应的设置。对于模拟视频,要将录像机的视频、音频输出与非线性编辑计算机的采集卡上相应的视频、音频输入用专用线连接好,保证信号畅通,有条件时,还要接好视频监视器和监听音箱,便于对编辑过程的监视和监听;对于数字摄像机拍摄的数字素材采集,可以通过数字摄像机(或数字录像机)的 DV 接口与计算机配有视频采集卡上的 IEEE 1394(DV)接口连接好,直接采集到计算机中。

执行"文件"|"采集"命令,弹出"采集"对话框,如图 6-6 所示,即可采集视频素材。

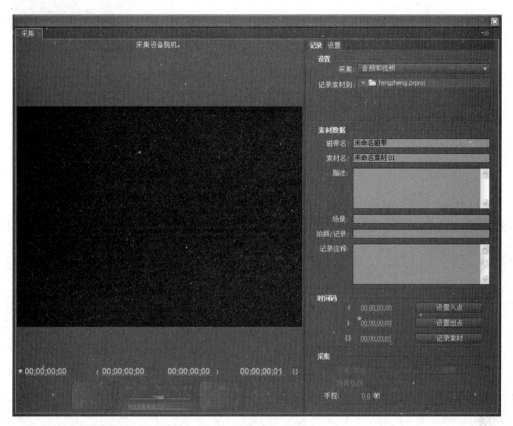

图 6-6　"采集"对话框

(3) 导入素材。

Adobe Premiere Pro CS4 不仅可以通过采集的方式获取拍摄的素材,还可以通过导入的方式获取计算机硬盘里的素材文件。这些素材文件包括多种格式的图片、音频、视频、动画序列等。一次既可以导入单个素材文件,也可以同时导入多个素材文件,还可以导入包括素材的文件夹,甚至还可以导入一个已经建立的项目文件。

执行"文件"|"导入"命令,弹出"导入"对话框,如图 6-7 所示。选择编辑所需要的素材文件,单击"打开"按钮后,就可以在 Adobe Premiere Pro CS4 的项目窗口中看到所要的素材文件,如图 6-8 所示。

(4) 编辑素材。

① 在项目窗口中选择"放风筝 01. avi"素材,把它拖曳到时间线窗口的"视频 1"轨道上,如图 6-9 所示。

图 6-7 "导入"对话框

图 6-8 项目窗口

图 6-9 把项目窗口中的素材拖曳到时间线窗口

②选择"放风筝 02.avi"素材,将其拖曳到时间线窗口中,放在"放风筝 01.avi"素材的后面。同样地,将"放风筝 03.avi"素材拖曳到"放风筝 02.avi"素材的后面。这样就将这三个视频片段组接在一起,如图 6-10 所示。

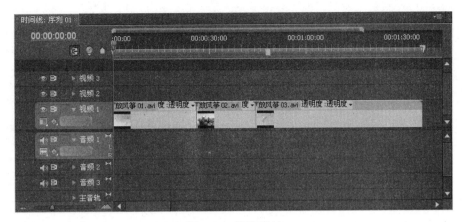

图 6-10　组接素材

③ 在时间线窗口中裁剪素材，打开项目文件"风筝.prproj"，在时间线中拖动标尺，以便于移动时间线标尺定位"放风筝 01.avi"素材的实际开始的帧（入点）。移动时间线标尺时，节目窗口将显示素材的每一帧画面，为了更精确一些，可以使用节目窗口下的"前进帧"按钮▶和"后退帧"按钮◀前进或后退一帧，也可以单击位置编码（节目窗口下左边一组数字）直接输入时间。最后，定位时间线标尺，标记"放风筝 01.avi"素材的入点，如图 6-11 所示。将裁剪其前面额外的部分。使用"工具"面板中的"选择工具"↖，将指针移动到"放风筝 01.avi"素材的左边缘上，指针会变为➔形状。向右拖动指针直到它与时间线标尺对齐为止。这样就裁剪了"放风筝 01.avi"素材，并与时间线标尺对齐，如图 6-12 所示。若需要去除素材末端额外的镜头，可以用类似的方法进行裁剪。

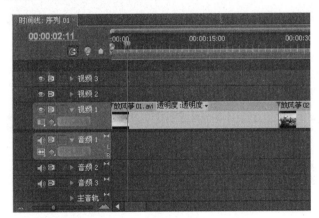

图 6-11　标记"放风筝 01.avi"素材的入点

（5）添加视频切换。

一般情况下，切换是在同一轨道上的两个相邻素材之间使用的。当然，也可以单独为一个素材施加切换，这时候，素材与其轨道下方的素材之间进行切换，但是轨道下方的素材只是作为背景使用，并不能被切换所控制。

① 将"效果"面板展开后，在"视频切换"文件夹的"3D 运动"子文件夹中，用鼠标左键按住"摆入"，并拖曳到时间线窗口序列中需要添加切换的相邻两段素材之间的连接处再释放，

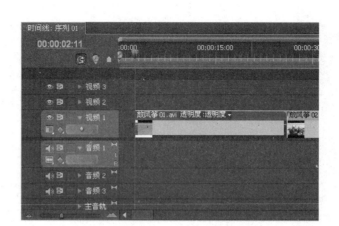

图 6-12　裁剪素材并与时间线标尺对齐

在素材的交界处上方出现应用切换后的标识，表示"摆入"特效被应用，如图 6-13 所示。

图 6-13　添加视频切换特效

② 在切换的区域内拖曳编辑线，或者按空格键，可以在节目窗口中观看视频切换效果。"摆入"的切换效果如图 6-14 所示。

图 6-14　"摆入"的切换效果

（6）视频特效。

视频特效类似于 Photoshop 中的滤镜，是为影视作品添加艺术效果的重要手段。它能够改变素材的颜色和曝光量、修补原始素材的缺陷，可以键控和叠加画面，可以变化声音、扭曲图像，可以为影片添加粒子和光照等各种艺术效果。在 Adobe Premiere Pro CS4 中，可以根据需要为影片添加各种视频特效，同一个特效可以同时应用到多个素材上，在一个素材上也可以添加多个视频特效。

下面以添加色键抠像特效为例。色键抠像是通过比较目标的颜色差别来完成透明，其中最常用的是蓝屏键抠像。蓝屏键抠像可以使视频素材的蓝色背景透明,由于蓝色不会干扰皮肤的色调,因而非常受欢迎。例如,电视台录制天气预报节目时,广播员在蓝色背景前拍摄,播放时再加上卫星云图背景。但这要求广播员不能穿蓝色的衣物,否则这些衣物在播放时将透明。

在此,选择一段带有蓝色背景的"风筝.avi"素材,具体介绍色键抠像的方法。

① 将"风筝.avi"和"富华.jpg"素材导入项目窗口,然后将"富华.jpg"素材拖到素材源窗口,单击"插入"按钮 ,将其插入到时间线窗口"视频1"轨道的开始位置。静态图像默认的持续时间为5s。可以使用"裁剪工具"拖动该素材的一端,调整持续时间。也可以执行"素材"|"速度/持续时间"命令,设置一个新的持续时间。

② 将"风筝.avi"素材拖曳到"视频3"轨道的开始位置,如图6-15所示。

图6-15 添加"富华.jpg"素材和"风筝.avi"素材

③ 在"效果"面板的"视频特效"文件夹的"键控"子文件夹中选择"蓝屏键"特效,将其拖曳到时间线窗口中"风筝.avi"素材上。

④ 在"特效控制台"面板中调整"蓝屏键"的阈值,如图6-16所示。

图6-16 调整"蓝屏键"的阈值

⑤ 应用蓝屏抠像的效果如图6-17所示。

如果由于人们所穿衣服的颜色等原因,使素材中的颜色发生冲突,而不能使用蓝色背景录制素材,也可以使用"颜色键"对任意纯色的背景进行抠像,这时需要在"特效控制台"面板

(a) "风筝.avi" 素材

(b) "富华.jpg" 素材

(c) 抠像效果

图 6-17　应用蓝屏抠像的效果

中单击"颜色键"中"主要颜色"的吸管 ，然后在节目窗口中选择背景颜色，并对"特效控制台"面板中的"颜色宽容度"进行调整，如图 6-18 所示。

图 6-18　使用"颜色键"对任意纯色的背景进行抠像

（7）制作字幕。

在数字影片的制作中，常常需要制作片头、片尾以及对白、歌词的提示等字幕信息。在 Adobe Premiere Pro CS4 中，字幕制作有单独的系统统一字幕设计窗口。在这个窗口中，可以制作出各种常用字幕类型，不但可以制作普通的文本字幕，还可以制作简单的图形字幕。除了用 Adobe Premiere Pro CS4 创建字幕，也可以使用图形或者字幕应用软件创建字幕，并将其保存为与 Adobe Premiere Pro CS4 兼容的格式，如 Photoshop(.psd)以及 Illustrator (.ai 或.eps)格式等。

下面介绍创建静态字幕的操作过程。

① 打开字幕设计窗口后，默认格式为静态字幕。选择"文本工具" Ｔ ，在字幕安全区内输入文字"风筝"。

② 在"字幕属性"面板中的"属性"栏中设置字体为 KaiTi_GB2312，字体大小为 150.0；在"填充"栏中，设置填充类型为由红到黄的线性渐变；勾选"阴影"复选框，如图 6-19 所示。

③ 执行"文件"|"保存"命令，将其保存为名为"风筝"的文件。这样就创建了一个字幕文件。字幕文件创建后，将自动添加到项目窗口中。

下面介绍建立滚动字幕的操作过程。

① 执行"文件"|"新建"|"字幕"命令，在弹出的"新建字幕"对话框中输入字幕文件的名称"风筝传友谊"，然后单击"确定"按钮，打开字幕设计窗口。

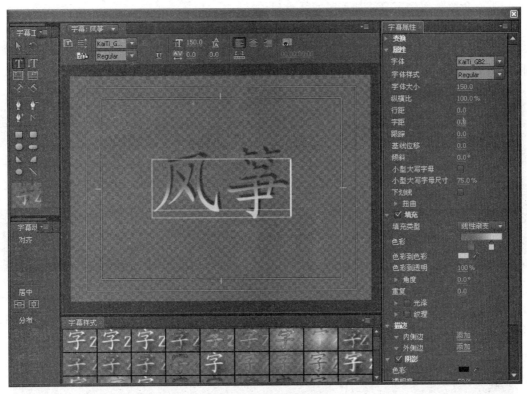

图 6-19 创建静态字幕

② 单击字幕设计器面板的"滚动/游动选项"按钮 ，弹出"滚动/游动选项"对话框，如图 6-20 所示。选择"滚动"字幕类型，并进行相关参数的设置，单击"确定"按钮确认。

③ 选择"垂直文本工具" ，输入"银线连四海 风筝传友谊"字样，设置字体为 KaiTI-GB2312，大小为 60.0，设置填充颜色为黑色。将文字移动到合适的位置，如图 6-21 所示。保存后就创建了一个滚动字幕文件。

图 6-20 "滚动/游动选项"对话框

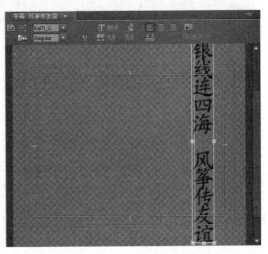

图 6-21 创建滚动字幕

下面介绍如何将字幕添加到时间线窗口中。

① 执行"序列"|"添加轨道"命令,在时间线窗口口添加一个视频轨道"视频4",然后将字幕素材拖曳到"视频4"轨道的开始位置,这样就将字幕素材"风筝"叠加到视频中了,如图6-22所示。

图6-22　将字幕素材"风筝"叠加到视频中

② 将滚动字幕"风筝传友谊"拖曳到时间线窗口的"视频2"轨道,与"视频1"轨道上的"放风筝02.avi"素材的开始位置对齐,如图6-23所示。

图6-23　将滚动字幕"风筝传友谊"拖曳到时间线窗口

③ 播放滚动字幕,效果如图6-24所示。

图6-24　字幕滚动效果

④ 保存项目。

（8）音频应用。

数字电影是综合的艺术，包括声音和画面的结合，视觉艺术和听觉艺术在影视艺术中是相辅相成的。对于一部完整的影片来说，声音具有重要的作用，无论是同期声还是后期的配音配乐，都是一部影片不可或缺的部分。

声音的来源包括视频采集同步加入的音频、从 CD-ROM 中获取的或从网上下载的音乐或声音效果、利用声卡和外部设备单独录制的音频信息。Adobe Premiere Pro CS4 支持多种格式的音频素材，包括 WAV、AVI、MOV、MP3 等。其中最常用的有 WAV 和 MP3，多数 Wave 音频采用 44.1kHz/16b 标准。

① 添加音频。在项目窗口可以看到，每一个素材文件前面都有一个图标。前面用到的视频素材不含有音频，其图标为▨；同时含有视频和音频素材的图标为▨，称为复合素材；而纯音频素材的图标是▨。Adobe Premiere Pro CS4 中具有三种类型的音频：单声道、立体声和 5.1 环绕立体声。

② 添加复合素材。将时间线标尺定位在"放风筝 01. avi"的开始处，将"风筝传奇 1. mpg"素材导入项目窗口，然后将其拖动到素材源窗口，单击"插入"按钮▨将其插入到时间线窗口。该素材的视频部分就插入到"视频 1"轨道，而音频部分则插入到"音频 1"轨道，如图 6-25 所示。

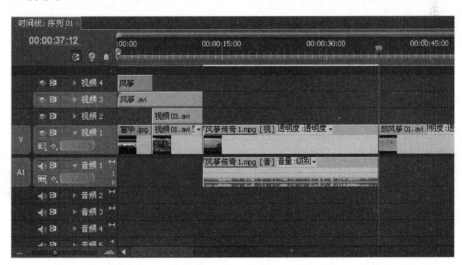

图 6-25　添加复合素材

③ 添加音频素材。添加音频素材与添加视频素材的方法相同。将"音乐. mp3"素材导入项目窗口，然后将其拖动到时间线窗口的"音频 2"轨道，如图 6-26 所示。把这段音频作为影片的背景音乐。

（9）预览影片。

在创建和编辑一个视频节目的过程中，需要对创建或编辑的结果进行预览，Adobe Premiere Pro CS4 提供了多种不同的预览方式。常用的方式有使用"播放"按钮和使用时间线标尺两种。

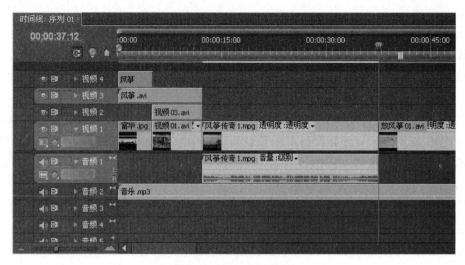

图 6-26　添加音频素材

（10）保存项目。

执行"文件"|"保存"命令，保存项目，项目文件的扩展名为 prproj。保存项目，不仅保存素材的引用指针、素材的剪辑及组织信息和施加的各种编辑效果等，还保存当前影片文件的 Premiere 界面布局，如打开或关闭哪些对话框、对话框被拖曳到了什么位置等。可以随时打开项目文件进行编辑。

6.6　视频的特效处理

6.6.1　后期特效的定义

影视后期也称为影视特效，主要工作是通过一个特殊的影像成像过程（影像的拆解与复合）去完成常规摄制手段（一次性影像成像）无法实现的影像成像任务。影视特效表现的不仅仅是现实中无法实现或无法再现的景象，有时表现的甚至是现实中根本不存在的事物等。后期特效处理通过跟随、抠像、校色、合成等操作分开各层的影像，在影像上加特殊效果，如爆炸等。

6.6.2　后期特效处理的作用

后期特效处理可以将平淡的视频片段进行相应的处理，产生包括画面本身的变化、旋转、模仿旧电影胶片、色调变化等视频效果。因此，在进行视频片段的初步编辑之后，后期特效处理更为重要。

数字特效制作表现为以下三种关键技术。

1）抠像

抠像是指运用键控功能抠掉图像背景的单一颜色，然后再合成为其他所需要的背景。在影视编辑过程中经常会有需要抠像的情况，即需要将某个视频画面中的一部分分离出来与另一个视频画面合成。通常有两种办法：一是使用软件抠像，先用高亮的蓝色或绿色背景拍摄视频，然后可以利用计算机软件进行处理，常用的抠像软件有 After Effects；二是使用价格昂贵的专业设备(高达几百万美元),如 Quantel,这种设备可以对影片中任何复杂的前景对象与背景进行实时抠像。抠像技术的成本低,效果好,摄制安全。它如今已经成为视频后期制作一个非常关键的步骤。

2) 动画特效

三维动画技术的成熟,给现代电影带来不可想象的影响。《侏罗纪公园》系列中的恐龙采用模型结合动画的方式,塑造了几千条活生生的生物出现在荧幕上。随着计算机在影视领域的延伸和制作软件的增多,三维数字影像技术扩展了影视拍摄的局限性,在视觉效果上弥补了拍摄的不足,在一定程度上计算机制作的费用远比实拍所产生的费用要低得多,同时为剧组因预算费用、外景地天气、季节变化而节省时间。

3) 其他视频特效

其他视频特效包括镜头分割、文字特效、遮罩与蒙版、3D 特效、粒子系统特效、运动与跟踪特效等,一般都结合在一些视频后期特效软件中。

6.6.3 数字视频后期特效处理应用软件

After Effects 简称 AE,是 Adobe 公司推出的一款视频剪辑及设计软件,它可以非常方便地调入 Photoshop、Illustrator 的层文件和 Premiere 的项目文件,甚至还可以调入 Premiere 的 EDL 文件;Photoshop 中层的引入,使 AE 可以对多层的合成图像进行控制;加入关键帧和路径的设计,可以使高级动画设计变得更加容易;高效的视频处理系统,确保高质量视频的输出;AE 同样保留有 Adobe 优秀的软件相互兼容性。

AE 适用于从事设计和视频特技的机构,包括电视台、动画制作公司、个人后期制作工作室以及多媒体工作室。现在 AE 已经被广泛地应用于数字和电影的后期制作中,而新兴的多媒体和互联网也为 AE 软件提供了宽广的发展空间。相信在不久的将来,AE 软件必将成为影视领域的主流软件。

1. AE 的特点

(1) 高质量的视频。支持 4 像素×4 像素～30 000 像素×30 000 像素分辨率,包括高清晰度电视(HDTV)。

(2) 多层剪辑。无限层电影和静态画面的合成技术,可以实现电影和静态画面无缝地合成。

(3) 高效的关键帧编辑。可以自动处理关键帧之间的变化。

(4) 无与伦比的准确性。可以精确到一个像素点的 60%,可以准确地定位动画。

(5) 强大的路径功能。Motion Sketch 可以轻松绘制动画路径,或者加入动画模糊。

(6) 强大的特技控制。使用多达 85 种的软插件修饰、增强图像效果和动画控制。

(7) 同其他 Adobe 软件的无缝结合。在输入 Photoshop 和 Illustrator 文件时,保留层信息。

(8) 高效的渲染效果。

2. 用 Adobe After Effects CS6 进行后期特效设计

本实例主要介绍利用特效将素材制作出水墨画的模糊晕染效果。实例效果如图 6-27 所示。

(a) 原图

(b) 效果图

图 6-27　水墨画实例

（1）在项目窗口中的空白处双击,然后在弹出的对话框中选择所需的素材文件,并单击"打开"按钮,如图 6-28 所示。

图 6-28　选择素材文件

（2）将项目窗口中的 01.jpg 和 02.png 素材文件按顺序拖曳到时间线窗口中,并设置 02.png 图层的 Scale(缩放)为 80.0、Position(位置)为(876.0,231.0),如图 6-29 所示。

（3）为 01.jpg 图层添加 Black&White(黑与白)和 Brightness&Contrast(亮度 & 对比度)特效,并设置 Brightness&Contrast(亮度 & 对比度)特效下的 Brightness(亮度)为 -5.0、Contrast(对比度)为 10.0,如图 6-30 所示。

（4）为 01.jpg 图层添加 Median(中值)特效,并设置 Radius(半径)为 2,如图 6-31 所示。

图 6-29　设置素材 02.png 的属性

图 6-30　设置黑白特效和亮度与对比度特效

图 6-31　设置中值特效

此时拖动时间线滑块可查看最终水墨画效果,如图 6-32 所示。

图 6-32　水墨画效果

6.7 数字视频的应用

数字视频技术是一种实用性很强的技术,由于其社会影响和经济影响都十分巨大,相关的研究部门和产业部门都非常重视相关软件工作,因此,数字视频技术的发展和应用日新月异,产品更新换代的周期很快。

多媒体技术的典型应用包括以下几个方面。

1. 电影行业

数字视频技术在电影行业中得到了广泛的应用。通过使用相关的非线性编辑技术和后期特效技术,电影行业中所有的设计内容都一一得以实现,如图 6-33 所示。

图 6-33 在电影行业中的应用

2. 广告设计行业

广告设计是视觉传达艺术设计的一种,其价值在于把产品载体的功能特点通过一定的方式转换成视觉因素,使之更直观地面对消费者。利用数字视频技术中包含的特效,可以制作出丰富的视觉效果,并可以适当添加动画,如图 6-34 所示。

图 6-34 在广告设计行业中的应用

3. 电视行业

电视制作和电视包装都是现今电视台和各电视节目公司、广告公司最常用的制作节目方法。

电视制作是将非线性编辑技术加入到电视节目的制作中。由于非线性编辑技术具有顺序的可调性以及视/音频材料损耗低的特点,因此它已替代了原先的线性编辑技术而成为电视节目制作系统的主流技术。

电视包装引入视频后期特效,加大了电视的品牌主张和视觉形象表现等。数字视频技术可以很好地把握整体的节目风格和效果,如图 6-35 所示。

图 6-35　在电视行业中的应用

4. 网络视频

现今,网络越来越成为人们生活中不可缺少的一部分。人们从网络上可以第一时间获得各种信息。数字视频技术与网络的接轨也顺理成章地达成了一致性,如数字视频在网络上的发布、播客的流行、网络直播等,如图 6-36 所示。

图 6-36　网络直播

总之,视频是人们接受信息的重要途径,视频信号的获取、存储、处理、播放和传输是多媒体计算机系统中一个很重要的组成部分,视频处理技术是多媒体应用的一个核心技术。

对视频信号的数字化有两种方法:一种是将模拟视频信号输入到计算机系统中,对彩色视频信号的各个分量进行数字化,经过压缩编码后生成数字化视频信号;另一种是由数字摄像机从视频源采集视频信号,将得到的数字视频信号输入到计算机中,直接通过软件进行编辑处理。视频编码技术主要有 MPEG 与 H.261 标准。

Premiere 是 Adobe 公司推出的非常优秀的非线性视频编辑软件。它可以配合硬件进行视频的捕获和输出,能对视频、声音、动画、图片、文本进行编辑加工,并最终生成电影文件。After Effects 是用于高端视频特效系统的专业特效合成软件,也属于 Adobe 公司,它借鉴了许多优秀软件的成功之处,将视频特效合成上升到了新的高度。

练习与思考

6-1　什么是视频？简述视频图像的数字化过程。

6-2　比较模拟视频和数字视频有何异同。

6-3　常用的电视信号制式有哪几种？各自有哪些技术指标？我国的电视信号使用哪种制式？

6-4　电视接收机的输入、输出信号有哪些类型？

6-5　数字视频有哪些常见的文件格式？各有什么特点？

6-6　获取视频素材的方法有哪些？

6-7　将两个视频素材进行剪辑，加上适当的转场效果，并对转场效果进行预览。

6-8　自己设计制作一个较为完整的数字影片，包括片头、片尾的字幕，转场效果、叠加效果、运动效果等常用的效果，然后输出为不同格式的视频文件。

参考文献

[1]　刘清堂,王忠华,陈迪.数字媒体技术导论[M].2 版.北京：清华大学出版社,2016.

[2]　张文俊.数字媒体技术基础[M].上海：上海大学出版社,2007.

[3]　宗绪锋,韩殿元,董辉.多媒体应用技术教程[M].北京：清华大学出版社,2011.

[4]　曹茂鹏,瞿颖健.Adobe 创意大学 After Effects CS6 标准教材[M].北京：北京希望电子出版社,2013.

Chapter 1

第 7 章

计算机动画

计算机动画是指采用图形与图像的处理技术,借助于编程或动画制作软件生成一系列的景物画面,其中,当前帧是前一帧的部分修改。计算机动画是采用连续播放静止图像的方法产生物体运动的效果。计算机动画分为二维动画和三维动画。动画的制作过程可分为总体设计、设计制作、具体创作和拍摄制作四个阶段。二维动画根据计算机参与动画制作的程度,包含计算机辅助着色与插画的手绘二维动画和用计算机生成全部作业的无纸二维动画。计算机的作用包括:输入和编辑关键帧;计算和生成中间帧;定义和显示运动路径;交互式给画面上色;产生一些特技效果;实现画面与声音的同步;控制运动系列的记录等。数字三维动画技术是利用相关计算机软件,通过三维建模、赋予材质、模拟场景、灯光和摄像镜头、创造运动和链接、动画渲染等功能,实时制造立体动画效果和可以乱真的虚拟影像,将创意想象化为可视画面的新一代影视及多媒体特技制作技术。

计算机动画的效果来源于创意。创意是指一些富有创造力的人所具有的能力,是一种创造的行为和过程。数字动画创意是基于动画造型及运动的视觉效果创意,也是动画故事情节创意。计算机动画涉及电影业、电视片头和广告、科学计算和工业设计、模拟、教育和娱乐,以及虚拟现实与 3D 等领域,具有广阔的市场前景。

7.1 动画概述

7.1.1 动画的界定

说到动画,可能会想到另外一个词语——漫画。二者在某种程度上有相同之处,都是用卡通化的形象来表达一定的想法,而且从产业上来说,二者是属于同一产业领域——动漫产业。因此,在介绍动画的定义之前,先来了解一下动漫。

动漫从概念上泛指漫画和动画,被称为音乐、美术、舞蹈等八大艺术之外的“第九艺术”。这一艺术综合了音乐、幽默、漫画、摄影、文学、戏剧、文艺评论等学科,最大的特点就是寓教于乐,进而成为“读图时代”的典型代表和首选之作。漫画一般是以书面或电子的形式发行的静态卡通作品,大多数是几幅连续的画面配上文字解说,如报纸上的讽刺漫画、小人书等。

而动画是通过连续播放一系列画面,给视觉造成动态变化的图画,能够展现事物的发展过程和动态。动画(Animation)一词,源自拉丁文字源 Anima,是“灵魂”的意思,而 Animare 则指“赋予生命”,因此 Animate 被用来表示“使……活动”的意思。广义而言,把一些原先不活动的东西,经过影片的制作与放映,成为会活动的影像,即为动画。“动画”的中文叫法应该说是源自日本。第二次世界大战前后,日本称以线条描绘的漫画作品为"动画"。

定义动画的方法,不在于使用的材质或创作方式,而在于作品是否符合动画的本质。时至今日,动画媒体已经包含了各种形式,例如赛璐珞、剪纸、偶、沙等,它们具有一些共同点:其影像是以电影胶片、录像带或数字信息的方式逐格记录的;另外,影像的"动作"是被创造出来的幻觉,而不是原来就存在的。动画大师诺曼·麦克拉伦(Norman Mclaren)曾经说过:"怎么动比什么动更为重要……这一格画面与下一格画面之间产生的效果,比每一格画面中产生的效果更重要。"

因此,动画学习者除了有基本绘画功底之外,在时间与节奏的控制、动作的物理原理、动作的艺术创造等方面,应该下更大的工夫。动画有"夸张"与"想象"两大特点。如何将真实的动作进行艺术加工呢?如何通过夸张的动作来表现角色的情感?这都需要创作者有一颗好奇心,平时多观察周围事物的状态。

需要特别说明的是计算机动画。随着数字时代来临,计算机日益成为影像生成的主要技术手段,计算机动画应用的范围包罗万象,电影、电视、游戏、网络,甚至手机,几乎涉及每一个人的生活。

对于现在的技术而言,"动画"并不仅仅是指传统意义上在屏幕上看到的带有一定剧情的影片和电视片(动画片),而且还包括在教育、工业上用来进行演示的非实物拍摄的屏幕作品。

动画片的艺术形式更接近于电影和电视,而且它的基本原理与电影、电视一样,都是人眼视觉现象的应用——视觉暂留,利用人的视觉生理特性可以制作出具有丰富想象力和表现力的动画影片。

7.1.2 动画的历史

通常,在谈动画制作时都会想到计算机动画,但计算机动画只是现代信息技术发展的结果,信息技术的多媒体应用仅仅是近几十年的结果而已,而动画的发展却有很长的历史。

早在 1831 年,法国人 Joseph Antoine Plateau 把画好的图片按照顺序放在一部机器的圆盘上,在机器的带动下,圆盘低速旋转,圆盘上的图片也随着圆盘旋转,从观察窗看过去,图片似乎动了起来,形成动的画面,这是动画的雏形。

1906 年,美国人 J. Steward 制作出一部接近现代动画概念的影片,片名叫《滑稽面孔的幽默形象》(Houmoious Phase of a Funny Face)。他经过反复地琢磨和推敲,不断修改画稿,终于完成这部接近动画的短片。

1908 年,法国人 Emile Cohl 首创用负片制作动画影片。所谓负片,是影像与实际色彩恰好相反的胶片,如同今天的普通胶卷底片。采用负片制作动画,从概念上解决了影片载体的问题,为今后动画的发展奠定了基础。

1909 年,美国人 Winsor Mccay 用一万张图片表现一段动画故事,这是迄今为止世界上公认的第一部像样的动画短片。从此以后,动画片的创作和制作水平日趋成熟,人们已经开始有意识地制作表现各种内容的动画片。

1915 年,美国人 Eerl Hurd 创造了新的动画制作工艺,他先在塑料胶片上画动画片,然后再把画在塑料胶片上的一幅幅图片拍摄成动画电影。直到现在,这种动画制作工艺仍然被沿用着。

从1928年开始,著名的Walt Disney逐渐把动画影片推向了巅峰。他在完善动画体系和制作工艺的同时,把动画片的制作与商业价值联系起来,被人们誉为商业动画之父。直到如今,他创办的Disney(迪士尼)公司还在为全世界的人们创造着丰富多彩的动画片,为此,迪士尼公司被誉为"20世纪最伟大的动画公司"。

如今的动画,计算机的加入不但使动画的制作变得简单而且普及起来,如互联网上的Flash小动画,也使得动画创作更专业,成就了一批明星企业,如皮克斯(Pixar)、光魔(IL)等。

7.1.3 动画的基本概念

1. 动画

动画是将一系列静止、独立而又存在一定内在联系的画面连续拍摄到电影胶片上,再以一定的速度(一般不低于24帧/秒)放映来获得画面上人物运动的视觉效果。

2. 计算机动画

计算机动画的原理与传统动画基本相同,只是在传统动画的基础上把计算机技术用于动画的处理和应用。简单地讲,计算机动画是指采用图形与图像的数字处理技术,借助于编程或动画制作软件生成一系列的景物画面。其中,当前帧画面是对前一帧的部分修改。运动是动画的要素,计算机动画是采用连续播放静止图像的方法产生景物运动的效果。这里所讲的运动不仅指景物的运动,还包括虚拟摄像机的运动和纹理、色彩的变化等,输出方式也多种多样。所以,计算机动画中的运动泛指使画面发生改变的动作。计算机动画所生成的是一个虚拟的世界。画面中的物体并不需要真正去建造,物体、虚拟摄像机的运动也不会受到什么限制,动画师几乎可以随心所欲地编织他的虚幻世界。

3. 动画与影视的区别与联系

(1) 动画和影视都是由一系列静止画面按照一定的顺序排列而成的,这些静止画面称为帧(Frame),每一帧与相邻帧略有不同。当帧画面以一定的速度连续播放时,由视觉暂留现象造成了连续的动态效果。

(2) 计算机动画和数字影视的主要区别类似于图形与图像的区别,即帧图像画面的产生方式有所不同。计算机动画是用计算机产生表现真实对象和模拟对象随时间变化的行为和动作,是利用计算机图形技术绘制出的连续画面,是计算机图形学的一个重要分支;数字影视主要指模拟信号源经过数字化后的图像和同步声音的混合体。

目前,在多媒体应用中有将计算机动画和数字影视混同的趋势。

4. 动画的分类

动画的分类方法很多,主要有以下几种。

(1) 从制作技术和手段看,动画可分为以手工绘制为主的传统动画和以计算机为主的计算机动画。

(2) 按动作的的表现形式来区分,动画大致分为接近自然动作的"完善动画"(动画电视)和采用简化、夸张处理的"局限动画"(幻灯片动画)。

(3) 从空间的视觉效果上,可分为二维动画和三维动画。

(4) 从播放效果上,可分为顺序动画和交互式动画。

（5）从播放速度来讲，可分为全动画（24 帧/秒）和半动画（少于 24 帧/秒）。

最常用的动画分类方法是从空间的视觉效果上分类，即二维动画和三维动画。

7.2　动画的基本原理

和电影、电视一样，动画的发明也是依据人类的"视觉暂留"原理而来。

1824 年，英国的彼得·罗杰（Peter Roget）出版的《移动物体的视觉暂留现象》（*Persistence of Vision with Regard to Moving Objects*），是视觉暂留原理研究的开端。书中提出这样的观点：人眼的视网膜在物体被移动前，可有一秒钟左右的停留。也就是说，人的视觉系统对形象有短暂的记忆能力，在同一形象不同动作连续出现的时候，只要形象的动作有足够快的速度，观者在看下一张画面时，会重叠前一张的印象，因此产生形象在运动的幻觉。

这本书引发了其后将近 50 年的研究，也使很多人开始根据这个原理制作一些视觉玩具和器具，例如手翻书（Flip Book）、魔术画片（Thaumatrop）、幻透镜（Phenakistiscope）、西洋镜（Zoetrope）等。视觉暂留原理提供了发明动画的科学基础，另外，摄影技术的普及，也成为促进动画发展的一个外在因素。

利用视觉暂留原理，在一幅画面还没有消失前，播放下一幅画面，就会造成一种流畅的视觉变化幻觉。电影采用了每秒 24 帧的速度拍摄、播放，电视则采用了每秒 25 幅（PAL制）或 30 幅（NSTC 制）画面的速度拍摄、播放。如果拍摄时高于这个速度，称为升格拍摄，即慢镜头，因为此时按照常规速度播放，由于同样的动作所用的帧数多了，就会出现慢速的效果；如果少于这个速度拍摄，则称为降格拍摄，即快镜头，因为此时按照常规速度播放，由于同样的动作所用的帧数少了，就会出现加速或跳跃的现象。

等到人类发明了使画面动起来的机器，再配合将画面投射到墙壁或屏幕的设备，当然，还有人类的视觉暂留的生理特性，将这三项要素结合在一起，就是动画的完整装置。

动画具有许多其他艺术所没有的特性，它可以同时具有纯绘画的精致（技术），又具备连环漫画的娱乐性（故事）。前卫与通俗的结合，形成了动画多元化的风貌。此外，动画具备天马行空的表现方式，凡是电影、电视能拍到的，动画皆能呈现；而电影、电视不能拍到的那些凭空想象的东西，更是动画表现的长项。

动画具备表现抽象概念、虚拟角色的能力，同时也能以鲜艳的色彩、鲜活的角色动作，吸引小朋友的注意力，所以到现在为止，动画仍是教育或儿童娱乐节目最适合的媒介。

与此同时，也有许多艺术家选择以动画来表现严肃主题，还有许多以扩展观念为出发点的实验作品，都证明动画有无所不能的强大表现力。可以说，在动画家们的灵感与制作功力的互相配合下，只有创作者想不出来的、没有动画做不出来的内容。

动画作品中各个环节的总体呈现叫作风格，包括故事类型、色彩、角色造型、动作、场景、音乐、剪辑节奏等。根据不同的内容主题，动画在表现风格上也极为多样，难以归类，大致来说可分为写实与非写实。一部好作品的风格应该是整体统一并且相互呼应的。

形式是展现作品风格的重要途径。动画的表现形式到现在仍持续被扩展，较为常见的包括手绘平面动画、剪纸动画、偶动画、沙动画、计算机动画等。决定一部作品成败的关键在于创作者能不能找到一种形式与风格完美结合的方法。以民族风格的动画为例，一些创作者在动画中加入具有民俗特点的装饰花纹、色彩、线条、音乐，在视觉上形成一种显著的民族文化风格,再使用民间传统技艺的方法让形象"动"起来,以此种形式讲述民间传说或神话,在形式与风格上达到完美的结合。

从世界早期的动画影片《幻影集》(*Phantasmagorie*)与《滑稽面孔的幽默表演*》(*The Houmorous Phases of Funny Faces*)开始,动画就充分展现了它无与伦比的表现力,尤其在夸张动作与视觉效果方面,最为突出。如孙悟空可以一跃上天(中国,《大闹天宫》),猫可以被炸弹炸得晕头转向但依然活蹦乱跳(美国,《猫和老鼠》),人看到惊讶的东西时跳到半空中(日本,《铁臂阿童木》)。动画片在夸张动作的同时,也塑造出角色的个性并奠定了影片的风格。夸张的同时带来幽默的效果,让动画成为老少皆宜的影片类型,很多动画影片的票房甚至胜过真人电影,一度高居排行榜首。

动画也能轻易地创作出真实世界中不存在的事物,或以象征符号表现抽象的概念。其中,拟人化是动画最常用的手段之一。在动画片中,无论是动物、植物、非生物还是虚拟的角色,都被赋予人类的性格与感情。观众在惊奇之余,能够感同身受地进入角色的环境。

在动画技巧方面,许多简略的象征符号已经成为通用的"语言",例如,角色受到重击之后头部出现绕着圈飞的小鸟、角色的头顶或眼睛冒火表示生气、看见了令人惊讶的事而眼睛突出、以背景的线条来增加角色运动的速度或夸张角色的情绪表现、流线虚影表示角色快速运动等。只要观众进入了动画的奇幻世界,就接受了动画家创造的任何奇思妙想,动画成为世界共同的语言,不需要对白也能理解。

7.3 动画的制作流程

7.3.1 传统动画制作流程

传统动画的创作是一个复杂而且烦琐的过程,无论是手绘动画还是模型动画,其基本规律和思路是一致的。简单来说,其关键步骤有以下六个。

(1)由编导确定动画剧本及分镜头脚本。

(2)美术动画设计人员设计出动画人物形象。

(3)美术动画设计人员绘制、编排出分镜头画面脚本。

(4)动画绘制人员进行绘制。

(5)摄影师根据摄影表和绘制的画面进行拍摄。

(6)剪辑配音。

传统动画的制作过程一般又可分为四个阶段:总体规划、设计制作、具体创作和拍摄制作,每一阶段又有若干个步骤。

1. 总体规划阶段

总体规划阶段包括剧本、故事板、摄制表等若干内容设计。

1)剧本

任何影片生产的第一步都是创作剧本,但动画片的剧本与真人表演的故事片剧本有很大不同。一般影片中的对话对演员的表演是很重要的,而在动画片中则应尽可能避免复杂的对话,最重要的是用画面表现视觉动作。最好的动画是通过滑稽的动作取得的,其中没有对话,而是由视觉创作激发人们的想象力。

2）故事板

根据剧本，导演要绘制出类似连环画的故事草图（分镜头绘图剧本），将剧本描述的动作表现出来。故事板由若干片段组成，每一片段由一系列场景组成，一个场景一般被限定在某一地点和一组人物内，而场景又可以分为一系列被视为图片单位的镜头，由此构造出一部动画片的整体结构。故事板在绘制各个分镜头的同时，作为其内容的动作、对白时间、摄影指示、画面连接等都要有相应的说明。一般 30min 的动画剧本，若设置 400 个左右的分镜头，将要绘制约 800 幅图画的图画剧本——故事板。

3）摄制表

摄制表是导演编制的整个影片制作的进度规划表，以指导动画创作集体中各方人员统一协调地工作。

2. 设计制作阶段

设计制作阶段一般包括内容设计和音响效果设计等。

1）内容设计

设计工作是在故事板的基础上，确定背景、前景及道具的形式和形状、完成场景环境和背景图的设计、制作，对人物或其他角色进行造型设计，并绘制出每个造型的几个不同角度的标准页，以供其他动画人员参考。

2）音响效果设计

在制作动画时，因为动作必须与音乐匹配，所以音响录制不得不在动画制作之前进行。录音完成后，编辑人员还要把记录的声音精确地分解到每一幅画面位置上，即第几秒（或第几幅画面）开始说话、说话持续多久等。最后要把全部音响历程（或称音轨）分解到每一幅画面位置与声音对应的图表，供动画制作人员参考。

3. 具体创作阶段

具体创作阶段一般包括原画创作、中间画制作、誊清和描线以及着色等过程。

1）原画创作

原画创作是由动画设计师绘制出动画的一些关键画面。通常一个设计师只负责一个固定的人物或其他角色。

2）中间画制作

中间画是指两个重要位置或框架图之间的图画，一般就是两张原画之间的画。助理动画师制作一幅中间画，其余美术人员再内插绘制角色动作的连接画。在各原画之间追加的内插的连续动作的画，要符合指定的动作时间，使之能表现得接近自然动作。

3）誊清和描线

前几个阶段所完成的动画设计均是铅笔绘制的草图。草图完成后，使用特制的静电复印机将草图誊印到醋酸胶片上，然后再手工对誊印在胶片上的画面的线条进行描墨。

4）着色

由于动画片通常都是彩色的，这一步是对描线后的胶片进行着色（或称上色）。

4. 拍摄制作阶段

1）检查

检查是拍摄阶段的第一步。在每一个镜头的每一幅画面全部着色完成之后、拍摄之前，动画设计师需要对每一场景中的各个动作进行详细检查。

2）拍摄

动画片的拍摄，使用中间有几层玻璃层、顶部有一部摄像机的专用摄制台。拍摄时将背景放在最下面一层，中间各层放置不同的角色和前景等。拍摄中可以移动各层产生动画效果，还可以利用摄像机的移动、变焦、旋转等变化和淡入等特技功能，生成多种动画特技效果。

表 7-1 给出了摄影表样式，表 7-2 给出了分镜头稿本样式。

表 7-1　摄影表样式

片名		镜头号		规格	
		秒数		尺数	
内容					
姓名		张数	附件	铅笔稿拍摄	日期
原画					
动画					
绘景					
检查				正式拍摄	
描线					
上色					
校对					
主要事项					

表 7-2　分镜头稿本样式

画面	镜头号	景别	秒数	内容摘要	对白	效果	音乐

3）编辑

编辑是后期制作的一部分。编辑过程主要完成动画各片段的连接、排序、剪辑等。

4）录音

编辑完成后，编辑人员和导演开始选择音响效果配合动画的动作。在所有音响效果选定并能很好地与动作同步之后，编辑和导演一起对音乐进行复制，再把声音、对话、音乐、音响都混合到一个声道上，最后记录在胶片或录像带上。

对于模型动画而言，以上四个阶段同样适用，只是在具体创作阶段和拍摄制作阶段中，手绘动画的操作对象是纸张和胶片，而模型操作的对象是黏土和钢架。

5. 动画制作中的工作人员

传统的动画制作，尤其是大型动画片的创作，是一项集体性劳动，创作人员的集体合作是影响动画创作效率的关键因素。

一部长篇动画片的生产需要许多人员,有导演、制作、动画设计人员、动画辅助制作人员、画面整理人员、线描人员以及着色人员等。动画辅助制作人员是专门进行中间画面添加工作的,即动画设计人员画出一个动作的两个极端画面,动画辅助制作人员则画出它们中间的画面。画面整理人员把画出的草图进行整理。描线人员负责对整理后画面上的人物进行描线。着色人员把描线后的图着色。由于长篇动画制作周期较长,还需专职人员调色,以保证动画片中某一角色所着色前后一致。此外,还有特技人员、编辑人员、摄影人员及生产人员和行政人员。

这些人员按照工作启动的先后和功能及职责可以分为以下六个梯队。

(1) 制片人、导演、编剧。

(2) 作画、监督、美术监督、摄影监督、音响监督。

(3) 构图师、原画师、动画师、动检师。

(4) 描线人员、着色人员、整理人员。

(5) 特技人员、编辑人员、摄影人员。

(6) 生产人员。

六个梯队中的人员彼此之间的工作是相互独立的,但在程序上又是相互关联和依赖的,彼此之间的工作必须要有良好的沟通和交流,而沟通机制的建立依赖于行政人员。

在动画制作工艺中,"动画"与"动画设计"(即原画)是两个不同的概念,对应着两个不同的工种。

原画设计是动画影片的基础工作,对应的人员就是原画师。原画设计的每一镜头的角色、动作、表情,相当于影片中的演员,所不同的是设计者不是将演员的形体动作直接拍摄到胶片上,而是通过设计者的画笔来塑造各类角色的形象并赋予他们生命、性格和感情。

动画一般也称为中间画,其对应的设计人员就是动画师。动画是针对两张原画的中间运动过程而言的。动画片动作的流畅、生动,关键要靠中间画的完善。一般先由原画设计师绘制出原画,然后动画设计者根据原画规定的动作要求及帧数绘制中间画。原画设计者与动画设计者必须有良好的配合才能顺利完成动画片的制作。

动画绘制需要的工具一般有复制箱、工作台、定位器、铅笔、橡皮、颜料、曲线尺等。方法是:按原画顺序将前后两张画面套在定位器上,然后再覆盖一张同样规格的动画纸,通过台下复制箱的灯光,在两张原画动作之间先画出第一张中间画(称为第一动画),然后再将第一动画与第一张原画叠起来套在定位器上,覆盖另一张空白动画纸画出第二动画。依此方法绘制出两张原画之间的全部动作。

7.3.2　计算机动画制作流程

计算机动画是对传统手绘动画的一个重大改进。与手绘动画相比,用计算机来描线上色更方便,操作更简单。从成本上说,计算机二维动画价格低廉,节约生产的耗材和人工成本。从技术上说,工艺环节减少,无须胶片拍摄和冲印就能预演结果,及时发现问题并及时在计算机上修改,既方便又节省时间。更重要的是,计算机动画成果形式和应用平台更加多元化。由于计算机参与的程度不同,计算机二维动画制作流程与传统动画稍有出入。

1. 计算机二维动画的制作流程

计算机二维动画对应着传统手绘动画,一般其产品绝大多数是电视连续剧动画片、电影片、商品广告、公益动画片或者科教演示。该类型计算机动画的制作流程和具体步骤与传统手绘动画完全类似,也就是说在制作过程、步骤、制作人员的分工上,完全遵循传统手绘动画的步骤和规律。稍有出入的就是具体创作阶段和拍摄阶段中的中间画制作、誊清和描线、着色、检查、拍摄、编辑、录音等步骤是借助于计算机实现的,而其他阶段的步骤采取传统的手工和纸质工具。

2. 无纸二维动画及其制作流程

无纸二维动画的制作过程也涵盖了传统动画的工序:脚本→人物、道具和设计→分镜头设计稿→原画→动画→上色→合成→配音。需要强调的是,由于创作目标成果不同,有部分步骤的工作在无纸化创作的过程中会合并并省略或者不作为一个工序。

无纸化二维动画主要应用于传统媒体(电影和电视)和新媒体(计算机、网络、手机)中。应用于传统媒体的无纸二维动画的创作是需要团队来完成的,其工作程序也是严格按照传统的制作工序。但用于新媒体上的无纸二维动画则不然,其成果可用作商业用途,也可用于个人创作,如当前互联网上的产品广告、网站 LOGO 或者产品使用视频演示,一些爱好者(闪客)在网络上发布的动画短片、MTV,一些教师自己制作的演示性动画。这些作品的工作量远没有电影和电视动画片的工作量大,因此,有时个人或者小团体就可独立完成。

当无纸二维动画应用于新媒体时,其最终成果并不是存储在磁带或者其他介质上,而是以文件的形式存储于硬盘、光盘等数字存储媒体之中,其文件格式可以是数字视频文件格式,也可以是计算机动画专用格式。

7.4 计算机动画原理

影院长篇剧情动画的诞生,使动画成为一种新兴的产业,主流动画工业模式逐渐形成。1937 年,迪士尼公司推出了世界动画电影史上第一部影院动画长片《白雪公主和七个小矮人》(*Snow White and the Seven Dwarfs*)。"多重景深拍摄技术"首次得以应用,标志着主流商业动画技术趋于成熟。

此后,迪士尼在积累成功经验的基础上,不断改进制作技术,逐步发展出一套完整的动画工业标准。20 世纪 70 年代以后,这套标准也随动画加工业的兴盛推广到了全世界。

数字技术的出现和应用给动画的发展带来了天翻地覆的变化。传统的手工动画需要数以万计的画面,而且从打草稿、描线到着色全部需要手工完成。与传统手工动画技术工艺复杂、制作过程耗时费力、周期长、出片慢的状况相比,数字动画带来了动画制作效率和影片质量的提高。这要归功于计算机科学技术的不断发展,尤其是计算机图形学的深入研究和应用。数字动画是计算机图形学和艺术创作相结合的产物,它将传统动画片的制作程序由计算机来完成。这无疑是动画领域的一场革命,为动画片的发展开辟了新的天地。

1950 年,麻省理工学院的计算机专家制作了第一部计算机动画。随后一大批的科学家和艺术家开始投身计算机图形图像研究领域。1971 年,美国电影《人间大浩劫》首次应用计算机生成的几个画面。20 世纪 80 年代初,数字动画开始应用于计算机特效领域,美国的工业光魔公司在《印第安纳·琼斯和魔殿》一片中首次制作了一个全数字的合成镜头。1989年的电影《深渊》首次运用了三维动画角色。

日本也是数字动画起步较早的国家。1984 年,日本大阪大学利用新的变形粘球技术制作了全数字动画短片《生物传感器》。20 世纪 90 年代,数字技术在欧美和日本动画创作中得以普及,成为动画工业复兴的催化剂。

数字动画的出现大大拓展了动画的概念范畴。在数字动画出现之前,动画就是指动画电影或电视动画,数字动画可以更好地适应各种媒介的生产传播,因此,包括了适用于网络窄带传输的 Flash 动画、适用于网络传输和光盘多媒体的 Shockwave 动画、前途甚为光明的适用于宽带传输的 Web 3D 动画及各类游戏动画和手机动画。正是这些动画的传播媒介的特点,直接影响了动画创作者的创作风格。与几十年前的动画片相比,现在的动画类型和创作特点无疑是空前繁荣,这与数字技术及其计算机学科的发展是密切相关的。

数字技术对动画最大的贡献是三维动画,三维动画技术的诞生是动画技术革命性的又一次发展。三维动画片的出现,使动画艺术呈现出多元化的态势,三维动画也逐渐发展成为动画工业的新主流。数字动画的浪潮席卷了美国、日本、韩国和欧洲,韩国正是借助这一浪潮大力发展动画产业,成为新兴的动画生产大国的。从最近几年生产的动画片尤其是影院动画片来看,三维动画不再是与二维动画分庭抗礼,而是超过了二维动画。以最近两年十大动画电影排行榜来说,《大圣归来》《疯狂动物城》《小王子》《海底总动员 2:寻找多莉》等皆是三维动画,仅《大鱼海棠》为二维动画。从《玩具总动员》开始,观众们接受了三维动画这一种动画方式。尽管三维动画在发明之初不是用来进行艺术创作的,但是现在它作为动画的一种类型,已经广泛地应用到各种媒体的动画当中。

7.5　网络动画制作

7.5.1　网络动画制作软件

在网络中,二维动画以其小巧精致的特点得到广泛应用。在二维动画中,计算机的作用包括:输入和编辑关键帧;计算和生成中间帧;定义和显示运动路径;交互式给画面上色;产生一些特技效果;实现画面与声音的同步;控制运动系列的记录等。二维动画处理的关键是动画生成处理,而在二维动画处理软件中可以采用自动或半自动的中间画面生成处理,大大提高了工作效率和质量。从制作者的角度来说,软件的性能和适用性决定了产品的成本和成败。

下面先介绍几款二维动画制作软件,再以 Flash 软件为例,讲解网络动画的制作。

1. 传统动画制作

Animator Studio 为 Autodesk 公司推出的 Windows 版二维动画制作软件,集动画制作、图像处理、音乐编辑、音乐合成等多种功能于一体。其前身为 DOS 版的 Animator Pro。该动画制作软件操作简单,可以生成 GIF、MOV、FLC、FLI 等格式的文件。

Animation Stand 是非常流行的二维卡通软件。其功能包括多方位摄像控制、自动上色、三维阴影、声音编辑、铅笔测试、动态控制、日程安排、笔画检查、运动控制、特技效果、素描工具等。

Fun Morph 是一款用于实时创建变形特效(俗称变脸)影片的软件,简单易学。可以使用自己的数码照片轻松完成在影视作品中大量采用的视觉特效的创作,既能用于网页、广告、MTV、影视等专业制作,又能供闲暇时娱乐。

2. GIF 动画

GIF 动画制作简单、运用广泛,在网页动画中的地位无可替代。目前,GIF 动画制作软件非常多,有 Ulead Gif Animator 和 Fireworks 等。

Ulead Gif Animator:自 Ulead 公司 1992 年发布 Ulead Gif Animator 1.0 以来,Ulead Gif Animator 一直是制作 GIF 动画工具中功能最强大、操作最简单的动画制作软件之一。利用这种专门的动画制作程序,可以轻松方便地制作出自己需要的动画来,甚至不需要引入外部图片,也可利用它做一些较为简单的动画,例如,跑马灯的动画信息显示等;如果只输入一张图片,Gif Animator 可以自动将其分解成数张图片,制作出特殊显示效果的动画。新的版本又添加了不少可以即时套用的特效,以及更多的动画效果滤镜。目前常见的图像格式甚至部分格式影像文件均能够被顺利地导入,也可保存成时下最流行的 Flash 文件。

Fireworks:是 Macromedia 公司推出的一款编辑矢量位图的综合工具,与 Dreamweaver 和 Flash 合称为网页制作三剑客。在 Fireworks 中,可以创建动画广告条、动画标志、动画卡通等多种类型的动画图像。

3. Flash 动画

在二维动画的软件中,Flash 可以说是后起之秀,它已无可争议地成为最优秀交互动画的制作工具,并迅速流行起来。Flash 使用矢量图形制作动画,具有缩放不失真、文件体积小、适合在网上传输等特点。它可嵌入声音、电影、图形等各种文件,还可嵌入 ActionScript 进行编程,实现交互性更强的控制。

目前,Flash 在网页制作、多媒体开发中得到广泛应用,已成为交互式矢量动画的标准。

7.5.2　Flash 动画制作

Flash 是美国 Macromedia 公司推出的交互式动画设计工具,它的精确概念是"基于矢量的具有交互的动画设计软件"。Flash 可以将音乐、声效和动画等各种元素融为一体,用来制作、编辑各种动画形式的网页标志和网页广告,还用来制作 MTV、游戏和网站。Flash 通常包括 Flash Professional(用于设计和编辑 Flash 文档)以及 Flash Player(用于播放 Flash 文档)。现在,Flash 已经被 Adobe 公司购买,最新版本为 Flash Professional CC。

1. Flash Professional CC 的文件格式与特点

Flash 文件有两种格式:FLA 格式和 SWF 格式。其中,FLA 格式是 Flash 的源程序格式,打开文件能看到 Flash 的图层、库、时间轴和舞台,用户可以对动画进行编辑修改。SWF 格式是 Flash 打包后的格式,这种格式的动画文件只用于播放,看不到源程序,不能对动画进行编辑和修改。网页中插入的 Flash 文件都是 SWF 格式。

Flash 文件有以下特点。

(1) Flash 的 SWF 格式文件体积非常小,可以边下载边演示,特别适合网络播放。

(2) Flash 动画属于矢量动画,可以无限放大而不失真。

（3）Flash 作品有非常强的多媒体效果和交互功能。

（4）Flash 有强大的面向对象的动作脚本语言，还能与数据库连接。

2. Flash Professional CC 的工作界面

1）开始页

Flash Professional CC 启动后，首先显示的是开始页，如图 7-1 所示，通过它可以随意选择从哪个项目开始工作，轻易访问最常用的操作。

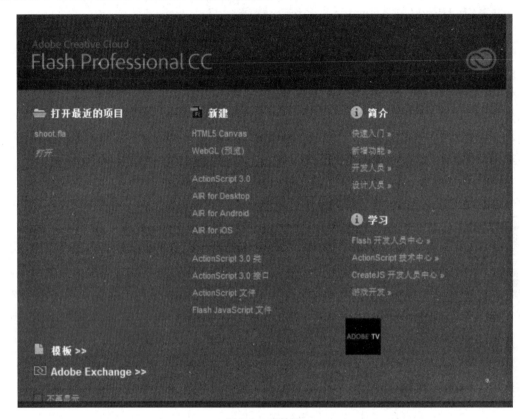

图 7-1 开始页

开始页分为三栏。

（1）打开最近的项目。

在下方可以查看和打开最近使用过的文档。单击"打开"命令，将显示"打开文件"对话框，可从中选择要打开的文件。

（2）新建。

从该栏中可以看到，在 Flash Professional CC 中可以创建多种文档，包括 HTML5 Canvas、WebGL（预览）、ActionScript 3.0、AIR for Desktop、AIR for Android、AIR for iOS、ActionScript 3.0 类、ActionScript 3.0 接口、ActionScript 文件等。

（3）简介与学习。

该栏列出了可供学习的栏目，单击其中某个栏目，即可进入具体内容进行学习。

左下角还有"模板"，单击可了解创建文档的常用模板类型，从中选择一种模式，就可以快速选定该种类的文档。

如果想在下次启动 Flash Professional CC 时不显示开始页,可以勾选位于开始页左下角的"不再显示"复选框。

2)主界面

选择新建 ActionScript 3.0 或打开 Flash 项目,便可进入 Flash Professional CC 的用户界面。Flash Professional CC 的主界面由菜单栏、场景、舞台、时间轴面板、功能面板组和工具箱等组成,如图 7-2 所示。

菜单栏　　场景　　　　　　舞台　　　时间轴面板　　　功能面板组　　工具箱

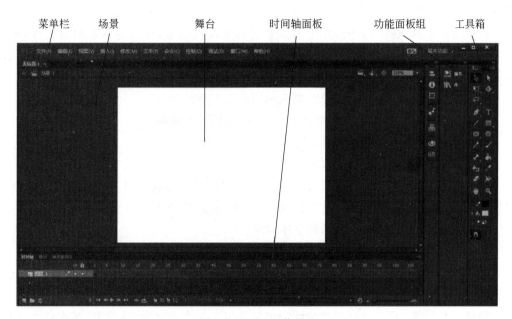

图 7-2　Flash 工作界面

(1)菜单栏。

菜单栏包括文件、编辑、视图、插入、修改、文本、命令、控制、调试、窗口和帮助共 11 组主菜单,Flash 中的大部分操作都可以通过菜单栏实现。

(2)场景和舞台。

在当前编辑的动画窗口中,把动画内容编辑的整个区域叫作场景。可以在整个场景内进行图形的绘制和编辑工作,但是最终仅显示场景中白色区域中的内容,把这个区域称为舞台,而舞台之外灰色区域的内容是不显示的。

(3)时间轴面板。

Flash Professional CC 中时间轴面板位于舞台下方,用来安排动画内容的空间顺序和时间顺序,是控制影片流程的重要手段,也是动画和影视类软件中的重要概念。

(4)功能面板组。

功能面板组是 Flash Professional CC 中各种面板的集合。面板可以帮助查看、组织和更改文档中的对象。面板中的选项控制着元件、实例、颜色、类型、帧和其他对象的特征。要打开某个面板,只需在"窗口"菜单中选择面板名称对应的命令即可。

大多数的面板带有选项菜单,单击面板右上角的按钮■,可以打开该菜单,通过相应的菜单命令可以实现更多的附加功能。

（5）工具箱。

Flash Professional CC 的工具箱位于窗口的右侧，在工具箱里，主要包括各种常用编辑工具。工具箱面板默认将所有功能按钮竖排起来，如果觉得这样的排列在使用时不方便，也可以向左拖动工具箱面板的边框，扩大工具箱。下面分别对工具箱中的各个工具做简要介绍。

"选择工具" ![]：用于选择各种对象。

"部分选择工具" ![]：可以通过选择对象来显示对象的锚点，通过调整对象的锚点或调整杆改变对象的外形。

"任意变形工具" ![]：用于对选定的对象进行形状的改变，可以旋转和缩放元件，也可以对元件进行扭曲、封套变形。该工具为多选按钮，在按钮上方按住左键，会打开选项组，可选择"任意变形工具"或"渐变变形工具"。

"渐变变形工具" ![]：主要对位图填充和渐变填充进行变形。

"3D 旋转工具" ![]：用于将对象沿 x、y、z 轴任意旋转。

"3D 平移工具" ![]：用于将对象沿 x、y、z 轴任意移动。

"套索工具" ![]：用于选择不规则的物件，被操作的对象必须处于"打散"状态。

"钢笔工具" ![]：主要用于编辑锚点，可以增加或删除锚点。该工具也包含一个选项组，里面还包括"添加锚点工具" ![]、"删除锚点工具" ![]、"转换锚点工具" ![]。

"文本工具" ![]：用于输入和编辑文本对象。

"线条工具" ![]：用于绘制矢量直线。

"矩形工具" ![]：用于绘制普通矩形，也可绘制圆形转角的矩形。该工具包含一个选项组，里面有"基本矩形工具" ![]。

"椭圆工具" ![]：用于绘制普通椭圆。该工具包含一个选项组，里面有"基本椭圆工具" ![]。"基本矩形工具"和"基本椭圆工具"除了绘制形状外，还允许用户以可视化方式调整形状的属性。

"多角星形工具" ![]：用于绘制多边形或多角星形。

"铅笔工具" ![]：用于绘制任意线条，使用起来就像用铅笔在纸上作画一样。

"画笔工具" ![]：功能和"铅笔工具"类似，使用起来就像用毛笔在纸上作画一样。

"骨骼工具" ![]：可以向元件实例和形状添加骨骼。

"绑定工具" ![]：可以调整形状对象的各个骨骼和控制点之间的关系。

"颜料桶工具" ![]：用于填充对象的内部颜色，结合"墨水瓶工具" ![]使用，可以对整个对象填充颜色。

"墨水瓶工具" ![]：主要用于填充对象的外边框颜色，被操作的对象必须处于"打散"状态。

"滴管工具" ![]：用于吸取指定位置的颜色，再将其填充到目标对象。

"橡皮擦工具" ![]：用于擦除对象，被操作的对象必须处于"打散"状态。

"手形工具" ![]：用于移动舞台，调整舞台的可见区域。

"缩放工具" ![]：用于调整舞台的显示比例，可以放大或者缩小舞台。

默认情况下，将光标移至工具按钮上方，停留片刻，便会显示相应的工具提示，其中包含工具的名称和快捷键。要选择该工具，只需在英文输入状态下按下相应的快捷键即可。

3. Flash Professional CC 动画实例

下面介绍一个伴随着音乐多幅图片不断切换、透明竖条不断摆动的动画的制作。为了方便介绍，这里采用三幅图片，多幅图片的制作方法与此相同。

（1）建立一个 Flash 文件，将准备好的三幅图片"放风筝 01.jpg"" 放风筝 02 jpg"""放风筝 03 jpg"和一个音乐文件 music1.mp3 都导入库中。

（2）新建一个视频剪辑元件"放风筝"，将图片"放风筝 01.jpg"拖动到该视频剪辑元件的舞台上，并将其转换为图形元件"元件 1"。执行"窗口"|"对齐"命令，在出现的"对齐"面板中，先单击"与舞台对齐"按钮 ✔与舞台对齐，然后分别单击"水平中齐"按钮 和"垂直中齐"按钮 ，使图片居于舞台中央。

（3）双击视频剪辑元件时间轴上的"图层 1"，将其命名为"放风筝 1"，在时间轴的第 30 帧插入帧，如图 7-3 所示。

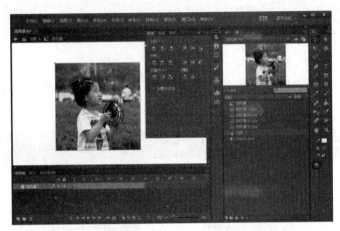

图 7-3　视频剪辑元件的"放风筝 1"图层

（4）新建一个图层，命名为"放风筝 2"，在其第 20 帧插入关键帧，将图片"放风筝 02.jpg"拖动到舞台上，使其居于舞台中央，并将其转换为图形元件"元件 2"，在第 60 帧插入帧，如图 7-4 所示。

图 7-4　视频剪辑元件的"放风筝 2"图层

（5）在"放风筝 2"图层的第 30 帧插入一个关键帧，单击选中该帧舞台上的图片，将"属性"面板"样式"列表中的 Alpha 值设为 0%，使其透明，如图 7-5 所示。

图 7-5　在关键帧中将图片设置为透明

（6）在两个关键帧之间插入传统补间，这样"放风筝 2"图层就由透明逐渐变成不透明，实现从"放风筝 01.jpg"图片向"放风筝 02.jpg"图片的切换，如图 7-6 所示。

图 7-6　在两个关键帧之间插入传统补间

（7）以同样的方法，建立图层"放风筝 3"，如图 7-7 所示。

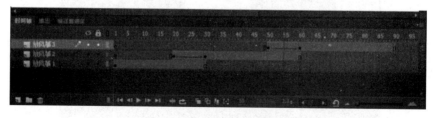

图 7-7　建立图层"放风筝 3"

（8）再新建一个图层"放风筝 1a"，在第 80 帧插入一个关键帧，将"元件 1"放在舞台中央,在第 90 帧插入一个关键帧,设置该图层由透明逐渐变成不透明,如图 7-8 所示。至此视频剪辑元件"放风筝"创建完毕。

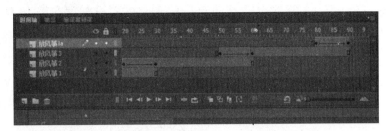

图 7-8　建立图层"放风筝 1a"

(9) 回到场景 1 中,将"图层 1"重命名为"放风筝",将视频剪辑元件"放风筝"拖动到舞台上。新建图层"矩形 1",在舞台上绘制填充色为白色、没有笔触颜色的矩形,并将该矩形转换为图形元件"矩形",如图 7-9 所示。

图 7-9　绘制矩形并转换为图形元件

(10) 单击选中舞台上的矩形,将"属性"面板"样式"列表中的 Alpha 值设为 50%,使其变为半透明,如图 7-10 所示。

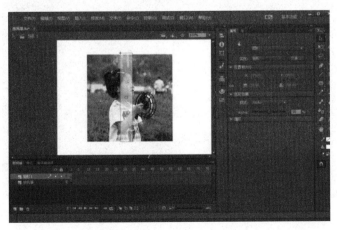

图 7-10　将元件设置为半透明

(11) 分别在两个图层的第 40 帧插入帧,在图层"矩形 1"中创建补间动画,将播放头位于第 10 帧,将舞台上的矩形拖动到图片的左边;将播放头位于第 30 帧,将矩形拖动到图片的右边;将播放头位于第 40 帧,将矩形拖动到一开始的位置,这样就在第 10 帧、第 30 帧和第 40 帧出现了三个属性关键帧,如图 7-11 所示。这样就建立了一个半透明的竖条从中间移动到左边,再移动到右边,然后回到中间的动画。

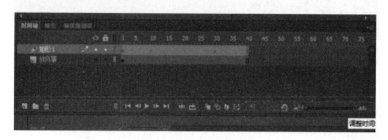

图 7-11　设置属性关键帧

(12) 新建图层"矩形 2",将"矩形"元件拖动到舞台上,改变其宽度,设置为半透明,建立一个竖条从左边移动到右边,回到左边的动画;新建图层"矩形 3",将"矩形"元件拖动到舞台上,改变其宽度,设置为半透明。建立一个竖条从中间移动到右边,再移动到左边,然后回到中间的动画,如图 7-12 所示。

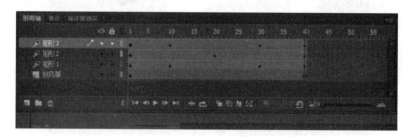

图 7-12　在"矩形 2"和"矩形 3"图层上创建动画

(13) 新建一个"遮罩"图层,在舞台上绘制一个圆形,如图 7-13 所示。

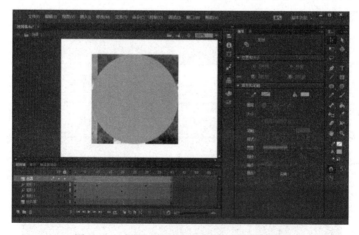

图 7-13　在"遮罩"图层的舞台上绘制圆形

（14）将图层"遮罩"设置为制作层，分别右击"矩形 1""矩形 2"及"放风筝"图层，在弹出的快捷菜单中选择"属性"命令，弹出"图层属性"对话框，设置图层属性为"遮罩层"，如图 7-14 所示。

图 7-14　设置图层属性为"遮罩层"

（15）右击"遮罩"图层，在弹出的快捷菜单中选择"显示遮罩"命令，结果如图 7-15 所示。

图 7-15　显示遮罩

（16）新建图层，命名为"音乐"。将 music1.mp3 从库中拖入舞台，则"音乐"图层上显示 music1.mp3 的声波曲线，如图 7-16 所示。

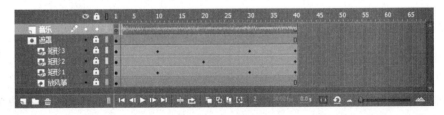

图 7-16　音乐图层

（17）执行"控制"|"测试影片"|"测试"命令，测试效果如图7-17所示。

图 7-17　测试效果

（18）将文件保存为"放风筝.fla"。

7.6　三维动画技术

在众多动画类型中，最具魅力的当属三维动画。与二维动画相比，三维动画除了拥有二维动画中上、下、左、右的运动效果外，还能展现前后（纵深）运动和视点改变的效果，增加了立体感和空间感，更符合现实世界的状况。而数字三维动画又无疑是三维动画中的佼佼者，因为数字技术可以创作出世界上没有的视觉效果。

7.6.1　三维动画技术概述

1. 数字三维动画概述

数字三维动画，简称3D动画，是近年来随着计算机软硬件技术的发展而产生的新兴动画制作技术及其成果的代名词。通常人们常说的三维动画有两种指向：一是用计算机制作的、三维立体的动画视觉作品；二是指用来制作三维立体动画的计算机技术。

计算机三维动画的获得是通过三维动画软件在计算机中建立一个虚拟的世界，并通过计算机的运算将虚拟世界还原成视觉的画面。在此过程中，设计师要在这个虚拟的三维世界中按照要表现的对象的形状尺寸建立模型以及场景；再根据要求设定模型的运动轨迹、虚拟摄影机的运动和其他动画参数；然后按要求为模型贴上特定的材质，并打上灯光；最后就可以让计算机自动运算，生成最后的画面。这一过程中用到的方法和技术手段，可以统称为数字三维动画技术，或者计算机三维动画技术。

数字三维动画技术还是一个新兴的、正在发展的技术，具有虚拟和模仿现实的精确性、真实性和无限的可操作性等特性，被广泛应用于医学、教育、军事、娱乐等诸多领域，尤其是影视和游戏等方面。

在影视制作方面，三维动画技术与数字视频技术的结合给观众带来耳目一新的、完美的视觉效果。第一部三维动画故事片由迪士尼公司在1982年完成，《创》包含了大量的角色动画。到了20世纪90年代由于软硬件技术的发展，几乎所有好莱坞大片中都有三维动画的痕迹。例如，1991年的《终结者2》、1993年的《侏罗纪公园》，就连《阿甘正传》这样完全真人表演性质的电影都有三维动画特性的烙印。

在游戏中，也逐渐引入3D动画技术。3D动画技术在游戏中的作用一般有两个方面：其一，游戏角色和场景的建设和还原；其二，游戏中过渡情节场景或游戏片头的视频制作。

20世纪90年代中期以前,PC和电子游戏几乎是2D的天下,但随着PC硬件的发展,3D游戏已经占据了大部分市场份额,其应用环境也从单机扩展到网络和手机等环境上。如《古墓丽影》《雷神之锤》《极品飞车》等经典3D单机游戏,以及现在网络流行的《传奇》《天下》《征途》《王者荣耀》等无不闪烁着3D的光芒。

2. 数字三维动画的制作流程

数字三维动画技术是利用相关计算机软件,通过三维建模、赋予材质、模拟场景、灯光和摄像镜头、创造运动和链接、动画渲染等功能,实时制造立体动画效果和以假乱真的虚拟影像,将创意想象化为可视画面的新一代影视及多媒体特技制作技术。

如前文所述,动画的制作过程可分为四个阶段:总体设计阶段、设计制作阶段、具体创作阶段和拍摄制作阶段。对于3D动画而言,总体设计和设计制作这两个阶段可统归为前期制作阶段。

前期制作阶段,在影视动画艺术范畴的三维动画和平面动画没有区别。而对于游戏中的3D动画角色和场景的建设而言,同样也要经历该阶段。在这个阶段,动画创作者需要创意、策划、预算、创作剧本,设计分镜头、角色、机械造型和场景等。创意、策划、预算和剧本等程序通常是决策层的事情,不涉及视觉范畴;而分镜头、角色、机械造型和场景等设计,则需要有经验的动画设计人员甚至工业造型、环境艺术专业人员的参与。在这些阶段不涉及三维技术,是以手绘为基础的创意视觉化过程。

具体创作阶段则是利用计算机和三维动画软件进行具体实现的一个过程。在此过程中,计算机中三维图像的获得类似于雕刻、摄影布景及舞台灯光的使用,在三维环境中控制各种组合。作为一个完整的3D作品制作过程至少要经过三步:造型、动画和绘图。

1)造型

造型是利用三维软件在计算机上创造三维形体,也称为建模。例如,制作三维的人物、动物、建筑、景物等造型,即设计物体的形状。

最简单的方法是使用图形造型。图形通常是简单的三维几何形体图像,附带在软件的命令面板中。这些立方体、球体、圆柱体、圆锥体、金字塔形体等图形能够结合在一起,在不同的修改命令下可以产生更为复杂的物体形状。然后通过不同的方法将它们组合在一起,从而建立复杂的形体。

另一种常用的造型技术是先创造出二维轮廓,然后用旋转、拉伸等方法将其拓展到三维空间。或者通过放样技术,用二维样条曲线作为造型的骨架,利用表面的修改、编辑功能,将基本面片依附在造型骨架上,形成复杂的面片模型,从而创造出立体图形。

更复杂的建模方法还有很多,这里就不逐一列举了。由于造型有一定难度,工作量大,因此市场上有许多三维造型库,从自然界的小动物到宇宙飞船,应有尽有,直接调用它们可提高工作效率,也可为经验不足的新手提供方便。

2)动画

动画就是使各种造型运动起来,获得运动的画面和效果。为了使它们动起来,需要时间要素,为三维立体的静态造型引入第四维的属性。有了时间的属性,工作人员可以不断地改变目标的动作、虚拟摄像机的位置、灯光的方向和强弱,甚至还可以改变构图,包括使用近、中、远景,特写、大小范围、方位、节奏和旋转等一系列手段来获得变化的画面。在改变目标的动作和状态时可以直接通过计算机中的鼠标、键盘调节模型,也可以用传感器去捕捉真实演员的动作表情,再将其赋值于三维模型,以获得逼真的、连贯的动作状态。

在非数字化动画制作中使用的许多技术可以移植到计算机上。例如,三维动画制作过程中制作者同样需要定义出关键帧,其他中间帧交给计算机去完成,这就使人们可做出与现实世界非常一致的动画,如好莱坞大片很多镜头是用计算机合成,人们却无法分辨。不像传统的动画片,由于是手工绘制,帧与帧之间没有过渡,人们看到的画面是不断跳跃的卡通片。

3) 绘图

绘图包括贴图和光线控制,相当于二维动画制作过程中的上色过程。造型确定了物体的形状,质地则确定了物体表面的形态,那么贴图则是确定物体表面形态的过程。大多数三维动画制作软件程序拥有一系列材质,可以从中选择并应用于物体,也可以按照自己的需要,制造不同的相应材质。和真实世界一样,不同的物体之所以看起来不同,是因为有一些不同因素影响的结果,这些因素包括颜色、亮度(物体反光程度)、色调(物体表面阴影的明暗)、投影(周围环境在物体表面的投影)和透明度。贴图时原始材质的这些因素都可在三维软件中做出相应的调整,组合形成多种方式,产生任何想要的效果。

灯光是三维动画制作的重头戏。三维软件提供了方便设置灯光的功能,但设置的合适与否将直接影响动画的最后效果。对三维动画的新手来说,照亮景物是整个三维动画创作中最具挑战性的工作之一,既要保持合适的景物基调,又要照亮景物,还要调整、渲染、营造动画气氛,这需要长时间的实践和不间断的试验。

如果是制作影视三维动画,那么在此之后应该还有一个渲染的过程,即将设置好的场景和动画输出成视频片段。影视三维动画制作流程如图 7-18 所示。

图 7-18 影视三维动画制作流程

后期加工阶段对应传统动画中的拍摄制作阶段。这一阶段同样是为了获得最终的成品而对素材片段进行编辑、配音、合成等具体工作。

制作三维动画,特别是三维动画片,需要大量时间。为了获得更高的效率,通常将一个项目分为几个部分,因此分工协作是非常重要的。

3. 三维动画的动画类型

三维动画制作需要考虑多种因素,如画面中物体本身的大小、位置、形状,物体相对于虚拟摄像机的角度位置等的变化,而且在获得相同的画面效果时,也可能用到不同的三维动画技术。三维动画生成基本类型如下。

1) 几何变换动画

几何变换动画也称为刚体动画,是通过对场景中的几何对象进行移动、旋转、缩放等几何变换操作,从而产生动画的效果。其特点是几何对象自身大小或在场景中的相对位置发生变化,而本身形状并不改变。可采用的技术有关键帧技术、指定运动轨迹的样条驱动技术、实现几何对象间精确的相对运动的反向动力学技术等。

2）变形动画

变形是一门基于节点的动画技术，是通过物体节点序列的变换矩阵来实现的。相对于刚体动画缺乏生气的不足，变形动画通过赋予每个角色以个性，并以形状变形来渲染某些夸张的效果。

3）角色动画

角色动画最主要指人体动画，也包括拟人化的动植物及卡通角色。在计算机三维动画中，人体造型是一个颇为艰巨的问题。人体具有 200 多个自由度非常复杂的运动；人的形状不规则，人的肌肉不仅形状复杂，而且随人体的运动而变形；人的个性、表情千变万化。所以，人体动画是计算机三维动画中最富挑战性的课题之一。人体动画又可分为关节动画（人体运动的协调性和连贯性）和面部表情动画（表情的生动性）。

4）粒子系统动画

粒子系统的一个主要优点是数据库放大的功能。一个粒子系统可以表示成千上万个行为相似但仍有细微差别的微小对象。粒子系统最擅长制作光怪陆离的光影、烟雾、火雨雷电，还可以模拟泡沫、闪电和溅水的动画，弥补了传统动画制作方式无法模拟自然界中如云、火、雪等随机景物和微观粒子世界的缺陷。

5）摄影机动画

摄影机动画也称为镜头动画，是通过对摄影机的推、拉、摇、移，使镜头画面改变，从而产生动画的效果。它常用来制作建筑物漫游动画，要求摄影机在运动过程中要做到平稳、节奏自然、镜头切换合理、重点内容突出。虽然镜头动画是一种间接的动画手段，但却是人们在现实中经常遇到的。

7.6.2　三维动画制作软件

尽管计算机三维动画发展历史仅仅 20 余年，但是动画师和程序人员一起为动画创作的便利和效果追求，开发出大量的三维动画软件。这些动画软件按照其功能的不同可分为两类：主流软件和辅助软件。主流软件一般功能非常庞大，能够实现从建模到材质贴图、灯光、摄像机及动画等全部功能，而辅助软件的功能一般较单一。

1. 主流三维动画软件

1）Softimage 3D

Softimage 3D 是由专业动画师设计的强大的三维动画制作工具，它的功能完全涵盖了整个动画制作过程，包括交互的、独立的建模和动画制作工具，SDK 和游戏开发工具，具有业界领先水平的 mental ray 生成工具等。

Softimage 3D 系统是一个经受了时间考验的、强大的、不断提炼的软件系统，它几乎设计了所有的具有挑战性的角色动画。1998 年提名的奥斯卡视觉效果成就奖的三部影片全部都应用了 Softimage 3D 的三维动画技术。它们是《失落的世界》中非常逼真的让人恐惧又喜爱的恐龙形象、《星际战队》中的未来昆虫形象、《泰坦尼克号》中几百个数字动画的船上乘客。另外的四部影片《蝙蝠侠和罗宾》《接触》《第五元素》和《黑衣人》中也全部利用 Softimage 3D 技术创建了令人惊奇的视觉效果和角色。

2）3ds Max

3ds Max 是一款应用于 PC 平台的元老级三维动画软件，由 Autodesk 公司出品。它具有优良的多线程运算能力,支持多处理器的并行运算,有丰富的建模和动画能力、出色的材质编辑系统。目前,中国使用 3ds Max 的人数大大超过其他三维软件。

3ds Max 提供了两种全局光照系统并且都带有曝光量控制、光度控制,以及新颖的着色方式来控制真实的渲染表现。3ds Max 也拥有最佳的 Direct 3D 工作流程(可以使用 DirectX),使用者可以自己增加实时硬件着色,并且可以非常容易地将作品通过贴图渲染、法线渲染和光线渲染以及支持 Radiosity 的定点色烘焙技术。

3)Maya

Maya 是 Alias|Wavefront(2003 年 7 月更名为 Alias)公司的产品,作为三维动画软件的后起之秀,深受业界欢迎和钟爱。Maya 集成了 Alias|Wavefront 最先进的动画及数字效果技术,不仅包括一般三维和视觉效果制作的功能,而且还结合了最先进的建模、数字化布料模拟、毛发渲染和运动匹配技术。Maya 因其强大的功能在 3D 动画界造成巨大的影响,已经渗入电影、广播电视、公司演示、游戏可视化等各个领域,且成为三维动画软件中的佼佼者。《星球大战前传》《透明人》《黑客帝国》《角斗士》《完美风暴》《恐龙》等很多大片中的计算机特技镜头都是应用 Maya 完成的。逼真的角色动画,丰富的画笔,接近完美的毛发、衣服效果,不仅使影视广告公司对 Maya 情有独钟,而且许多喜爱三维动画制作并有志向影视计算机特技方向发展的朋友也为 Maya 的强大功能所吸引。

4)LightWave 3D

LightWave 3D 是 NewTek 公司的产品。目前 LightWave 3D 在好莱坞的影响一点也不比 Softimage、Alias 等差。它可以设计出具有出色品质的动画,价格却非常低廉,这也是众多公司选用它的原因之一。《泰坦尼克号》中的泰坦尼克号模型,就是用 LightWave 3D 制作的。

LightWave 3D 从有趣的 AMIGA 开始,发展到今天的 11.6.3 版本,已经成为一款功能非常强大的三维动画软件,支持 Windows、Mac OS 等,被广泛应用在电影、电视、游戏、网页、广告、印刷、动画等各领域。它操作简便、易学易用,在生物建模和角色动画方面功能异常强大;基于光线跟踪、光能传递等技术的渲染模块,令它的渲染品质几近完美。它以其优异性能备受影视特效制作公司和游戏开发商的青睐。当年火爆一时的好莱坞大片《泰坦尼克号》中细致逼真的船体模型、《红色星球》中的电影特效以及《恐龙危机 2》《生化危机——代号维洛尼卡》等许多经典游戏均由 LightWave 3D 开发制作完成。

5)Sketch Up

Sketch Up 又名草图大师,是一款可供用户创建、共享和展示 3D 模型的软件。它的建模不同于 3ds Max,它是平面建模。它通过一个简单而详尽的颜色、线条和文本提示指导系统,让人们不必输入坐标就能帮助其跟踪位置和完成相关建模操作。就像人们在实际生活中使用的工具那样,Sketch Up 为数不多的工具中每一样都可做多样工作。这样人们就更容易学习、更容易使用并且(最重要的是)更容易记住如何使用该软件,从而使人们更加方便地以三维方式思考和沟通。它是一套直接面向设计方案创作过程的设计工具,其创作过程不仅能够充分表达设计师的思想,而且完全满足与客户即时交流的需要。它使得设计师可以直接在计算机上进行十分直观的构思,是三维建筑设计方案创作的优秀工具。在 Sketch Up 中建立三维模型就像人们使用铅笔在图纸上作图一般,Sketch Up 本身能自动识别这些线条,加以自动捕捉。它的建模流程简单明了,就是画线成面,而后挤压成型,这也是建筑建模最常用的方法。Sketch Up 绝对是一款适合于设计师使用的软件,因为它的操作简单,用户可以专注于设计本身。

通过对该软件的熟练运用,人们可以借助其简便的操作和丰富的功能完成建筑和风景、室内、城市、图形和环境设计,土木、机械和结构工程设计,小到中型的建设和修缮的模拟及游戏设计和电影电视的可视化预览等诸多工作。

现在 Sketch Up 有多个版本,其中从 Sketch Up 5.0 以后,该软件被 Google 公司收购,继而开发出的 Google Sketch Up 6.0 及 7.0 等版本,可以配合 Google 公司的 Google 3D Warehouse(在线模型库)及 Google Earth(谷歌地球)软件等与世界各地的爱好者及使用者一同交流学习,同时还可与 AutoCAD、3ds Max 等多种绘图软件对接,实现协同工作。Sketch Up 已经更新到 8.0.3117,增加了布尔运算等新的功能,并且加强了与 Google Earth 的联系。

6) Cinema4D

Cinema4D 软件是德国 MAXON 公司研发的引以为豪的代表作,是 3D 绘图软件,它的字面意思是 4D 电影,不过其自身是综合型的高级三维绘图软件。Cinema4D 以图形计算速度高而著称,并有令人惊叹的渲染器和粒子系统。正如它的名字一样,用其描绘的各类电影都有着很强的表现力,在影视中,其渲染器在不影响速度的前提下使图像品质有了很大的提高,在打印、出版、设计上创造着视觉效果。

与其他 3D 软件一样(如 Maya、Softimage Xsi、3ds Max 等),Cinema4D 同样具备高端 3D 动画软件的所有功能。不同的是在研发过程中,Cinema4D 的工程师更加注重工作流程的流畅性、舒适性、合理性、易用性和高效性。现在,无论是拍摄电影、电视,还是游戏开发、医学成像、工业、建筑设计、印刷设计或网络制图,Cinema4D 都以丰富的工具包为用户带来比其他 3D 软件更多的帮助和更高的效率。因此,使用 Cinema4D 会让设计师在创作设计时感到非常轻松愉快、赏心悦目;在使用过程中更加得心应手,有更多的精力置于创作之中,即使是新用户,也会觉得 Cinema4D 非常容易上手。

2. 辅助性三维动画软件

辅助性三维动画软件非常多,功能各异,通常称为功能性三维动画软件。辅助性三维动画软件相对单一,但在使用上或者效果上却更胜一筹。

1) Poser

Poser 是 Meta Creations 公司开发的软件,是三维动画领域具有开创性的代表软件,可以程序化地制作人物造型和一些有趣的生物造型。该软件有许多优秀的功能,如行走生成器、角色动作输出(可以在 Poser 中制作角色动画,再把它们应用于其他三维软件中的不同模型)、口形同步和动画功能。而今 Poser 更能为用户的三维人体造型增添发型、衣服、饰品等装饰,让用户的设计与创意轻松展现。

Poser 目前最新的版本是 Poser Pro 2014,并且已经升级到了 SR 5.1(10.0.5.28445),最近的一次重要举动是推出了 Poser Pro Game Dev,旨在利用 Poser 浩如烟海的庞大资源库为游戏开发提供便利。

三维软件创作的物体可以输入到 Poser 中作为道具。Poser 制作出的人物可以拿着或穿着这些道具,并产生交互作用,也可以把自己生成的三维模型输入到其他三维软件中进行操作。

2) ZBrush

ZBrush 是这几年三维动画界的热点之一,为三维艺术家提供了一个全新的建模方式。它以笔刷建模的方式来建模,以 2.5D 的方式实现了 2D 和 3D 之间的无缝结合。对于很多艺术家来说,它的操作感觉非常像自己运用黏土来进行雕塑,特别是原先学习雕塑或者化妆等专业的艺术家可以很容易地掌握,制作出栩栩如生的作品。

它的建模工具有一套独特的建模流程,可以制作出令人惊叹的复杂模型。ZBrush 采用了优秀的 Z 球建模方式,可以实现电影特效的三维建模、游戏角色建模的制作,如《指环王Ⅲ》《半条命Ⅱ》中很多怪兽的建模。

ZBrush 以建模特别是生物建模闻名于世,它也有一个不错的渲染模块,有丰富的材质和渲染特效,特别是在创作静帧作品方面有很好的表现。

3) RenderMan Pro

该软件是 Pixar 公司出品的功能强大的渲染器。处于前沿的数字特效公司和计算机图形专家都使用了 Pixar 公司的产品 RenderMan。因为它是有效的、适用于任何环境的、具有最高品质的渲染器,并成功地用于多部影片的制作。

RenderMan 拥有强大的着色语言和反锯齿运动模糊功能,允许设计者们用写实动作胶片整合出令人惊叹的合成效果。此外,RenderMan 由 Pixar 公司的技术人员提供更有力的支持,并且它也是一个真实照片级渲染器的工业标准接口。RenderMan 可以实现与 Maya 等三维软件之间的无缝结合,使图像渲染更逼真、品质更高。

辅助性三维动画软件还有很多,如 Autodesk MotionBuilder(可以从许多不同的捕捉装置中记录下动作捕捉数据,并把它们应用于三维模型上)、Bryce(三维风景和环境创建软件,与 Poser 出自同一公司)、Vae(可以创造出真实的天气环境、复杂的地形,可以制作出真实的水效果)、Modo(强大的细分表面多边形建模工具)等,这些软件分别在建模、灯光、贴图、渲染、动面设置等方面的具体应用上有独到之处。例如,Poser 专门用于人物建模,而 Bryce 则用于风景建模。

7.6.3 我国动画及其产业的发展趋势

动画是深受广大群众喜爱的精神产品,发展国产动画产业对于振兴民族文化、发展文化产业、巩固我国的文化安全有着深远的战略意义。一些专家指出,我国目前的动漫产业不仅是一个新的经济增长点,更是意识形态领域的一个重要阵地。积极推动中国动漫产业的发展,努力提升中国原创动漫能力,不断增强中国文化产业的国际竞争力,具有极其深远的战略意义和重要的现实意义。我国政府非常重视动漫产业的发展,并相继推出了一系列发展动漫产业的政策。

目前,国产动画片的制作朝着良性方向发展,动漫制作公司的生产热情正在提高。近年来,首个"国家动漫游戏产业振兴基地"在上海诞生,在随后几年里,整个国家崛起了多个动漫产业基地。

我国的动漫产业链正在不断完善,依托中国国际动漫节等大型活动,产业上下游之间互动互惠的格局正在形成。

练习与思考

7-1　动画是什么？动画可以分为哪几种类型？

7-2　传统动画的制作过程是怎样的？

7-3　数字二维动画和传统二维动画有哪些异同？

7-4　查询资料，了解中国动画发展的历史。

7-5　尝试创作一小段动画故事，写出分镜头稿本。

7-6　利用二维动画制作软件制作一小段计算机二维动画，片长约30s。

7-7　数字三维动画主要应用在哪些领域？

参考文献

[1]　刘清堂，王忠华，陈迪. 数字媒体技术导论[M]. 北京：清华大学出版社，2008.

[2]　杨娟. 数字动画制作[M]. 武汉：华中科技大学出版社，2010.

[3]　王钢，齐锋. 动画设计稿[M]. 北京：清华大学出版社，2010.

[4]　冯文，孙立军. 动画概论[M]. 北京：中国电影出版社，2006.

[5]　於水. 影视动画短片制作基础[M]. 北京：海洋出版社，2005.

[6]　宗绪锋，韩殿元，董辉. 多媒体应用技术教程[M]. 北京：清华大学出版社，2011.

第 8 章

Web 集成与应用技术

因特网(Internet)的飞速发展对人类的各种活动产生了深刻的影响,Internet 已成为这个时代最重要的信息传播手段。基于 Internet 的开发已经成为现今软件开发的主流,任何人都可以建立自己的网络站点(简称网站),并将其发布在 Internet 上。所有的网页都要用某种形式的 HTML 来编写,在 HTML 页面中,可以把各种文本、图片、声音、视频与动画等数字媒体信息集成在一起,形成一个具有丰富内容的网站。而 JavaScript 是 Internet 上最流行的脚本语言,是动态 HTML 的技术核心,广泛应用于动态网页的开发。随着 Web 技术的发展,其应用领域不断拓展。

8.1 HTML 基础

我们上网时所看到的漂亮网页,就是采用 HTML 编写出来的。HTML 是为了编写网页而设计的标记语言。HTML 是网页设计的基础。

8.1.1 HTML 概述

HTML 是 HyperText Markup Language 的缩写,中文的意思是超文本标记语言。它是通过嵌入代码或标记来表明文本格式的国际标准。用它编写的文件(文档)扩展名为 htm 或 html,当使用浏览器来浏览这些文件时,浏览器将自动解释标记的含义,并按标记指定的格式展示其中的内容。

8.1.2 HTML 文档的结构

一般来说,HTML 文档以标签<html>开始,以</html>标签结束。整个文档可分为文档头和文档主体两部分。文档头是位于标签<head>与</head>之间的内容,它被浏览器解释为窗口的标题。标签<body>和</body>之间的内容就是文档的主体,也就是浏览网页所看见的内容。一个网页文档的一般结构形式如下。

```
<html>
    <head>
        <title>我的第一个网页</title>
    </head>
    <body>
        这是 HTML 文档的主体部分,也就是网页的内容。
```

```
    </body>
</html>
```

HTML 文档属于文本类型的文件,这就意味着 HTML 文档可以使用任何一种文本编辑器来编写。例如,Windows 中的记事本(Notepad)、写字板(WordPad)等。如果用 Windows 中的记事本输入上述 HTML 文档,并把它存储为 first.html 或者 first.htm 文件,然后使用浏览器打开该文件,就可以在浏览器的窗口中看到如图 8-1 所示的网页。

图 8-1 HTML 文档在浏览器上的显示效果

8.1.3 HTML 中的标签

HTML 标签由左尖括号<、标签名称和右尖括号>组成,例如<html>、</html>和<head>、</head>等,通常成对出现,分为开始标签和结束标签,除了在结束标签名称前面加一个斜杠符号/之外,开始标签名称和结束标签名称都是相同的。在开始标签的标签名称后面和右尖括号之间还可以插入若干属性值。HTML 标签的一般格式可以表示为

```
<标签名 属性 1="属性值 1" 属性 2="属性值 2" 属性 3="属性值 3" …>
    内容
</标签名>
```

HTML 标签是不区分大小写的。下面就来介绍这些常用的 HTML 标签。

1. 文字基本标签

1) 标题文字标签<hn>

格式为:

```
<hn align ="属性值">标题内容 </hn>;
```

<hn>标签是成对出现的。<hn>标签共分为六级:h1、h2、h3、h4、h5、h6,在<h1>…</h1>之间的文字就是第一级标题,<h6>…</h6>之间的文字是最后一级。<hn>标签本身具有换行的作用。下面的 HTML 文档在浏览器中的显示效果如图 8-2 所示。

```
<html>
    <head>
        <title>标题示例</title>
    </head>
    <body>
```

```
        <h1>最大的标题</h1>
        <h3>使用 h3 的标题</h3>
        <h6>最小的标题</h6>
    </body>
</html>
```

图 8-2　标题文字标签示例

2）文字的字体、大小和颜色标签＜font＞

＜font＞标签用于控制文字的字体、大小和颜色。控制方式利用属性设置得以实现。标签的一般格式为

```
<font  face="字体属性值" size="大小属性值" color="颜色属性值">文字 </ font >
```

face 属性指定显示文本的字体；size 属性的取值为 1～7；color 属性的值为颜色的 rgb 值或颜色的名称。

3）文字的样式标签

（1）粗体标签＜b＞：放在＜b＞与＜/b＞标签之间的文字将以粗体方式显示。

（2）斜体标签＜i＞：放在＜i＞与＜/i＞标签之间的文字将以斜体方式显示。

（3）下画线标签＜u＞：放在＜u＞与＜/u＞标签之间的文字将以下画线方式显示。

例如：

```
<font color="#FF0000" size="2"><b>粗体文字示例</b></font><br>
<i>斜体文字示例</i><br>
<u>下画线文字示例</u>
```

下面的 HTML 文档是文字的大小、颜色和样式标签示例，其显示效果如图 8-3 所示。

```
<html>
    <head>
        <title>文字的样式示例</title>
    </head>
    <body>
        <center>
            <font color="#FF0000" size="2"><b>粗体文字示例  </b></font>
        <br>
        <i>斜体文字示例</i>
        <br>
```

```
            <u>下画线文字示例</u>
        </center>
    </body>
</html>
```

图 8-3 文字大小、颜色和样式标签示例

2. 页面布局标签

1）换行标签

换行标签是个单标签,也叫空标签,不包含任何内容。在 HTML 文件中的任何位置只要使用了
标签,当文件显示在浏览器中时,该标签之后的内容将从下一行显示。例如,在图 8-3 所示的效果中就使用了
标签。

2）分段标签<p>

由<p>和</p>标签所标识的文字,代表同一个段落的文字。分段标签<p>的一般格式为

```
<p  align ="属性值">段落内容 </p >
```

其中,align 是< p>标签的属性,属性值可以是 left、center 和 right 之一,它们分别用来设置段落文字的左对齐、居中对齐和右对齐。

3. 插入图像标签

HTML 支持的图像文件格式有 GIF、JPEG 等,在 HTML 文档中插入图像文件要使用<img>标签,其具体使用格式为

```
<img src="图像文件名">
```

其中,src 是 source 的英文缩写,"图像文件名"是图像文件的 URL 地址。

下面的 HTML 文档在浏览器中显示的效果如图 8-4 所示。

```
<html>
    <head>
        <title>插入图像文件示例</title>
    </head>
    <body>
        <img src="face1.gif" >
        <img src="face1.gif" width="80" height="80">
    </body>
```

```
    </html>
```

图 8-4　插入图像显示示例

4. 插入超链接标签

超链接是指文档中的文本或者图像与另一个文档、文档的一部分或者一副图像链接在一起。在 HTML 中,简单的超链接标签是<a>。它的基本语法为

```
    <ahref="文件名">...</a>
```

或

```
    <a href="URL">...</a>
```

其中,href 是英文 hypertext reference 的缩写。

下面的 HTML 文档在浏览器中的显示效果如图 8-5 所示。

```
<html>
    <head>
        <title>HTML 超链接</title>
    </head>
    <body>
        <h2>HTML 超链接示例</h2>
        <ahref="first.html">我的第一个网页</a>|
        <ahref="www.163.com">网易</a>|
    </body>
</html>
```

图 8-5　插入超链接显示示例

5. 插入表格标签

在 HTML 文档中,经常需要设计表格。表格是网页设计中不可或缺的元素,它除了可以在单元格内显示内容外,还可以将整个页面划分为若干个独立的部分,精确地定位文本、图像或其他元素。一张表格由许多表元素组成,例如表的标题、表行、表列标题等。一般的 HTML 文档表格结构如下所示。

```
<table>
    <tr>
        <td>第一行第一个单元格</td>
        <td>第一行第二个单元格</td>
    </tr>
</table>
```

其中,<table>…</table>标签用于定义一个表格的开始和结束;<caption>…</caption>标签用于定义表的名称,它可以缺省;<tr>…</tr>标签为定义行标签,一组行标签内可以建立多组由<td>或<th>标签所定义的单元格;<th>…</th>用于定义表头单元格,在表格中可以缺省,<td>…</td>标签为定义单元格标签或列标签,<th>和<td>标签必须放在<tr>标签内。

另外,可以在标签内使用 width、height、border、cellspacing、cellpadding、bgcolor、align、valign、rowspan、colspan 等属性来控制表格的样式。

(1) width:宽度。

(2) height:高度(属性值可以用像素来表示,也可以用百分比来表示)。

(3) border:设置表格边框的厚度。

(4) cellspacing:设置单元格之间的间隔。

(5) cellpadding:用来设置内容与单元格边线之间的间隔。

(6) bgcolor:设置表格的背景颜色。

(7) align 和 valign:设置表格内数据的对齐方式。

(8) rowspan 和 colspan:可以创建跨多行和多列的单元格。

下面的 HTML 文档在浏览器中的显示效果如图 8-6 所示。

```
<table  border="1" cellpadding="0" cellspacing="0" width="60%">
  <caption>学生成绩表</ caption >
  <tr bgcolor="yellow" >
    <th width="25%">学号</th>
    <th width="25%">期中</th>
    <th width="25%">期末</th>
    <TH width="25%">总评</TH>
  </tr>
  <tr>
    <td width="25%" align="center">20024401</td>
    <td width="25%" align="center">80 </ td >
    <td width="25%" align="center">90 </ td >
    <td width="25%" align="center">85 </ td >
```

```
  </tr>
  <tr>
    <td width="25%" align="center">20024402 </ td >
    <td width="25%" align="center">70 </ td >
    <td width="25%" align="center">80 </ td >
    <td width="25%" align="center">75</ td >
  </tr>
  <tr >
    <td width="25%" align="center">备注</ td >
    <td width="75%"colspan="3">所有学生考核合格</ td >
  </tr></table>
```

图 8-6   表格显示效果示例

8.1.4   层叠样式表

层叠样式表(Cascading Style sheet,CSS)是网页文件中的各种元素的显示效果集合,包括页面格式、段落格式和文字格式等。基本样式包括字体、字号、字型、左右缩进、文字效果等。层叠样式表是一种制作网页的新技术,现在已经为大多数浏览器所支持,成为网页设计必不可少的工具之一。使用 CSS 可以扩展 HTML 的功能,重新定义 HTML 元素的显示方式。CSS 是一种能使网页格式化的标准,就像在使用 Word 进行文字处理时定义段落风格一样。使用 CSS 可以使网页格式与文本分开,CSS 所能改变的属性包括字体、颜色、背景等。CSS 可以应用到多个页面,甚至整个站点,保证网站风格一致,因此,具有更好的易用性和扩展性。

1. CSS 的定义

定义 CSS 的基本格式如下:

```
selector {property1:value1;property2:value2; ...}
```

每个样式定义都包含一个选择符 selector,其后是该选择符的属性和值。其中各元素的说明如下。

1) 以 HTML 元素作为选择符方式

以 HTML 元素作为选择符方式的用法很简单,例如,以 HTML 标签<h1>作为选择

符的定义方式为

```
h1 { font-size: large; color:green }
```

它用来修改 HTML 标签<h1>的默认格式设置。

2) 类选择符方式

类选择符方式就是自定义一个类名进行定义,并在 HTML 元素中加上属性 class＝类名,其定义格式为

```
.warning{ color:#ff0000}
```

其中,warning 是自定义的类名。注意,在 warning 前面有小圆点。一个类可以应用到多个不同的 HTML 元素。

3) ID 选择符方式

ID 选择符方式就是给需要进行样式定义的 HTML 元素赋予一个 ID,如<p id＝"abc">…</p >,其定义方式为

```
#abc { font-size: 14pt }
```

ID 选择符就是 HTML 元素的身份标识。

2. CSS 的使用

在页面中使用 CSS 样式有三种方法,即嵌入样式表、链接外部样式表和内嵌样式。

1) 嵌入样式表

使用<style>标记把一个或多个 CSS 样式定义在 HTML 文档的<head>标记之间,这就是嵌入样式表。在嵌入样式表中定义的 CSS 样式作用于当前页面的有关元素。

2) 链接外部样式表

定义外部样式表:把 CSS 样式定义写入一个以 css 为扩展名的文本文件中(如 mystyle.css)。

链接外部样式表:如果一个 HTML 文档要使用外部样式表中的样式,则可以在其<head>部分加入如下类似代码:

```
<link rel="stylesheet" type="text/css" href="mystyle.css">
```

链接的外部样式表将作用于这个页面,如同嵌入样式表。

链接外部样式表的好处在于一个外部样式表可以控制多个页面的显示外观,从而确保这些页面外观的一致性。而且,如果决定更改样式,只需在外部样式表中作一次更改,该更改就会反映到所有与这个样式表相链接的页面上。

3) 内嵌样式

直接为某个页面元素的 HTML 标记的 style 属性指定的样式就是内嵌样式,该样式只作用于这个元素。例如:

```
<p style="font-size:large;color:red">Hello </p>
```

3. CSS 的属性

CSS 技术的核心是大量的 CSS 属性。可以把这些属性大致分为以下几类:字体属性、

文本属性、颜色和背景属性等。

1）字体属性

字体属性用于控制页面中的文本显示样式，例如控制文字的大小、粗细以及使用的字体等。CSS 中的字体属性包括字体族科（font-family）、字体大小（font-size）、字体风格（font-style）、字体变形（font-variant）和字体加粗（font-weight）等。

2）文本属性

文本属性用于控制文本的段落格式，例如设置首行缩进、段落对齐方式等。CSS 中的常用文本属性包括文本间距（word-spacing）、字母间距（letter-spacing）、行高（line-height）、文本排列（text-align）、文本修饰（text-decoration）、文本缩进（text-indent）、文本转换（text-transform）和纵向排列（vertical-align）等。

3）颜色和背景属性

在 CSS 中，color 属性设置前景色，而各种背景属性则可以设置背景颜色和背景图案。CSS 背景属性包括背景颜色（background-color）、背景图像（background-image）、背景位置（background-position）和背景重复（background-repeat）等。

8.2 JavaScript 基础

在网站的制作中，为了使网页具有交互性，人们经常会在网页中嵌入其他技术，如JavaScript、VBScript 等。在这里主要学习 JavaScript 的基础知识。

8.2.1 JavaScript 简介

JavaScript 是由 Netscape 公司开发的一种脚本语言，它是为适应动态网页制作的需要而诞生的一种广泛地使用于 Internet 网页制作上的编程语言。

在 HTML 基础上，使用 JavaScript 可以开发交互式 Web 网页。JavaScript 的出现使得网页和用户之间实现了一种实时性的、动态的、交互性的关系，使网页包含更多活跃的元素和更加精彩的内容。

8.2.2 JavaScript 语言

1. 变量

所谓变量，就是程序的执行过程中其值可以改变的量。在 JavaScript 中定义变量不需要声明类型，变量的类型根据对变量赋值隐含地定义。变量声明的方法为

```
var name
```

2. 运算符

运算符是指定计算操作的一系列符号，也称为操作符。JavaScript 中的运算符包括赋值运算符、算术运算符、比较运算符、逻辑运算符、条件运算、位操作运算符和字符串运算符等。

3. 表达式

表达式是运算符和操作数组合而成的式子，通常有赋值表达式、算术表达式、布尔表达

式和字符串表达式等。

4. 语句

JavaScript 程序是由若干语句组成的,语句是编写程序的指令。JavaScript 提供了完整的基本编程语句,它们是赋值语句、switch 选择语句、while 循环语句、for 循环语句、do...while 循环语句、break 语句和 continue 语句等。

5. 函数

使用函数可以降低程序的复杂度,增加程序的重用性。在 JavaScript 中除了可以使用预定义函数(如 alert()、parseInt()函数等)外,还可以使用自定义函数。JavaScript 中使用自定义函数的语法为

```
function 自定义函数名(形参1,形参2,...)
{
    函数体
}
```

函数定义需要注意以下几点。

(1) 函数由关键字 function 定义。

(2) 函数必须先定义后使用,否则将出错。

(3) 函数名是调用函数时引用的名称,它对大小写是敏感的,调用函数时不可写错函数名。

(4) 参数表示传递给函数使用或操作的值,它可以是常量,也可以是变量。

(5) return 语句用于返回表达式的值,也可以没有。

6. 对象

JavaScript 的一个重要功能就是基于对象的功能,通过基于对象的程序设计,可以用更直观、模块化和可重复使用的方式进行程序开发。在 JavaScript 中,对象就是属性和方法的集合。属性是作为对象成员的一个变量或一组变量,表明对象的状态;方法是作为对象成员的函数,表明对象所具有的行为。JavaScript 提供一些非常有用的预定义对象来帮助开发者提高编程效率。JavaScript 提供了数学运算对象 Math、时间处理对象 Date、字符串处理对象 String 等基本的内置对象。另外,JavaScript 也提供功能强大的浏览器对象,以便开发者编制出精彩的动态网页。

7. 事件

用户与网页交互时产生的操作称为事件。绝大部分事件都由用户的动作所引发,如用户按鼠标的按钮就产生 onclick 事件,若将鼠标的指针移动到链接上就产生 onmouseover 事件等。在 JavaScript 中,事件往往与事件处理程序配合使用。

8.2.3 JavaScript 在网页中的用法

JavaScript 嵌入网页一般有两种方法。

1. 在 HTML 中嵌入 JavaScript

下面的 HTML 文档在浏览器中的显示效果如图 8-7 所示。

```
<html>
    <head>
        <title>JavaScript 示例</title>
        <script language="JavaScript">
            <!--
                document.write ("这是 JavaScript!采用直接插入的方法!");
                //JavaScript 结束
            -->
        </script>
    </head>
</html>
```

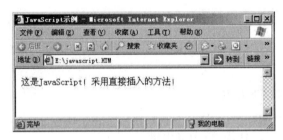

图 8-7　在 HTML 中嵌入 JavaScript 示例

2. 引用方式

如果已经存在一个 JavaScript 源文件(以 js 为扩展名),则可以采用引用的方式。其基本格式为

```
<script language="JavaScript" src=url ></script>
```

下面的 HTML 文档引用了 script.js 文件。

```
<html>
    <head>
    <title>链接 JavaScript 代码</title>
    <script language="JavaScript"  src="script.js" ></script>
    </head>
</html>
```

在浏览器中的显示效果如图 8-8 所示。

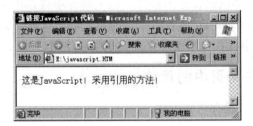

图 8-8　在 HTML 中采用引用的方式嵌入 JavaScript 示例

8.3 Web 的工作原理

Web 全称为 World Wide Web,简称 WWW,称为万维网或全球信息网。Web 是目前 Internet 上最为流行、最受欢迎的一种信息检索和浏览服务。

Web 的工作原理是基于客户机/服务器计算模型,由 Web 浏览器(客户机)和 Web 服务器构成,两者之间采用超文本传输协议(HTTP)进行通信。Web 工作原理示意图如图 8-9 所示。

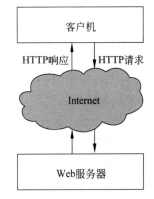

图 8-9 Web 工作原理示意图

(1) 用户启动客户端应用程序(浏览器),在浏览器中输入将要访问的页面的 URL 地址。

(2) 浏览器根据 URL 地址,向该地址所指向的 Web 服务器发出请求。

(3) Web 服务器根据浏览器送来的请求,把 URL 地址转换成页面所在的服务器上的文件全名,找到相应的文件。

(4) 如果 URL 指向 HTML 文档,Web 服务器使用 HTTP 协议把该文档直接送给浏览器。如果 HTML 文档嵌入了 CGI、ASP、JSP 或 ASP.NET 程序,则应用程序服务器将查询指令发送给数据库驱动程序,由数据库驱动程序对数据库执行更新和查询等操作。查询和更新等结果返回给数据库驱动程序,并由驱动程序返回 Web 服务器。Web 服务器将结果数据嵌入页面。Web 服务器将完成的页面以 HTML 格式发送给浏览器。

(5) 浏览器解释 HTML 文档,在客户端屏幕上显示结果。

1. Web 服务器

WWW 上的所有内容都存储在世界上某处的 Web 服务器上,Web 服务器是运行在计算机上的一种软件,常见的 Web 服务器有 Apache 和 IIS(Internet Information Service)。它可以管理各种 Web 文件,并为提出 HTTP 请求的浏览器提供 HTTP 响应。客户机给 Web 服务器发送页面请求,Web 服务器根据请求,把相应的页面发回给客户机,由浏览器负责进行浏览。

2. 客户端程序

客户端程序是运行在计算机上的一个软件,最常用的是浏览器(如 Internet Explorer),它是一种专用程序,允许用户输入 URL (Uniform Resource Locator,统一资源定位) 地址。它负责向服务器发送请求,并显示服务器返回的 Web 页。

3. HTTP 协议

HTTP 协议即超文本传输协议(Hypertext Transfer Protocol),是在 Internet 中进行信息传送的协议。HTTP 协议是基于请求/响应模式的。浏览器默认的就是使用 HTTP 协议,当在浏览器的地址栏中输入一个 URL 或者是单击一个超链接时,浏览器就会通过 HTTP 协议,把 Web 服务器上的网页代码下载下来,并显示成相应的网页。

8.4　Web 集成

8.4.1　Web 的设计与规划

1. Web 设计理念

网站设计特别讲究编排结构和布局,要求把页面之间的有机联系反映出来,特别要处理好页面之间和页面内的秩序与内容的关系。

在网页设计中,网页设计师应根据和谐、均衡和重点突出等原则,将不同的色彩进行组合、搭配来构成美丽的页面。根据色彩对人们心理的影响,合理地加以运用。

为了将丰富的意义和多样的形式组织成统一的页面结构,形式语言必须符合页面的内容,体现内容的丰富含义。

要格外注意网站导航应清晰。导航设计使用超文本链接或图片链接,使人们能够在网站上自由前进或后退,而不是让人们使用浏览器上的按钮前进或后退。

2. Web 设计的定位

网站设计应在目标明确的基础上,完成网站的构思创意(即总体设计方案),对网站的整体风格和特色做出定位,根据定位再规划网站的组织结构。

网络站点应针对所服务对象(机构或人)的不同而具有不同的形式。

为了做到主题鲜明突出、要点明确,应按照需求,以简单明确的语言和画面体现站点的主题;调动一切手段充分表现网站的个性和情趣,展示网站的特点。

3. 网页制作的规划

网页制作之前应全面仔细规划、架构好自己的网站,不要急于求成。规划一个网站,可以用树状结构先把每个页面的内容大纲列出来,尤其当要制作一个很大的网站(有很多页面)的时候,特别需要把这个架构规划好,也要考虑到以后可能的扩充性,免得做好以后又要一改再改整个网站的架构,费时费力。大纲列出来后,还必须考虑每个页面之间的链接关系是星状、树状或网状链接。这也是判别一个网站优劣的重要标志。链接混乱、层次不清的站点会造成浏览困难,影响内容的发挥。

4. 网页设计的布局理念

网页布局大致可分为"国"字型、拐角型、标题正文型、左右框架型、上下框架型、综合框架型和封面型等。

1)"国"字型

这种结构也可以称为"同"字型,是一些大型网站所喜欢的类型,即最上面是网站的标题以及横幅广告条,接下来就是网站的主要内容,左右分列两小条内容,中间是主要部分,与左右一起罗列到底,最下面是网站的一些基本信息、联系方式、版权声明等。这种结构是在网上所能见到的最多的一种结构类型。

2)拐角型

这种结构与上一种只是形式上的区别,其实是很相近的,上面是标题及一些横幅,接下来的左侧是一窄列链接等,右侧是很宽的正文,下面也是一些网站的辅助信息。在这种类型中,一种很常见的类型是最上面是标题及广告,左侧是导航链接。

　　3)标题正文型

　　这种类型即最上面是标题或类似的一些东西,下面是正文,如一些文章页面或注册页面等就是这类。

　　4)左右框架型

　　这是一种左右为两页的框架结构,一般左面是导航链接,有时最上面会有一个小的标题或标志,右面是正文。大部分的大型论坛都是这种结构。这种类型的结构非常清晰,一目了然。

　　5)上下框架型

　　与上面类似,区别仅仅在于是一种上下分为两页的框架。

　　6)综合框架型

　　上面两种结构的结合,是相对复杂的一种框架结构,较为常见的是类似于"拐角型"结构的,只是采用了框架结构。

　　7)封面型

　　这种类型基本上出现在一些网站的首页,大部分为一些精美的平面设计结合一些小的动画,放上几个简单的链接或者仅是一个"进入"的链接甚至直接在首页的图片上做链接而没有任何提示。这种类型大部分出现在企业网站、个人主页和一些课程网站的进入界面,这类网页会给人带来赏心悦目的感觉。

8.4.2 Web 的创作

　　下面以制作"我的网站"为例来学习 Web 的创作。

1. 网站创作的准备

　　在开始网站创作之前,首先要规划好网站的框架,也就是要考虑"我的网站"要包括哪些内容、选择什么样的选材,即对"我的网站"进行定位。一般来说,个人网站的选材要小而精。题材最好是自己擅长或者喜爱的内容。如你对诗歌感兴趣,可以放置自己的诗词;对足球感兴趣,可以报道最新的球场战况等。网站定位好后,一定要总体规划一下整个网站的结构,也就是网站由哪些页面组成。从学生的角度来考虑"我的网站"可以包含主页、个人简介、成果展示、学习心得、友情链接等页面,可以设计出如图 8-10 所示的网站总体框架结构。

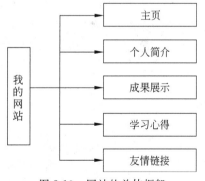

图 8-10　网站的总体框架

2. 站点的建立

　　(1)启动 FrontPage 2003,执行"文件"|"新建"命令,随后在窗口右侧的"新建网页或站点"任务窗格中,单击"新建网站"下的"其他网站模板"选项,弹出如图 8-11 所示的"网站模板"对话框。

　　(2)在"网站模板"对话框中单击"指定新网站的位置"列表框下方的"浏览"按钮,在本地硬盘选择一个保存站点的文件夹。在左侧的"常规"选项卡中提供了多个站点的模板,可以根据自己的需要选择模板类型。如果选择"个人网站"模板,此时系统开始创建整个站点,包括各种页面和页面主题。一个简单的个人网站就已经建立好了,很多工作已经由系统帮

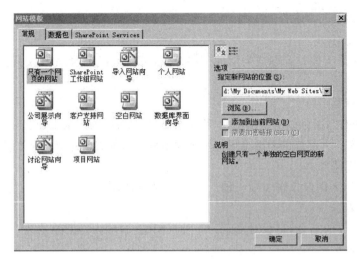

图 8-11 "网站模板"对话框

人们完成了,只需要对页面的内容进行修改就可以了。

3. 页面内容的制作

1）视图状态

网页设计窗口有"设计""拆分""代码""预览"四个按钮,它们分别代表四种视图,单击这四个按钮可以实现四种视图间的切换。

（1）"设计"视图。

如图 8-12 所示的视图是处于默认的"设计"视图状态。"设计"视图主要用于对网页内容进行布局安排和修改等,能方便我们更好地美化网页、更合理地布局网页。

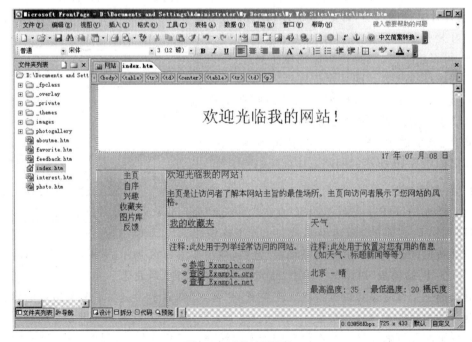

图 8-12 "设计"视图

（2）"代码"视图。

"代码"视图主要用于显示网页内容的 HTML 代码。可以通过 HTML 代码对网页进行设计和修改，对于习惯编程的用户来说，这是必不可少的。"代码"视图如图 8-13 所示。

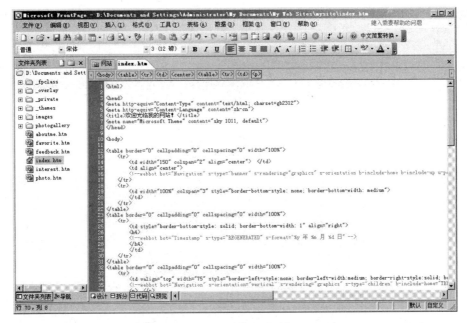

图 8-13 "代码"视图

（3）"拆分"视图。

"拆分"视图同时显示"代码"视图和"设计"视图，让人们能够更好地理解源代码，提高编程语言的应用能力。"拆分"视图如图 8-14 所示。

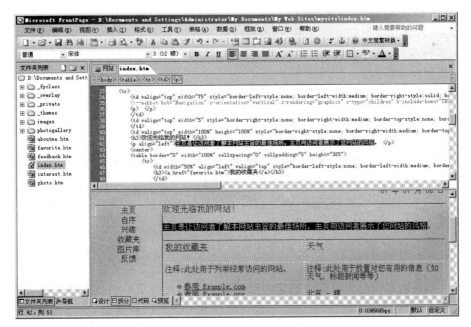

图 8-14 "拆分"视图

（4）"预览"视图。

"预览"视图用于对网页在浏览器中的效果进行预览,可实时观看我们制作的网页效果。"预览"视图如图 8-15 所示。

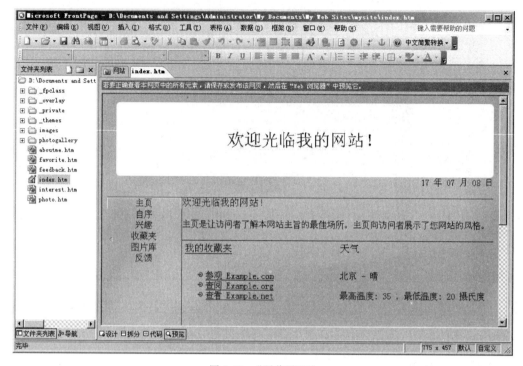

图 8-15　"预览"视图

2）制作主页

（1）添加文字内容,设置文本格式。

根据需要,现在为主页添加文字内容,然后对其进行编辑。可以像使用 Word 一样对选择的文本进行编辑,如设置文本的字体、样式、大小和颜色等。

（2）添加图片内容。

在 FrontPage 2003 环境下为网页添加图也非常方便。下面以为主页页面添加一个 logo 图片为例来介绍。

第一步:在"设计"视图模式下,将插入点放置到图 8-15 中"欢迎光临我的网站!"位置处,执行"插入"|"图片"|"来自文件"命令,弹出"图片"对话框,找到要插入图片文件所在的位置,选中待插入的文件(logo.JPG),如图 8-16 所示。

第二步:单击"插入"按钮,logo 图片就插入到指定的位置,如图 8-17 所示。

（3）建立超链接。

在 FrontPage 中,超链接是文本或图片的一个基本属性。只要合理地设置文本或属性,就可以为文本或图片建立超链接。下面介绍如何在网页上建立超链接。

第一步:在网页中选中要建立的文本或图片,右击,在弹出的快捷菜单中选择"超链接属性"(或者单击"插入"下面的"超链接",也可以使用 Ctrl＋K 快捷键)就会弹出"插入超链接"对话框,如图 8-18 所示。

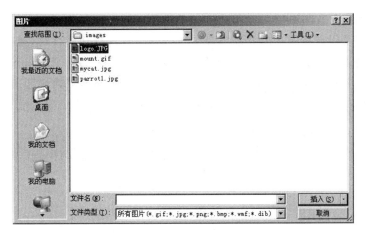

图 8-16 "图片"对话框

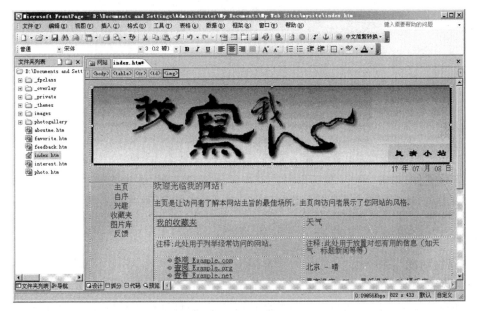

图 8-17 插入 logo 图片后的主页

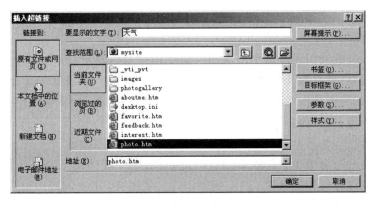

图 8-18 "插入超链接"对话框

（4）插入背景音乐。

根据需要还可以设置网页的背景声音。当站点访问者打开网页时，就会播放声音。可以持续地播放声音，或只按指定的次数播放。下面是在主页中插入背景音乐的方法步骤。

第一步：在主页的"设计"视图模式下，右击网页，然后在弹出的快捷菜单中选择"网页属性"命令，弹出如图8-19所示的"网页属性"对话框。

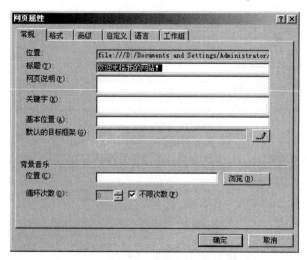

图8-19　"网页属性"对话框

第二步：在"位置"文本框中输入要播放的声音文件名，或单击"浏览"按钮找到要插入的背景音乐文件，单击"确定"按钮即可。要持续地播放声音，请勾选"不限次数"复选框；要固定次数播放，请不要勾选"不限次数"复选框，在"循环次数"框中输入播放的次数即可。

8.4.3　Web的测试与发布

1. 网站测试

在将网站上传到服务器并可供浏览之前，首先要在本地对其进行测试。这一过程应该确保页面在目标浏览器中如预期的那样显示和工作，而且没有断开的链接，检查页面下载是否占用太长时间，检查代码中是否存在标签或语法错误，并且可以通过运行网站报告测试整个网站并解决出现的问题。

1）拼写检查

拼写检查是发现并纠正网页中出现的英文单词拼写错误。在FrontPage 2003中打开网站，执行"工具"|"拼写检查"命令，然后在弹出的"拼写检查"对话框中选择"整个站点"和"为有拼写错误的网页添加任务"，单击"开始"按钮，开始对打开的整个网站进行拼写检查。检查的过程中可以单击"停止"按钮暂停拼写检查。

2）测试链接

网页都是通过超链接建立起联系的，在FrontPage 2003中提供了一个报表管理器，可以方便地分析网站并管理其内容。打开网站，单击"视图"栏中的"报表"按钮，就可以看到网站内文件内容、更新链接情况、使用的主题和任务等信息，双击每一项内容，就可以查看更详细的信息。

3）使用网页浏览器测试网站

测试的目的在于确认文本、图像和声音是否正确，超链接是否正常到达相应的页面。一般都是使用 IE 和网景这两种网页浏览器进行测试。

2. 网站发布

发布网站，首先需要申请网站的域名和租用服务器空间，然后通过 FTP 工具把网站上传到服务器上，这样就可以让每一个角落的访问者浏览到网站的内容了。对于服务器空间的各种参数，最重要的是明确空间的大小、稳定性、安全性和是否支持动态网页程序。一些网络服务公司提供的免费的域名服务，一般都是二级域名（即域名中包含提供服务的公司信息）。这些空间的缺点是稳定性不高、一般不支持动态网页程序。

使用 FTP 工具软件，可以将制作好的网页文件或其他资源文件上传到远端的服务器空间。这里详细介绍一种 FTP 工具——CuteFTP。

在使用 CuteFTP 时，用户不需要知道其传输协议的具体内容。它易于使用，而且界面友好，不仅可以上传或下载整个目录及文件，而且可以上传或下载线程，还支持上传或下载的断点续传。

网站发布的步骤如下。

（1）确保本地计算机与 Internet 建立连接。

（2）在 Internet 上申请免费个人主页空间，并查看关于 FTP 上传的说明，确定 FTP 服务器地址、用户名和密码等信息。

（3）双击桌面上的 CuteFTP 图标启动 CuteFTP。进入 CuteFTP 工具界面，如图 8-20 所示。

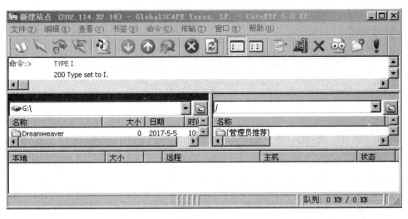

图 8-20　CuteFTP 工具界面

（4）单击工具栏上的"站点管理"按钮或从菜单栏选择"文件"下的"站点管理"命令，弹出"站点管理器"对话框，如图 8-21 所示。

（5）在"站点管理器"对话框中单击"新建"按钮，弹出"站点设置新建站点"对话框，左边窗格目录树中将出现一个"新建站点"分支，如图 8-22 所示。

（6）在"站点设置新建站点"对话框的右边窗格中填写 FTP 服务器主机地址、用户名称和站点密码等信息。

（7）单击"站点管理器"对话框的"连接"按钮，连接 FTP 服务器。

（8）登录 FTP 服务器成功后，会弹出一个对话框，提示登录成功，单击"确定"按钮关闭

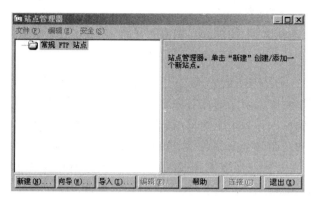

图 8-21　"站点管理器"对话框

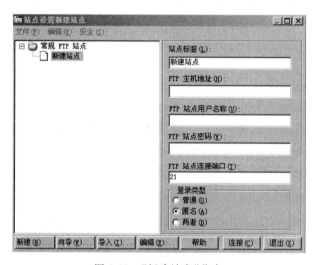

图 8-22　"新建站点"分支

此对话框。

（9）在本地窗格中,选择需要上传的文件;在远程窗格中,选择保存上传文件的目录,如图 8-23 所示。可以用鼠标直接拖动要上传的文件到远程窗格上,或双击要上传的文件,也可以选中要上传的文件,单击工具栏上的"上传"按钮。

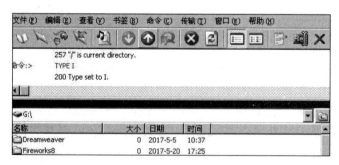

图 8-23　上传文件

（10）上传开始,可以通过日志窗格中的显示查看上传情况。

8.5　Web 应用技术体系及应用领域

2004 年,在出版社经营者 O'Reilly 公司和 MediaLive International 公司之间展开的一次头脑风暴论坛上,Web 2.0 概念首次被提出。从此 Web 2.0 这个词被广泛使用,从而开始了一个新的互联网时代。这个新时代是由 Web 2.0 的应用技术、Web 2.0 的业务应用及 Web 2.0 的应用模式等共同构成的。随着 Web 2.0 应用技术的发展,互联网的业务提供能力有所提升,越来越丰富的互联网应用开始出现。在 Web 2.0 背景下,Web 技术的应用体现了 Web 2.0 的核心理念:以资源共享、聚集和复用为中心,不断创新和发展,关注用户参与和协作以及良好的用户体验。

8.5.1　Web 应用技术体系

在 Web 2.0 时代,Web 应用技术体系可分为资源共享和复用、用户参与和协作、用户体验提升三大类,并在此技术体系基础形成了一个开放的互联网技术平台。

1. 资源共享和复用技术

资源共享和复用技术是 Web 2.0 时代的创新所在,集中体现了 Web 2.0 复用聚合的核心理念,主要有 XML、Web Widget 和 Mashup 等技术。

XML(Extensible Markup Language)称为可扩展标记语言,是互联上数据交换的标准,利用其可以实现基于 RSS/RDF/FOAF 等数据的同步、聚合和迁移。因此,XML 技术使得互联网上存在的数据成为可共享的、可读取的、可重用的数据。目前互联网上的很多数据,如天气数据、企业级私有数据等,都采用了 XML 格式来交换。

Web Widget 是一个迷你程序,用于装饰网页、博客、社交网站等,使得互联网的信息、应用更加开放。目前,Web Widget 的内容丰富多样,可以是音乐、视频和游戏等,满足了用户多样的个性化需求。因此,Web Widget 技术实现了互联网信息的汇集、发布、共享,并通过一个平台方便用户创建、发布共享及跟踪管理各类应用 Widget。

Mashup 是一种基于互联网的内容和应用的聚合性技术。由于 Mashup 对信息和数据进行了聚合,按照用户输入的信息,最终给出符号用户需要的信息和应用组合,因此,从根本上改变了用户获取信息的方式。目前,Mashup 技术得到了广泛的应用,例如地图、视频和图像、搜索和购物、新闻等。

2. 用户参与和协作技术

用户参与和协作技术体现了 Web 2.0 时代"广泛的用户参与"的核心理念,其主要的应用技术有 Tag 和 Wiki。

Tag 技术是一种模糊化、智能化的分类技术,是新的组织和管理在线信息的方式,极大地提高了用户的网络参与度。基于 Tag 技术,用户可以为图片、视频、文档等数字媒体文件添加 Tag 标签进行管理。Tag 技术体现了社会化的思想,既表现出了群体的力量,又呈现出了用户组织信息的分类方式,极大地增强了内容信息之间的相关性和用户之间的交互性。同时,Tag 标签比分类具有更强的指向性,可以通过多个 Tag 标签的叠加更准确地定位符合用户需求的信息,提高了检索结果的相似度,提升了数字媒体资源的查询能力。Tag 技术虽然简单,但它使数字媒体资源的信息通过细粒度方式呈现,具有强烈的信息穿透力,有助于用户创造内容以及提升内容导航与内容组织能力。

Wiki 是一种超文本系统,支持面向社群的协作式写作,同时也包括一组支持这种写作的辅助工具,并为协作式写作提供必要帮助。用户可以在 Web 的基础上对 Wiki 文本进行浏览、创建、更改,而且创建、更改、发布的代价远比 HTML 文本小。同时,Wiki 还支持面向社群的协作式写作。Wiki 具有使用方便及开放等特点,有助于大众用户在一个社群内共享某领域的知识。

3. 用户体验提升技术

AJAX(Asynchronous JavaScript And XML)技术是提升用户体验的主要技术之一,它是一种异步交互技术,是基于 XML 的异步 JavaScript。通过解决传统的 C/S 模式下因用户发起请求后页面响应速度慢而造成网络传输带宽和服务器压力大的问题,进而提升了业务的用户体验。

AJAX 技术具有异步响应、无刷新、按需获取数据等特点,可降低交互信息量,提高服务器响应速度,大幅减少交互等待时间,其工作原理如图 8-24 所示。

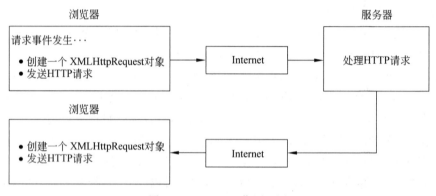

图 8-24　AJAX 工作原理图

(1) 客户端浏览器产生一个 JavaScript 的事件,创建 XMLHttpRequest 对象,并对 XMLHttpRequest 对象进行配置。

(2) 通过 AJAX 引擎发送异步请求。

(3) 服务器接收请求并且处理请求,返回数据内容。

(4) 客户端通过回调函数处理响应回来的内容,最后更新页面内容。

8.5.2　Web 技术的应用领域

随着 Web 2.0 时代不断向前发展,Web 应用技术已经渗透到各行各业中,主要的应用领域有电子商务、企业管理、图书情报、教育等。

1. 电子商务领域

Web 技术颠覆了传统电子商务的发展模式。传统的电子商务基本上是现实商务模式的网络化,只是简单地依靠网络提供的便利节约成本、提高效率,缺乏重大创新与突破。但是,Web 2.0 时代所衍生出来的 Web 应用技术以其个性化、大众化等特点更新了电子商务理念,以客户为中心,利用 Blog 增加在搜索引擎中的点击率进而提高商家的知名度、通过

RSS 推送主动告诉客户产品信息、依靠 SNS 进行品牌宣传已达到口碑式营销的目的等。

2. 企业管理领域

Web 技术为新企业管理模式提供了更加灵活的空间。在过去，企业在知识共享和协作办公的单行道走了很多弯路，并且所有协作软件和工具基本上都体现了自上而下的管理模式。但是，企业要创新发展，而创新却往往是自下而上的，所以企业管理模式需要创新。恰好，Web 2.0 时代的 Web 应用技术为企业的沟通管理提供了双向通道，具有民主性、协作性、双向互动性等特点，将有助于增强企业管理的灵活性。

3. 图书情报领域

Web 技术为图书情报领域提供了良好的发展机遇。Web 2.0 时代的到来，Web 应用技术如 Wiki、Tag、RSS、SNS 等融入图书情报研究知识共享体系的建设中，把显性资源和隐性资源有机地融合在一起，促进了知识创新，也提高了图书情报的研究能力，为图书情报领域注入了新的活力。

4. 教育领域

Web 技术给现代教育方式带来创新性的变革。基于 Web 2.0 的应用技术有力地促使学习内容创建方式的多样化，转换了教与学的角色；支持用户创建内容，利用学习平台提供方便和普遍的知识共享；易于集成更加丰富的学习资源媒体，可随时随地学习；充分利用集体智慧，在线学习环境支持交互式合作学习方式，采用"微内容"和 Web 应用技术增加学习体验；利用多种方式支持"快速学习"，利用社会性网络倡导交互式学习，创新学习方式。

练习与思考

8-1　解释 Web、HTML、CSS、HTTP、URL 等术语。

8-2　说明 JavaScript 在网页开发中的用途。

8-3　简述 Web 的工作原理。

8-4　利用 HTML 编写一个包括文本、图片、超链接的网页并在浏览器中查看。

8-5　Web 应用技术体系由哪几部分组成？分别包括哪些技术？

8-6　简述 AJAX 的工作原理。

8-7　简述 Web 技术的应用领域。

参考文献

[1]　刘清堂，王忠华，陈迪. 数字媒体技术导论[M]. 2 版. 北京：清华大学出版社，2016.

[2]　郑娅峰. 网页设计与开发——HTML、CSS、JavaScript 实例教程[M]. 北京：清华大学出版社，2009.

[3]　樊月华，刘洪发，刘雪涛. Web 技术应用基础[M]. 北京：清华大学出版社，2006.

[4]　顾春华，张雪芹，付歌. Web 程序设计[M]. 上海：华东理工大学出版社，2006.

第 9 章

数字媒体传播技术

人类社会是建立在信息交流的基础之上的,信息传播是推动人类社会文明、进步与发展的巨大动力。以数字化为特征、计算机及其网络为代表的"新媒体"的发展越来越迅速,应用也越来越广泛,数字媒体传播技术为数字媒体所包含的丰富多彩的信息提供了传递与交流的平台,是数字媒体技术至关重要的组成部分,是信息时代的生命线。

数字媒体传播技术融合了现代通信技术与计算机网络技术,为数字时代的信息交流提供了更为快捷、便利和有效的传播手段。

9.1 数字媒体传播基础

9.1.1 数字媒体传播的特点

数字媒体传播是利用数字媒体技术获取、存储、处理和传输信息的过程。传播者和受传者进行信息的编码、解码都是以数字化的方式实现的,这种数字化的传播方式具有以下特点。

1. 互动性

数字媒体改变了以往大众媒体单向传播的特点,真正实现了双向互动的传播。受众(也称受传者)不再是被动地接收信息,而是具有更多的自主权,以往信息发布受严格控制的局面也被打破,因此受众也可称为信息发布者。德弗勒互动过程模式如图 9-1 所示。该图可以很好地说明这一点: 受众(即大众媒介)既是信息的接收者,也是信息的传送者。

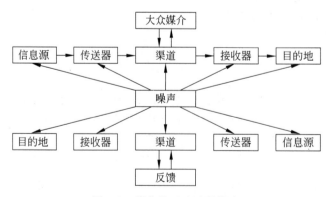

图 9-1 德弗勒互动过程模式

2. 整合性

数字化技术的广泛使用使得以往各自为政的单类媒体走向整合,各种传媒机构在采集、存储、处理、发送信息的各个环节上都发生了变化,信息(互联网)业、电信网和电视网也出现了相互交叉及"三网合一"的趋势(如图 9-2 所示),而且出现了跨领域企业间的并购与整合。

3. 多样性

数字媒体传播的多样性体现在:一是数字媒体改变了以往单类媒体只提供单一信息的特点,能够提供多媒体信息及产品;二是数字媒体的受众不仅仅是"大众",而更多的是"分众""小众",具有多样化的需求,数字媒体能够适应这种需求,使受众能够在任何地点、任何时间以多种数字化终端获取信息。

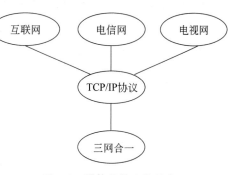

图 9-2 媒体的数字化整合

4. 副作用

尽管数字媒体具有很多积极作用,但它作为一种科技的产物,仍是一柄"双刃剑",传播过程中也会产生一些副作用,如假新闻及不良信息泛滥、公民隐私权更易遭到侵犯、知识产权保护更加困难等。

9.1.2 传播系统与传播方式

1. 传播系统模型

信息论创始者、贝尔实验室的数学家香农与韦弗(Shannon-Weaver)提出了传播的数学模型,这一模型不仅在传播技术领域得到广泛的应用,同时为许多传播过程模型打下基础。在技术上建立的传播系统模型,如图 9-3 所示,概括地反映了其共性。传播系统是传递信息所需要的一切技术设备的总和,由信息源与目的地、发送设备与接收设备以及传输媒介组成。

图 9-3 传播系统的一般模型

1) 信息源和目的地

根据信息源输出信号性质的不同可分为模拟信源和数字信源。模拟信源可以经抽样与量化变换为数字信源。数字信源的种类与数量愈来愈多,信息速率也在很大范围内变化,因而对传播系统的要求也各不相同。

2) 发送设备与接收设备

发送设备的基本功能是将信源和传输媒介匹配起来,即将信源产生的消息信号变换为便于传送的信号形式,送往传输媒介。变换的方式是多种多样的,在需要频谱搬移的场合,调制是最常用的变换方式。

根据是否采用调制,可将传播系统分为基带传输和调制传输。基带传输是将未经调制的信号直接传送到传输媒介。调制传输是对各种信号变换方式后传输的总称。

调制的目的有将消息变换为便于传送的形式、提高性能(特别是抗干扰能力)和有效地利用频带三个方面。调制方式很多,表 9-1 给出一些常用的调制方式及用途。应当指出的是,在实际应用中常常采用复合的调制方式,即用不同的调制方式进行多级调制。

表 9-1 常用的调制方式及用途

调制方式			用途
谐波调制	线性调制	常规双边带调幅	广播
		抑制载波双边带调幅	立体声广播
		单边带调幅	载波通信、无线通信、数传
		残留边带调幅	电视广播、数传、传真
	非线性调制	频率调制	微波中继、卫星通信、广播
		相位调制	中间调制方式
	数字调制	幅度键控	数据传输
		频率键控	数据传输
		相位键控	数据传输、数字微波、空间通信
		其他高效数字调制	提高频带利用率数字微波、空间通信
脉冲调制	脉冲模拟调制	脉幅调制	中间调制方式、遥测
		脉宽调制	中间调制方式
		脉位调制	遥测、光纤传输
	脉冲数字调制	脉码调制	市话、卫星、空间通信
		增量调制	军用、民用电话
		差分脉码调制	电视电话、图像编码
		其他语音编码方式	中、低速数字电话

对于数字传播系统,发送设备又可分为信源编码与信道编码两部分,如图 9-4 所示。信源编码是把连续消息变换为数字信号,使信号各码元所载荷的平均信息量最大;而信道编码把数字信号与传输媒介匹配,提高传输的可靠性或有效性。数字传播系统具有抗干扰能力强、可以进行差错控制、便于计算机技术对数字信息进行处理、易于加密且保密性强、通用灵活可以传递各种消息、易于实现集成化等优点。但数字系统也存在着噪声造成的数字信息差错、同步、占用更多的带宽等问题。

发送设备还包括达到某些特殊要求所进行的各种处理,如多路复用、保密处理、纠错编码处理等。

接收设备的基本功能是完成发送设备的反变换,即进行解调、解码等。它的任务是从带有干扰的信号中正确恢复出原始的消息来,对于多路复用信号,还包括解除多路复用、实现正确分路。

图 9-4　数字传播系统的组成

3）传输媒介

从发送设备到接收设备之间信号传递所经过的媒介，可以是无线的，也可以是有线的（包括光纤）。传输过程中必然引入干扰，如热噪声、脉冲干扰、衰落等。媒介固有的特性和干扰特性直接关系到变换方式的选取。表 9-2 中列出常用的传输媒介及用途。

表 9-2　常用的传输媒介及用途

频率范围	波　长	符　号	传输媒介	用　途
$[3Hz, 30kHz)$	$10^4 \sim 10^8$ m	甚低频	有线线对、长波无线电	音频、电话、数据传输、长距离导航、时标
$[30kHz, 300kHz)$	$10^3 \sim 10^4$ m	低频	有线线对、长波无线电	导航、信标、电力线通信
$[300kHz, 3MHz)$	$10^2 \sim 10^3$ m	中频	同轴电缆、中波无线电	调幅广播、移动陆地通信、业余无线电
$[3MHz, 30MHz)$	$10 \sim 10^2$ m	高频	同轴电缆、短波无线电	移动无线电话、短波广播、军用通信、业余无线电
$[30MHz, 300MHz)$	10^{-1} m	甚高频	同轴电缆、米波无线电	电视、调频广播、空中管制、车辆通信、导航
$[300MHz, 3GHz)$	$100 \sim 10$ cm	特高频	波导、分米波无线电	电视、空间遥测、雷达导航、点点通信、移动通信
$[3GHz, 30GHz)$	10^{-1} cm	超高频	波导、厘米波无线电	微波接力、卫星和空间通信、雷达
$[30GHz, 300GHz)$	10^{-1} mm	极高频	波导、毫米波无线电	雷达、微波接力、射电天文学
$[10^5 GHz, 10^7 GHz)$	$3 \times 10^{-6} \sim 3 \times 10^{-4}$ cm	紫外、可见光、红外	光纤、激光空间传播	光通信

在大多数传播系统中，信源兼为受信者，双方需要随时交流信息，实现双向通信。此时，双方都有发送设备和接收设备。如果两个方向都有各自的传输媒介，则双方都可独立进行发送与接收；但若共用一个传输媒介，则必须用频率或时间分割的方式来共享。此外，传播系统除了完成信息传递之外，还必须进行信息的交换，传输系统和交换系统共同组成一个完整的传播系统，乃至传播网络。

2. 传播方式

传播方式按消息传递的方向与时间可分为单工、半双工和全双工工作方式。单工是指信息只能沿一个方向传输，一方固定为发送端，另一方则固定为接收端，如广播、遥控等。半双工是指信息可以在一个信号载体的两个方向上传输，但是不能同时传输的工作方式，如工作在同一频点的对讲机等。全双工是指允许双方在两个方向上同时传输,相当于两个单工通信结合的工作方式,如电话等。

　　传播方式按数字信号排列的顺序有串序传输和并序传输。串序传输是指代表消息的数字信号序列按时间顺序一个接一个地在信道中传输的方式;如果将代表消息的数字信号序列分割成两路或两路以上的数字信号序列同时在信道中传输,则称为并序传输方式。一般的数字传输方式大多采用串序传输方式,其只需占用一条通路。并序传输有时也遇到,其需要占用两条以上的通路,如占用多条传输导线或多条频率分割的通路。

　　传播方式按照传递方式可分为单播、组播、广播、P2P。单播是指只向一个受信者传递消息,受信者可以随意控制自己播放的内容。组播通常也称为多播,它提供了一种给一组指定受信者传送消息的方法。广播是多点消息传递的最普遍的形式,它不限定受信者,但受信者只能选择播放的内容而无法控制其播放。P2P(Peer To Peer,对等网络技术)也就是点对点的消息传递。P2P技术源起于文件交换技术,是一种用于不同计算机用户之间、不经过中继设备直接交换数据或服务的技术。它打破了传统的客户机/服务器模式,在对等网络中每个节点的地位都是相同的,具备客户端和服务器双重特性,可以同时作为服务使用者和服务提供者。P2P的扩展性高,实现方式灵活多样。

9.1.3　通信网及相关技术

　　通信网的目的是使一个用户能在任何时间、以任何方式、与任何地点的任何人实现任何形式的信息交流。通信网是数字媒体传播的主要平台之一,通信网业务已从传统的电话,发展到集声音、影视、图文和数据为一体的各种综合信息服务。

1. 通信网的形式与组成

　　通信网的形式可以分为三种:直通方式、分支方式及交换方式,如图9-5所示。直通方式是通信网络中最为简单的一种形式,终端1与终端2之间的线路是专用的;在分支方式中,每一终端经过同一信道与转接站相互连接,终端间不能直通消息,必须经转接站转接,这种方式只在数字通信中出现;交换方式是终端间通过交换系统灵活地进行线路交换的一种方式,实现消息交换。

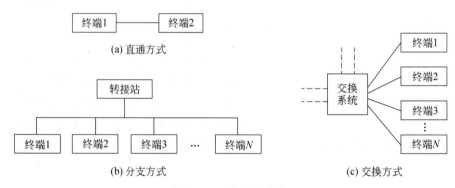

(a) 直通方式

(b) 分支方式　　　　　　　　　　　　(c) 交换方式

图 9-5　通信网的形式

　　通信网是由用户终端设备、传输系统、交换系统组成的。因此,终端设备、传输系统和交换系统也常称为通信网的三要素。终端设备主要将所需要传递的信息转换为电信号。每一通信网系统都会有相应的终端设备,随着各种通信新业务的出现,新型终端设备不断涌现。传输系统主要是用来传输带有信息的信号,基本上可以分为两类:一类是用户传输系统;另一类是中继传输系统。用户传输系统中的传输媒介主要有双绞线、电缆、光缆和无线方式。中继传输系统中的传输媒介主要是电缆、光缆,也可以采用无线方式,如微波和卫星传输等。交换系统是通信网的中枢,用于实现信号的交换。通信网的交换方式可分为三类:电路交换、报文交换和分组交换。电话网中采用的交换方式就是电路交换,而数据网和计算机网中则往往采用分组交换方式。

通信网中传递的信息包括所有的数字媒体形式,所以通信网中开放的业务也都是在此基础上扩展的。为了适应现代通信网的特点及通信新业务开拓的需要,通信网势必向数字化、综合化、宽带化、智能化和个人化方向发展,其中宽带综合业务数字网、智能网、信息高速公路、个人通信和移动通信以及与之相关的光纤通信、卫星通信等发展就是力证。具有代表性的现有通信网络包括公众电话交换网(PSTN)、分组交换远程网(Packet Switch)、以太网(Ethernet and Switch)、光纤分布式数据接口(FDDI)、综合业务数字网(ISDN)、宽带综合业务数字网(BISDN)、异步转移模式(ATM)、同步数字序列(SDH)、无线和移动通信网等,众多的信息传递方式和网络在数字媒体传播网络内将合为一体。

2. 差错控制技术

由于通信系统中始终有噪声存在,就会使有用消息传递出现差错。差错控制编码的基本思想就是在被传送的信息中附加一些监督码元,在收和发之间建立某种校验关系,当这种校验关系因传输错误而受到破坏时,可以被发现甚至纠正错误,这种检错与纠错能力是用信息量的冗余度来换取的,以提高数字消息传输的准确性。差错控制方式基本上分为两类:一类是反馈纠错(ARQ);另一类为前向纠错(FEC)。在这两类基础上又派生出一类混合纠错(HEC),如图 9-6 所示。

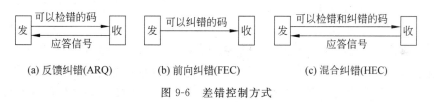

(a) 反馈纠错(ARQ)　　　(b) 前向纠错(FEC)　　　(c) 混合纠错(HEC)

图 9-6　差错控制方式

ARQ 是发信端采用某种能发现一定程度传输差错的简单编码方法对所传信息进行编码,加入少量监督码元,接收端收到后经检测如果发现传输中有错误,则通过反馈信道把这一判断结果反馈给发送端。然后,发送端把前面发出的信息重新传送一次,直到接收端认为已经正确后为止。常用的检错重发系统有三种,即停发等候重发、返回重发和选择重发。

FEC 是发送端要求发送能纠错的码,接收端的信道译码器能够检查出错误,并能自动纠错。因此,前向纠错系统不需要反馈信道,并且可进行点到多点的广播式的通信,实时性较好。缺点是译码设备复杂,所选择的纠错码必须与信道的干扰特性密切配合,而且,如果希望纠正较多错误,要求附加的校验码元也就多,从而降低了传输效率。

HEC 是 ARQ 和 FEC 的结合。在这种方式中,发送端发送的码不仅能够发现错误,而且还具有一定的纠错能力。接收端的信道译码器在收到后检查出错情况,如果在纠错能力之内,则自动纠正,否则通过反馈信道要求重发。这种系统的优点是避免了 FEC 复杂的译码设备和 ARQ 连续性差的缺点。但它需要反馈信道,不能进行 1 对 N 的通信。

在实际应用中,上述几种差错控制方式应根据具体情况合理选用。反馈纠错可用于双向数据通信,前向纠错则用于单向数字信号的传输,如广播数字电视系统等。

各种误码控制编码方案建立在不同的数学模型基础上,并具有不同的检错与纠错特性,可以从不同的角度对误码控制编码进行分类。

按照误码控制的不同功能,可分为检错码、纠错码和纠删码等。检错码仅具备识别错码功能而无纠正错码功能;纠错码不仅具备识别错码功能,同时具备纠正错码功能;纠删码则不仅具备识别错码和纠正错码的功能,而且当错码超过纠正范围时可把无法纠错的信息删除。

按照误码产生的原因不同,可分为纠正随机错误的码与纠正突发性错误的码。前者主要用于产生独立的局部误码的信道,而后者主要用于产生大面积的连续误码的情况,例如,磁带数码记录中因磁粉脱落而发生的信息丢失。

按照信息码元与附加的监督码元之间的检验关系可分为线性码与非线性码。如果两者呈线性关系,即满足一组线性方程式,就称为线性码;两者关系不能用线性方程式来描述的就称为非线性码。

按照信息码元与监督附加码元之间的约束方式的不同,可以分为分组码与卷积码。在分组码中,编码后的码元序列每 n 位分为一组,其中包括 k 位信息码元和 r 位附加监督码元,即 $n=k+r$,每组的监督码元仅与本组的信息码元有关,而与其他组的信息码元无关。卷积码则不同,虽然编码后码元序列也划分为码组,但每组的监督码元不仅与本组的信息码元有关,而且与前面码组的信息码元也有约束关系。

根据编码过程中所选用的数字函数式或信息码元特性的不同,又包括多种编码方式。为了提高检错、纠错能力,通常同时选用几种误码控制编码方式。

3. 数字信号的时分复用

为了提高信道的利用率,使多个信号沿同一信道传输而互相不干扰,称为多路复用。目前采用较多的是频分多路复用和时分多路复用。时分复用(TDM)技术是将提供给整个信道传输信息的时间划分成若干时间片(简称时隙),并将这些时隙分配给每一个信号源使用。一个抽样周期内各时隙的集合称为帧。将帧内各时隙逐一安排给待复用的各路数字信号,下一帧仍重复此安排,所形成(复用)的群信号称为数字复接信号。

为了把被复接的各路数字信号的码元或码组逐一准确地安排进指定时隙,以顺利地实现复接,被复接的各路信号应具有相同的速率并与群信号的帧频保持同步,即同步复接。各路由不同时钟控制的异源信号,即使名义速率相同,彼此的实际速率和相位仍然有不同程度的差异。这些异源信号的复接,即异步复接或准同步复接必须先通过码速调整技术把异源信号调整为同步信号方可实现。因此,虽然有准同步复接、异步复接和同步复接等方式,但考虑到复接异步信号时引入的各种调整措施,可以明确地讲,同步是复接的先决条件。显然,复接后的数字信号,可以再复接,即群信号是分级的,若干低次群信号可再复接成高次群信号。

1) 准同步数字系列

准同步数字系列(PDH)是采用 PCM 编码复接方式实现多路传输的,多级复接形成各次群信号的速率系列。北美、日本等采用以 PCM 话音数字信号复接为一个基本群体(基群),速率为 1554kb/s 的制式,称为 T 制;我国与欧洲采用 PCM30/32 路话音数字信号为基群,速率为 2048kb/s 的制式,称为 E 制。这两种复接体制(见表 9-3)互不兼容,国际互联时必须进行转换。PDH 逐级的码速调整和比特间插使各高次群的帧结构不一致。等级速率间不规整、无倍乘关系,且无世界性统一规范和光接口标准,维护和网管功能差等缺点,已不适应通信网的发展需要。

表 9-3　几类 PHD 数字速率系列

	群　号	基　群	二次群	三次群	四次群
T 制 北美	码率/Mbs⁻¹	1.544/T1	6.312/T2	44.736/T3	274.716/T4
	话路数	24	24×4=96	96×6=576	576×7=4032
T 制 日本	码率/Mbs⁻¹	1.544/T1	6.312/T2	32.064/T3	97.728/T4
	话路数	24	24×4=96	96×5=480	480×3=1440
E 制 中国、欧洲	码率/Mbs⁻¹	2.048/E1	8.448/E2	34.368/E3	139.264/E4
	话路数	30	30×4=120	120×4=480	480×4=1920

2) 同步数字系列

同步数字系列(SDH)是为在传输网络中传送各种经适配处理的净负荷而采用的一整套分等级的标准化同步数字传输结构体系。SDH 是为了克服 PDH 的固有缺点而研究和发展起来的。它是以同步方式实现数字信号复用和构建传输网络的一种通信体制。与 PDH 相比,SDH 具有一系列优点。它不仅是一种全新的复用方式,而且是一种先进的传输网络体制。基于 SDH 的同步数字传输网(简称 SDH 网)已经成为现代通信网的重要基础之一。SDH 的基本传输信号是同步传送模块(STM)。STM-1 为第一级同步传送模块,传送速率为 155 520kb/s,STM-N 称为第 N 级同步传送模块,传送速率为 N×155 520kb/s,N 被规范为 4 的整数次幂。ITU-T 已规定了四个等级的 SDH 信号,记为 STM-N(N=1,4,16,64),如表 9-4 所示。STM-1 是最基本的第一级同步传送模块,更高等级的 STM-N 信号的速率为 STM-1 的 N 倍,每个等级之间相差 4 倍。SDH 极大地提高了传输带宽,目前商用最高的等级为 STM-64,其速率为 9 953 280kb/s(10Gb/s)。STM-1 以上的同步传送模块(STM-N)由 N 个 STM-1 以字节间插同步复用方式组合而成。STM-N 的帧结构为 270×N×9 字节块状帧结构,每个字节 8 位码,帧长为 125μs。

表 9-4　SDH 等级及信号传输速率

SDH 等级	信号传输速率/kbs⁻¹	SDH 等级	信号传输速率/kbs⁻¹
STM-1	155 520	STM-16	2 488 320
STM-4	622 080	STM-64	9 953 280

SDH 的主要优点如下。

(1) 以同步方式按字节复用,结构简洁明了,支路信号复用方便,设备减少,功能增强。

(2) 具有强大的运行、管理和维护(OAM)能力,较方便地组织自愈网,便于提高效率、降低成本和增强可靠性。

（3）高度标准化的光接口，加上强大的管理能力，容易实现光信号与电端机衔接，简化设备，加强互通性。

（4）开放性好，既能传送现有的大部分 PDH 信号，又能承载 ATM 等分组格式的信号，具有双向兼容性。

SDH 的这些特点使它成为宽带综合业务数字网理所当然的基础传输网络。SDH 不仅适用于光纤，也适用于微波和卫星传输的通用技术体制。

4. 多址接入技术

无线通信系统中是以信道来区分通信对象的，一个信道只容纳一个用户进行通信，许多同时进行通信的用户，互相以信道来区分，这就是多址。因为移动通信系统是一个多信道同时工作的系统，具有广播和大面积无线电波覆盖的特点，网内一个用户发射的信号其他用户均可以收到，所以网内用户如何能从播发的信号中识别出发送给本用户地址的信号就成为了建立连接的首要问题。在无线通信环境的电波覆盖范围内，建立用户之间的无线信道的连接，是多址接入方式的问题。解决多址接入问题的方法称为多址接入技术。

多址接入技术将信号维划分为不同的信道后分配给用户，一般是按照时间轴、频率轴或码字轴将信号空间的维分割为正交或者非正交的用户信道。当以传输信号的载波频率的不同划分来建立多址接入时，称为频分多址方式（FDMA）；当以传输信号存在时间的不同划分来建立多址接入时，称为时分多址方式（TDMA）；当以传输信号码型的不同划分来建立多址接入时，称为码分多址方式（CDMA）。此外，用天线阵列或其他方式产生的有向天线也能使信号空间增加一个角度维，利用这个维划分信道就是空分多址（SDMA）。目前在移动通信中应用的多址方式有频分多址（FDMA）、时分多址（TDMA）、码分多址（CDMA）以及它们的混合应用方式等。

在 FDMA 中把可以使用的总频段划分为若干占用较小带宽的频道，这些频道在频域上互不重叠，每个频道就是一个通信信道，分配给一个用户。在接收设备中使用带通滤波器允许指定频道里的能量通过，但滤除其他频率的信号，从而限制临近信道之间的相互干扰。FDMA 实现起来相对简单。FDMA 适合大量连续非突发性数据的接入，单纯采用 FDMA 作为多址接入方式已经很少见，以往的模拟通信系统一律采用的是 FDMA。

在 TDMA 系统中把时间分成周期性的帧，每一帧再分割成若干时隙（无论帧或时隙都是互不重叠的），每一个时隙就是一个通信信道，分配给一个用户。TDMA 系统设备必须有精确的定时和同步，保证各用户发送的信号不会发生重叠或混淆，并且能准确地在指定时隙中接收发给它的信号。同步技术是 TDMA 系统正常工作的重要保证，往往也是比较复杂的技术难题。TDMA 的优点是频谱利用率高，适合支持多个突发性或低速率数据用户的接入。

在 CDMA 系统中，不同用户传输信息所用的信号是用各自不同的编码序列来区分的，或者说，是靠信号的不同波形来区分的。如果从频域或时域来观察，多个 CDMA 信号是互相重叠的。接收机的相关器可以在多个 CDMA 信号中选出使用的预定码型的信号。其他使用不同码型的信号因为和接收机本地产生的码型不同而不能被解调。

CDMA 是以扩频技术为基础的，所谓扩频是把信息的频谱扩展到宽带中进行传输的技术。将扩频技术应用于通信系统中，可以加强系统的抗干扰、抗多径、隐蔽、保密和多址能力。适用于码分多址的扩频技术是直接序列扩频（DS），简称直扩。它的产生包括调制和扩频两个步骤。例如,先用要传送的信息对载波进行调制,再用伪随机序列(PN序列)扩展信号的频谱;也可以先用伪随机序列与信息相乘(把信息的频谱扩展),再对载波进行调制,两者是等效的。

CDMA是采用扩频技术使多用户同时共享包括频谱、时间、功率、空间和特征码等要素的无线资源,实现多址连接的通信方式。CDMA与FDMA、TDMA的最大不同点在于它能统计复用无线资源,即所有CDMA用户动态共享频率、时间和功率资源,而仅依靠特征码来区分各用户。

5. 交换技术

通信网中常用的交换技术有三种:电路交换、报文交换和分组交换。

电路交换是一种面向连接、直接切换电路的直接交换方式。当用户要发信息时,由源交换机根据信息要到达的目的地址,把线路接到目的交换机。这个过程称为线路接续,是由所谓的联络信号经存储转发方式完成的,即根据用户号码或地址(被叫),经局间中继线传送给被叫交换局并转被叫用户。线路接通后,就形成了一条端对端(用户终端和被叫用户终端之间)的信息通路,在这条通路上双方即可进行通信。通信完毕,由通信双方的某一方,向自己所属的交换机发出拆除线路的要求,交换机收到此信号后就将此线路拆除,以供别的用户呼叫使用。信号经电路交换几乎没有时延。

为了获得较好的信道利用率,出现了存储再转发的交换方式,这就是报文交换。目前这种技术仍普遍应用在某些领域(如电子信箱等)。报文交换的基本原理是用户之间进行数据传输,主叫用户不需要先建立呼叫,而先进入本地交换机存储器,等到连接该交换机的中继线空闲时,再根据确定的路由转发到目的交换机。由于每份报文的头部都含有被寻址用户的完整地址,所以每条路由不是固定分配给某一个用户,而是由多个用户进行统计复用。报文交换中,若报文较长,则需要较大容量的存储器;若将报文放到外存储器中去,则会造成响应时间过长,增加了网路延迟时间。另外,报文交换通信线路的使用效率仍不高。

分组交换与报文交换一样,也是采用存储转发交换方式,即首先把来自用户的信息暂存于存储装置中,并划分为多个一定长度的分组,每个分组前边都加上固定格式的分组标题,用于指明该分组的发端地址、收端地址及分组序号等。以报文分组作为存储转发的单位,分组在各交换节点之间传送比较灵活,交换节点不必等待整个报文的其他分组到齐,一个分组一个分组地转发。这样可以大大压缩节点所需的存储容量,也缩短了网路时延。另外,较短的报文分组比长的报文可大大减少差错的产生,提高传输的可靠性。

9.1.4　ATM 交换技术

异步传送模式(ATM)交换技术是一种包含传输、组网和交换等技术内容的新颖的高速通信技术。它是由产业界、用户团体、研究机构和标准化组织开发和定义的。它被设计满足下一代通信技术要求,如支持带宽资源的有效利用,有利于各种类型的网络互连以及能够提供各种先进的通信业务。它被看作是先进和有效的军用和民用通信的先进通信技术。它适用于局域网和广域网,具有高速数据传输率和支持许多种类型如声音、数据、传真、实时视频、CD质量音频和图像的通信。

ATM宽带交换技术是电路交换和分组交换技术的结合,能最大限度地发挥电路交换与分组交换的优点。ATM采用与分组交换中分组包相类似的信元,但避开了分组包长度长且不固定的缺点,把信元定长为53B,以适应各种速率的业务,并以硬件进行协议处理和变换,由网络和终端共同分担协议处理功能,让网络基本上不承担繁杂的协议处理,而主要着眼于信息传递,实现快速交换。

1. ATM 信元的结构与虚连接

ATM 信元(Cell)分为信头和净荷(信息字段)两部分,信头为5B(40b),净荷为48B(384b)。ITU-T 建议的 ATM 信元格式如图 9-7 所示。其中,GFC 为一般流量控制,只用于 UNI 接口。VPI 为虚通道标识;VCI 为虚信道标识,用于标识虚通道 VP 中的虚信道。VPI 和 VCI 一起标识一个虚连接。PT 用来表示净荷类型。CLP 为信元丢失优先级,CLP=1 表示在遇到拥塞时该信元优先丢弃。HEC 为信头差错控制,用于校验信头中前四个字节的差错,可纠一位错。同时 HEC 也用于信元定界。信头的作用是识别信元在异步时分复用中所属虚通路,即表示一个信元是何类型、发自何处、送至哪里等。

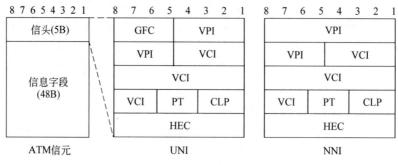

图 9-7　ATM 信元结构示意图

ATM 交换机有用户线和中继线两种接口。连接用户线路的接口称为用户网络接口(UNI),连接中继线路的接口称为网络节点接口(NNI)。信头中的 VPI 和 VCI 两部分合起来构成一个信元的路由信息。ATM 有指挥交换机动作的信令,如虚通道的建立和拆除等信令,传送信令的信元就叫作信令信元,可规定信令信元的信头为一个特定的值,以与其他信元区别开。ATM 信元中,除了信息信元、信令信元外,还有空闲和维护运行信元。

ATM 通信技术将现有的线路交换方式、数字通信方式与分组通信方式加以综合。第一,ATM 允许凭借信元标记定义和识别个人通信,就此而论,ATM 装配普通的分组传输方式。第二,ATM 与分组方式通信紧密相连,因此,它只有当有业务要传送时才利用带宽。第三,像分组交换一样,在呼叫建立阶段,ATM 支持服务质量(QoS)协商,并通过在多种连接中共享其传输媒体而支持虚电路的利用。但是也有明显差别,因为分组方式一般利用可变长度的分组,而 ATM 则将固定长度分组的 ATM 信元作为其基本的传输媒介。此外,普通的分组方式主要是为可变比特率(VBR)、非实时数据信号创建的,而 ATM 同样可以很好地管理实时恒定比特率(CBR)信号。

ATM 对网络资源进行统计复用,即根据各种业务的统计特性,在保证业务质量要求的前提下,在各业务间动态地分配网络资源,以达到最佳的资源利用率。ATM 网络采用面向连接的呼叫接续方式,事前由网络根据用户的要求(如峰值比特率、平均比特率、信元丢失率、信元时延和信元时延变化等指标),分配 VPI/VCI 和相应的带宽,并在交换机中设置相应的路由,从而在源和目的端之间建立一个虚连接。ATM 的复用、交换和传输过程,均在虚通路(VC)上进行。虚通道(VP)是在给定参考点上具有同一虚通道标识符的一组虚通路。虚通路在传输过程中,组合在一起构成虚通道。因此 ATM 网络中不同用户的信元是在不同的 VP 和 VC 中传送的,而不同的 VP/VC 则是根据各自的 VP 标识(VPI)和 VC 标识(VCI)组织起来的。

2. ATM 的特点

1) 面向连接模式

所谓面向连接,是在通信前先在收与发终端间建立一条连接,在通信时,报文或信息不断地在该连接上传送,因此,在一次通信中有多个报文或信息时,从发端到收端的路由固定。但在面向无连接中采用逐段转发的方式,即根据报文或信息上的地址发给下一站,再由下一站根据地址是收下还是继续向前发送直至目的地,因此,在一次通信中有多个报文或信息时,从发端到收端的路由可能不固定。电话通信是典型的面向连接方式,而电报和邮政通信是两个面向无连接方式的实例,这两种方式的根本区别不仅在于路由是否固定,而且在于是否用逻辑号来代替真实的地址。在面向连接中,由于建立连接时网络已经为该连接分配了一个逻辑号,因此,在通信过程中就用逻辑号代替真实地址,但在无连接方式中,通信时只能用真实地址,显然识别逻辑号比识别真实地址快,因而面向连接适用于实时业务。

2) 分组长度固定的分组交换方式

在传统的分组交换方式中分组长度不固定,这时必须经过比较才能知道分组是否结束,当分组长度固定时只需计数便可知道分组的终结,计数执行指令比比较执行指令的时间少许多。分组长度固定适合于快速处理,在 ATM 中将长度固定的分组称为信元,信元由信头和净荷组成,信头长为 5B,净荷长为 48B,信头的主要功能为流量控制、虚通道/虚通路、交换、信头检验和信元定界以及信元类型的识别。

3) 可实现虚通道/虚通路两级交换

在 ATM 中,可将一个传输通路如同步数字体系(SDH)中的同步转移模式 STM-1、STM-4 等划分为若干个虚通道,一个虚通道又可以分割为若干个虚通路。为了完成端点间的通信,类似于电路交换方式,ATM 首先选择路由,在两实体之间建立虚通路,这样就使得路由寻址和数据转发功能截然分开。采用虚连接方法,ATM 可将逻辑子网与物理子网隔离开,网络的主要管理和控制功能集中在虚电路一级上,使传输过程的控制较为简单,减少网管、网控的复杂性。

4) 统计复用能力

为了提高系统资源利用率,在 ATM 中采用统计复用方式。ATM 是面向连接方式,在主叫与被叫之间先建立一条连接,同时分配一个虚通道/虚通路,将来自不同信息源的信元汇集到一起,在缓冲器内排队,队列中的信元根据到达的先后按优先等级逐个输出到传输线路上,形成首尾相接的信元流。具有同样标志的信元在传输线上并不对应着某个固定的时隙,也不是按周期出现的。异步时分复用使 ATM 具有很大的灵活性,任何业务都按实际信息量来占用资源,使网络资源得到最大限度的利用。

5) 综合多种业务

传统上一种业务建立一个网络,因而有计算机网、图像网、话音网之分。ATM 试图综合所有的业务。由于各种业务所要求的服务质量的不同和业务特性差异,在一个网内交换所有业务是相当难的,例如,话音与图像这些实时业务对端到端时延要求很严,一般认为不超过 40ms,但话音和图像对误码率要求却相差很大,电话误码率在 10^{-3} 时不影响清晰度,电视图像误码率应在 10^{-6} 以下,否则会产生图像凝固等。另外,各种业务特性差异主要表现在突发度和速率上,如数据业务为 10kb/s～100Mb/s,电话为 64kb/s,电视为 15～50Mb/s。将这些服务质量要求不同和业务特性差异甚远的多种业务综合在一起,即均以 53 字节长的信元传递。ATM 采取"分类治之"的办法,即根据信元速率是否可变、信元与信宿间是否要同步以及面向连接与否,将业务分类,对不同的业务进行不同的适配。不论业务源的性质有多么不同,网络都按同样的模式来处理,真正做到安全的业务综合。

9.1.5　计算机网络与网络互联协议

计算机网络是现代通信技术和计算机技术相结合的产物。通信网络为计算机之间的数据传递和交换提供了必要的手段,而数字计算技术的发展渗透到通信技术,同时也提高了通信网络的各种性能。计算机网络的定义是指将地理位置不同的具有独立功能的多台计算机及其外部设备,通过通信线路连接起来,在网络操作系统、网络管理软件及网络通信协议的管理和协调下,实现资源共享和信息传递的计算机系统。也就是说,计算机网络是由计算机设备、通信设备、终端设备等网络硬件和网络软件组成的大型计算机系统。

互联网是在世界范围内基于 TCP/IP 协议的一个巨大的网际网,或者说是网络的网络。它把无数个局域网和广域网通过互联设备连接起来,形成一个全球性的大网,故也称国际互联网。

1. 计算机网络组成与体系结构

从计算机技术的标准看,计算机网络由网络硬件和软件组成。网络硬件是计算机网络系统的物质基础,主要的网络硬件有服务器、工作站、连接设备、传输媒介等。网络软件是实现网络功能所不可缺少的软环境,通常包括网络操作系统和网络协议软件等。网络操作系统是运行在网络硬件基础之上,为网络用户提供共享资源管理服务、基本通信服务、网络系统安全服务及其他网络服务的软件系统。网络操作系统是网络的核心,其他应用软件都需要网络操作系统的支持才能运行。连入网络的计算机依靠网络协议实现相互的通信,而网络协议需依靠具体的网络协议软件的运行支持才能工作。

从计算机网络各组成部件的功能上看,主要完成网络通信和资源共享两种功能。计算机网络中实现网络通信功能的设备及软件的集合称为网络的通信子网,其主要任务是将计算机连接起来,完成数据之间的交换和通信处理,主要包括通信线路、网络连接设备、网络通信协议、通信控制软件等,即通信子网负责整个网络的数据通信部分。而网络中实现资源共享的设备和软件的集合称为资源子网,负责全网面向应用的数据处理工作,向用户提供数据处理、数据存储、数据管理等,即资源子网是各种网络资源的集合。

计算机网络按覆盖范围可分为局域网、城域网、广域网。局域网(LAN)是一种在小的区域范围内各种计算机和数据通信设备互联在一起的计算机网络。局域网的数据传输率可高达 10 000Mb/s,价格便宜,误码率低,但地理覆盖范围有限。常见局域网的拓扑结构有星状、环状、总线状和树状。城域网(MAN)是一种大型的 LAN,通常使用与 LAN 相似的技术,它可能覆盖一个城市,可以是专用的也可以是公用的。广域网(WAN)是一种地域跨越大的网络,可能覆盖一个国家或大的行政区域。

网络体系结构(Network Architecture)是计算机网络的分层、各层协议和层间接口的集合。不同的计算机网络具有不同的体系结构,其层的数量,各层的名字、内容和功能以及各相邻层之间的接口都不一样。然而,在任何网络中,每一层都是为了向它邻接的上层(即相邻高层)提供一定的服务而设置的,而且,每一层都对上层屏蔽如何实现协议的具体细节。这样,网络体系结构就能做到与具体的物理实现无关,连接到网络中的型号和性能各不相同的主机和终端,只要所遵循的协议相同,就可以实现互相通信和互相操作。

网络中的第 n 层协议向相邻高层协议提供服务,相邻高层则通过原语(Primitive)或过程(Procedure)调用相邻低层的服务。另外,相邻高层协议通过不同的服务访问点(SAP)对低层协议进行调用,就像不同的过程需要不同的过程调用名来调用一样。相邻协议层之间的接口则指两相邻协议层所有调用和服务访问点以及服务的集合,如图9-8所示。

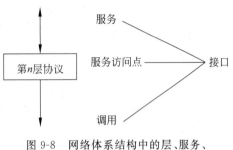

图 9-8 网络体系结构中的层、服务、调用与接口示意图

2. ISO/OSI 网络体系结构

国际标准化组织(International Standards Organization,ISO)在20世纪80年代提出的开放系统互联参考模型(Open System Interconnection,OSI),这个模型将计算机网络通信协议分为七层,分别是物理层、数据链路层、网络层、传输层、会话层、表示层和应用层。

在OSI网络体系结构中,除了物理层之外,网络中数据的实际传输方向是垂直的。数据由用户发送进程发送给应用层,向下经表示层、会话层等到达物理层,再经传输媒介传到接收端,由接收端物理层接收,向上经数据链路层等到达应用层,再由用户获取。数据在由发送进程交给应用层时,由应用层加上该层有关控制和识别信息,再向下传送,这一过程一直重复到物理层。在接收端信息向上传递时,各层的有关控制和识别信息被逐层剥去,最后数据送到接收进程。

现在一般在制定网络协议和标准时,都把ISO/OSI参考模型作为参照基准,并说明与该参照基准的对应关系。例如,在IEEE 802局域网LAN标准中,只定义了物理层和数据链路层,并且增强了数据链路层的功能。在广域网WAN协议中,CCITT的X.25建议包含物理层、数据链路层和网络层三层协议。一般来说,网络的低层协议决定了一个网络系统的传输特性,例如,所采用的传输介质、拓扑结构及介质访问控制方法等,这些通常由硬件来实现;网络的高层协议则提供了与网络硬件结构无关的、更加完善的网络服务和应用环境,这些通常是由网络操作系统来实现的。

1) 物理层

物理层(Physical Layer)建立在物理通信介质的基础上,作为系统和通信介质的接口,用来实现数据链路实体间透明的比特流传输。只有该层为真实物理通信,其他各层为虚拟通信。物理层实际上是设备之间的物理接口,物理层传输协议主要用于控制传输媒体。

(1) 物理层的特性。

物理层提供与通信介质的连接,提供为建立、维护和释放物理链路所需的机械的、电气的、功能的和规程的特性,提供在物理链路上传输非结构的位流以及故障检测指示。物理层向上层提供位信息的正确传送。

（2）物理层功能。

为了实现数据链路实体之间比特流的透明传输，物理层应具有下述功能。

① 物理连接的建立与拆除。当数据链路层请求在两个数据链路实体之间建立物理连接时，物理层能够立即为它们建立相应的物理连接。若两个数据链路实体之间要经过若干中继数据链路实体时，物理层还能够对这些中继数据链路实体进行互联，以建立起一条有效的物理连接。当物理连接不再需要时，由物理层立即拆除。

② 物理服务数据单元传输。物理层既可以采取同步传输方式，也可以采取异步传输方式来传输物理服务数据单元。

③ 物理层管理。对物理层收发进行管理，如功能的激活（何时发送和接收、异常情况处理等）、差错控制（传输中出现的奇偶错和格式错）等。

2）数据链路层

数据链路层（Data Link Layer）为网络层相邻实体间提供传送数据的功能和过程；提供数据流链路控制；检测和校正物理链路的差错。数据链路连接是建立在物理连接基础上的，在物理连接建立以后，进行数据链路连接的建立和数据链路连接的拆除。

（1）数据链路层的功能和服务。

数据链路层的主要功能是为网络层提供连接服务，并在数据链路连接上传送数据链路协议数据单元（LPDU），一般将 LPDU 称为帧。数据链路层服务可分为以下三种。

① 无应答、无连接服务。发送前不必建立数据链路连接，接收方也不做应答，出错和数据丢失时也不做处理。

② 有应答、无连接服务。当发送主机的数据链路层要发送数据时，直接发送数据帧。目标主机接收数据链路的数据帧，并经校验结果正确后，向源主机数据链路层返回应答帧；否则返回否定帧，发送端可以重发原数据帧。

③ 面向连接的服务。该服务一次数据传送分为三个阶段：数据链路建立、数据帧传送和数据链路的拆除。数据链路建立阶段要求双方的数据链路层做好传送的准备；数据传送阶段是将网络层递交的数据传送到对方；数据链路拆除阶段是当数据传送结束时，拆除数据链路连接。这种服务的质量好，是 ISO/OSI 参考模型推荐的主要服务方式。

（2）数据链路数据单元。

数据链路层与网络层交换数据格式为服务数据单元。数据链路服务数据单元，配上数据链路协议控制信息，形成数据链路协议数据单元。数据链路层能够从物理连接上传输的比特流中，识别出数据链路服务数据单元的开始和结束，以及识别出其中的每个字段，实现正确的接收和控制，能按发送的顺序传输到相邻节点。

（3）数据链路层协议。

数据链路层协议可分为面向字符的通信规程和面向比特的通信规程。

面向字符的通信规程是利用控制字符控制报文的传输。报文由报头和正文两部分组成。报头用于传输控制，包括报文名称、源地址、目标地址、发送日期以及标识报文开始和结束的控制字符。正文则为报文的具体内容。目标节点对收到的源节点发来的报文进行检查，若正确，则向源节点发送确认的字符信息；否则发送接收错误的字符信息。

面向比特的通信规程典型是以帧为传送信息的单位，帧分为控制帧和信息帧。在信息帧的数据字段(即正文)中,数据为比特流。比特流用帧标志来划分帧边界,帧标志也可用作同步字符。

3) 网络层

广域网络一般都划分为通信子网和资源子网,物理层、数据链路层和网络层组成通信子网,网络层(Network Layer)是通信子网的最高层,完成对通信子网的运行控制。网络层和传输层的界面既是层间的接口,又是通信子网和用户主机组成的资源子网的界限,网络层利用本层和数据链路层、物理层两层的功能向传输层提供服务。

网络层控制分组传送操作,即路由选择、拥塞控制、网络互联等功能,根据传输层的要求来选择服务质量,向传输层报告未恢复的差错。网络层传输的信息以报文分组为单位,它将来自源的报文转换成包文,并经路径选择算法确定路径送往目的地。网络层协议用于实现这种传送中涉及的中继节点路由选择、子网内的信息流量控制以及差错处理等。

网络层中提供两种类型的网络服务,即无连接服务和面向连接的服务。它们又被称为数据报服务和虚电路服务。

(1) 数据报服务。

在数据报(Datagram)方式,网络层从传输层接收报文,拆分为报文分组,并且独立地传送,因此,数据报格式中包含有源和目标节点的完整网络地址、服务要求和标识符。发送时,由于数据报每经过一个中继节点时,都要根据当时情况按照一定的算法为其选择一条最佳的传输路径,因此,数据报服务不能保证这些数据报按序到达目标节点,需要在接收节点根据标识符重新排序。

(2) 虚电路服务。

源节点先发送请求分组 Call-Request,Call-Request 包含了源和目标主机的完整网络地址。Call-Request 途径每一个通信网络节点时,都要记下为该分组分配的虚电路(Virtual Circuit)号,并且路由器为它选择一条最佳传输路由发往下一个通信网络节点。当请求分组到达目标主机后,若它同意与源主机通信,沿着该虚电路的相反方向发送请求分组 Call-Request 给源节点,当在网络层为双方建立起一条虚电路后,每个分组中不必再填上源和目标主机的全网地址,而只需标上虚电路号,即可以沿着固定的路由传输数据。当通信结束时,将该虚电路拆除。

(3) 路由选择。

路由选择是指网络中的节点根据通信网络的情况(可用的数据链路、各条链路中的信息流量),按照一定的策略(传输时间最短、传输路径最短等)选择一条可用的传输路由,把信息发往目标节点。

4) 传输层

从传输层(Transport Layer)向上的会话层、表示层、应用层都属于端到端的主机协议层。传输层是网络体系结构中最核心的一层,传输层将实际使用的通信子网与高层应用分开。从这层开始,各层通信全部是在源与目标主机上的各进程间进行的,通信双方可能经过多个中间节点。传输层为源主机和目标主机之间提供性能可靠、价格合理的数据传输。

传输层协议和网络层提供的服务有关。网络层提供的服务越完善,传输层协议就越简单;网络层提供的服务越简单,传输层协议就越复杂。传输层服务可分成如下五类。

0 类:提供最简单形式的传送连接,提供数据流控制。

1 类：提供最小开销的基本传输连接，提供误差恢复。

2 类：提供多路复用，允许几个传输连接多路复用一条链路。

3 类：具有 0 类和 1 类的功能，提供重新同步和重建传输连接的功能。

4 类：用于不可靠传输层连接，提供误差检测和恢复。

基本协议机制包括建立连接、数据传送和拆除连接。传输连接涉及如下四种不同类型的标识。

用户标识：即服务访问点 SAP，允许实体多路数据传输到多个用户。

网络地址：标识传输层实体所在的站。

协议标识：当有多个不同类型的传输协议的实体，对网络服务标识出不同类型的协议。

连接标识：标识传送实体，允许传输连接多路复用。

5）会话层

会话是指两个用户进程之间的一次完整通信。会话层（Session Layer）提供不同系统间两个进程建立、维护和结束会话连接的功能；提供交叉会话的管理功能，有一路交叉、两路交叉和两路同时会话共三种数据流方向控制模式。会话层是用户连接到网络的接口。

（1）会话活动。

会话服务用户之间的交互对话可以划分为不同的逻辑单元，每个逻辑单元称为活动。每个活动完全独立于它前后的其他活动，且每个逻辑单元的所有通信不允许分隔开。

会话活动由会话令牌来控制，保证会话有序进行。会话令牌分为四种：数据令牌、释放令牌、次同步令牌和主同步令牌。令牌是互斥使用会话服务的手段。

会话用户进程间的数据通信一般采用交互式的半双工通信方式。由会话层给会话服务用户提供数据令牌来控制常规数据的传送，有数据令牌的会话服务用户才可发送数据，另一方只能接收数据。当数据发完之后，就将数据令牌转让给对方，对方也可请求令牌。

（2）会话同步。

在会话服务用户组织的一个活动中，有时要传送大量的信息，如将一个文件连续发送给对方，为了提高数据发送的效率，会话服务提供者允许会话用户在传送的数据中设置同步点。一个主同步点表示前一个对话单元的结束及下一个对话单元的开始。在一个对话单元内部或者说两个主同步点之间可以设置次同步点，用于会话单元数据的结构化。当会话用户持有数据令牌、次同步令牌和主同步令牌时就可在发送数据流中用相应的服务原语设置次同步点和主同步点。

一旦出现高层软件错误或不符合协议的事件则发生会话中断，这时会话实体可以从中断处返回到一个已知的同步点继续传送，而不必从文件的开头恢复会话。会话层定义了重传功能，重传是指在已正确应答对方后，在后期处理中发现出错而请求的重传，又称为再同步。为了使发送端用户能够重传，必须保存数据缓冲区中已发送的信息数据，将重新同步的范围限制在一个对话单元之内，一般返回到前一个次同步点，最多返回到最近一个主同步点。

6）表示层

表示层（Presentation Layer）的目的是处理信息传送中数据表示的问题。由于不同厂家的计算机产品常使用不同的信息表示标准，例如，在字符编码、数值表示、字符等方面存在着差异。如果不解决信息表示上的差异，通信的用户之间就不能互相识别。因此，表示层要完成信息表示格式转换，转换可以在发送前，也可以在接收后，也可以要求双方都转换为某标准的数据表示格式。所以,表示层的主要功能是完成被传输数据表示的解释工作,包括数据转换、数据加密和数据压缩等。

7) 应用层

应用层(Application Layer)作为用户访问网络的接口层,给应用进程提供了访问 OSI 环境的手段。

应用进程借助于应用实体(AE)、实用协议和表示服务来交换信息,应用层的作用是在实现应用进程相互通信的同时,完成一系列业务处理所需的服务功能。当然这些服务功能与所处理的业务有关。

应用实体由一个用户元素和一组应用服务元素组成。用户元素是应用进程在应用实体内部,为完成其通信目的,需要使用的那些应用服务元素的处理单元。实际上,用户元素向应用进程提供多种形式的应用服务调用,而每个用户元素实现一种特定的应用服务使用方式。用户元素屏蔽应用的多样性和应用服务使用方式的多样性,简化了应用服务的实现。应用进程完全独立于 OSI 环境,它通过用户元素使用 OSI 服务。

应用服务元素可分为两类:公共应用服务元素(CASE)和特定应用服务元素(SASE)。公共应用服务元素是用户元素和特定应用服务元素公共使用的部分,提供通用的最基本的服务,它使不同系统的进程相互联系并有效通信。它包括联系控制元素、可靠传输服务元素、远程操作服务元素等。特定应用服务元素提供满足特定应用的服务,包括虚拟终端、文件传输和管理、远程数据库访问、作业传送等。对于应用进程和公共应用服务元素来说,用户元素具有发送和接收能力。对特定服务元素来说,用户元素是请求的发送者,也是响应的最终接收者。

3. TCP/IP 参考模型

TCP/IP 是为互联的各类计算机提供透明通信和互操作性服务的一组软件。它受各类计算机硬件和操作系统的普遍支持。互联网体系结构是以 TCP/IP 为核心的,其中的 IP 用来给各种不同的通信子网或局域网提供一个统一的互联平台,TCP 协议则用来为应用程序提供端到端的通信和控制功能。与 OSI 模型相比,基于 TCP/IP 的网络体系结构分为四层,即网络接口层、网际层、传输层和应用层,具体比较如图 9-9 所示。

OSI模型	TCP/IP模型
应用层	应用层
表示层	
会话层	
传输层	传输层
网络层	网际层
数据链路层	网络接口层
物理层	

图 9-9 OSI 与 TCP/IP 模型的层次结构对比

网络接口层(Network Interface Layer)由物理层和网络接入层组成,是 TCP/IP 网络模型的最底层,包括网络接口协议和物理网协议,负责数据帧的发送和接收。该层中所使用的协议为各通信子网本身固有的协议,例如,以太网的 802.3 协议、令牌环网的 802.5 协议、无线局域网的 802.11 协议,以及分组交换网的 X.25 协议等。

网际层(Internet Layer)用于解决计算机到计算机之间的通信,IP 是网际层最主要的协议。与 IP 配套使用的还有四个协议:地址解析协议(ARP)、逆地址解析协议(RARP)、网际控制报文协议(ICMP)和互联网组管理协议(IGMP)。IP 主要负责在主机和网络之间寻址和路由数据报;ARP 获得同一物理网络中的硬件主机地址;RARP 通过物理地址获得 IP

地址;ICMP 发送消息,并报告有关数据报的传送错误;IGMP 用于在多路广播路由器和各 IP 主机间传送多路广播路由器要求的主机组成员报告,该报告包括本地各 IP 主机是哪个主机组的成员的信息。

传输层(Transport Layer)用于解决计算机程序到计算机程序之间的通信问题,为应用程序提供端到端通信功能,主要负责处理可靠性、流量控制和重传等。主要协议有传输控制协议(TCP)和用户数据协议(UDP)。

应用层(Application Layer)是最高层,应用程序通过该层访问网络。该层有许多标准的 TCP/IP 工具与服务,如简单报文传送协议(SMTP)、文件传输协议(FTP)、域名服务(DNS)、简单网络管理协议(SNMP)、远程登录(Telnet)等。

TCP/IP 模型与 OSI 有些不同,是完整意义上的网络体系结构,每层具有相应的协议。经过多年的发展和完善,TCP/IP 模型形成了一组从上到下的协议栈(Protocol Stack),也称协议簇,如图 9-10 所示。

应用层	Telnet	FTP	SMTP	DNS
				其他
传输层	TCP		UDP	
网际层		ICMP	IGMP	
		IP		
		ARP	RARP	
网络接口层	以太网		令牌环网	其他

图 9-10 TCP/IP 协议栈示意

4. IP

IP 是互联网络协议的简称,位于 TCP/IP 模型的网际层中,对应于 OSI 模型的网络层。通过 IP 实现不同物理网络的统一,使得互联网实现真正意义上的网络互连,并得以广泛应用。现有的 IP 为 IPv4,但由于互联网地址空间的不足和新的应用需要,如实时多媒体通信、应用服务 QoS、网络安全性等的需求,又提出了 IPv6,对 IPv4 做出简单的、向前兼容的改进。IPv4 和 IPv6 的数据报结构都是由报头(控制信息)和数据两部分组成。

IP 提供尽力发送(Best Effort)服务,即把数据从源端发送到目的端,对于因网络拥塞、链路故障等丢失或出错的数据包,IP 无能为力。而且,IP 仅具有有限的报错功能,数据包的差错检测和回复由 TCP 来完成。

1) IPv4

IPv4 规定 IP 地址总长度为 4B,即 32b,地址总容量为 $2^{32}=4\ 294\ 967\ 296$ 个,由网络地址(Net ID)和节点或主机地址(Node or Host ID)两部分组成。每部分的长度取决于 IP 地址的类型。最常用的 IP 地址有 A、B、C 三类。A 类地址:网络号占 7 位,主机号占 24 位,可容纳网络数为 2^7 个,每个 A 类网络拥有主机数最多为 $2^{24}-2=16\ 777\ 216$ 台,适用于大型网络。B 类地址:网络号占 14 位,主机号占 16 位,可容纳网络数为 2^{14} 台,每个 B 类网络拥有主机数最多为 $2^{16}-2=65\ 534$ 台,适用于中型网络。C 类地址:网络号占 21 位,主机号占 8 位,可容纳网络数为 2^{21} 个,每个 C 类网络拥有主机数最多为 $2^8-2=254$ 台,适用于小型网络。此外还有 D 类和 E 类。

IP 地址结构为：IP 地址＝类型码＋网络地址＋主机地址。

为了易于理解，IP 地址采用点分十进制标记法，即从左到右，每 8 位二进制数值以十进制数表示，各组十进制数值间用点号“.”分隔，且每个量之间用一个点分开。例如，一个 B 类地址：10101100000100000000101000000010＝172.16.10.2。

IPv4 数据报报文格式如图 9-11 所示。

<table>
<tr><td>位</td><td>0</td><td>4</td><td>8</td><td>16</td><td>19</td><td>26</td><td>31</td></tr>
<tr><td rowspan="6">报头</td><td>版本号</td><td>头长</td><td>服务类型</td><td colspan="4">总长</td></tr>
<tr><td colspan="3">标识符</td><td>标志</td><td colspan="3">分段移位</td></tr>
<tr><td colspan="2">生存期</td><td>协议</td><td colspan="4">头部校验和</td></tr>
<tr><td colspan="7">源IP地址</td></tr>
<tr><td colspan="7">目的IP地址</td></tr>
<tr><td colspan="5">任意项</td><td colspan="2">填充</td></tr>
<tr><td>数据</td><td colspan="7">数据（变长）</td></tr>
</table>

图 9-11 IPv4 数据报报文格式

报头字段说明：

① 版本号占 4 位，是 IP 的版本号，IPv4 的值为 4。

② 头长占 4 位，表示头部长度。

③ 服务类型占 1 字节，表示期望的服务质量。

④ 总长占 2 字节，表示整个 IP 数据报的字节长度，包括数据和协议头。其最大值为 65 535 字节。典型的主机可以接收 576 字节的数据报。

⑤ 标识符、标志、分段位移用于分割和重组数据块。

⑥ 生存期(TTL)占 1 字节，每经过一个路由器时，其值减 1，直到 TTL 为 0 时仍未到达目的地，则丢弃该报文。

⑦ 协议占 1 字节，表示上层协议的协议号，即报文中的数据部分是由哪一种协议发送的。

⑧ 头部检验和占 1 字节，用于保证头部数据的完整性。

⑨ 源 IP 地址和目的 IP 地址各占 4 字节(32 位)。

⑩ 任意项和填充属于附加信息和功能扩展。

2) IPv6

IPv6 是 IETF(Internet Engineering Task Force，互联网工程任务组)设计的用于替代现行版本 IP(IPv4)的下一代 IP，号称可以为全世界的每一粒沙子编上一个网址。由于 IPv4 最大的问题在于网络地址资源有限，严重制约了互联网的应用和发展。IPv6 的使用，不仅能解决网络地址资源数量的问题，而且也解决了多种接入设备连入互联网的障碍。

IPv6 的地址长度为 128b，是 IPv4 地址长度的 4 倍。IPv6 有三种表示方法。

(1) 冒分十六进制表示法。

格式为 X:X:X:X:X:X:X:X，其中每个 X 表示地址中的 16b，以十六进制表示，例如：

ABCD:EF01:2345:6789:ABCD:EF01:2345:6789

这种表示法中,每个 X 的前导 0 是可以省略的,例如:

2001:0DB8:0000:0023:0008:0800:200C:417A→ 2001:DB8:0:23:8:800:200C:417A

(2) 0 位压缩表示法。

在某些情况下,一个 IPv6 地址中间可能包含很长的一段 0,可以把连续的一段 0 压缩为":"。但为保证地址解析的唯一性,地址中"::"只能出现一次,例如:

FF01:0:0:0:0:0:0:1101→FF01::1101

0:0:0:0:0:0:0:1 → ::1

0:0:0:0:0:0:0:0 → ::

(3) 内嵌 IPv4 地址表示法。

为了实现 IPv4 与 IPv6 互通,IPv4 地址会嵌入 IPv6 地址中,此时地址常表示为 X:X:X:X:X:X:d.d.d.d,前 96b 采用冒分十六进制表示,而最后 32b 则使用 IPv4 的点分十进制表示,例如,::192.168.0.1 与 ::FFFF:192.168.0.1 就是两个典型的例子,注意在前 96b 中,压缩 0 位的方法依旧适用。

IPv6 数据报报文格式有一个固定大小的基本报头,其后允许有零个或多个扩展报头,再后的内容是数据。IPv6 的数据报报文格式与 IPv4 相比,结构更加简单,如图 9-12 所示。IPv6 的报头省略和改进了一些字段,并且数据部分由可变长改成定长,使得每个数据报分组的长度恒定不变。

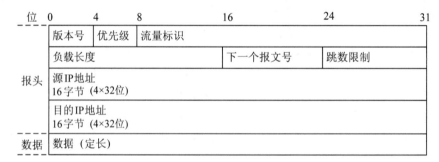

图 9-12　IPv6 数据报的报文格式

报头字段说明:

① 版本号占 4 位,是 IP 的版本号,IPv6 的为 6。

② 优先级占 4 位,对于 TCP 等具有拥塞控制的传输协议,一般为 0～7,而无拥塞控制的实时传输协议,一般为 8～15。

③ 流量标识用于服务质量控制。

④ 负载长度占 2 字节,表示数据部分的长度。

⑤ 下一个报文号是与 IPv6 的报头相连的操作头和高层协议的类型。

⑥ 跳数限制与 IPv4 的 TTL 功能类似。

⑦ 源 IP 地址和目的 IP 地址各占 16 字节(128 位)。

IPv6 的改进主要有:IPv6 的地址由 IPv4 的 32 位扩展到了 128 位,且取消 IPv4 的地址分类的概念。考虑了组通信的规模大小,在组通信地址类内定义了范围域,而 IPv4 的组通信是用 D 类地址表示的。IPv6 还引入了任意通信地址的新地址概念,用于描述同一通信组中的一个点。为了降低报文的处理开销和占用的网络带宽,IPv6 对 IPv4 的报头进行了简化，IPv4 头部的某些字段被取消或改为选项，使得 IPv6 头部的带宽开销尽可能低，IPv6 头部的长度只有 IPv4 头部的 2 倍。IPv6 改变了 IPv4 的报头的操作设置方法，从而改变了操作位方面的限制，使得用户可以根据新的功能要求设置不同的操作。IPv6 提供了服务质量能力，增加了流量标识字段，用于确定数据报的工作流属性，例如，非缺省服务质量通信业务或“实时”服务。IPv6 支持多种形式的自动配置，对安全性能提出了更高的要求，因此，IPv6 中定义了协议认证、数据完整性、报文加密等相关功能。除此之外，IPv6 引人注目的新特性还有支持移动性、多点寻址、路由效率、自动配置等。

基于以上改进和新的特征，IPv6 为互联网换上一个简捷、高效的引擎，不仅可以解决 IPv4 目前的地址短缺难题，而且可以使国际互联网摆脱日益复杂、难以管理和控制的局面，变得更加稳定、可靠、高效和安全。现有几乎所有的网络及其连接设备都支持 IPv4，因此，IPv6 必须能够支持和处理 IPv4 体系的遗留问题，彼此间必须具有互操作性，提供平稳的转换机制，把对现有使用者的影响降至最小。

5. TCP

TCP/IP 网络体系结构中的另外两个具有代表性的协议是 TCP 和 UDP。其中的 TCP 与 IP 并列成为 TCP/IP 的核心。

TCP 是面向连接的协议，即在发送数据之前，须建立有效连接，因而可以提供可靠的全双工数据传输服务。在数据传输过程中，应用层的数据传送到传输层后，在数据的头部加上 TCP 头部，构成 TCP 的数据传送单位报文段，在发送的时候作为 IP 数据报的数据部分。在接收时，IP 数据报去掉 IP 头部得到 TCP 报文段，传输层再将 TCP 头部去掉，传送给应用层。TCP 具有面向数据流、虚电路连接、有缓冲的传送、无结构的数据流和全双工连接等五个特征。TCP 数据报报文格式如图 9-13 所示。

位	0	4	8	16	24	31
报头	源端口			目标端口		
	序列号 (SEQ)					
	确认应答号 (ACK)					
	数据偏移	预定域	标志位	窗口		
	校验和			紧急指针		
	选项和填充					
数据	数据					

图 9-13 TCP 数据报报文格式

报头字段说明：

① 源端口和目标端口号，各 2 字节，分别标识连接两端的应用程序。

② 序列号(SEQ)，4 字节，本报文数据部分的第一个字节符号。

③ 确认应答号(ACK)，4 字节，表示希望收到对方下次发送的数据报的第一个字节。

④ 数据偏移，4 位，TCP 数据报报头的长度。

⑤ 预定域，用于功能扩展。

⑥ 标志位，各一位(URG：紧急比特，当为 1 时，表示此报文为紧急数据，不需要排队，

立即传送；ACK：确认比特，当为 1 时，表示确认应答号有效；PHS：紧迫比特，当为 1 时，表示该报文为紧迫数据，令接收方无须缓冲，直接传递于应用层；RST：重建比特，当为 1 时，表示重建连接；SYN：同步比特，与 ACK 配合使用，当 SYN＝1、ACK＝0 时，表示请求建立连接；当 SYN＝1、ACK＝1 时，表示同意建立连接；FIN：终止比特，表示释放连接）。

⑦ 窗口，2 字节，用于设置发送端可以发送的字节个数，从而实现流量控制。

⑧ 校验和，2 字节，用于确定数据可靠性。

⑨ 紧急指针，与紧急比特配合使用处理紧急情况。

⑩ 选项和填充，最多 40 字节，用于传送附加信息。

IP 只提供一种将数据报传送到目标主机的方法，但不能解决数据报丢失和乱序递交等传输的可靠性问题。面向连接的 TCP 则解决 IP 未解决的问题。因此，两者相结合的 TCP/IP 提供了在互联网上可靠传输数据的方法。

6. UDP 及其他常用协议

UDP（用户数据协议）是无连接的、不可靠的传输协议。UDP 提供进程到进程的通信，以及非常有限的差错控制。UDP 是一个非常简单的协议，其删除了 TCP 报文中的很多复杂字段，报头仅保留了源端口、目标端口、校验和，开销大大降低，虽然可靠性降低了，但效率大大提高。UDP 提供的是无连接的服务，不具有确认和重发机制，必须依靠上层应用协议来处理这些问题。UDP 相对于 IP 来说，唯一增加的功能是提供了对协议端口的管理，以保证应用进程间进行正常的通信。它与对等的 UDP 实体再传输时不建立端到端的连接，只是简单地向网络上发送数据或从网络上接收数据。并且，UDP 将保留上层应用程序产生的报文边界，即不会对报文合并或分段处理，这样使得接收端收到的报文与发送时的报文大小完全一致。

Telnet（远程通信网）协议用于客户进程与服务器进程之间传输信息，是一个应用层协议，使用 TCP 连接进行可靠的传输。Telnet 程序使用 Telnet 协议为用户提供使用远程主机的服务。Telnet 程序提供的服务是交互的，用户可以在一个终端会话中与远程计算机通信。

HTTP（超文本传输协议）是万维网（WWW）客户端进程与服务端进程交互遵循的协议，属应用层协议，使用 TCP 连接进行可靠的传输。HTTP 是万维网上资源传送的规则，是万维网正常运行的基础保障。

SNMP（简单网络管理协议）是一个基于 UDP 的应用层协议，是事实上的网络管理工业标准。其基本功能有监听网络性能、检测分析网络差错和配置网络等。

FTP（文件传输协议）是一个基于 TCP 的应用层协议，主要提供文件传送服务。FTP 服务的工作模式是 C/S（Client to Server）模式，FTP 服务是由 FTP 服务器提供的，客户端可以通过服务器享受文件传送服务。

SMTP（简单邮件传输协议）是用于收发电子邮件的协议，而 POP3（第三版邮局协议）是用于邮件下载的协议。

DNS（域名系统）是基于 UDP 的协议，提供将机器的名字空间和 IP 地址绑定的服务。网络中的主机或路由器都有唯一的层次结构的名字（即域名）和 IP 地址。通常由于域名的层次结构有一定的含义，比 IP 地址容易记忆。

ICMP（互联网控制报文协议）是一个位于网际层的协议。由于 IP 本身没有任何可以帮助发送端测试连接性或排除故障的机制,所以发送端无法判断传输失败原因是本地故障还是远端故障。ICMP 就是用于向主机或路由器报告错误和异常信息的协议,是 IP 协议的一部分。

RIP(路由信息协议)是一个基于距离矢量的分布式路由协议,是内部网关协议中应用最广泛的协议。其中的"距离"指的是为到达目的网络所需经过的路由器数量,即跳数。所以 RIP 的路由选择非常简单,即选择跳数最小的路由即可。另一种较常用的路由协议是 OSPF(开放最短通路优先协议)。它是一种分布式链路状态协议,与 RIP 不同,OSPF 路由选择的原则是选择链路状态最好的路由。

PPP(点对点协议)是一个数据链路层协议,多用于用户接入互联网。

9.1.6　IP 技术

IP 技术的核心是支持网络互联的 TCP/IP,它通过 IP 数据报和 IP 地址将物理网络细节屏蔽起来,向用户提供统一的网络服务。TCP/IP 最初是为提供非实时数据业务而设计的,因此传统的 IP 网传送实时音频和视频的能力较差。随着互联网业务的增多和技术的成熟,IP 技术自身也在不断变化。这些变化使互联网不但可收发电子邮件、浏览主页,还可进行实时通话和观看视频点播。IP 技术将是综合业务的最好方案,它把计算机网、有线电视网和电信网融合为统一的宽带数据网或互联网。

1. IP 地址技术

地址是系统中某个对象的标识符。在物理网络中,各站点都有一个机器可以识别的地址,该地址称为物理地址(也叫硬件地址或 MAC 地址)。在互联网中,统一通过上层软件(IP 层)提供一种通用的地址格式,在统一管理下进行分配,确保一个地址对应一台主机。这样,全网的物理地址差异就被 IP 层屏蔽,通称 IP 层所用的地址为互联网地址,或 IP 地址,它包含在 IP 数据报的头部。互联网上的每个器件必须申请一个唯一的 IP 地址,并与其 MAC 地址相对应。IP 地址是一种软地址,其与 MAC 地址间的对应关系由 ARP 确定。

2. IP 路由选择

数据通信网主要由分布在一定范围的数据通信节点和连接它们的数据链路构成。交换是指当一个通信节点存在多方向和多个连接链路时,为指定的信源和信宿选择合适的路由并建立物理的或虚拟的连接,以完成数据报的交互。路由选择是从向一个网络发送数据包的多条路由中选择其一的过程。

与 ATM 以固定长度 53 字节的信元为单位不同,IP 采用长度在 20~64KB 间可变、结构统一的分组(包)作为数据传输的基本单位,每个分组的头部包括地址(源地址、目的地址)、序号、校验码等信息,供节点检错、校错、排队、选路等处理用,数据部分则透明传送。交换则采用无连接的分组交换方式,以存储转发机制,令每个节点首先将前一节点送来的分组收下来,暂时存储在缓冲区中,然后根据分组头部的地址信息选择适当的链路将其发送至下一节点。这种虚连接极大地提高了网络带宽的利用率,但有时延大、难以保证实时通信服务质量(QoS)等缺点。

IP 的路由选择是由路由器依靠软件在网络层来实现的。路由器通过存储在路由器中的 IP 路由表(Internet Routing Table)做路由选择。该表存储有关可能的目的网络节点以及如何到达目的网络节点的信息。主机或者路由器中的软件需要传送数据报时,就查询路由表来决定把数据报发往何处。为了确定分组数据包在 IP 网络中的传送路径,IETF 定义了多个路由选择协议,包括网关到网关协议(GGP)、外部网关协议(EGP)、内部网关协议(IGP)、路由信息协议(RIP)、开放最短路径优先协议(OSPF)以及边界网关协议(BGP)等。

在算法上,IP 路由选择主要有矢量距离(Vector-Distance)算法和最短路径优先 SPF(Shortest Path First)算法两种。矢量距离算法是路由器确定传播选路信息的一个经典算法。每个路由器在其路由表中列出了所有已知路由。某路由器启动时,就对其路由表初始化,为每个与自己直接相连的网络生成一个表项,每个表项都指出一个目的网络,并给出相应的距离,该距离通常用跳(Hop)数来表示。每个路由器周期性地向与其直接相连的其他路由器发送自己的路由表。对矢量距离算法进行修改就得到了 SPF 算法,它也称为链接状态算法,OSPF 就采用这种算法。SPF 算法要求每个参与工作的路由器都具有全部拓扑结构的信息,用点代表路由器,用边表示与路由器相连的网络,两点间有一条链接的条件是:当且仅当对应于这两点的路由器能够直接通信(即不再经过其他的路由器)。与矢量距离算法类似,路由器也周期性地发送广播该路由器各个链接状态的报文,链接状态报文到达后,路由器使用其中的信息,把链接标为正常或故障,更新自己的互联网络映射图。SPF 算法的主要优点是每个路由器使用同样的原始状态数据,不依赖中间的机器而是独立地计算出路由。

3. IP 交换

互联网已从局域计算机网走向全球计算机网,并向与电信网和有线电视网融合的方向发展。网内的数据流量将与日俱增,靠路由器一个个包地逐个地址解析、逐跳寻址和过滤,处理速率较慢已成为 IP 网发展的“瓶颈”。此外,逐跳寻址使端到端的时延大和时延抖动大,同一目的地的 IP 包可能走不同的路由,不适合实时应用,为此提出了 IP 变换的概念。

ATM 交换机用硬件在数据链路层实现数据单元面向连接的高速交换。IP 交换控制器主要由路由软件和控制软件组成,通过 ATM 交换机的一个 ATM 接口与 IP 交换控制器的 ATM 接口传送控制信号和用户数据。在 ATM 交换机与 IP 交换控制器之间使用的控制协议是通用交换机管理协议(GSMP),在 ATM＋IP 交换机之间使用的协议是 Ipsilon 流管理协议(IFMP)。

IP 交换的基本概念是流的交换,一个流是从 ATM 交换机端口输入的一系列有先后关系的 IP 包,它将由 IP 控制器的路由软件来处理。通过 GSMP,使得 IP 控制器能对 ATM 交换机进行控制,完成直接交换。IFMP 用于相邻的 ATM＋IP 交换机和网关,支持 IFMP 的网络接口卡之间请求分配一个新的 VPI/VCI,以便把现有的网络或主机接入 ATM＋IP 交换机中,或用来控制数据传输。

ATM＋IP 交换机是 ATM 和互联网两种技术的结合,利用 ATM 网络为 IP 用户提供高速直达数据链路,既可以使 ATM 网络运营部门充分利用网络资源,发展 ATM 网上的 IP 用户业务,又可以解决互联网发展中遇到的瓶颈问题。

当互联网中存在巨大的数据流量时,即使采用高档的干线路由器也难以应付。路由器和交换机各有优缺点,两者相互取长补短,从而引出第三层交换机的概念。第三层交换机是一种综合交换机速度和路由器流量控制功能于一体的新的网络互联设备。它只在介质访问层处理数据包,主要是检查目的介质访问层(MAC)地址。第三层交换机的体系结构不仅对提高局域网的性能有重大的贡献,而且也将影响未来局域网路由设备的设计思路。

4. IP 传输技术

IP 传输有如下几种方式。

(1) IP Over ATM(IPOA)。从传输的角度看,IP 网与 ATM 交换结合就意味着 IP Over ATM。而现有的 IPOA 采用 IP/ATM/SDH/WDM 结构,即 ATM 不直接面向 WDM 光层,中间还要经过 SDH。

(2) IP Over SDH(IPOS)。IPOS 是将 IP 包通过点对点协议(PPP)映射到 SDH 传输帧(STM-N)中。具体做法是先把 IP 数据报封装进 PPP,然后利用高层数据链路控制(HDLC)成帧,再将字节同步映射进 VC 包封中,最后加上相应的 SDH 开销,置入 STM-N 帧内。其最大的优点是封装开销 IPOS 费用低,实现和网络结构简单等特点,适合组建互联网骨干网,解决带宽瓶颈问题。但 IPOS 只适于单一业务(IP)平台与大容量传送数据业务的场合,不适于多业务网络和有 QoS 要求的业务。

(3) IP Over WDM。它也称光因特网,理论上在 IP 和物理网络间无须额外增加 ATM 和 SDH 等其他电气层,IP 可以直接与光网络相连。现有 IP Over WDM 所采用的帧结构主要有 SDH 的帧结构和千兆比特以太网的帧结构两种。这两种帧结构均在实际的 IP 网络中得到了应用。

目前,国外以 Web 业务为主的互联网网络提供商主要使用 IP Over SDH 技术;传统电信运营商为支持实时性要求高的业务,多选择 IP Over ATM,而 IP Over WDM 技术将综合两者的优点,克服其缺点。这三种技术将会在较长一段时间内共存,在宽带通信网络中发挥各自的作用。随着 IP 成为事实上的网络标准,交换将逐步采用 IP 光交换,传输最终将主要采用 IP Over WDM。

9.2 通信与网络技术

9.2.1 光纤通信技术

光纤通信是利用光导纤维传输信号,以实现信息传递的一种通信方式。实际应用中的光纤通信系统使用的不是单根的光纤,而是许多光纤聚集在一起组成的光缆。光纤通信系统普遍采用数字编码和强度调制-直接检测(IM-DD)通信系统,其基本结构如图 9-14 所示。电端机对用户的各种业务信号进行复用/去复用处理并发送/接收高速数字电信号;光端机把电端机的信号变换成适合光纤传输和能携带定时的线路码并进行电/光和光/电变换及光信号与光纤线路的耦合。光中继器通常采用掺铒光纤放大器以补偿光纤线路的损耗,也可以采用背靠背的光收、发信端机,并在其间配置数字信号再生单元组成的再生器代替光中继器。

图 9-14 光纤通信系统的基本结构

1. SDH 光纤系统

SDH 终端复用设备把各种业务信号码流按同步传送模块的结构规范组成 STM-N 成帧信号,即 SDH 信号码流。SDH 光缆线路系统是在光缆上以 SDH 规范的速率实现数字线路段的手段,它由线路终端、光缆线路段和再生器(如果需要)组成。SDH 的速率系列为 155Mb/s、622Mb/s、2.5Gb/s、10Gb/s 和 40Gb/s 等。

SDH 传输速率高,容量大,必须充分重视生存性问题。解决这个问题的办法是对设备重要单元——光纤线路采用 1+1 或 1:N 备份保护和对网络路由进行保护倒换。自愈 (Self-healing)是生存性网络最突出的要求。所谓自愈,是指网络对于某些局部失效具有无须人为干预就能自动倒换到替代路由,重新配置业务,保持通信的能力。SDH 网的自愈保护方法从网络功能结构划分,可以分为路径保护和子网连接保护。路径保护是当工作路径失效或性能劣于某一指定水平时,工作路径将由保护路径所代替。路径终端可以提供路径状态的信息,而保护终端则提供受保护路径状态的信息。这两种信息是保护启动的依据。子网连接保护(SNCP)是当工作子网连接失效或性能劣于某一指定水平时,工作子网连接将由保护子网连接所代替。子网连接保护可以应用于网络内的任何层,被保护的子网连接可以进一步由低等级的子网连接和链路连接级联而成。

2. 密集波分复用技术

目前在实验室利用电时分复用技术已实现 40Gb/s(STM-256)SDH 系统,但再往高走会越来越困难。密集波分复用(DWDM)是利用单根光纤传输多个波长的超大容量光传输技术。DWDM 系统每个波长间隔为纳米级,当波长间隔进一步缩窄后就变成 OFDM(光频分复用)。DWDM 系统中的关键器件有光纤放大器、色散补偿器、DWDM 分波器/合波器和窄光谱高稳定度的激光器。DWDM 作为进一步提高光纤传输容量的方法,不仅传输容量极大,而且对承载业务透明,即不同种类、不同速率和制式的信号,不需要接口变换就能各自利用 DWDM 的一个波长一起传输。因此,DWDM 系统容易平稳升级,随需求逐步增加波道,组网灵活,节省投资。

3. 全光网络

传送网是由传输系统和传输节点组成的分层网络。它将向光、电分层方向发展,并最终实现高层全光网络和光联网(OTN)。

光交换方面,在全光网络的初期,可能采用基于电路交换为基础的光交换,再向光标记交换发展,即在光域采用类似多协议标记交换(MPLS)的技术,提高光数据包的转发速度,以解决光器件响应速度低的困难。

光传输方面,研究和发展光时分复用(OTDM)技术。在电时分复用的速率已逐渐接近电子电路物理极限的情况下,利用光时分复用技术(OTDM)将多路光孤子复用,可实现更大容量的光传输。OTDM 利用锁模激光器产生重复频率超过 100GHz 的超窄光脉冲作为系统时钟,用光时钟脉冲控制全光复用器和去复用器进行光脉冲的复用与去复用。OTDM 传输需要的基本技术包括超窄光脉冲发生技术、全光复用/去复用技术、光同步技术、光脉冲波形观测技术等。这些技术目前还不太成熟和稳定,有待进一步发展。

目前,速率超过 10Gb/s 时,宜采用 SDH over DWDM 或 ATM over DWDM 方案。随着因特网的发展,高速数据传输将向 IP over DWDM 方向发展,使 IP 网从业务层贯穿至光节点层,可以省去 ATM 与 SDH 层。例如,动态分组传输技术(DPT)是一种 IP over DWDM 技术,它借用 SDH 帧格式,具有高度的灵活性和兼容性,可在 DWDM 设备和 SDH 系统中透明传输。

光分组化与 IP 的一致性和 DWDM 的业务汇集能力是 OTN 的基础。OTN 的光传输层和数据业务层都有联网能力,可以消除电子设备引起的节点瓶颈,并使网络具有可扩展性、可重构性和透明性。

9.2.2　接入网技术

通信需求已从话音向多媒体和宽带数据迅速转移,通信网到用户的"最后一千米"成了全网数字化和宽带化的瓶颈,突破这一瓶颈的解决方案是采用新的接入技术。

1. 接入方式

接入网主要分为有线接入和无线接入两类。有线接入分为铜缆接入、光纤接入、混合接入等多种方式。

1) 铜缆接入

利用已有的铜缆用户线实现较高速率的业务接入,主要有用户线对增容技术(Pair Gain)、高速数字用户环路(HSDL)技术和非对称数字用户环路(ADSL)技术。这些接入技术的带宽是有限的,其中,ADSL 应用比较广泛。

2) 光纤接入

光纤接入是指从光接入节点至业务提供点全部采用光纤传输系统,主要有灵活接入系统(FAS)、无源光网络(PON)、SDH 接入系统等。就光接入节点的位置来分,又有光纤到户(FTTH)、光纤到路边(FTTC)、光纤到小区(FTTZ)、光纤到大楼(FTTB)、光纤到办公室(FTTO)等多种类型。SDH 接入系统能提供极宽的带宽,而且与中继传输网和骨干传输网能密切配合,特别适合于大集团用户的专线接入。其他几种光纤接入系统的带宽虽然比 SDH 窄些,但具有组网灵活、易扩大覆盖、适合多种用户和带宽要求多样化的小区接入等优点。

3) 混合接入

混合接入是一种利用光纤到路边或大楼,以同轴线或 ADSL 接入用户的接入方式,即混合光纤/同轴网(HFC)或混合光纤/非对称数字用户线(ADSL)方式。

4) 无线接入

无线接入是在接入网的某一部分或全部引入无线传输媒介,向用户提供固定和移动终端业务的接入方式,有固定无线接入和移动无线接入两种。

2. 主要的有线接入技术

接入网将沿光纤化、SDH 化、分组化、宽带化、广覆盖、增加业务透明性的方向发展。目前,主要的技术手段是利用开放的 V5 接口,使接入网相对独立于 PSTN/ISDN 交换机;把 SDH 延伸到接入层;采用 xDSL 充分利用现有铜线资源;以 PON 实现配线段和引入线光纤化,使接入成本趋近于铜线;用 HFC 对有线电视网进行双向改造;以 ATM 宽带和 PON 透明性优势互补的 APON 技术低成本地拓展接入带宽;采用以太网和 DSL 相结合的传输分组包以太环系统(EDSL)和以无线本地环路(WLL)及宽带本地多点分配服务系统(LMDS)

等无线接入做补充等。

1）V5 接口

V5 是 ITU-T 制定的交换机和用户接入网之间的开放式接口标准。目前主要有 V5.1 和 V5.2 两种,可支持 PSTN、ISDN 等业务类型的接入。

2）PON

PON 是一点对多点的系统,其本身是由光纤和分光器以及相应的传输设备构成的传送和分配光功率的网络。当前最常用的是一根光纤和分光器做下行、另一根光纤和分光器做上行的全双工双向传输方式。在 PON 中传输的信号速率力 51.2 Mb/s。

3）xDSL

xDSL 主要有高比特率数字用户线(HDSL)和非对称数字用户线(ADSL)。HDSL 是一种利用铜线进行双向对称高速数据传输的新技术,可以在 2～3 对双绞线上全双工地传输 $N×64kb/s$ 或 2Mb/s 数据信息,传输距离为 3～5km。HDSL 采用了 2B1Q 编码技术及高速自适应数字滤波等数字信号处理技术来均衡全部频段上的线路损耗,消除杂音和串音,从而实现基群速率的宽带业务。ADSL 是利用一对双绞线以上、下行不同速率的方式实现双向传输的技术。下行速率可达 8Mb/s,上行一般仅为每秒几百兆,适用于电视点播等业务。

4）HFC

HFC 是一种以模拟频分复用技术为基础,综合运用模拟和数字传输技术、光纤和同轴电缆传输技术、射频技术的宽带用户接入网。主干系统使用光纤传输高质量的信号,配线部分使用树状拓扑结构的同轴电缆系统,传输和分配用户信息。HFC 是在有线电视网络基础上发展起来的能同时提供下行 CATV 业务和双向语音、数据及数字图像等交互型业务的网络。

9.2.3　数字蜂窝移动通信技术

数字蜂窝移动通信系统是应用最为广泛的移动通信系统,且所涉及的技术领域最广,技术也最复杂。数字蜂窝移动电话系统由移动业务交换中心(MSC)、基地站(BS)、移动台(MS)及与市话网相连接的中继线等组成。移动业务交换中心完成移动台与移动台之间、移动台与固定用户之间的信息交换转接和系统管理。基地站和移动台均由收发信机及列线、馈线组成。每个基地站都有移动的服务范围,称为无线小区。无线小区的大小由基地站发射功率和天线高度决定。通过基地站和移动业务交换中心就可以实现任意两个移动用户之间的通信;通过中继线与市话局的接续,可以实现移动用户与市话用户之间的通信。

移动通信系统经历了一代(1G)、二代(2G)、三代(3G),目前已经普遍使用四代(4G),五代(5G)即将问世。

4G 是第四代移动通信及其技术的简称,是集 3G 与 WLAN 于一体并能够传输高质量视频图像以及图像传输质量与高清晰度电视不相上下的技术产品。4G 系统能够以 100Mb/s 的速度下载,比拨号上网速度快 2000 倍,上传的速度也能达到 20Mb/s,并能够满足几乎所有用户对于无线服务的要求。而在用户最为关注的价格方面,4G 与固定宽带网络在价格方面不相上下,而且计费方式更加灵活机动,用户完全可以根据自身的需求确定所需的服务。此外,4G 可以在 DSL 和有线电视调制解调器没有覆盖的地方部署,然后再扩展到整个地区。很明显,4G 有着不可比拟的优越性。如果说 2G、3G 通信对于人类信息化的发展是微不足道的话,那么4G通信给了人们真正的沟通自由,并彻底改变人们的生活方式甚至社会形态。

4G手机可以提供高性能的汇流媒体内容,并通过ID应用程序成为个人身份鉴定设备。它也可以接收高分辨率的电影和电视节目,从而成为合并广播和通信的新基础设施中的一个纽带。此外,4G的无线即时连接等某些服务费用会比3G便宜。还有,4G集成不同模式的无线通信——从无线局域网和蓝牙等室内网络、蜂窝信号、广播电视到卫星通信,移动用户可以自由地从一个标准漫游到另一个标准。

4G通信技术并没有脱离以前的通信技术,而是以传统通信技术为基础,并利用了一些新的通信技术,来不断提高无线通信的网络效率和功能的。如果说3G能为人们提供一个高速传输的无线通信环境的话,那么4G通信是一种超高速无线网络,一种不需要电缆的信息超级高速公路,使电话用户以无线及三维空间虚拟实境连线。

4G移动系统网络结构可分为三层:物理网络层、中间环境层和应用网络层。物理网络层提供接入和路由选择功能,它们由无线和核心网的结合格式完成。中间环境层的功能有QoS映射、地址变换和完全性管理等。物理网络层与中间环境层及其应用环境之间的接口是开放的,它使发展和提供新的应用及服务变得更为容易,提供无缝高数据率的无线服务,并运行于多个频带。这一服务能自适应多个无线标准及多模终端能力,跨越多个运营者和服务,提供大范围服务。4G移动通信系统的关键技术包括:信道传输;抗干扰性强的高速接入技术、调制和信息传输技术;高性能、小型化和低成本的自适应阵列智能天线;大容量、低成本的无线接口和光接口;系统管理资源;软件无线电、网络结构协议等。4G移动通信系统主要是以正交频分复用(OFDM)为技术核心。OFDM技术的特点是网络结构高度可扩展,具有良好的抗噪声性能和抗多信道干扰能力,可以提供无线数据技术质量更高(速率高、时延小)的服务和更好的性价比,能为4G无线网提供更好的方案。

2013年12月4日,根据工信部的公告,我国发放4G牌照,三家运营商同步获得首批4G牌照,为TD-LTE制式。TD-LTE是我国自主研发的4G标准,是由TD-SCDMA(3G网络)发展而来。FDD-LTE是现在国际上使用最广泛的4G网络。现在全球有超过200个LTE的商用网络,其中超过90%是FDD-LTE的。从技术上说,TD-LTE采用的是时分双工,而FDD-LTE采用的是频分双工。

频分双工就是将信息上传和信息下载放在两个不同的频段,称为上行频段和下行频段,且这两个频段必须对称。为了防止上下行频段之间的信息串频,两个频段不能重叠,而且中间必须隔开一段,称为保护频。

时分双工就是将上传和下载放在同一个频段,也就是上行频段和下行频段完全一样。那它是如何做到上下的信息不串频呢?其实很简单,顾名思义,频分双工分的是频段,那时分双工分的就是时间。将波传播的时间轴一分为二,前半部分用于信息的上传,后一部分用于信息的下载。其实这从理论上更像是同步的半双工,但是由于上行和下行时间差距极短,无法感觉到,所以从效果上也是全双工。

TD-LTE和FDD-LTE是4G的两种国际标准,各有利弊。TD-LTE占用频段少,节省资源,带宽长,适合区域热点覆盖;FDD-LTE速度更快,覆盖更广,但占用资源多,适合广域覆盖。

9.2.4　卫星通信技术

卫星通信技术是一种利用人造地球卫星作为中继站来转发无线电波而进行的两个或多个地球站之间的通信。自20世纪90年代以来,卫星移动通信的迅猛发展推动了天线技术的进步。卫星通信具有覆盖范围广、通信容量大、传输质量好、组网方便迅速、便于实现全球无缝链接等众多优点,被认为是建立全球个人通信必不可少的一种重要手段。

随着卫星技术和通信技术的发展,通信卫星的容量和功率越来越大,在轨卫星数量也越来越多,每颗卫星承担的业务种类也越来越多样化。卫星通信覆盖区域大,不受距离和地理条件的限制,同时频带宽,容量大。卫星通信作为空间宽带传输技术已成为地面光纤传输的重要补充,特别是边远地区和跨海越洋通信必不可少的通信手段。传统的卫星通信应用主要是广播和话音业务。近年来,由于通信技术的发展与业务的需求,卫星业务已从单纯的广播、话音业务向话音、数据、文本、图像、视频等多媒体业务发展。

与其他通信手段相比,卫星通信具有许多优点。

(1) 电波覆盖面积大,通信距离远,可实现多址通信。在卫星波束覆盖区内的通信距离最远为18 000km。覆盖区内的用户都可通过通信卫星实现多址连接,进行即时通信。

(2) 传输频带宽,通信容量大。卫星通信一般使用1~10 000MHz的微波波段,有很宽的频率范围,可在两点间提供几百、几千甚至上万条话路,提供每秒几十兆比特甚至每秒一百多兆比特的中高速数据通道,还可传输好几路电视。

(3) 通信稳定性好、质量高。卫星链路大部分是在大气层以上的宇宙空间,属恒参信道,传输损耗小,电波传播稳定,不受通信两点间的各种自然环境和人为因素的影响,即便是在发生磁爆或核爆的情况下,也能维持正常通信。

卫星传输的主要缺点是传输时延大。在打卫星电话时不能立刻听到对方回话,需要间隔一段时间才能听到。其主要原因是无线电波虽在自由空间的传播速度等于光速(每秒30万千米),但当它从地球站发往同步卫星,又从同步卫星发回接收地球站,这"一上一下"就需要走8万多千米。打电话时,一问一答无线电波就要往返近16万千米,需传输0.6s。也就是说,在发话人说完0.6s以后才能听到对方的回音,这种现象称为延迟效应。由于"延迟效应"现象的存在,使得打卫星电话往往不像打地面长途电话那样自如、方便。

卫星通信系统是由通信卫星和经该卫星连通的地球站两部分组成。静止通信卫星是目前全球卫星通信系统中最常用的星体,是将通信卫星发射到赤道上空35 860km的高度上,使卫星运转方向与地球自转方向一致,并使卫星的运转周期正好等于地球的自转周期(24h),从而使卫星始终保持同步运行状态。故静止卫星也称为同步卫星。静止卫星天线波束最大覆盖面可以达到大于地球表面总面积的1/3。因此,在静止轨道上,只要等间隔地放置三颗通信卫星,其天线波束就能基本上覆盖整个地球(除两极地区外),实现全球范围的通信。当前使用的国际通信卫星系统,就是按照上述原理建立起来的,三颗卫星分别位于大西洋、太平洋和印度洋上空。

卫星通信是指利用人造地球卫星作为中继站转发无线电信号,在两个或多个地面站之间进行的通信。地球站是指设在地面、海洋或大气层中的通信站,习惯上称为地面站。通信卫星是沿轨道飞行的无线电波中继站。卫星上转发信号的最基本的单元是转发器。地球上卫星地面站的上行发送装置,借助于指向卫星的抛物面天线发送信号到转发器。转发器将信号放大再移至另一频率上(避免对输入信号的干扰),发送回地球。地面站的下行抛物面天线和接收机捕捉到信号后,先进行接收,再按各自的方式传送,也可实现多个地面站的相互通信。卫星转发器通常分为透明转发器和处理转发器两大类。透明转发器接收到地面站发来的信号后,除进行低噪声放大、变频、功率放大外,不做任何处理,只是单纯地完成转发任务,它对工作频带内的任何信号都是透明的通路,透明转发器主要用于模拟卫星通信系统。在数字卫星通信系统中,可采用处理转发器,它除了能转发信号外,还具有信号处理和再生功能。

卫星通信系统分类有多种方式,按卫星制式可分为静止卫星通信系统、随机轨道卫星通信系统和低轨道卫星(移动)通信系统;按业务范围可分为固定业务卫星通信系统、移动业务卫星通信系统、广播业务卫星通信系统和科学实验卫星通信系统等。

空间频段和可用的轨道位置都是很有限的资源,国际电信联盟对卫星应用的各个频段有详尽的建议,其认可的世界无线电管理委员会(WARC)定期召开会议来实施无线电频带使用的管理,确定卫星的轨道位置,而国际频率注册组织(IFRB)则负责轨道上卫星的位置及其使用频率的分配。

与其他通信技术一样,卫星通信也把数字化技术作为一种充分利用有限频带的方法,以大大提高频率资源的利用率。星上处理技术已允许更大限度地实现国际互联,支持一系列计算机软硬件平台,极大地提高了信息传送的效率,减少了传输时间。

卫星通信中常用的多址方式有 FDMA、TDMA、CDMA 及最早使用的 SDMA(空分多址)等。SDMA 的基本特征是卫星天线有多个点波束,分别指向不同的区域地球站,利用波束在空向的差异来区分不同的地球站。这四种多址方式各有特点,各有不同的适用场合。

星际链路的多址方式十分重要,直接影响系统的性能。目前,在星际自由空间光通信中一般采用 TDMA 方式。但是由于传输距离很长,因而时延较大,难以达到 TDMA 系统要求的严格时钟同步。如果采用国际上最近提出的 WDM 方式,由于连续可调光源的生产存在较大的难度,所以难以满足 WDM 要求发射光源的频率在较大范围内连续可调的要求。因此,在卫星 IP 网络中可采用空间光码分多址技术(SO-CDMA)。SO-CDMA 用相互独立的光脉冲序列作为每个发射光源的地址码,地址码之间相互正交,各信号源用各自的地址码调制,在接收端用相应的地址码进行解调。对 SO-CDMA 技术的研究主要集中在扩频序列的选择、调制方式、信号检测方法(包括多径接收和多用户接收)、功率控制以及同步技术等。SO-CDMA 是今后星际链路采用的最重要的方式之一。

以数字媒体和互联网业务为主的宽带卫星系统已成为当前发展的新热点。新一代的宽带卫星网络已在开发和部署,将提供高速的互联网和多媒体业务。宽带卫星网络日益增加的优势,以及卫星通信易于进行多点广播通信和大覆盖的特性,使卫星网络在全球信息基础网络结构中起到不可缺少的作用。卫星网络将会成为固定网络或地面移动网络的一部分,成为 IMT-2000 系统的一部分以覆盖到边远地区的用户。卫星 IP 网络技术是地面宽带 IP 技术在通信领域内的演变和应用,它是指以 IP 技术为基础,通过卫星信道进行传送、交换 IP 数据包,以达到廉价地提供用户满意的大流量分组数据业务的目的。由于卫星网络固有的一些特性影响了其获得良好性能,主要包括长延迟、增加的比特差错率、网络不对称性。关键技术研究包括支持 IP 的卫星网络体系结构,支持 IP 运行的网络层协议、Internet 规定协议和传输层协议的卫星链路需求,支持卫星 IP 运行的网络层和传输层协议的性能需求,

IP 增强卫星链路或高级协议性能的可改善要求；使用 IP 专用和加密协议对卫星链路的影响。

IP over 卫星和 IP over 卫星 ATM 各有特点，应用的通信卫星技术有所不同。在 IP over 卫星中，卫星主要指现阶段的 C 或 Ku 波段静止轨道卫星，可用于作为地面网中继的大型卫星关口站或 VSAT 卫星通信网。这种方式主要是采用协议网关来实现的，它截取来自客户机的 TCP 连接，将数据转换成适合卫星传输的卫星协议（卫星协议是针对卫星特点对 TCP 的改进），然后在卫星线路的另一端将数据还原成 TCP，以达成与服务器的通信。IP over 卫星 ATM 采用星上处理技术和 ATM 技术，它使宽带卫星能够无缝传输互联网业务，能更好地满足人们对数据传输的需求。在卫星 ATM 网络中，卫星被设计为能支持几千个地面终端。地面终端通过星上交换机建立 VC，与另一地面终端之间传输 ATM 信元，但星上交换机能力有限。IP over 卫星 ATM 采用卫星 IP 改进和协议网关等技术，地面网中 IP over ATM 的一些技术也适用。

卫星 IP 网络的发展主要有两个方向：一是高速技术，提供互联骨干网的无缝连接；二是终端小型化，为企业网、局域网或家庭用户提供便宜的互联网接口。

9.2.5　无线网络技术

各种无线和移动网络都可以采用 IP 技术与互联网相连，成为互联网的无线扩展，或互联网的无线接入网，使得各种移动和无线终端可以通过无线方式接入互联网，从而可以获得互联网的各种信息服务，并能在互联网平台上进行通信。由于无线网络与固定互联网是异质异构网络，网络技术发展具有渐进性和阶段性，因此，固定互联网的无线扩展（形式和内容）也是逐步演进的。随着网络技术和建设以及终端技术的发展，移动互联网与无线互联网在技术概念上的差异将会逐步缩小，可以统称为无线互联网技术。无线互联网技术包括移动网络接入、固定无线接入、无线局域网技术等几种方式。

随着核心网的技术发展和向全 IP 网络演进、无线通信技术的发展和无线链路速率的提高、移动终端的功能增强，人们通过无线（移动）互联网可以获得越来越多的固定互联网上丰富多彩的信息服务，在信息服务的类型、内容和质量上逐步接近固定互联网。

1. 网络标准

常见的无线网络标准有以下几种。

IEEE 802.11a：使用 5GHz 频段，传输速度为 54Mb/s，与 802.11b 不兼容。

IEEE 802.11b：使用 2.4GHz 频段，传输速度为 11Mb/s。

IEEE 802.11g：使用 2.4GHz 频段，传输速度主要有 54Mb/s、108Mb/s，可向下兼容 802.11b。

IEEE 802.11n：使用 2.4GHz 频段，传输速度可达 300Mb/s，标准尚为草案，但产品已层出不穷。

目前，IEEE 802.11b 最常用，但 IEEE 802.11g 更具下一代标准的实力。

IEEE 802.11b 标准含有确保访问控制和加密的两个部分，这两个部分必须在无线 LAN 中的每个设备上配置。拥有成百上千台无线 LAN 用户的公司需要可靠安全的解决方案，可以从一个控制中心进行有效的管理。缺乏集中的安全控制是无线 LAN 只在一些相对较小的公司和特定应用中得到使用的根本原因。

IEEE 802.11b 标准定义了两种机理来提供无线 LAN 的访问控制和保密：服务配置标识符(SSID)和有线等效保密(WEP)。还有一种加密的机制是通过透明运行在无线 LAN 上的虚拟专网(VPN)来进行的。无线 LAN 中经常用到的一个特性是称为 SSID 的命名编号，它提供低级别上的访问控制。SSID 通常是无线 LAN 子系统中设备的网络名称；它用于在本地分割子系统。IEEE 802.11b 标准规定了一种称为有线等效保密(或称为 WEP)的可选加密方案，提供了确保无线 LAN 数据流的机制。WEP 利用一个对称的方案，在数据的加密和解密过程中使用相同的密钥和算法。

2. 接入设备

在无线局域网里，常见的设备有无线网卡、无线网桥和无线天线等。

1) 无线网卡

无线网卡的作用类似于以太网中的网卡，作为无线局域网的接口，实现与无线局域网的连接。无线网卡根据接口类型的不同，主要分为三种类型，即 PCMCIA 无线网卡、PCI 无线网卡和 USB 无线网卡。

PCMCIA 无线网卡仅适用于笔记本电脑，支持热插拔，可以非常方便地实现移动无线接入，只是它们适合笔记本电脑的 PC 卡插槽。可以使用外部天线来加强 PCMCIA 无线网卡。

PCI 无线网卡适用于普通的台式计算机使用。其实 PCI 无线网卡只是在 PCI 转接卡上插入一块普通的 PCMCIA 卡。可以不需要电缆而使你的微机和别的计算机在网络上通信。无线 NIC 与其他的网卡相似，不同的是，它通过无线电波而不是物理电缆收发数据。无线 NIC 为了扩大它们的有效范围需要加上外部天线。当 AP 变得负载过大或信号减弱时，NIC 能更改与之连接的访问点 AP，自动转换到最佳可用的 AP，以提高性能。

USB 接口无线网卡适用于笔记本和台式机，支持热插拔，如果网卡外置有无线天线，那么，USB 接口就是一个比较好的选择。

2) 无线网桥

无线网桥可以用于连接两个或多个独立的网络段，这些独立的网络段通常位于不同的建筑内，相距几百米到几十千米。所以说它可以广泛应用在不同建筑物间的网络互联。同时，根据协议不同，无线网桥又可以分为 2.4GHz 频段的 802.11b、802.11g 和 802.11n 以及采用 5.8GHz 频段的 802.11a 和 802.11n 的无线网桥。无线网桥有三种工作方式：点对点、点对多点和中继桥接。它特别适用于城市中的远距离通信。

无线网桥通常用于室外，主要用于连接两个网络。无线网桥不可以单独使用，必须同时使用两个及以上，而 AP 可以单独使用。无线网桥功率大，传输距离远(最大可达约50km)，抗干扰能力强等，不自带天线，一般配备抛物面天线实现长距离的点对点连接；一些新的集成设备大都研发出来，应有尽有。

AP 接入点又称无线局域网收发器，用于无线网络的无线 HUB，是无线网络的核心。它是移动计算机用户进入有线以太网骨干的接入点，AP 可以简便地安装在天花板或墙壁上，它在开放空间最大覆盖范围可达 300m，无线传输速率可以高达 11Mb/s。

3) 无线天线

无线局域网天线可以扩展无线网络的覆盖范围，把不同的办公大楼连接起来。这样，用户可以随身携带笔记本电脑在大楼之间或在房间之间移动。

当计算机与无线 AP 或其他计算机相距较远时,随着信号的减弱,或者传输速率明显下降,或者根本无法实现与 AP 或其他计算机之间通信,此时,就必须借助于无线天线对所接收或发送的信号进行增益(放大)。

无线天线有多种类型,不过常见的有两种:一种是室内天线,优点是方便灵活,缺点是增益小,传输距离短;一种是室外天线。室外天线的类型比较多,例如栅栏式、平板式、抛物状等。室外天线的优点是传输距离远,比较适合远距离传输。

3. 接入方式

根据不同的应用环境,无线局域网采用的拓扑结构主要有网桥连接型、访问节点连接型、HUB 接入型和无中心型四种。

1) 网桥连接型

该结构主要用于无线或有线局域网之间的互联。当两个局域网无法实现有线连接或使用有线连接存在困难时,可使用网桥连接型实现点对点的连接。在这种结构中局域网之间的通信是通过各自的无线网桥来实现的,无线网桥起到了网络路由选择和协议转换的作用。

2) 访问节点连接型

这种结构采用移动蜂窝通信网接入方式,各移动站点间的通信先通过就近的无线接收站(访问节点:AP)将信息接收下来,然后将收到的信息通过有线网传入到"移动交换中心",再由移动交换中心传送到所有无线接收站上。这时在网络覆盖范围内的任何地方都可以接收到该信号,并可实现漫游通信。

3) HUB 接入型

在有线局域网中利用 HUB 可组建星状网络结构。同样也可利用无线 AP 组建星状结构的无线局域网,其工作方式和有线星状结构很相似。但在无线局域网中,一般要求无线 AP 应具有简单的网内交换功能。

4) 无中心型结构

该结构的工作原理类似于有线对等网的工作方式。它要求网中任意两个站点间均能直接进行信息交换。每个站点既是工作站,也是服务器。

4. 网络分类

1) 无线个人网

无线个人网(WPAN)是在小范围内相互连接数个装置所形成的无线网络,通常是个人可及的范围内。例如,对蓝牙连接耳机及膝上电脑,ZigBee 也提供了无线个人网的应用平台。

蓝牙是一个开放性的、短距离无线通信技术标准。该技术并不想成为另一种无线局域网(WLAN)技术,它面向的是移动设备间的小范围连接,因而,本质上它是一种代替线缆的技术。它可以用来在较短距离内取代目前多种线缆连接方案,穿透墙壁等障碍,通过统一的短距离无线链路,在各种数字设备之间实现灵活、安全、低成本、小功耗的话音和数据通信。从专业角度看,蓝牙是一种无线接入技术。从技术角度看,蓝牙是一项创新技术,它带来的产业是一个富有生机的产业,因此说蓝牙也是一个产业,它已被业界看成是整个移动通信领域的重要组成部分。蓝牙不仅仅是一个芯片,而是一个网络,是 GPRS 和 3G 的推动器。

2) 无线区域网

无线区域网(Wireless Regional Area Network,WRAN)基于认知无线电技术。IEEE

802.22 定义了适用于 WRAN 系统的空中接口。WRAN 系统工作在 47MHz～910MHz 高频段/超高频段的电视频带内,由于已经有用户(如电视用户)占用了这个频段,因此,802.22 设备必须要探测出使用相同频率的系统以避免干扰。

3) 无线城域网

无线城域网是连接数个无线局域网的无线网络形式。

2003 年 1 月,一项新的无线城域网标准 IEEE 802.16a 正式通过。致力于此标准研究的组织是 WiMAX——全球微波接入互操作性(Worldwide Interoperability for Microwave Access)组织。WiMAX 力图成为继无线局域网联盟 WiFi 之后的另一个具有充分产业影响力的无线产业联盟。作为 WiMAX 的主要成员,Intel 公司一直致力于 IEEE 802.16 无线城域网芯片的开发。该芯片能够帮助实现终端设备与天线的无线高速连接,带有基于 IEEE 802.16e 标准的 WiMAX 芯片已设备在 2006 年初面市。

5. 应用协议

1) DHCP

DHCP(动态主机配置协议)自动从 DHCP 服务器中获取租用 IP 地址,使笔记本电脑用户在网络中断时自动获得新的 IP 地址以便继续工作,从而享受无缝漫游。

2) CSMA/CD

有线以太局域网在 MAC 层的标准协议是 CSMA/CD,即载波侦听多点接入/冲突检测。但由于无线产品的适配器不易检测信道是否存在冲突,因此 IEEE 802.11 全新定义了一种新的协议,即载波侦听多点接入/冲突避免(CSMA/CA)。一方面,载波侦听查看介质是否空闲;另一方面,通过随机的时间等待,使信号冲突发生的概率减到最小,当介质被侦听到空闲时,则优先发送。不仅如此,为了使系统更加稳固,IEEE 802.11 还提供了带确认帧 ACK 的 CSMA/CA 协议。

9.2.6 下一代网络技术

NGN 是下一代网络(Next Generation Network)或新一代网络(New Generation Network)的缩写。NGN 是一个分组网络,它提供包括电信业务在内的多种业务,能够利用多种带宽和具有 QoS 能力的传送技术,实现业务功能与底层传送技术的分离;它允许用户对不同业务提供商网络的自由接入,并支持通用移动性,实现用户对业务使用的一致性和统一性。它是以软交换为核心的,能够提供包括语音、数据、视频和多媒体业务的基于分组技术的综合开放的网络架构,代表了通信网络发展的方向。NGN 具有以下特征:分组传送;控制功能从承载、呼叫/会话、应用/业务中分离;业务提供与网络分离,提供开放接口;利用各基本的业务组成模块,提供广泛的业务和应用;具有端到端 QoS 和透明的传输能力;通过开放的接口规范与传统网络实现互通;具有通用移动性;允许用户自由地接入不同业务提供商;支持多样标识体系,融合固定与移动业务等。

1. 网络功能

从网络功能层次上看,NGN 在垂直方向从上往下依次包括业务层、控制层、媒体传输层和接入层,在水平方向应覆盖核心网和接入网乃至用户驻地网。

如果将 NGN 和人体结构进行对比,那么各个层分别充当了如下角色。

（1）业务层。业务层主要为网络提供各种应用和服务,提供面向客户的综合智能业务,提供业务的客户化定制。它相当于人的脸,是用户最能直接感受到的部分。

（2）控制层。控制层负责完成各种呼叫控制和相应业务处理信息的传送。在这一层有一个重要的设备即软交换设备,它能完成呼叫的处理控制、接入协议适配、互连互通等综合控制处理功能,提供全网络应用支持平台。它相当于人的大脑,指挥着整个身体的运作。

（3）媒体传输层。媒体传输层主要指由 IP 路由器等骨干传输设备组成的包交换网络,是软交换网络的承载基础。媒体传输层就好比人体的血管,媒体包相当于血液,正是有了血管作为承载,才能将血液传送到身体各个部位。

（4）接入层。接入层主要指与现有网络相关的各种接入网关和新型接入终端设备,完成与现有各种类型的通信网络的互通并提供各类通信终端（如模拟话机、SIP Phone、PC Phone 可视终端、智能终端等）到 IP 核心层的接入。接入层就好比人的四肢,做的任何一个动作都会将信号发送给大脑。

根据 NGN 的网络架构可以总结为一句话:NGN 不仅实现了业务提供与呼叫控制的分离,而且还实现了呼叫控制与承载传输的分离。

2. 关键技术

NGN 的九大支撑技术为 IPv6、光纤高速传输、光交换与智能光网、宽带接入、城域网、城域光网、软交换、IP 终端和网络安全技术。

（1）IPv6。作为网络协议,NGN 将基于 IPv6。IPv6 相对于 IPv4 的主要优势是:扩大了地址空间;提高了网络的整体吞吐量;服务质量得到很大改善;安全性有了更好的保证;支持即插即用和移动性;更好地实现了多播功能。

（2）光纤高速传输。NGN 需要更高的速率、更大的容量,但到目前为止能够看到的,并能实现的最理想传送媒介仍然是光。因为只有利用光谱才能带给人们充裕的带宽。光纤高速传输技术现正沿着扩大单一波长传输容量、超长距离传输和密集波分复用（DWDM）系统三个方向在发展。单一光纤的传输容量自 1980—2000 年增加了大约 1 万倍,已做到 40Gb/s,预计几年后将再增加,达到 6.4Tb/s。超长距离实现了 1.28T（128×10G）无再生传送 8000km。波分复用实验室最高水平已做到 273 个波长、每波长 40Gb/s（日本 NEC）。

（3）光交换与智能光网。光有高速传输是不够的,NGN 需要更加灵活、更加有效的光传送网。组网技术现正从具有分插复用和交叉连接功能的光联网向利用光交换机构成的智能光网发展,从环形网向网状网发展,从光-电-光交换向全光交换发展。智能光网能在容量灵活性、成本有效性、网络可扩展性、业务灵活性、用户自助性、覆盖性和可靠性等方面比点到点传输系统和光联网能带来更多的好处。

（4）宽带接入。NGN 必须要有宽带接入技术的支持,因为只有接入网的带宽瓶颈被打开,各种宽带服务与应用才能开展起来,网络容量的潜力才能真正发挥。这方面的技术五花八门,主要有以下四种技术:一是基于高速数字用户线（VDSL）;二是基于以太网无源光网（EPON）的光纤到家（FTTH）;三是自由空间光系统（FSO）;四是无线局域网（WLAN）。

（5）城域网。城域网也是 NGN 中不可忽视的一部分。城域网的解决方案十分活跃,有基于 SONET/PDH/SDH 的、基于 ATM 的,也有基于以太网或 WDM 的,以及 MPLS 和 RPR（弹性分组环技术）等。RPR 是面向数据（特别是以太网）的一种光环新技术,它利用了大部分数据业务的实时性不如话音那样强的事实,使用双环工作的方式。RPR 与媒介无关,可扩展,采用分布式的管理、拥塞控制与保护机制,具备分服务等级的能力,比 SONET/SDH 更有效地分配带宽和处理数据,从而降低运营商及其企业客户的成本,使运营商在城域网内通过以太网运行电信级的业务成为可能。

(6) 城域光网。城域光网是代表发展方向的城域网技术,其目的是把光网在成本与网络效率方面的好处带给最终用户。城域光网是一个扩展性非常好并能适应未来的透明、灵活、可靠的多业务平台,能提供动态的、基于标准的多协议支持,同时具备高效的配置能力、生存能力和综合网络管理能力。

(7) 软交换。为了把控制功能(包括服务控制功能和网络资源控制功能)与传送功能完全分开,NGN 需要使用软交换技术。软交换的概念基于新的网络分层模型(接入与传送层、媒体层、控制层与网络服务层四层)概念,从而对各种功能作不同程度的集成,再把它们分离开来,通过各种接口协议,使业务提供者可以非常灵活地将业务传送协议和控制协议结合起来,实现业务融合和业务转移,非常适用于不同网络并存互通的需要,也适用于从话音网向多业务多媒体网的演进。

(8) IP 终端。随着政府上网、企业上网、个人上网、汽车上网、设备上网、家电上网等的普及,必须要开发相应的 IP 终端来与之适配。许多公司现从固定电话机开始开发基于 IP 的用户设备,包括汽车的仪表板、建筑物的空调系统以及家用电器,从音响设备和电冰箱到调光开关和电咖啡壶。所有这些设备都将挂在网上,可以通过家庭 LAN 或个人网(PAN)接入或从远端 PC 接入。

(9) 网络安全技术。网络安全与信息安全是休戚相关的,网络不安全,就谈不上信息安全。除了常用的防火墙、代理服务器、安全过滤、用户证书、授权、访问控制、数据加密、安全审计和故障恢复等安全技术外,今后还要采取更多的措施来加强网络的安全。例如,针对现有路由器、交换机、边界网关协议(BGP)、域名系统(DNS)所存在的安全弱点提出解决办法;迅速采用强安全性的网络协议(特别是 IPv6);对关键的网元、网站、数据中心设置真正的冗余、分集和保护;实时全面地观察、了解整个网络的情况,对传送的信息内容负有责任,不盲目传递病毒或攻击;严格控制新技术和新系统,在找到和克服安全弱点之前不允许把它们匆忙推向市场。

9.3 流媒体技术

流媒体(Streaming Media)是指采用流式传输的方式在 Internet/Intranet 播放的媒体格式,如音频、视频或多媒体文件。流媒体在播放前并不下载整个文件,只将开始部分内容存入内存,在计算机中对数据包进行缓存并使媒体数据正确地输出。流媒体的数据流随时传送随时播放,只是在开始时有些延迟。显然,流媒体实现的关键技术就是流式传输,流式传输主要指将整个音频和视频及三维媒体等多媒体文件经过特定的压缩方式解析成一个个压缩包,由视频服务器向用户计算机顺序或实时传送。在采用流式传输方式的系统中,用户不必像采用下载方式那样等到整个文件全部下载完毕,而是只需经过几秒或几十秒的启动延时即可在用户的计算机上利用解压设备对压缩的 A/V、3D 等多媒体文件解压后进行播放和观看。此时多媒体文件的剩余部分将在后台的服务器内继续下载。与单纯的下载方式相比,这种对多媒体文件边下载边播放的流式传输方式,不仅使启动延时大幅度地缩短,而且对系统缓存容量的需求也大大降低,极大地减少用户等待的时间。

流媒体技术较好地解决了尽力而为的互联网络不能保证提供数字媒体信息业务的 QoS 和文件下载时间过长的问题。流媒体系统要比下载播放系统复杂得多,需要将网络通信、数字媒体数据采集、压缩、存储以及传输技术较好地结合在一起,才能确保用户在复杂的网络环境下得到较稳定的播放质量。

9.3.1 流媒体的传输方式和特点

1. 流媒体的传输方式

目前在网络上传输音频和视频等多媒体信息主要有下载和流式传输两种方式。一般音频和视频文件都比较大,所需要的存储空间也比较大;同时由于网络带宽的限制,常常需要数分钟甚至数小时来下载一个文件,采用这种处理方法延迟也很大。流媒体技术的出现,使得在窄带互联网中传播多媒体信息成为可能。当采用流式传输时,音频、视频或动画等多媒体文件不必像采用下载方式那样等到整个文件全部下载完毕再开始播放,而是只需经过几秒或几十秒的启动延时即可进行播放。当音频、视频或动画等多媒体文件在用户机上播放时,文件的剩余部分将会在后台从服务器上继续下载。

所谓流媒体是指采用流式传输方式的一种媒体格式。流媒体的数据流随时传送随时播放,只是在开始播放时有些延迟。流媒体技术是网络音频、视频技术发展到一定阶段的产物,是一种解决多媒体播放时带宽问题的"软技术"。实现流式传输有两种方法:顺序流式传输和实时流式传输。

1) 顺序流式传输

顺序流式传输(Progressive Streaming Transport,PST)是顺序下载,用户在下载文件的同时可观看在线媒体,在给定时刻,用户只能观看已下载的部分文件内容,而不能跳转到还未下载的文件部分。顺序流式传输在传输期间不能根据用户连接的速度进行调整。由于利用超文本传输协议(HyperText Transfer Protocol,HTTP)可以发送这种形式的文件,而不需要其他特殊协议的支持,所以顺序流式传输经常被称为 HTTP 流式传输。顺序流式传输比较适合播放高质量的短片段,如片头、片尾和广告。用户在观看前必须经历一定的延时。

顺序流式文件放在标准的 HTTP 或 FTP 服务器上,便于管理,但是不适合播放长片段和有随机访问要求的视频,如讲座、演说与演示。它也不支持现场广播,严格来说,它是一种点播技术。

2) 实时流式传输

实时流式传输(Real-time Streaming Transport,RST)与 HTTP 流式传输不同,实时流式传输总是实时传送,特别适合现场广播,也支持随机访问(用户可快进或后退以观看后面或前面的内容)。实时流式传输需要媒体信号带宽与网络连接匹配,以便使传输的内容可被实时观看。为了保证传输的质量,实时流式传输需要特定的流媒体服务器,如 Real Server、Windows Media Server、QuickTime Streaming Server 等。这些流媒体服务器允许用户对媒体发送进行更多级别的控制,但是系统设置和管理较 HTTP 服务器更为复杂。实时流式传输也需要特殊的传输协议,如实时流传输协议(Real-Time Streaming Protocol,RTSP)或微软流媒体传输协议（Microsoft Media Serverprotocol,MMS）。

一般来说，如果为实时广播或使用流式传输媒体服务器，即为实时流式传输。如果使用HTTP 服务器，文件通过顺序流发送，即为顺序流式传输。

2. 流媒体的基本特点

这种对多媒体文件边下载边播放的流媒体传输方式具有以下突出的优点。

（1）缩短等待时间。

流媒体文件的传输是采用流式传输的方式，边传输边播放，避免了用户必须等待整个文件全部从 Internet 上下载才能观看的缺点，极大地减少了用户等待的时间。

（2）节省存储空间。

虽然流媒体的传输仍需要缓存，但由于不需要把所有内容全部下载下来，因此对缓存的要求大大降低；另外，由于采用了特殊的数据压缩技术，在对文件播放质量影响不大的前提下，流媒体的文件体积相对较小，节约存储空间。

（3）可以实现实时传输和实时播放。

流媒体可以实现对现场音频和视频的实时传输和实时播放，适用于网络直播、视频会议等。

9.3.2 流媒体技术的原理

流媒体技术的基本原理是先从服务器上下载一部分音/视频文件，形成音/视频流缓冲区后实时播放，同时继续下载，为接下来的播放做好准备。下面就介绍流媒体传输的网络协议、流媒体传输的过程和流媒体播放方式。

1. 流媒体传输的网络协议

流媒体在互联网上的传输必然涉及网络传输协议，其中包括 Internet 本身的多媒体传输协议，以及一些实时流式传输协议等。只有采用合适的协议才能更好地发挥流媒体的作用，保证传输质量。国际互联网工程任务组（IETF）是 Internet 规划与发展的主要标准化组织，已经设计出几种支持流媒体传输的协议，主要有用于 Internet 上针对多媒体数据流的实时传输协议（Real-time Transport Protocol,RTP）、与 RTP 一起提供流量控制和拥塞控制服务的实时传输控制协议（Real-time Transport Control Protocol,RTCP）、定义了一对多的应用程序如何有效地通过 IP 网络传送多媒体数据的实时流协议（Real-Time Streaming Protocol,RTSP）等。

1）实时传输协议

实时传输协议（RTP）是用于 Internet 上针对多媒体数据流的一种传输协议。RTP 被定义为在一对一或一对多的传输情况下工作，其目的是提供时间信息和实现流同步。RTP通常是用 UDP 来传送数据，但 RTP 也可以在 TCP 和 ATM 等其他协议之上工作。RTP本身不能为按顺序传送数据包提供可靠的传送机制，也不能提供流量控制或拥塞控制，它依靠 RTCP 提供这些服务。

2）实时传输控制协议

实时传输控制协议（RTCP）和 RTP 一起协作，为顺序传输数据报文提供可靠的传送机制，并提供流量控制或拥塞控制服务。RTCP 是用来增强 RTP 的服务。通过 RTCP 可以监视数据传输质量,控制和鉴别 RTP 传输。它依靠反馈机制,根据已经发送的数据报文对带宽进行调整和优化,从而实现对流媒体服务的 QoS 控制,使之最大限度地利用网络资源。

3)实时流协议

实时流协议(RTSP)是由 Real Networks 和 Netscape 共同提出的。RTSP 在体系结构上位于 RTP 和 RTCP 之上,它使用 TCP 或 RTP 完成数据传输。RTSP 是与 HTTP 十分类似的一个应用层协议,如对 URL 地址的处理。但它们之间也有不同之处。首先,HTTP是无状态协议,而 RTSP 则是有状态的,因为 RTSP 服务器必须记录客户的状态以保证客户请求与媒体流的相关性;其次,HTTP 是个不对称协议,客户机只能发送请求,服务器只能回应请求,而 RTSP 是对称的,客户机和服务器都可以发送和回应请求;另外,HTTP 传送 HTML,而 RTSP 传送的是多媒体数据。

RTSP 提供了一个可扩展的框架,使实时数据的受控、点播成为可能。该协议的目的在于控制多个数据发送连接,为选择发送通道(如 UDP、组播 UDP 和 TCP)提供途经,并为选择基于 RTP 的发送机制提供方法。

4)资源预留协议

由于音频和视频数据流比传统数据对网络的延时更敏感,要在网络中传输高质量的音频、视频信息,除了带宽要求之外,还需要其他更多的条件。资源预留协议(Resource Reservation Protocol,RSVP)是开发在 Internet 上的资源预订协议,属于传输层协议。使用 RSVP 预留一部分网络资源(即带宽),能在一定程度上为流媒体的传输提供服务质量(QoS)。

通过预留网络资源建立从发送端到接收端的路径,使得 IP 网络能提供接近于电路交换质量的业务。即在面向无连接的网络上,增加了面向连接的服务;它既利用了面向无连接网络的多种业务承载能力,又提供了接近面向连接网络的质量保证。但是,RSVP 没有提供多媒体数据的传输能力,它必须配合其他实时传输协议来完成多媒体通信服务。

2. 流媒体传输的过程

流式传输的实现需要合适的传输协议。由于 TCP 需要较多的开销,故不太适合传输实时数据。在流式传输的实现方案中,一般采用 HTTP/TCP 来传输控制信息,而用 RTP/UDP 来传输实时音/视频数据。下面以一种简单和常用的顺序流式传输为例来说明流媒体传输的过程,其示意图如图 9-15 所示。

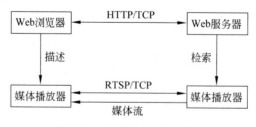

图 9-15 流媒体的传输过程

(1)用户通过 Web 浏览器与 Web 服务器建立 TCP 连接,然后提交 HTTP 请求信息,要求传送某个多媒体文件。

（2）Web 服务器收到请求后，在媒体服务器中进行检索。

（3）检索成功，向 Web 浏览器发送响应信息，把关于该多媒体文件的详细信息返回。

（4）Web 浏览器接收到 HTTP 响应消息之后，检查其中的类型和内容，如果请求被 Web 服务器批准，则把响应的详细信息传送给相应的媒体播放器。

（5）媒体播放器直接与媒体服务器建立 TCP 连接，然后向媒体服务器发送请求消息，请求文件的发送。

（6）在某种传输协议（如 RTP、RTSP 等）的控制下，媒体服务器把目标多媒体文件以媒体流的形式传送到媒体播放器的缓冲区内，双方协调工作，完成流式传输。

需要说明的是，在流式传输中，使用 RTP/UDP 和 RTSP/TCP 两种不同的通信协议与音/视频服务器建立联系，目的是能够把服务器的输出重定向到一个非运行音/视频客户程序的客户机的目的地址。另外，实现流式传输一般都需要专用服务器和播放器。

3. 流媒体播放方式

流媒体的播放方式主要分为单播、点播与广播、组播等几种形式。

1）单播

单播是指在客户端与媒体服务器之间需要建立一个单独的数据通道，从一台服务器送出的每个数据包只能传送给一个客户机。每个用户必须分别对媒体服务器发送单独的请求，而媒体服务器必须向每个用户发送所申请的多媒体数据包副本，还要保证双方的协调。单播方式所造成巨大冗余，首先会加重服务器的负担，使服务器的响应很慢，甚至导致服务器停止响应。

2）点播与广播

点播连接是客户端与服务器之间的主动连接。在点播连接中，用户通过选择内容项目来初始化客户端连接。用户可以开始、停止、后退、快进或暂停流。点播连接提供了对媒体流的最大控制，但这种方式由于每个客户端各自连接服务器，因而会迅速用完网络带宽。点播可以更合理地满足用户的要求，是目前广泛采用的网上广播形式。

广播是指用户被动接收流。在广播过程中，客户端接收流，但不能控制流。例如，用户不能暂停、快进或后退该流。广播方式将数据包的一个单独副本发送给网络上的所有用户，而不管用户是否需要。这将造成网络带宽的巨大浪费。

3）组播

无论是单播方式还是广播方式都会非常浪费网络带宽。为了充分利用网络带宽资源，可以采用组播发送方式。组播发送方式克服了单播与广播两种发送方式的弱点，将数据包的单独一个副本发送给需要的那些客户。组播不会复制数据包的多个副本传输到网络上，也不会将数据包发送给不需要它的那些客户，保证了网络上多媒体应用占用网络的最小带宽。

组播是利用 IP 组播技术构建的一种具有组播能力的网络，允许路由器一次将数据包复制到多个通道上。采用组播方式，单台服务器能够对几十万台客户机同时发送连续数据流而无延时。媒体服务器只需要发送一个信息包，而不是多个；所有发出请求的客户端共享同一信息包。信息可以发送到任意地址的客户机，减少网络上传输的信息包的总量。因此，网络利用效率大大提高,使成本大为下降。

4)其他播放形式

流媒体播送形式还有直播。直播是电台或电视台实际播出节目的网上传输形式,其时效性强,用户可在第一时间获取信息,但主要问题是用户不能选择关心的部分,会一直占用带宽资源。直播主要应用于重大活动的即时报道。

P2P 技术也可以应用到流媒体的播送,每个流媒体用户也是一个 P2P 中的一个节点,在目前的流媒体系统中用户之间是没有任何联系的,但是采用 P2P 技术后,用户可以根据各自的网络状态和设备能力与一个或几个用户建立连接来分享数据,这种连接能减少服务器的负担和提高每个用户的视频质量。P2P 技术在流媒体应用中特别适用于一些热门事件,即使是大量的用户同时访问流媒体服务器,也不会造成服务器因负载过重而瘫痪。此外,对于多人的数字媒体实时通信,P2P 技术也会对网络状况和音/视频质量带来很大改进。

P2P 技术如果与可伸缩性视频编码技术结合将能极大地提高每个用户所接收的视频质量。由于可伸缩性码流的可加性,媒体数据不用全部传输给每个用户,而是把它们分散传输给每个用户,再通过用户间的连接,每个用户就可以得到合在一起的媒体数据。即使每个用户与服务器的连接带宽是有限的,应用 P2P 技术,每个用户依然可以通过流媒体系统享受高质量的数字媒体服务。

9.3.3　常见的流媒体系统与文件格式

目前市场上主流的流媒体技术有三种,分别是 Real Networks 公司的 Real Media、Microsoft 公司的 Windows Media 和 Apple 公司的 QuickTime。这三家的技术都有自己的专利算法、专利文件格式,甚至专利传输控制协议。

1. Real Networks 公司的 Real Media

Real Networks 是率先推出流媒体技术的公司,在编码方面拥有很多先进的技术。例如,可伸缩视频技术(Scalable Video Technology)可以根据用户计算机速度和连接质量而自动调整媒体的播放质量。两次编码技术(Two-pass Encoding)可通过对媒体内容进行预扫描,再根据扫描的结果来编码从而提高编码质量。特别是自适应流技术(Sure Stream),可通过一个编码流,提供自动适合不同带宽用户的流播放。Real Media 包括 Real Audio、Real Video 和 Real Flash 三类文件。Real Audio 用来传输接近 CD 音质的音频数据;Real Video 用来传输不间断的视频数据;Real Flash 则是 Real Networks 公司与 Macromedia 公司联合推出的一种高压缩比的动画格式。

2. Microsoft 公司的 Windows Media

Microsoft 公司是三家公司之中最后进入这个市场的,但利用其操作系统的便利很快便赢得了市场。Windows Media 的核心是 MMS 协议和 ASF 数据格式。MMS 用于网络传输控制;ASF 则用于媒体内容和编码方案的打包。视频方面采用的是 MPEG-4 视频压缩技术,音频方面采用的是 Microsoft 公司自己开发的 Windows Media Audio 技术。ASF 是一种数据格式,音频、视频、图像以及控制命令脚本等信息通过这种格式,以网络数据包的形式传输,实现流媒体内容发布。ASF 的最大优点就是体积小,因此适合网络传输,使用 Microsoft 公司的媒体播放器可以直接播放该格式的文件。用户可以将图形、声音和动画数据组合成一个 ASF 格式的文件,也可以将其他格式的视频和音频转换为 ASF 格式。另外,ASF 格式的视频中可以带有命令代码,用户指定在到达视频或音频的某个时间后触发某个事件或操作。

3. Apple 公司的 QuickTime

Apple 公司的 QuickTime 是最早的视频工业标准,几乎支持所有主流的个人计算平台和各种格式的静态图像文件、视频和动画格式,QuickTime 在视频压缩上采用的是 Sorenson Video 技术,音频部分则采用 Design Music 技术。QuickTime 文件格式定义了存储数字媒体内容的标准方法,不仅可以存储单个的媒体内容(如视频帧或音频采样),而且能保存对该媒体作品的完整描述,适用于与数字化媒体一同工作需要存储的各种数据。同时,在交互性方面它是三者之中最好的,例如,在一个 QuickTime 文件中可同时包含 MIDI、GIF、Flash 和 SMIL 等格式的文件,配合 QuickTime 的 Wired Sprites 互动格式可设计出各种互动界面和动画。

除了上述三种主要格式外,在多媒体课件和动画方面的流媒体技术还有 Macromedia 公司的 Shockwave 技术和 Meta Creation 公司的 Meta Stream 技术等。

9.4 数字媒体传播的几大趋势

如今,互联网已经全面扑向移动设备,大数据的应用更是广泛而有效,智能设备和软件的快速发展让人应接不暇。在这种情况下,移动端设备的使用呈现出大幅度的增长,数字媒体传播也更加多元化和复杂化,全球数字媒体传播领域的主要有以下十大趋势。

1. 微时刻营销

"微时刻营销"一词是由 Google 公司提出的,指用户在移动设备上搜索、寻找和买东西的那一时刻。因为移动端设备的发展,人们的需求随时随地都能被满足。几乎每一天,人们都会有预订出租、订餐、购物、查询健康医疗方面的信息和其他服务等诸多需求,因此,很多公司都非常关注"微时刻"。对微时刻营销来说,由于消费者世界变化迅速,它还真不是能被任何软件分析的技术,而是基于战略和市场洞察的一种营销。

一个比较经典的案例是,希尔顿采用 Google 酒店广告(Google Hotel Ads.)服务,为其在线业务提升更高质量的酒店竞标。该营销方案根据每个市场对酒店的不同需求来设置竞标间隔,并能够在消费者通过 Google 搜索的结果、国家,以及设备类型的衡量标准上进行竞标调整,然后以优化的结果呈现出来。最终,该营销服务将全球所有希尔顿酒店的转化率提升了 45%,投资回报率增加了 12%。

2. 故事云聚合

故事云聚合把网络资源汇聚在一个云平台上,从而找到关注内容的各个方面。好的聚合平台不但可以提供优异的体验,也可以成为吸引人的品牌活动。在美国,有像 Content Fry 这样特定的第三方平台解决方案,各大品牌在 Facebook、Twitter、Instagram 等社会化媒体平台上已经将故事云聚合做得很好了。

当然,也可以开发自己的聚合平台。例如,罗德公关在巴西世界杯期间开发了

InstaCup,所有贴有巴西世界杯标签的 Instagram 图片,以及显示 GPS 地址的主要场馆的照片,都聚合到这个平台。这是一个关于巴西世界杯的故事,这个平台由罗德互动实验室(RFI Labs)负责,任何客户都可以使用它打造品牌或主题项目。

3. 医疗健康和高科技的融合

目前,市面上的健身手环、苹果手表等可穿戴智能设备,已经可以让人们随时了解心跳和锻炼情况。Google 公司正在与厂商合作开发智能隐形眼镜,以此帮助糖尿病患者追踪血糖水平,帮助老花眼患者恢复眼镜聚焦能力。未来,还会源源不断地出现智能家居、智能汽车等让人类更好地了解和管理自己健康的设备。

从营销的角度看,这些数据价值连城。仅举一例,罗德公关与花旗银行开展了 Fitness 项目,这一项目旨在鼓励公司员工多多运动,并通过智能设备记录数据折合成积分,所得积分按照一定比例折算成金额定向捐赠给公益机构。可以看出,健康数据正在散发着广泛的商业能量,它们可以与商业结合,可以与公益结合,可公可私,进退皆有天地。

4. 视频

视频比单纯的信息更易产生记忆和吸引关注。人们并不一定需要专业的设备或者长视频,短视频和手机拍摄已经收获不错的效果。即使是企业或品牌的新闻稿、财务报表,也可以转而使用视频来达到更好的传播效果。

在这方面,GE 曾突破大型企业的常规招聘套路,创造了多媒体招聘的案例。该公司树立了"欧文"这个 GE 数字部门的员工,并围绕他拍摄招聘视频广告,以有趣和生动的内容拉近雇佣双方的关系和情感,使应聘者产生了"GE 的工作环境令人兴奋"的印象。该系列招聘视频在 YouTube 上已获得超过 40 万浏览量。

5. Google App 指数

把具有相似意向的 App 整合在一起,像指数一样,使人们更有可能寻找到出色的应用。现在在移动端设备上进行的搜索已经超过了计算机,因此,App 指数成为搜索引擎优化新的前沿应用。Google 公司正在为 App 深层内容进行指数编撰并将其凸显在搜索结果中,这就意味着 App 内容将会在网民进行的搜索结果中更多地出现。

鉴于移动端设备的使用与 PC 端使用的数量差距将更为显著,可以预期 App 将会取代移动端网站而成为品牌策略的一部分。

6. 文化为王

有一定生活方式和价值观的消费者,会自动聚集在相同的网站和论坛。因此,把人们的价值观和生活方式做一个映射和比对,能让人们更好地看到和创造出这些不同的行为和方式。对品牌来说,以一概全的信息策略正被实时获得消费者信息策略所超越,品牌们通过了解消费者文化,包括既有的消费行为、体验和讨论的内容来与他们进行沟通对话。

7. 地域映射

生活在同一个地区的人有一定的生活方式和特定的搜索方式,例如,纽约的生活模式和堪萨斯城、芝加哥的是不同的。通过地域能够诊断出人们的一些共性和特性,这为品牌主提供了很有效的市场洞见支持。随着苹果 CarPlay、安卓汽车(Android Auto)系统受到市场推崇,娱乐信息节目将会更多地整合起来,并且更多地在移动端设备上获得使用,在这种情况下,人们的通勤和路途将变得更为丰富,体验更为数字化。例如,商家使用 iBeacon 技术后,就能针对某一个具有地域映射相似特征的旅行者,进行更为有效的市场营销。

现实中已经出现这样的成功案例。维珍航空曾在伦敦希思罗机场使用 Google Glass、iBeacon 等技术,为乘客的机场体验提供了一系列互联的服务。例如,当乘客接近安检时,他们就会自动收到打开电子登机牌的通知;乘客在机场主要区域会收到合作伙伴商户的优惠购物信息。维珍航空计划今后提供更加令人惊喜的服务,例如,具有温度计和感应器功能的 beacon 就能测得相应数值,并提醒员工温度的变化,及时地为乘客准备好盖毯等服务。

8. 氛围智能

亚马逊有一个数字系统 Amazon Echo,可以提供基本的人工智能功能。你只需说"打电话给妈妈",系统就会自动拨电话给妈妈。Facebook 的扎克伯格有一个年度项目是想给家里制造一个机器人,它会先熟悉、听懂他和他太太的语音指示,做家庭保洁的工作。可以预见,氛围智能是一项创造性的应用,未来有许多与虚拟现实或智能应用相结合的发展空间。

9. 数字助理的崛起

数字助理包括 iPhone 的 Siri 等技术,它可以与人类对话,从而进行简单的搜索和回复功能。这些功能看似普通,却将在未来的消费互动和营销传播中起到巨大作用,而且,数字助理技术本身还在不断更新中,定会产生出更惊人的效果。

10. 质更胜于量

内容的质量比数量来得更加重要。有效果的方式是提供更有震撼力和影响力的事实,并广阔地传播。深层次的内容可以影响到观点和行为的变化。

同时,在信息化迅猛发展的今天,危机的发生也比从前更快地传播。根据近期国际律师事务所"富而德"(Freshfields)所主持的调研显示,当危机发生后的一个小时之内,已有 28% 的信息在网上传播了。对公司而言,平均来讲都要花上 20 个小时来找出到底谁应该对这个事情负责,这个时间段内如果不及时地与相关的受众沟通,产生的信息缺口只会让负面消息传播得更多、更广。数据显示,危机事件发生一年以后,还有超过 50% 的公司未能重塑民众的信心。因此,在数字媒体时代,网络的情绪绘测、意见领袖的言论指引,都需要及时观察和有效沟通。这也是数字传播带来的新挑战和新机遇。

思考与练习

9-1　什么是数字媒体传播系统的一般结构?简述系统各关键部分在信息传播中的作用。

9-2　传播方式按信息传递方式分类一般可为哪几类?简要说明其传播方式与特点。

9-3　在数字传播系统中,为什么要采用差错控制技术?主要的差错控制技术有哪些?并列举出你所熟悉的差错控制技术的应用系统。

9-4　简述多址接入技术的原理,并以公用的数字移动通信系统为例,比较其中所采用的多址技术。

9-5　什么是 TCP/IP 参考模型?简要说明各层的功能。

9-6　简述光纤通信技术、接入网技术、蜂窝移动通信技术、卫星通信技术以及无线网络技术的原理。

9-7　简述流媒体技术的原理。

参考文献

［1］　张文俊,等. 数字媒体技术基础［M］. 上海：上海大学出版社,2007.

［2］　刘清堂,王忠华,陈迪. 数字媒体技术导论［M］. 北京：清华大学出版社,2008.

第 10 章

人机交互原理及应用

10.1 人机交互概述

信息技术的高速发展对人类的生产、生活带来广泛而深刻的影响。作为信息技术的一个重要组成部分,人机交互技术已经引起许多国家的高度重视,成为 21 世纪信息领域亟待解决的重大课题。

10.1.1 人机交互的定义

人机交互(Human-Computer Interaction,HCI)是指关于设计、评价和实现供人们使用的交互式计算机系统,且围绕这些方面的主要现象进行研究的科学。

狭义地讲,人机交互技术主要是研究人与计算机之间的信息交换,它主要包括人到计算机和计算机到人的信息交换两部分。对于前者,人们可以借助键盘、鼠标、操纵杆、数据服装、眼动跟踪器、位置跟踪器、数据手套、压力笔等设备,用手、脚、声音、姿势或身体的动作、眼睛甚至脑电波等向计算机传递信息;对于后者,计算机通过打印机、绘图仪、显示器、头盔式显示器(HMD)、音箱等输出或显示设备给人提供信息。

10.1.2 人机交互技术与其他学科的关系

人机交互技术与认知心理学、人机工程学、多媒体技术和虚拟现实技术密切相关。其中,认知心理学和人机工程学是人机交互技术的理论基础,而多媒体技术和虚拟现实技术与人机交互技术相互交叉和渗透,其关系如图 10-1 所示。

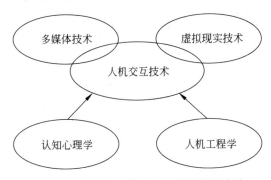

图 10-1　人机交互技术与其他学科的关系

10.1.3　人机交互的研究内容

人机交互的研究内容十分广泛,涵盖建模、设计、评估等理论和方法以及在 Web 界面设计、移动界面设计等方面的应用研究与开发,主要包括以下内容。

1. 人机交互界面表示模型与设计方法

一个交互界面的好坏,直接影响软件开发的成败。友好的人机交互界面的开发离不开好的交互模型与设计方法。因此,研究人机交互界面的表示模型与设计方法,是人机交互的重要研究内容之一。

2. 可用性分析与评估

可用性是人机交互系统的重要内容,它关系到人机交互能否达到用户期待的目标,以及实现这一目标的效率与便捷性。人机交互系统的可用性分析与评估的研究主要涉及支持可用性设计原则和可用性评估方法等。

3. 多通道交互技术

在多通道交互中,用户可以使用语音、手势、眼神、表情等自然的交互方式与计算机系统进行通信。多通道交互主要研究多通道交互界面的表示模型、多通道交互界面的评估方法以及多通道信息的融合等。其中,多通道整合是多通道用户界面研究的重点和难点。

4. 认知与智能用户界面

智能用户界面(Intelligent User Interface,IUI)的最终目标是使人机交互和人人交互一样自然、方便。上下文感知、眼动跟踪、手势识别、三维输入、语音识别、表情识别、手写识别、自然语言理解等都是认知与智能用户界面需要解决的重要问题。

5. 群件

群件(Groupware)是指帮助群组协同工作的计算机支持的协作环境,主要涉及个人或群组间的信息传递、群组中的信息共享、业务过程自动化与协调,以及人和过程之间的交互活动等。目前与人机交互技术相关的研究主要包括群件系统的体系结构、计算机支持交流与共享信息的方式、交流中的决策支持工具、应用程序共享以及同步实现方法等内容。

6. Web 界面设计

Web 界面设计(Web-Interaction)重点研究 Web 界面的信息交互模型和结构、Web 界面设计的基本思想和原则、Web 界面设计的工具和技术,以及 Web 界面设计的可用性分析与评估方法等内容。

7. 移动界面设计

移动计算(Mobile Computing)、普适计算(Ubiquitous Computing)等对人机交互技术提出了更高的要求,面向移动应用的界面设计问题已成为人机交互技术研究的一个重要应用领域。针对移动设备的便携性、位置不固定性和计算能力有限性以及无线网络的低带宽、高延迟等诸多的限制,研究移动界面的设计方法、移动界面可用性与评估原则、移动界面导航技术,以及移动界面的实现技术和开发工具,是当前的人机交互技术的研究热点之一。

10.1.4 人机交互的发展历史

作为计算机系统的一个重要组成部分,人机交互一直伴随着计算机的发展而发展。人机交互的发展过程,也是人适应计算机到计算机不断地适应人的发展过程。它经历了如下几个阶段。

1. 语言命令交互阶段

20世纪60年代中期,命令行界面(Command Line Interface,CLI)开始出现,通过这种人机界面,人们可以通过问答式对话、文本菜单或命令语言等方式进行人机交互。命令行界面可以看作第一代人机界面。在这种界面中,人被看成操作员,机器只做出被动的反应,人只能用手操作键盘的方式输入数据和命令信息,界面输出只能为静态字符。因此,这种人机界面交互的自然性较差。

2. 图形用户界面交互阶段

图形用户界面(Graphical User Interface,GUI)的出现,使人机交互方式发生了巨大变化。GUI的主要特点是桌面隐喻、直接操纵和所见即所得(What You See Is What You Get,WYSIWYG)。

由于GUI简单易学、减少了键盘操作,因而使不懂计算机的普通用户也可以熟练地使用,开拓了用户人群,使计算机技术得到了普及。

3. 自然和谐的人机交互阶段

当前,虚拟现实、移动计算、普适计算等技术的飞速发展,对人机交互技术提出了新的挑战和更高的要求,同时也提供了许多新的机遇。在这一阶段,自然和谐的人机交互方式得到了一定的发展。基于语音、手写体、姿势、视线跟踪、表情等输入手段的多通道交互是其主要特点,其目的是使人能以声音、动作、表情等自然方式进行交互操作。

10.2 认知心理学与人机工程学

认知心理学和人机工程学是人机交互技术的理论基础,本节主要简要介绍认知心理学和人机工程学,以及认知心理学和人机工程学对于研究人机交互技术的重要性。

10.2.1 认知心理学

认知心理学(Cognitive Psychology)是20世纪50年代中期在西方兴起的一种心理学思潮和研究领域,20世纪70年代成为西方心理学研究的一个主要方向。认知心理学研究人们如何获得外部世界信息、信息在人脑内如何表示并转化为知识,知识怎样存储又如何用来指导人们的注意和行为。认知心理学涉及心理活动的全部过程,是从感觉到知觉、识别、注意、学习、记忆、概念形成、思维、表象、回忆、语言、情绪的发展过程。

信息加工心理学是现代认知心理学的主流。信息加工心理学的一个基本观点是用计算机信息处理过程类比人的认知过程。计算机接受符号输入,进行编码,对编码输入加以决策、存储,并给出符号输出。这可以类比于人如何接收信息、如何编码和记忆、如何决策、如何变换内部认知状态和如何把这种状态转变成行为输出。计算机信息处理与人类认知过程的这种类比,只是一种水平上的类比,它主要涉及人和计算机的逻辑能力,而不是计算机硬件与人脑的类比。

了解并遵循认知心理学的原理是人机交互界面设计的基础。为了设计出用户满意的人机界面,必须对人的认知心理有所了解。既要了解人的感觉器官(视觉、听觉、触觉)的功能机理,也要了解人理解、处理信息的过程,学习、记忆的特点,分析、推理机制等,由此尽量使自己设计出的人机交互界面适应人的自然特性,以满足用户的要求。

10.2.2 人机工程学

与认知心理学相比,人机工程学(Ergonomics)更多地从人本身和系统的角度出发,研究人机关系。它是人机界面学初期发展阶段的主要研究内容,并对人机界面学的发展产生了重大的影响。

人机工程学,在美国称之为人类工程学(Human Engineering)、人因工程学(Human Factors Engineering),在欧洲称之为人类工效学(Ergonomics),日本称之为人间工学,其他国家大都采用欧洲的命名。人机工程学的不同命名体现了该学科是"人体科学"与"工程技术"的结合。它是一门综合性很强的边缘学科,其研究领域是多方面的,可以说与国民经济的各个部门都有密切的关系。

从科学性和技术性角度看,人机工程学可以这样定义:人机工程学是研究"人-机-环境"系统中人、机、环境三大要素之间的关系,为解决系统中人的效能、健康问题提供理论和方法的科学。

人机工程学着重研究的问题包括:人与机器之间的分工与配合;机器如何能更适合人的操作和使用,以提高人的工作效率、减轻人的疲劳和劳动强度;人机系统的工作环境对操作者的影响,用于改善工作环境;研究人机之间的界面、信息传递以及控制器和显示器的设计等。

10.3 交互设备

本节主要介绍常见的输入、输出设备,以及虚拟现实系统中的重要交互设备。

10.3.1 输入设备

输入设备主要介绍键盘和手写输入设备等文本输入设备,二维扫描仪、摄像头等图像输入设备,三维扫描仪、动作捕捉设备等三维信息输入设备以及鼠标、触摸板和控制杆等指点输入设备。

1. 文本输入设备

键盘输入是最常见、最主要的文本输入方式;随着识别准确率的提高,手写输入等一些更自然的交互方式也可为文本输入提供辅助手段。

2. 图像输入设备

二维扫描仪目前已成为计算机不可缺少的图文输入工具之一。二维扫描仪可以快速实现图像输入,且经过对图像的分析与识别,可以得到文字、图形等内容;摄像头是捕捉动态场景最常用的工具,被广泛应用在视频聊天、实时监控等方面。

3. 三维信息输入设备

在许多领域,如机器视觉、面形检测、实物仿形、自动加工、产品质量控制、生物医学等,物体的三维信息是必不可少的。因此,为了快速获取物体的立体彩色信息,并将其转化为计算机能直接处理的三维数字模型,三维扫描仪成为了实现三维信息数字化的一种极为有效的工具。动作捕捉设备则用于捕捉用户的肢体甚至是表情动作,生成运动模型,在影视、动漫制作中已被大量应用。

4. 指点输入设备

指点输入设备常用于完成一些定位和选择物体的交互任务。物体可能处于一维、二维、三维或更高维的空间中,而选择与定位的方式可以是直接选择,或通过操作屏幕上的光标完成。主要的指点输入设备包括鼠标、光笔、控制杆、触摸板、触摸屏等。

10.3.2　输出设备

输出设备主要介绍显示器和打印机等传统的输出设备,以及语音交互设备。

1. 显示器

显示器是计算机的重要输出设备,是人机对话的重要工具。它的主要功能是接收主机发出的信息,经过一系列的变换,最后以光的形式将文字和图形显示出来。显示器的类型主要包括阴极射线管显示器、液晶显示器和等离子显示器。

2. 打印机

打印机是目前非常通用的一种输出设备,其结构可分为机械装置和控制电路两部分。常见的有针式、喷墨、激光打印机三类。打印分辨率、速度、幅面、最大打印能力等是衡量打印机性能的重要指标。

3. 语音交互设备

语音作为一种重要的交互手段,日益受到人们的重视。耳机、麦克风以及声卡是最基本的语音交互设备。语音输入为文本输入提供了更加自然的交互手段,也许在将来,人们能够真正抛弃键盘,实现和计算机的"对话"。

10.3.3　虚拟现实交互设备

虚拟现实系统要求计算机可以实时显示一个三维场景,用户可以在其中自由地漫游,并能操纵虚拟世界中的一些虚拟物体。因此,除了传统的控制和显示设备,虚拟现实系统还需要一些特殊的设备和交互手段,满足虚拟系统中的显示、漫游以及物体操纵等任务。

虚拟现实系统中的交互设备主要包括三维空间定位设备和三维显示设备。

1. 三维空间定位设备

三维交互设备最基本的特点是具有六个自由度。常见的三维空间定位设备主要有空间跟踪定位器、数据手套(Data Glove)、三维鼠标、触觉和力反馈器。

2. 三维显示设备

三维显示设备也可称为沉浸感显示设备,主要包括头盔式显示器、裸眼立体显示器、真三维显示器以及洞穴式显示环境等。

10.4 人机交互技术

人机交互主要是指用户与计算机系统之间的通信,即信息交换。这种信息交换的形式可采用各种方式出现,如键盘上的击键、鼠标的移动、显示屏幕上的符号或图形等,也可以用声音、姿势或身体的动作等方式。本节首先介绍人机交互的输入模式和基本交互技术,然后介绍图形、语音及笔交互技术。

10.4.1 人机交互输入模式

为了实现交互功能,必须把从输入设备输入的信息和应用程序有机地结合起来,有效地管理、控制多种输入设备进行工作。由于输入设备是多种多样的,而且对一个应用程序而言,可以有多个输入设备,同一个设备又可能为多个任务服务,这就要求对输入过程的处理要有合理的模式。目前,常用的基本模式有请求模式(Request Mode)、采样模式(Sample Mode)和事件模式(Event Mode)。

在请求模式下,输入设备的启动是在应用程序中设置的。应用程序执行过程中需要输入数据时,暂停程序的执行,直到从输入设备接收到请求的输入数据后,才继续执行程序。应用程序和输入设备之间交替工作,如果要求进行数据输入时,用户没有输入,则整个程序被挂起,类似于在高级语言中用读(Read/Scanf)命令从键盘上获得数据。

在采样模式下,输入设备和应用程序独立地工作。输入设备连续不断地把信息输入进来,信息的输入和应用程序中的输入命令无关。应用程序在处理其他数据的同时,输入设备也在工作,新的输入数据替换以前的输入数据。当应用程序遇到取样命令时,读取当前保存的输入设备数据。这种模式对连续的信息流输入比较方便,也可同时处理多个输入设备的输入信息。该模式的缺点是当应用程序的处理时间较长时,可能会失掉某些输入信息。

在事件模式下,输入设备和程序并行工作。输入设备把数据保存到一个输入队列,也称为事件队列,所有的输入数据都保存起来,不会遗失。用户对输入设备的一次操作以及形成的数据叫作一个事件。当某台设备被设置成事件方式,应用程序和设备将同时、各自独立地工作。从设备输入的数据或事件都存放在事件队列中,事件按发生的时间排序。应用程序随时可以检查这个事件队列,处理队列中的事件,或删除队列中的事件。

10.4.2 基本交互技术

基本交互技术是设计应用系统用户接口的基本要素,主要包括定位、笔画、定值、选择、字符串等。

定位是确定平面或空间的一个点的坐标,是交互中最基本的输入技术之一。定位有直接定位和间接定位两种方式。直接定位是用定位设备直接指定某个对象的位置,是一种精确定位方式。大部分软件系统以这种方式作为定位的一个主要手段。间接定位指通过定位设备的运动控制屏幕上的映射光标进行定位,是一种非精确定位方式,其允许指定的点位于一个坐标范围内,一般用鼠标等指点设备配合光标实现。

笔画输入用于输入一组顺序的坐标点。它相当于多次调用定位输入,输入的一组点常用于显示折线或作为曲线的控制点。鼠标、轨迹球、游戏棒等可用作笔画输入。它们的连续移动的信号经转换成为一组坐标值。这样的过程可用于画家在屏幕上作画的画笔系统和对布线图跟踪并经数字化后存储的系统,也可用于手写体的联机识别输入。

定值(或数值)输入用于设置物体旋转角度、缩放比例因子等。它是要在给定的数字范围内输入一个值。除了用键盘输入数值外,也可用软件的方法在屏幕上绘制一刻度尺或比例尺,用户可用定位设备控制光标在尺子上移动实现数值的输入。如果要输入一个精确的数,最好还是用键盘输入。

选择是在某个选择集中选出一个元素,通过注视、指点或接触一个对象,使对象成为后续行为的焦点,是操作对象时不可缺少的一部分。它可以用于指定命令,确定操作对象或选定属性等。例如,从菜单上选择一个命令,在对话框中选择一个选项,在图形系统中选择圆、矩形、直线等基本图形对象等。选择功能有如下实现方式:功能键(Tab 等)、组合键(Ctrl+A 等)和鼠标等。

键盘是目前输入字符串最常用的方式,现在用写字板输入字符也已经很流行。用写字板输入需要使用人工智能的方法识别(手写识别技术)。语音输入也是字符串输入以及功能选择的一种输入方法,语音输入需要使用语音识别技术。

10.4.3　图形交互技术

在图形软件系统的交互应用中,除了定位、定值等基本的交互技术和图标、按钮等技术,还需要提供其他一些方便的辅助交互工具,更好地帮助用户完成定位、选择和操作对象。图形交互技术主要包括几何约束、引力场、拖动、橡皮筋技术、操作柄技术、三维交互技术等图形交互技术。

几何约束可以用于对图形的方向、对齐方式等进行规定和校准。第一种几何约束是对定位的约束,即在屏幕上定义一个网格,强迫输入点落在网格交点上。第二种几何约束为方向约束。例如,要绘出垂直或水平方向的线,当给定的起点和终点连线和水平线的角小于45°时,便可绘出一条水平线,否则就绘出一条垂直线。

引力场也可以看作是一种定位约束,通过在特定图素(如直线段)周围假想有一个区域,当光标中心落在这个区域内时,就自动地被直线上最近的一个点所代替,就好像一个质点进入直线周围的引力场,被吸引到这条直线上去一样。引力场的大小要适中,太小了不易进入引力区,太大了线与线的引力区相交,光标在进入引力区相交部分时可能会被吸引到不希望选的线段上去,增大误接的概率。

要把一个对象移动到一个新的位置时,如果不是简单地用光标指定新位置的一个点,而是当光标移动时拖动着被移动的对象,会使用户感到更加直观,并可使对象放置的位置更恰当。拖动技术是当前人机交互中使用得非常普遍的技术,它可以使用户操作时更直观、更容易定位,但是当图像很大或图形很复杂时,就可能使拖动变得很慢。

橡皮筋技术是拖动的另一种形式,不同的是被拖动对象的形状和位置随着光标位置的不同而变化。

操作柄技术可以用来对图形对象进行缩放、旋转、错切等几何变换。先选择要处理的图形对象,该图形对象的周围会出现操作柄,移动或旋转操作柄就可以实现相应的变换。

三维交互必须便于用户在三维空间中观察、比较、操作、改变三维空间的状态。目前用户主要通过以下交互方式在三维空间中进行操作：直接操作、三维 Widgets 和三视图输入。三维光标必须有深度感，即必须考虑光标与观察者距离，离观察者近的时候较大，离观察者远的时候较小。为保持三维用户界面的空间感，光标在遇到物体时不能进入或穿过物体内部。为了增加额外的深度线索，辅助三维对象的选择，可以采用半透明三维光标。三维光标可以是人手的三维模型。三维 Widgets 是三维交互界面中的一些小工具，用户可以通过直接控制它们使界面或界面中的三维对象发生改变。现有的三维 Widgets 主要包括三维空间中漂浮的菜单、用于拾取物体的手的三维图标、平移和旋转指示器等。在不具备三维交互设备的情况下，可以借助三视图输入技术，用二维输入设备在一定程度上实现三维的输入。

10.4.4 语音交互技术

以语音合成和语音识别两项技术为基础的语音交互技术，支持用户通过语音与计算机交流信息。其中，语音识别(Speech Recognition)是计算机通过识别和理解过程把语音信号转变为相应的文本文件或命令的技术，其所涉及的领域包括信号处理、模式识别、概率论和信息论、发声机理和听觉机理、人工智能等。目前主流的语音识别技术是基于统计的模式识别的基本理论。一个完整的语音识别系统大致可分为语音特征提取、声学模型与模式匹配，以及语言模型与语义理解三部分。

10.4.5 笔交互技术

纸笔是人们日常交流的主要工具之一。基于笔的交互技术就是基于纸笔交互思想，以笔为主要输入设备进行交互。笔式输入具有连续性，使用笔的连续线条绘制可以产生字符、手势或者图形等特点。其优点是便于携带，输入带宽信息量大，输入延迟小；其缺点是翻译困难，再现精度低。

手写识别技术是笔交互中的一种基本技术，目前已经嵌入到各种设备中，得到广泛应用。手写识别技术分为脱机手写识别和联机手写识别两种方式。

10.5 界面设计

人机交互界面设计所要解决的问题是如何设计人机交互系统，以便有效地帮助用户完成任务。在以用户为中心的设计(User Centered Design, UCD)中，用户是首先被考虑的因素。一个成功的交互系统必须能够满足用户的需要。

10.5.1 界面设计原则

根据表现形式，用户界面可以分为命令行界面、图形界面和多通道用户界面。

命令行界面可以看作是第一代人机界面，其中人被看成操作员，机器只做出被动的反应，人用手操作键盘，输入数据和命令信息，通过视觉通道获取信息，界面输出只能为静态的文本字符。命令行用户界面非常不友好、难以学习，错误处理能力也比较弱，因而交互的自然性很差。

图形界面可看作是第二代人机界面，是基于图形方式的人机界面。由于引入了图标、按钮和滚动条技术，极大地减少了键盘输入，提高了交互效率。基于鼠标和图形用户界面的交互技术极大地推动了计算机技术普及。

多通道用户界面则进一步综合采用视觉、语音、手势等新的交互通道、设备和交互技术，使用户利用多个通道以自然、并行、协作的方式进行人机对话，通过整合来自多个通道的、精确的或不精确的输入捕捉用户的交互意图，提高人机交互的自然性和高效性。

在目前的计算机应用中，图形用户界面仍然是最为常见的交互方式。下面主要介绍图形用户界面的主要思想和图形用户界面设计的一般原则。

1. 图形用户界面的主要思想

图形用户界面包含了三个重要的思想：桌面隐喻、所见即所得以及直接操纵。

桌面隐喻是指在用户界面中用人们熟悉的桌面上的图例清楚地表示计算机可以处理的能力。图形用户界面中的图例可以代表对象、动作、属性或其他概念。隐喻的表现方法很多，可以是静态图标、动画和视频。隐喻可以分为三种：一种是隐喻本身就带有操纵的对象，称为直接隐喻；另一种隐喻是工具隐喻，代表所使用的工具，这种隐喻设计简单、形象直观，应用也最为普遍；第三种为过程隐喻，通过描述操作的过程来暗示该操作。

在所见即所得交互界面中显示的用户交互行为与应用程序最终产生的结果是一致的。对于非所见即所得的编辑器，用户只能看到文本的控制代码，对于最后的输出结果缺乏直观的认识。所见即所得也有一些弊端：如果屏幕的空间或颜色的配置方案与硬件设备所提供的配置不一样，在两者之间就很难产生正确的匹配。另外，完全的所见即所得也可能不适合某些用户的需要，例如，文本处理器都提供了定义章、节、小节等的标记，这些标记显式地标明了对象的属性，但并不是用户最终输出结果的一部分。

直接操纵是指可以把操作的对象、属性、关系显式地表示出来，用光笔、鼠标、触摸屏或数据手套等指点设备直接从屏幕上获取形象化命令与数据的过程。直接操纵的对象是命令、数据或是对数据的某种操作。

2. 图形用户界面设计的一般原则

（1）界面要具有一致性。

（2）常用操作要有快捷方式。

（3）提供必要的错误处理功能。

（4）提供信息反馈。

（5）允许操作可逆。

（6）设计良好的联机帮助。

（7）合理划分并高效地使用显示屏幕。

10.5.2 理解用户

1. 用户的含义

简单地说，用户是使用某种产品的人，其包含两层含义：用户是人类的一部分；用户是产品的使用者。产品的设计只有以用户为中心，才能得到更多用户的青睐。

衡量一个以用户为中心的产品设计得好坏的关键点是强调产品的最终使用者与产品之间的交互质量。它包括三方面特性：产品在特定使用环境下为特定用户用于特定用途时所具有的有效性（Effectiveness）、效率（Efficiency）和用户主观满意度（Satisfaction）。延伸开来,对特定用户而言,还包括产品的易学程度、对用户的吸引程度、用户在体验产品前后的整体心理感受等。

2. 用户体验

用户体验(User Experience,UE)通常是指用户在使用产品或系统时的全面体验和满意度。

用户体验主要有下列四个元素组成:品牌(Branding)、使用性(Usability)、功能性(Functionality)和内容(Content)。

这四个元素单独作用都不会带来好的用户体验。综合考虑、一致作用则会带来良好的结果。

影响用户体验的因素很多,包括如下几点。

(1) 现有技术上的限制,使得设计人员必须优先在相对固定的 UI 框架内进行设计。

(2) 设计的创新,在用户的接受程度上也存在一定的风险。

(3) 开发进度表,也会给这样一种具有艺术性的工作带来压力。

(4) 设计人员很容易认为他们了解用户的需要,但实际情况常常不是这样。

3. 用户的区别

1) 用户的分类

从交互水平考查,在人机界面中用户可能有以下四类。

(1) 偶然型用户:既没有计算机应用领域的专业知识,也缺少计算机系统基本知识的用户。

(2) 生疏型用户:他们经常使用计算机系统,因而对计算机的性能及操作使用已经有一定程度的理解和经验。但他们往往对新使用的计算机系统缺乏了解,不太熟悉,因此对新系统而言,他们仍旧是生疏用户。

(3) 熟练型用户:这类用户一般是专业技术人员,他们对需要计算机完成的工作任务有清楚的了解,对计算机系统也有相当多的知识和经验,并且能熟练地操作、使用。

(4) 专家型用户:对需要计算机完成的工作任务和计算机系统都很精通,通常是计算机专业用户,称为专家型用户。

2) 计算机领域经验和问题领域经验的区别

通过系统的用户界面,用户可以了解系统并与系统进行交互。界面中介绍的概念、图像和术语必须迎合用户的需要。例如,允许用户自助订票的系统与售票员专用的系统差异会很大。关键差异不在于需求,也不在于详细用例,而在于用户的特征和各系统运行所在的环境。

用户界面必须至少从两个维度迎合潜在的广泛经验,这两个维度是指计算机经验和领域经验。计算机领域经验和问题领域经验都不足的用户所需的用户界面与专家用户的界面将区别很大。

4. 用户交互分析

在理解用户的基础上,需要针对软件的功能和目标用户,全面分析用户的交互内容,主要包括产品策略分析、用户分析和用户交互特性分析。

产品策略分析是为了确定产品的设计方向和预期目标,特别是要了解用户对设计产品的预期是什么,以及同类产品的竞争特点,用户使用同类型产品时的交互体验,包括正面的体验和负面的体验,从而得出产品交互设计的策略。

用户分析是为了深入了解产品的目标用户。确定了目标用户群,就可以了解到目标用户群体区别于一般人群的具体特征。在此基础上,可以找到典型用户。所谓的典型用户就是属于用户群分类中比较有典型代表的用户。对于典型用户的描述可以比用户群更为精确。典型用户可以为前期的软件交互定性测试和定量测试以及软件开发后期的确认测试提供样本。

用户交互特征分析是在与用户交流的基础上,了解目标用户群体的分类情况及比例关系,对用户特征进行不断的细化,根据用户需求的分布情况,可以进行一些交互挖掘,如问卷、投票、采访、用户观察等。通过对目标用户群的交互挖掘,得出准确、具体的用户特征,从而可以进行有的放矢地设计。

10.5.3 设计流程

1. 用户观察和分析

通过观察用户是如何理解内容和组织信息的,可以帮助人们在设计交互系统时更合理地组织信息,主要方法有情境访谈(Contextual Interviews)、焦点小组(Focus Groups)和单独访谈(Individual Interviews)。

2. 设计

用户的观察和分析为设计提供了丰富的背景素材,应对这些素材进行系统的分析。常用的素材分析方法是对象模型化,即将用户分析的结果按照讨论的对象进行分类整理,并且以各种图示的方法描述其属性、行为和关系。

对象抽象模型可以逐步转化为不同具体程度的用户视图。比较抽象的视图有利于进行逻辑分析,此类视图称为低真视图(Low-fidelity Prototype);比较具体的视图更接近于人机界面的最终表达,此类视图称为高真视图(High-fidelity Prototype)。

3. 实施

随着产品进入实施阶段,设计师对高真设计原型进行最后的调整,并且撰写产品的设计风格标准(Style Guide),产品各个部分风格的一致性由该标准保证。

产品实施或投入市场后,面向用户的设计并没有结束,而是要进一步搜集用户的评价和建议,以利于下一代产品的开发和研制。

10.5.4 任务分析

用户使用产品的目的是能够高效地完成他们所期望的工作,而不在于使用产品本身。产品的价值在于其对于用户完成任务过程的帮助。一般而言,用户是在自己的知识和经验基础上建立起完成任务的思维模式,然后分析产品的设计是否与用户的思维模式一致。

任务分析是交互设计至关重要的环节,在以用户为中心的设计中,关心的是如何从用户那里理解和获取用户的思维模式,进行充分、直观的表达,并用于交互设计。

描述用户行为的工具有很多,目前经常提到的是通用标识语言(Unified Markup Language,UML)。UML 2.0 共有 10 种图示,分别为组合结构图、用例图、类图、序列图、对象图、协作图、状态图、活动图、组件图和部署图,分别用于表现不同的视图。

在任务分析中使用 UML 工具,可以清晰地表达一个交互任务诸多方面的内容,包括交互中的使用行为、交互顺序、协作关系、工序约束等。

10.5.5　以用户为中心的界面设计

一个好的人机交互界面,从设计一开始就要考虑可用性问题,并在以后的实现过程中始终将可用性问题作为一个重要的方面,采用一些科学的开发方法,保证最终系统的可用性,这实际上就是以用户为中心的设计思想。

Gould、Boies 和 Lewis 于 1991 年提出了以用户为中心设计的四个重要原则。

(1) 及早以用户为中心。设计人员应当在设计过程的早期就致力于了解用户的需要。

(2) 综合设计。设计的所有方面应当齐头并进发展,而不是顺次发展,使产品的内部设计与用户界面的需要始终保持一致。

(3) 及早并持续性地进行测试。当前对软件测试的唯一可行的方法是根据经验总结出的方法,即若实际用户认为设计是可行的,它就是可行的。通过在开发的全过程引入可用性测试,可以使用户有机会在产品推出之前就设计提供反馈意见。

(4) 反复式设计。大问题往往会掩盖小问题的存在。设计人员和开发人员应当在整个测试过程中反复对设计进行修改。

10.6　Web 界面设计

从人机交互界面的角度看,可以将 Web 理解为一个用户和其他用户之间通过 Internet 进行信息交流的抽象界面。Web 界面设计的好坏,将会影响用户的使用兴趣和效率。

本节从人机交互界面的角度,探讨 Web 界面设计的原则、基本要素和支撑技术等。

10.6.1　Web 界面及相关概念

Web 是一个由许多互相链接的超文本(HyperText)文档组成的系统。分布在世界各地的用户能够通过 Internet 对其访问,进行彼此交流与共享信息。在这个系统中,每个有用的事物,被称为一种"资源",其由一个全局"统一资源标识符"(URI)标识;这些资源通过超文本传输协议(HyperText Transfer Protocol)传送给用户;而用户通过单击链接获得这些资源。

10.6.2　Web 界面设计原则

一般的 Web 界面设计应该遵循以下基本原则。

(1) 以用户为中心。要求把用户放在第一位。设计时既要考虑用户的共性,也要考虑他们的差异性。

(2) 一致性。Web 界面设计还必须考虑内容和形式的一致性。其次,Web 界面自身的风格也要一致性,保持统一的整体形象。

(3) 简洁与明确。Web 界面设计是设计的一种,要求简练、明确。

(4) 体现特色。只有极富特色、内容翔实的网页才能使浏览者驻足阅读。特色鲜明的

Web网站是精心策划的结果,只有独特的创意和赏心悦目的网页设计才能在一瞬间打动浏览者。

(5) 兼顾不同的浏览器。

(6) 明确的导航设计。网站首页导航应尽量展现整个网站的架构和内容,能让浏览者确切地知道自己在整个网站中的位置,以确定下一步的浏览去向。

10.6.3 Web界面要素设计

1. Web界面规划

无论哪种类型的Web网站,想要把界面设计得丰富多彩,吸引更多的用户前来访问,Web界面规划都是至关重要的。

在规划设计Web界面时,第一个步骤就是明确网站的目标和用途;还有一点也是非常重要的,即在制定建立网站目标的同时,确定Web界面的设计风格。

2. 文化与语言

网站一经发布,意味着全世界都可以看到其中的信息。所以,全球服务型网站还要考虑如何适应不同国家的不同类型的文化与语言环境。

3. 内容、风格与布局、色彩设计

内容:Web界面的内容不仅要遵循简洁明确的原则,也要符合确定的设计目标,面向不同的对象要使用不同的口吻和用词。

风格:Web界面的风格是指网站的整体形象给浏览者的综合感受。这个整体形象包括网站的标志、色彩、字体、布局、交互方式、内容价值、存在意义等。一个优秀的网站与实体公司一样,也需要整体的形象包装和设计。

布局:Web界面布局就是指如何合理地在界面上分布内容。常用的Web界面布局形式有"同"字型结构、"国"字型结构、左右对称、自由式。

色彩:Web网站给人的第一印象来自视觉冲击。颜色元素在网站的感知和展示上扮演重要的角色。某个企业或个人的风格、文化和态度可以通过Web界面中的色彩混合、调整或者对照的方式体现出来。一般地,Web界面中色彩选择可考虑鲜明性、独特性、合适性、联想性及和谐性。

4. 文本设计

文本是每一个Web界面的必要内容,文本设计应遵循以下重要原则。

(1) 文本不要太多,以免转移浏览者注意力。

(2) 选择合适的颜色,以便使文本和其他界面元素一起产生一个和谐的视觉效果;文本的颜色应该一致,让用户可以容易地确定不同文本和颜色所代表的内容。

(3) 选择的字体应和整个界面应融为一体;一旦已经为某些元素选择了字体,应该保证其在整个网站中应用的一致性。

(4) 网站中可能会使用多种字体,但是同一种字体应该表示相同类型的数据或者信息。

(5) 通过合理设置页边框、行间距等,使Web界面产生丰富变化的外观和感觉。

(6) 应该重视标题的处理。标题一般无分级要求,其字形一般较大,字体的选择一般具有多样性,字形的变化修饰则更为丰富。

5. 多媒体元素设计

图形、图像、动画、音频和视频等多媒体元素可以弥补平淡文本的不足，增强 Web 界面的艺术表现力。因此，在设计 Web 网页时有必要考虑使用不同类型的多媒体元素，使得网站更生动，而且有吸引力。

10.6.4　Web 界面基本设计技术

设计 Web 界面，可采用 Microsoft 公司的 FrontPage 和 Macromedia 公司的 Dreamweaver 网页编辑器工具。Web 界面设计中常用到 HTML，JavaScript 客户端脚本语言，Java Applet 小应用程序，ASP、JSP 等服务器端脚本语言，以及 AJAX 等技术。

10.6.5　Web3D 界面设计技术

Web3D 可以简单地看成是 Web 技术和 3D 技术相结合的产物，是互联网上实现 3D 图形技术的总称。2004 年被 ISO 审批通过的由 Web3D 协会发布的新一代国际标准——X3D，标志着 Web3D 进入了一个新的发展阶段。目前，Web3D 技术已经发展成为一个技术群，成为网络 3D 应用的独立研究领域。

走向实用化阶段的 Web3D 的核心技术有基于 VRML、Java、XML、动画脚本以及流式传输等技术。

10.7　移动界面设计

移动界面的设计符合人机交互设计的一般规律，可以利用人机交互界面的一般设计方法。但由于移动设备的便携性、位置不固定性和计算能力的有限性，以及无线网络的低带宽、高延迟等诸多的限制，移动界面设计又具有自己的特点。

本节主要介绍移动设备及交互方式、移动界面设计原则、移动界面要素设计以及相关设计技术和工具。

10.7.1　移动设备及交互方式

目前，主要的移动终端设备种类包括手机、PDA(Personal Digital Assistant)以及各种特殊用途的移动设备，如车载电脑等。其中，基于可移动性(Mobility)的考虑，手机与 PDA 是目前最常见的主流移动设备。不过随着技术的进步，各种设备之间的界限正在逐渐淡化，也出现了一些新的移动设备形态，特别是介于 PDA 和笔记本电脑之间的移动互联网设备(Mobile Internet Device，MID)以及超移动个人电脑(Ultra-Mobile PC，UMPC)等。

移动互联网的数据接入方式是影响移动界面设计的另一重要因素，目前也是多种标准并存，主要形式包括无线局域网(Wireless Local Area Network，WLAN)、无线城域网(Wireless Metropolitan Area Network，WMAN)、无线个域网(Wireless Personal Area Networks，WPAN)、高速无线广域网(Wireless Wide Area Networks，WWAN)以及卫星通信等。

移动设备种类繁多，相应的输入方式也相当复杂。特别是对于目前主要的移动设备形式——智能手机与掌上电脑而言，由于尺寸较小、接口较为简单，全尺寸键盘、鼠标等诸多传统的输入输出设备较难在移动界面中使用,因此,需要设计专门的输入输出方式,以适应移动界面的特点。移动设备的输入方式主要包括键盘输入、笔输入、语音识别等。移动设备的输出方式较为简单,主要是显示屏幕和声音输出等。

10.7.2 移动界面设计原则

移动设备特别是掌上设备的自身特点使其在作为移动应用的开发目标平台时,存在诸多限制:资源相对匮乏、移动设备种类繁多、连接方式复杂。

由于上述诸多限制,使得设计移动界面时,在考虑一般界面设计的原则的同时,还要考虑移动设备的特殊性。创建移动应用时应当遵守的重要的设计原则主要包括如下几点。

(1) 简单直观。

(2) 个性化设计。

(3) 易于检索。

(4) 界面风格一致。

(5) 避免不必要的文本输入。

(6) 根据用户要求使服务个性化。

(7) 最大限度地避免用户出错。

(8) 文本信息应当本地化。

10.7.3 移动界面要素设计

移动界面与一般的图形用户界面一样,包含很多种类的设计要素,在设计时需要遵循一定的原则才能更好地适应移动用户的需要。

下面主要围绕手机应用,特别是 WML 应用和 J2ME 应用的要素设计进行介绍。

1. 菜单

为了设计适用于移动界面的可用性好的菜单,建议遵守以下规则。

(1) 供选择的项目应该根据需要进行逻辑分类,如按日期、字母顺序等。如果没有逻辑顺序,可以按优先级分类,即将被选择频率最高的项目放在列表的最顶端。

(2) 菜单上的每一选项一般应当简明扼要,不宜超过一行。占据多行甚至多个显示窗口的大量文本则应当换行,并可以通过设计"跳过"连接直接能够进入下一个选项。

2. 按钮

由于显示能力所限,一般移动界面中的按钮不太经常使用图标。这一点可能随着移动设备图形显示能力的增强而发生变化。

在按钮属性的设置上,根据所显示的应用类型和信息类型使用风格和标注一致的标签。如使用了"确定"按钮就在整个应用中的同等场合下使用同样的标签,否则容易引起用户的混淆。如果采用英文名字,除个别始终用大写的单词外,只有首字母需要大写。汉字标签则一般需要注意字数的控制。

3. 多选列表

在移动应用中使用多选列表,可以最大限度地减少文本输入。例如,使用一个电子邮件地址簿,可以使用户不必过多使用移动设备的输入功能输入电子邮件地址,而可以简单地通过多选列表将需要的电子邮件地址插入一封电子邮件的收件人或抄送入地址中。

4. 文字显示

根据显示的需要,可能使用以下几种形式的链接。

(1) View(查看):如果一个数据列表中每个项目包含额外的详细信息,可以使用该链接显示这些数据。

(2) More(更多):一般作为数据页末尾的一个链接,使用户进入下一页的相关数据。

(3) Skip(跳过):跳过当前选项,链接到下一个类似的数据,如下一封电子邮件信息。

关于文字显示的一般可用性建议如下。

(1) 每一屏幕显示内容不宜过多,如果信息较多,应定义一个 More 链接。

(2) 一般情况下,文字信息应当使用换行方式进行显示。

5. 数据输入

针对数据输入的可用性原则如下。

(1) 对于数据输入一般应该进行长度、数据类型以及取值范围等形式的格式化,以指导用户输入合法的可用信息。

(2) 建立数据输入标题,并根据需要在标题中加入所要求的输入格式。

(3) 如果已经可以确定数据的某些输入部分,可以预先填好,且不允许用户修改。

(4) 应当具有检错机制,如某些信息必须填写,应当可以设置成禁止提交空数据。

(5) 在格式设置中适当地添加分隔符以提示用户输入合法的信息。

6. 图标与图像

在手机等设备上使用图像往往有很多限制,需要注意如下问题。

(1) 了解目标设备所支持的图像格式,如果希望应用跨平台使用,应当尽量使用受到较多支持的图像格式,如手机上的 WBMP 格式和 PNG 格式。

(2) 由于受到设备的限制,即使支持彩色的移动设备也往往无法支持真彩色,需要使用调色板,注意调色板的设置使其达到最佳显示效果。

(3) 对于不支持图像的设备,应当提供替换的信息展示方式。

(4) 进行图像浏览时,图像缺省的应当充满整个可用区域,并在允许的条件下通过缩放使用户看到完整的图像。如必须滚屏时,尽量使用垂直滚屏。

(5) 尽量用户在上下文中直接浏览嵌入的图像,而不必使用独立的显示工具。

7. 警报提示

警报提示主要起到反馈的作用,可以将用户所关心的最新信息通知给用户,或向用户提供有关当前状况的信息。一般使用文字信息,可能加入一定的图标。如果要让用户看到所发出的信息并要求其回应,一般不使用提示。

8. 多媒体展示

制作能够在移动设备进行播放的多媒体音频或视频文件,应当注意以下问题。

(1) 尽量使用标准的文件格式。

(2) 根据平台的计算能力特点,选择合适的格式。

(3) 有的应用场合下静态图像也可以达到很好的展示效果。

（4）根据平台的多媒体能力制作相应质量的多媒体数据。

（5）视频内容应该精练。

（6）音频的使用与否应当不改变程序的运行结果。

（7）录制音频时应当尽可能地提高音量，以保证回放时的效果。

9. 导航设计

采用标签进行导航的视图一般应当遵循以下原则。

（1）从一个标签视图转到另一个并不影响这些视图中的返回键功能；它们中的任何一个返回功能指向同一个地方，即该应用的上一层。

（2）当某个状态拥有标签视图时，如果用户从上一层进入到该状态，打开的将是默认视图。

（3）如果用户从某个标签视图进入到其下面一层，这时的返回功能将导致返回到原先的视图（不一定是上面提到的默认视图）。

10.7.4 移动界面设计技术与工具

1. 移动应用开发技术

开发移动应用是一项复杂的任务，不仅需要考虑各种复杂的网络连接方式，而且要考虑各种不同的硬件设备甚至不同型号的设备之间的差异，还要与现有的应用体系尽可能地集成，因此，选择适当的开发平台很重要。

目前，常用的移动应用开发的体系结构主要包括. NET 精简框架、J2ME 架构以及 BREW 架构等。

2. 移动浏览标准协议

采用 J2ME 等技术开发的应用软件需要运行程序的用户终端上进行安装和配置，同时也对终端的性能具有一定的要求。移动应用的开发还有一种模式，就是类似于 Web 应用的开发，用户端仅需支持一定的移动浏览标准协议，通过移动浏览器，就可以通过网络访问移动应用服务器，获取信息或完成某些操作。

常用的移动浏览标准协议主要有 WAP、WML、WMLScript 以及 XHTML Basic 与 XHTML MP 等。

3. 移动设备操作系统

常见的移动设备操作系统主要包括以下几种。

（1）Palm OS。

（2）Windows Mobile 系列移动操作系统。

（3）嵌入式 LINUX。

（4）Android 等。

4. 移动界面开发工具

由于移动设备的硬件形式繁多，而且需要在本机上提供良好的开发环境，所以模拟器软件就成为移动应用开发必不可少的一种工具。所谓模拟器就是在一种平台上采用软件模拟另外的软硬件环境。移动设备的模拟器主要由相应的开发商推出，例如 Palm OS、Openwave、Microsoft 公司以及硬件厂商爱立信公司等均有相应的 PC 模拟器。

10.8 可用性分析与评估

可用性是人机交互系统设计中需要重点考虑的一个方面，它关系到人机交互能否达到用户的预期目标，以及实现这一目标的效率与便捷性。

本节将从可用性与可用性工程、支持可用性的设计原则以及可用性评估等方面进行介绍。

10.8.1 可用性与可用性工程

1. 可用性的定义

国际标准化组织(ISO 9241-11)给出的可用性是指特定的用户在特定环境下使用产品并达到特定目标的有效性(效力)、效率和满意的程度。

可用性并不仅仅与用户界面相关，而是蕴含更广泛的内涵，可以从五方面去理解可用性。这五方面集中反映了用户对产品的需求，从它们的英文表达上被归纳为五 E。

(1) 有效性(Effective)：怎样准确、完整地完成工作或达到目标。

(2) 效率(Efficient)：怎样快速地完成工作。

(3) 吸引力(Engaging)：用户界面如何吸引用户进行交互并在使用中得到满意和满足。

(4) 容错能力(Error Tolerant)：产品避免错误的发生并帮助用户修正错误的能力。

(5) 易于学习(Easy to Learn)：支持用户对产品的入门使用和在以后使用过程中的持续学习。

在产品开发过程中增强可用性可以带来很多好处，包括如下方面。

(1) 提高生产率。

(2) 增加销售和利润。

(3) 降低培训和产品支持的成本。

(4) 减少开发时间和开发成本。

(5) 减少维护成本。

(6) 增加用户的满意度。

2. 可用性工程

任何一个产品都不可能是故意设计成不可用的，但只有遵循系统的可用性设计方法，才能达到可用性。

所谓可用性工程就是改善系统可用性的迭代过程。它是一个完整的过程，贯穿于产品设计之前的准备、设计实现，一直到产品投入使用。其目的就是保证最终产品具有完善的用户界面。

一个可用性工程的生命周期大体上分为下面六部分。

(1) 了解用户。

(2) 竞争性分析。

(3) 设定可用性目标。

(4) 用户参与设计。

（5）迭代设计。

（6）产品发布后工作。

10.8.2 支持可用性的设计原则

在设计交互系统时，有一些可以提高可用性的基本原则，这些原则分为以下三大类。

（1）可学习性：新用户能否很容易地学会交互和达到最佳交互性能。

（2）灵活性：用户和系统之间信息交流的方式是否灵活多样。

（3）健壮性：体现为用户能不能成功达到交互目标，能否对达到的目标进行评估。

1. 可学习性

可学习性是指交互系统能否让新手学会如何使用系统，以及如何达到最佳交互效能。支持可学习性的原则包括以下几点。

（1）可预见性。

（2）同步性。

（3）熟悉性。

（4）通用性。

（5）一致性。

2. 灵活性

灵活性体现了用户与系统交流信息方式的多样性，应遵循以下原则。

（1）可定制性。

（2）对话主动性。

（3）多线程。

（4）可互换性。

（5）可替换性。

3. 健壮性

用户使用计算机的目的是达到某种目标。能不能成功地达到目标和能不能对到达的目标进行评估就体现为交互的健壮性。健壮性体现为以下原则。

（1）可观察性。

（2）可恢复性。

（3）响应性。

（4）任务规范性。

10.8.3 可用性评估

可用性评估是检验软件系统的可用性是否达到了用户的要求。常用方法包括用户模型法、启发式评估、认知性遍历、用户测试和问卷调查等，其中最常用的方法是用户测试和问卷调查。

软件可用性评估应该遵循以下原则。

（1）最具有权威性的可用性测试和评估不应该针对专业技术人员，而应该针对产品的用户。对软件可用性的测试和评估，应主要由用户完成。

（2）软件的可用性测试和评估是一个过程，这个过程在产品开发的初期阶段就应该开始。

（3）软件的可用性测试必须在用户的实际工作任务和操作环境下进行。

（4）选择有广泛代表性的用户。

练习与思考

10-1　什么是人机交互技术？人机交互研究的内容有哪些？简单介绍人机交互技术的发展历史和现状。

10-2　认知心理学的主要研究内容是什么？人机工程学的主要研究内容是什么？

10-3　分别对输入设备、输出设备、虚拟现实交互设备进行分类归纳总结，并进行优缺点比较。

10-4　人机交互输入模式有哪些？各自的特点是什么？

10-5　简述基本交互技术、图形交互技术、语音交互技术及笔交互技术。

10-6　简述界面设计的一般原则。

10-7　描述任务分析主要包括哪些内容。

10-8　简述 Web 设计的原则。

10-9　Web 界面一般包括哪些主要元素，相应的设计原则是什么？

10-10　简述移动界面的设计原则。

10-11　移动界面包含哪些主要元素？

10-12　简述支持可用性的设计原则。

10-13　可用性评估方法主要包含哪些？每种可用性评估方法的使用方式是什么？

参考文献

[1]　孟祥旭，李学庆，杨承磊. 人机交互基础教程[M]. 2 版. 北京：清华大学出版社，2010.

[2]　DIX A J, FINALY J E, ABOWD G D, et al. Human-computer interaction[M]. 2nd ed. New York：Prentice Hall, 1998.

[3]　PREECE J, ROGERS Y, SHARP H. 交互设计：超越人机交互[M]. 刘晓辉，张景，等译. 北京：电子工业出版社，2003.

[4]　NIELSEN J. Web 可用性设计[M]. 潇湘工作室，译. 北京：人民邮电出版社，2000.

[5]　NIELSEN J. 可用性工程[M]. 刘正捷，等译. 北京：机械工业出版社，2004.

[6]　曹志英，刘正捷. 网站可用性设计指南[J]. 计算机世界：可用性工程专栏，2001(36).

[7]　董建明，傅利民，SALVENDY G. 人机交互：以用户为中心的设计和评估[M]. 北京：清华大学出版社，2003.

[8]　董士海，王坚，戴国忠. 人机交互和多通道用户界面[M]. 北京：科学出版社，1999.

[9]　董士海. 计算机用户界面及其工具[M]. 北京：科学出版社，1999.

第 11 章

虚拟现实技术

虚拟现实技术是一门综合应用计算机图形学、人机接口、传感器以及人工智能等技术,制造逼真的人工模拟环境,并能有效地模拟人在自然环境中各种感知的高级的人机交互技术。

虚拟现实技术所带来的实时三维空间表现能力、人机交互式的操作环境以及身临其境的感觉,不但为人机交互界面开创了新的研究领域,为智能工程的应用提供了新的界面工具,为人类探索宏观世界和微观世界以及由于种种原因而不便于直接观察的事物运动变化规律提供了极大的便利,为各类技能的训练与培训提供了更自然的界面和环境,同时也为数字媒体领域,如影视、娱乐和游戏等,提供了一种新的、交互的、更富刺激性和更具真实感的数字媒体技术。

11.1 虚拟现实概论

1. 虚拟现实的含义

虚拟现实(Virtual Reality,VR),又称灵境技术,是由美国 VPL Research 公司创始人 Jaron Lanier 在 1989 年提出的。

virtual 是虚假的意思,其含义是这个环境或世界是虚拟的,是存在于计算机内部的;reality 就是真实的意思,其含义是现实的环境或真实的世界。

虚拟现实技术是指采用计算机技术为核心的现代高科技手段生成一种虚拟环境,用户借助特殊的输入输出设备,与虚拟世界中的物体进行自然的交互,从而通过视觉、听觉和触觉等获得与真实世界相同的感受。

2. 虚拟现实的发展历史

虚拟现实技术演变发展史大体上可以分为四个阶段: 1963 年以前,蕴涵虚拟现实技术的前身;1963—1972 年,虚拟现实技术的萌芽阶段;1973—1989 年,虚拟现实技术概念和理论产生的初步阶段;1990 年至今,虚拟现实技术理论的完善和应用阶段。

第一阶段:虚拟现实技术的前身。虚拟现实技术是对生物在自然环境中的感官和动作等行为的一种模拟交互技术,它与仿真技术的发展是息息相关的。中国古代战国时期的风筝,就是模拟飞行动物与人之间互动的大自然场景,风筝的拟声、拟真、互动行为是仿真技术在中国的早期应用,也是中国古代人试验飞行器模型的最早发明。西方人利用中国古代风筝原理发明了飞机,发明家 Edwin A. Link 发明了飞行模拟器,让操作者能有乘坐真正飞机的感觉。1962 年,Morton Heilig 的"全传感仿真器"的发明,就蕴涵了虚拟现实技术的思想。这三个较典型的发明,都蕴涵了虚拟现实技术的思想,是虚拟现实技术的前身。

第二阶段：虚拟现实技术的萌芽阶段。1968 年,美国计算机图形学之父 Ivan Sutherlan 开发了第一个计算机图形驱动的头盔显示器 HMD 及头部位置跟踪系统,是虚拟现实技术发展史上一个重要的里程碑。此阶段也是虚拟现实技术的探索阶段,为虚拟现实技术的基本思想的产生和理论发展奠定了基础。

第三阶段：虚拟现实技术概念和理论产生的初步阶段。这一阶段出现了 VIDEOPLACE 与 VIEW 两个比较典型的虚拟现实系统。由 M. W. Krueger 设计的 VIDEOPLACE 系统,将产生一个虚拟图形环境,使参与者的图像投影能实时地响应参与者的活动。由 M. MGreevy 领导完成的 VIEW 系统,在装备了数据手套和头部跟踪器后,通过语言、手势等交互方式,形成虚拟现实系统。

第四阶段：虚拟现实技术理论的完善和应用阶段。在这一阶段,虚拟现实技术从研究型阶段转向为应用型阶段,广泛运用到科研、航空、医学、军事等人类生活的各个领域中,如美军开发的空军任务支援系统和海军特种作战部队计划与演习系统(对虚拟的军事演习也能达到真实军事演习的效果)、浙江大学开发的虚拟故宫虚拟建筑环境系统和 CAD&CG 国家重点实验室开发出桌面虚拟建筑环境实时漫游系统、北京航空航天大学开发的虚拟现实与可视化新技术研究室的虚拟环境系统。

3. 虚拟现实系统的组成

用户通过头盔、手套和话筒等输入设备为计算机提供输入信号,虚拟现实软件收到输入信号后加以解释,然后对虚拟环境数据库进行必要的更新,调整当前虚拟环境视图,并将这一新视图及其他信息(如声音)立即传送给输出设备,以便用户及时看到效果。

所以,虚拟现实系统一般由输入设备、输出设备、虚拟环境数据库、虚拟现实软件组成。

1) 输入设备

虚拟现实系统通过输入设备接收来自用户的信息。用户基本输入信号包括用户的头、手位置及方向、声音等。其输入设备主要有数据手套、三维球、自由度鼠标、生物传感器、头部跟踪器、语音输入设备等。

2) 输出设备

虚拟现实系统根据人的感觉器官的工作原理,通过虚拟现实系统的输出设备,使人对虚拟现实系统的虚拟环境得到虽假犹真、身临其境的感觉。它主要由三维图像视觉效果、三维声音效果和触觉(力觉)效果实现。

3) 虚拟环境数据库

虚拟环境数据库存放整个虚拟环境中所有物体的各方面信息,包括物体及其属性如约束、物理性质、行为、几何、材质等。虚拟环境数据库由实时系统软件管理,数据库中的数据只加载用户可见部分,其余保存在磁盘上,需要时导入内存。

4) 虚拟现实软件

虚拟现实软件主要用来设计用户在虚拟环境中遇到的景和物。常用的有：三维物体的建模软件,如 AutoCAD、VRML 等;虚拟场景的建立及三维物体与虚拟场景的集成软件,如 Vega、OpenGVS 等。

4. 虚拟现实的基本特征

虚拟现实技术作为一种新的技术,主要有三个特性,分别是沉浸性(Immersion)、交互性(Interactivity)和构想性(Imagination),如图11-1所示。

(1) 沉浸性是指用户作为主角存在于虚拟环境中的真实程度。使用者戴上头盔显示器和数据手套等交互设备,便可将自己置身于虚拟环境中,成为虚拟环境中的一员。使用者与虚拟环境中的各种对象的相互作用,就如同在现实世界中的一样。使用者在虚拟环境中,感觉一切都是那么逼真,有一种身临其境的感觉。

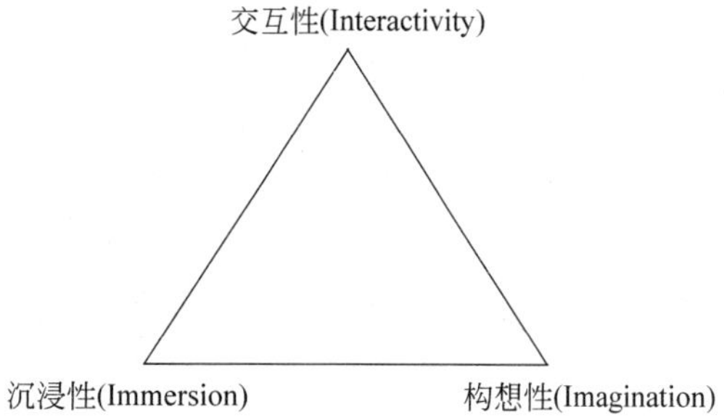

(2) 交互性是指用户对模拟环境内物体

图 11-1 虚拟现实技术的三个特性

的可操作程度和从环境得到反馈的自然程度。虚拟现实系统中的人机交互是一种近乎自然的交互,使用者不仅可以利用计算机键盘、鼠标进行交互,而且能够通过特殊头盔、数据手套等传感设备进行交互。计算机能根据使用者的头、手、眼、语言及身体的运动,调整系统呈现的图像及声音。使用者通过自身的语言、身体运动或动作等自然技能,就能对虚拟环境中的对象进行考察或操作。

(3) 构想性。虚拟环境可使用户沉浸其中并且获取新的知识,提高感性和理性认识,从而使用户深化概念和萌发新的联想,因而可以说,虚拟现实可以启发人的创造性思维。

5. 虚拟现实系统的分类

根据交互性和沉浸感的特征,虚拟现实大体可分为四类:桌面级虚拟现实系统(Desktop VR)、沉浸式虚拟现实系统(Immersion VR)、分布式虚拟现实系统(Distributed VR)和增强现实性虚拟现实系统。

1) 桌面级虚拟现实系统

桌面级虚拟现实系统是利用个人计算机和低级工作站实现仿真,计算机的屏幕作为参与者或用户观察虚拟环境的一个窗口,各种外部设备一般用来驾驭该虚拟环境,并且用于操纵在虚拟场景中的各种物体。由于桌面级虚拟现实系统可以通过桌上型机实现,成本较低,功能也比较单一,主要用于计算机辅助设计(CAD)、计算机辅助制造(CAM)、建筑设计、桌面游戏等领域。

2) 沉浸式虚拟现实系统

沉浸式虚拟现实系统采用头盔显示,以数据手套和头部跟踪器为交互装置,把参与者或用户的视觉、听觉和其他感觉封闭起来,使参与者暂时与真实环境相隔离,而真正成为虚拟现实系统内部的一个参与者,并可以利用各种交互设备操作和驾驭虚拟环境,给参与者一种充分投入的感觉。沉浸式虚拟现实能让人有身临其境的真实感觉,因此,常常用于各种培训演示及高级游戏等领域。但是由于沉浸式虚拟现实需要用到头盔、数据手套、跟踪器等高技术设备,因此价格比较昂贵,所需要的软件、硬件体系结构也比桌面级虚拟现实系统更加灵活。

3) 分布式虚拟现实系统

分布式虚拟现实系统是指在网络环境下,充分利用分布于各地的资源,协同开发各种虚拟现实。分布式虚拟现实是沉浸式虚拟现实的发展,它把分布于不同地方的沉浸式虚拟现实系统通过网络连接起来,共同实现某种用途。它使不同的参与者联结在一起,同时参与一个虚拟空间,共同体验虚拟经历,使用户协同工作达到一个更高的境界。目前,分布式虚拟现实主要基于两类网络平台：一类是基于 Internet 的虚拟现实；另一类是基于告诉专用网的虚拟现实。

4）增强现实性虚拟现实系统

增强现实性虚拟现实系统又称为混合虚拟现实系统，它是把真实环境与虚拟环境结合起来的一种系统，既可减少构成复杂真实环境的开销，因为部分真实环境由虚拟环境代替，又可对实际物体进行操作，因为部分系统就是真实环境，从而真正达到亦真亦幻的境界。

另外，还有一些其他分类方法，如根据虚拟现实生成的方式，可将其分为基于几何模型的图形构造虚拟现实和基于实景图像的虚拟现实系统；根据虚拟现实生成器的性能和组成可将其分为四类：基于 PC 的虚拟现实系统、基于工作站的虚拟现实系统、高度平行的虚拟现实系统和分布式虚拟现实系统；根据交互界面的不同可将其分为五类：世界之窗、视频映射、沉浸式系统、遥控系统和混合系统。

6. 虚拟现实系统的关键技术

虚拟现实的关键技术包括以下几方面。

1）动态环境建模技术

虚拟环境的建立是虚拟现实技术的核心内容。动态环境建模技术的目的是获取实际环境的三维数据，并根据应用的需要，利用获取的三维数据建立相应的虚拟环境模型。三维数据的获取可以采用 CAD 技术（有规则的环境），而更多的环境则需要采用非接触式视觉建模技术，两者的有机结合可以有效地提高数据的获取效率。建模包括几何建模、物理建模和运动建模。

2）实时三维图形生成技术

三维图形的生成技术已经较为成熟，其关键是如何实现实时生成。为了达到实时的目的，至少要保证图形的刷新率不低于 15 帧/秒，最好是高于 30 帧/秒。在不降低图形的质量和复杂程度的前提下，如何提高刷新频率将是该技术的研究内容。

3）立体显示和传感器技术

虚拟现实的交互能力依赖于立体显示和传感器技术的发展。现有的设备还远不能满足系统的需要，例如，头盔过重，数据手套有延迟大、分辨率低、作用范围小、使用不便等缺点。另外，力觉和触觉传感装置的研究也有待进一步深入，虚拟现实设备的跟踪精度和跟踪范围也有待提高，因此有必要开发新的三维显示技术。

4）应用系统开发技术

虚拟现实应用的关键是寻找合适的场合和对象，即如何发挥想象力和创造力。选择适当的应用对象可以大幅度地提高生产效率、减轻劳动强度、提高产品开发质量。为了达到这一目的，必须研究虚拟现实的开发工具。例如，虚拟现实系统开发平台、分布式虚拟现实技术等。

5）系统集成技术

由于虚拟现实中包括大量的感知信息和模型，系统的集成技术起着至关重要的作用。集成技术包括信息的同步技术、模型的标定技术、数据转换技术、数据管理模型、识别和合成技术等。

11.2 虚拟现实系统的硬件设备

要实现虚拟现实的交互性、沉浸感等特点，需要许多外部设备的配合。现阶段虚拟现实中常用到的设备如下。

（1）建模设备：3D 扫描仪等。

（2）显示设备：3D 展示系统、3D 立体显卡、大型投影系统、头盔式立体显示器等。

（3）声音设备：三维的声音系统、非传统意义的立体声。

（4）交互设备：位置追踪仪、数据手套、3D 输入设备（三维鼠标）、动作捕捉设备、眼动仪、力反馈设备等。

11.2.1 三维建模设备

虚拟现实的三维建模是整个系统中非常重要的部分，通常由 OpenGL 等图形库人为建立各种虚拟对象的模型，但是实际中有许多不规则对象不可能这样建立模型，这就需要各种三维建模设备进行辅助建模，这类设备主要是三维扫描仪。

三维扫描仪也称为三维立体扫描仪、3D 扫描仪，是融合光、机、电和计算机技术于一体的高新科技产品。三维扫描仪通过顶部的激光束平滑地扫描物体，采集测量数据，能及时地获取三维表面，类似于喷绘过程；然后物体的外形会立即显示在计算机屏幕上。扫描的结果可以与再次扫描的结果进行整合处理，大大减少了创建任意虚拟物体的表面微小或非金属部分的时间，实时地重建全三维物体表面。三维数据可以被输出为通用的 3D 模型、图形、CAD 程序，如图 11-2 所示。

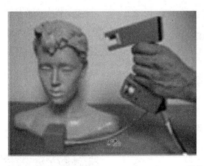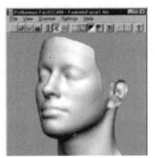

图 11-2 三维扫描仪

11.2.2 视觉显示设备

1. 立体显像技术

沉浸感是虚拟现实系统最重要的基本特征。当用户与虚拟环境交互作用时，可以获得与真实世界相同或相似的感知，并产生身临其境的感受。所以，虚拟现实系统对人的感知系统的作用，直接影响系统的真实感。

为了实现虚拟现实的沉浸特性，必须具备人体的感官特性，包括视觉、听觉、触觉、味觉、嗅觉等。常用的显示设备包括视觉显示设备、听觉显示设备、力觉和触觉显示设备等。

据统计，人类对客观世界感知信息的 $75\%\sim80\%$ 来自视觉，所以视觉通道是虚拟现实系统中最重要的感知接口。

2. 视觉感知的基本概念

（1）视域：一个物体能否被观察者看到，取决于该物体的图像是否落在观察者的视网膜上和落在视网膜上的什么位置。能够被眼睛看到的区域称为视域。在实际中，全景显示产生水平±100°、垂直±30°的视域即可有很强的沉浸感。

（2）视角：视觉感知中关于可视目标大小的测量、可视目标在视网膜上的投影大小能够决定视觉感知的质量。一般认为，理想的目标提示大小为：在正常光照条件下视角不应该小于15°，在较低光照条件下视角不应该小于21°。这是视景生成和头盔显示过程中的重要参考系数。

（3）视觉生成：外界景物发射或反射光线刺激视网膜感光细胞令视觉神经产生知觉。人眼结构如图11-3所示。

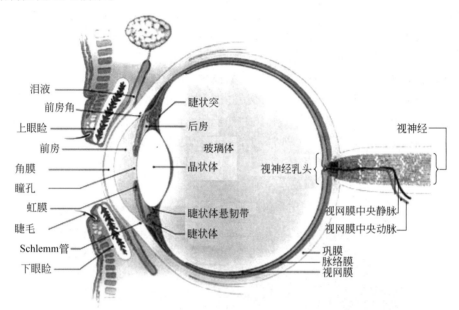

图 11-3　人眼结构图

3. 立体视觉产生的原理

双目空间位置的不同，是产生立体视觉的主要原因。空间某个物体在双目视图中的位置不同产生了立体视差。人眼利用这种视差，判断物体的远近，产生深度感，形成立体视觉，由此获得环境的三维信息，如图11-4所示。

4. 虚拟现实系统中的立体视觉

人的视觉系统可以通过下面四种线索得到深度知觉。

（1）侧视网膜图像差：也称双目视差，在双目光轴平行时，由于几何位置的差别，双目看同一环境，却得到不同的图像，形成主要的深度感。

（2）运动视差：当观察者相对环境运动时，产生的深度感。如果头部运动，就可能发现物体之间的遮挡关系。运动视差是深度感知中最有力的线索。事实上，许多动

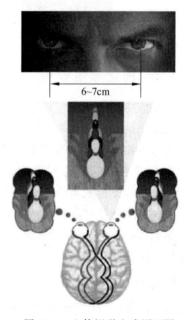

图 11-4　立体视觉生成原理图

物和昆虫主要是靠运动视差识别目标,例如兔子和蜜蜂。

（3）图像大小差异：对已知物体,图像尺寸的变化是透视深度感。人的直觉是物体越远,看起来越小。如果物体 A 与 B 一样大,但 A 的图像比 B 的小,同样可认为 A 比 B 离观察者更远。

（4）纹理梯度：指视野中的物体在网膜上的投影大小和投影密度发生有层次的变化。根据视网膜上纹理梯度的变化,把小而密的事物看成是比较远的,大而疏的物体看成是比较近的。

虚拟现实视觉的立体显示,仅仅实现双目视差。虚拟现实视觉的立体显示,还没有实现人类其他深度感。为了实现立体显示,应该为双目提供不同的图像——有双目视差的图像。为此,对同一虚拟环境,由两个虚拟观察点分别透视投影,得到有双目视差的两个图像。立体显示就是给双目提供有双目视差的两个图像,如图 11-5 所示。

5. 视觉显示设备

（1）头盔显示器（HMD）：头盔显示器是 3D VR 图形显示与观察设备,可单独与主机相连以接收来自主机的 3D VR 图形图像信号,借助空间跟踪定位器可进行虚拟现实输出效果观察,同时观察者可做空间上的自由移动,如自由行走、旋转等,沉浸感极强,优于显示器的虚拟现实观察效果,逊于虚拟三维投影显示。在投影式虚拟现实系统中,头盔显示器作为系统功能和设备的一种补充和辅助,如图 11-6 所示。

图 11-5 双目视差   图 11-6 头盔式显示器

（2）双目全方位显示器（BOOM）：是一种耦联头部的立体显示设备,类似使用望远镜,它把两个独立的显示器捆绑在一起,由两个相互垂直的机械臂支撑,这不仅让用户可以在半径 2m 的球面空间内用手自由操纵显示器的位置,还能将显示器的重量加以巧妙的平衡而始终保持水平,不受平台运动的影响。在支撑臂上的每个节点处都有位置跟踪器,因此,BOOM 和 HMD 一样有实时的观测和交互能力,如图 11-7 所示。

（3）3D 眼镜显示系统：该系统包括立体图像显示器和 3D 眼镜。立体图像显示器以两倍于正常扫描的速度刷新屏幕,计算机给显示器交替发送两幅有轻微偏差的图像。位于 CRT（阴极射线管）显示器顶部的红外发射器与信号同步,以无线方式控制活动眼镜。红外控制器指导立体眼镜的液晶光栅交替地遮挡眼睛视野。大脑记录快速交替的左右眼图像序列,并通过立体视觉将其融合在一起,从而产生深度感。3D 眼镜如图 11-8 所示。

（4）洞穴式立体显示系统（CAVE 系统）：使用投影系统,投射多个投影面,形成房间式的空间结构,使得围绕观察者具有多个图像画面显示的虚拟现实系统,增强了沉浸感,如图 11-9 所示。

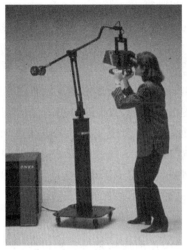

图 11-7　BOOM

图 11-8　3D 眼镜

图 11-9　CAVE 系统

　　CAVE 系统是一种基于多通道视景同步技术和立体显示技术的房间式投影可视协同环境,该系统可提供一个房间大小的 4 面、5 面或者 6 面的立方体投影显示空间,供多人参与。所有参与者均完全沉浸在被立体投影画面包围的高级虚拟仿真环境中,借助音响技术和相应虚拟现实交互设备获得身临其境的高分辨率三维立体视听影像和六自由度交互感受。由于投影面几乎能够覆盖用户的所有视野,因此 CAVE 系统能提供给使用者一种前所未有的带有震撼性的身临其境的沉浸感受。

11.2.3　虚拟现实的交互设备

1. 数据手套

　　数据手套(Data Glove)是虚拟仿真中最常用的交互工具,如图 11-10 所示。数据手套设有弯曲传感器,弯曲传感器由柔性电路板、力敏元件、弹性封装材料组成,通过导线连接至信号处理电路;在柔性电路板上设有至少两根导线,以力敏材料包覆于柔性电路板大部,再在力敏材料上包覆一层弹性封装材料,柔性电路板留一端在外,以导线与外电路连接;把人手姿态准确实

图 11-10　数据手套

时地传递给虚拟环境,而且能够把与虚拟物体的接触信息反馈给操作者,使操作者以更加直接、更加自然、更加有效的方式与虚拟世界进行交互,大大增强了互动性和沉浸感;并为操作者提供了一种通用、直接的人机交互方式,特别适用于需要多自由度手模型对虚拟物体进行复杂操作的虚拟现实系统。数据手套本身不提供与空间位置相关的信息,必须与位置跟踪设备连用。

除了能够跟踪手的位置和方位外,数据手套还可以用于模拟触觉。戴上这种特殊的数据手套就可以以一种新的形式去体验虚拟世界。使用者可以伸出戴手套的手去触碰虚拟世界里的物体,当碰到物体表面时,不仅可以感觉到物体的温度、光滑度以及物体表面纹理等集合特性,还能感觉到一些压力作用。虽然没有东西阻碍手的继续下按,但是按得越深,手上感受到的压力就会越大,当松开时压力又消失了。模拟触觉的关键是某种材质的压力或皮肤的变形。

2. 力矩球

力矩球又称为空间球,是一种可提供六自由度的外部输入设备,安装在一个小型的固定平台上。六自由度是指宽度、高度、深度、俯仰角、转动角和偏转角,可以扭转、挤压、拉伸以及来回摇摆,用来控制虚拟场景做自由漫游,或者控制场景中某个物体的空间位置机器方向。力矩球通常使用发光二极管测量力。它通过装在球中心的几个张力器测量出手所施加的力,并且将其测量值转化为三个平移运动和三个旋转运动的值送入计算机,计算机根据这些测量值改变其输出显示。力矩球在选取对象时不是很直观,一般与数据手套、立体眼镜配合使用。

3. 触觉反馈装置

在VR系统中,如果没有触觉反馈,当用户接触到虚拟世界的某一物体时易使手穿过物体,从而失去真实感。解决这种问题的有效方法是在用户交互设备中增加触觉反馈。触觉反馈主要是根据视觉、气压感、振动触感、电子触感和神经肌肉模拟等方法实现的,如图11-11所示。向皮肤反馈可变点脉冲的电子触感反馈和直接刺激皮层的神经肌肉模拟反馈都不太安全,相对而言,气压式和振动式触感是较为安全的触觉反馈方法。

图 11-11　触觉反馈装置

气压式触摸反馈采用小空气袋作为传感装置。它由双层手套组成,其中一个输入手套测量力,有20～30个力敏元件分布在手套的不同位置,当使用者在VR系统中产生虚拟接触时,检测出手的各个部位的受力情况。用另一个输出手套再现所检测的压力,手套上也装有20～30个空气袋并放在对应的位置,这些小空气袋由空气压缩泵控制其气压,并由计算机对气压值进行调整,从而实现虚拟手物碰触时的触觉感受和受力情况。该方法实现的触觉虽然不是非常逼真,但是已经有较好的结果。

振动式触感反馈是用声音线圈作为振动换能装置以产生振动的方法。简单的换能装置如同一个未安装喇叭的声音线圈,复杂的换能器是利用状态记忆合金的职能,当电流通过这些换能装置时,它们都会发生形变和弯曲。可以根据需要把换能器做成各种形状,把它们安装在皮肤表面的各个位置。这样就能产生对虚拟物体光滑度、粗糙度的感知。

4. 力觉反馈装置

力觉和触觉实际是两种不同的感知,触觉包括的感知内容更加丰富,如接触感、质感、纹理感及温度感等;力觉感知设备要求能反馈力的大小和方向,与触觉反馈装置相比,力反馈装置相对成熟一些。目前已经有的力反馈装置有力量反馈臂、力量反馈操纵杆、笔式六自由度游戏棒等,如图 11-12 所示。其主要原理是用计算机通过力反馈系统对用户的手、腕、臂等运动产生阻力从而使用户感受到作用力的方向和大小。

由于人对力觉感知非常敏感,一般精度的装置根本无法满足要求,而研制高精度力反馈装置又相当昂贵,这是人们面临的难题之一。

5. 数据衣

在 VR 系统中比较常用的运动捕捉是数据衣,如图 11-13 所示。数据衣是为了让 VR 系统识别全身运动而设计的输入装置。它是根据数据手套的原理研制出来的,这种衣服装备着许多触觉传感器,穿在身上,衣服里面的传感器能够根据身体的动作探测和跟踪人体的所有动作。数据衣对人体大约 50 个不同的关节进行测量,包括膝盖、手臂、躯干和脚。通过光电转换,身体的运动信息被计算机识别,反过来衣服也会反作用在身上产生压力和摩擦力,使人的感觉更加逼真。

图 11-12　力觉反馈装置　　　　　　图 11-13　数据衣

和 HMD、数据手套一样,数据衣也有延迟大、分辨率低、作用范围小、使用不便等缺点。另外还有一个潜在的问题就是人的体型差异比较大,为了检测全身,不但要检测肢体的伸张状况,还要检测肢体的空间位置和方向,这需要许多空间跟踪器。

6. 三维鼠标

三维鼠标又称为三维空间交互球。三维空间交互球是虚拟现实应用中的另一重要的交互设备,用于六自由度 VR 场景的模拟交互,可从不同的角度和方位对三维物体观察、浏览、操纵;也可与数据手套或立体眼镜结合使用,作为跟踪定位器;还可单独用于 CAD/CAM (Pro/E、UG)。

作为输入设备,此种三维鼠标类似于摇杆加上若干按键的组合,由于厂家给硬件配合驱动和开发包,因此,在视景仿真开发中使用者可以很容易地通过程序将按键和球体的运动赋予三维场景或物体,实现三维场景的漫游和仿真物体控制。

11.2.4　声音设备

三维声音不是立体声的概念,而是由计算机生成的、能由人工设定声源在空间中的三维位置的一种合成声音。这种声音技术不仅考虑到人的头部、躯干对声音反射所产生的影响,还对人的头部进行实时跟踪,使虚拟声音能随着人的头部运动相应的变化,得到逼真的三维听觉效果。

三维声音处理包括声音合成、3D声音定域和语音识别。在虚拟环境中,一般不能仅仅依靠一种感觉,错综复杂的临场感通常需要用到立体声。为此需要设置静态及动态噪声源,并创建一个动态的声学环境。在VR应用中,这个问题甚至比实时处理数据更重要,因为当进入信息流影响数据库状态时,用声音来提醒用户至关重要。

虚拟环境产生器中的声音定域系统,利用声音的发生源和头部位置及声音相位差传递函数,实时计算出声音源与头部位置分别发生变动时的变化。声音定域系统可采集自然或者合成声音信号,并使用特殊处理技术在360°的球体中空间化这些信号。例如,可以产生诸如时钟"滴答"的声音并将其放置在虚拟环境中的准确位置,参与者即使头部运动时,也能感觉到这种声音保持在原处不变。为了达到这种效果,声音定域系统必须考虑参与者两个"耳廓"的高频滤波特性。参与者头部的方向对于正确地判定空间化声音信号起到重要的作用。因此,虚拟环境产生器主要为声音定域装置提供头部的位置和方向信号。

1. 耳机

现在的生活中,到处都可以看到耳机的身影,在家中、室外、各种英语听力考试等都少不了耳机。耳机根据其换能方式分类,主要有动圈式、等磁式和静电式,从结构上分为开放式、半开放式和封闭式,从佩带形式上则有耳塞式、挂耳式和头带式。

动圈式耳机是最普通、最常见的耳机,如图11-14所示。它的驱动单元基本上就是一只小型的动圈扬声器,由处于永磁场中的音圈驱动与之相连的振膜振动。动圈式耳机效率比较高,大多可为音响上的耳机输出驱动,且可靠耐用。

等磁式耳机的驱动器类似于缩小的平面扬声器,它将平面的音圈嵌入轻薄的振膜里,像印制电路板一样,可以使驱动力平均分布。磁体集中在振膜的一侧或两侧,振膜在其形成的磁场中振动。等磁式耳机振膜没有静电式耳机振膜那样轻,但有同样大的振动面积和相近的音质,它不如动圈式耳机效率高,不易驱动。

图 11-14　动圈式耳机

静电式耳机有轻而薄的振膜,由高直流电压极化,极化所需的电能由交流电转化,也有电池供电的。振膜悬挂在由两块固定的金属板(定子)形成的静电场中,当音频信号加载到定子上时,静电场发生变化,驱动振膜振动。单定子也是可以驱动振膜的,但双定子的推挽形式失真更小。静电式耳机必须使用特殊的放大器将音频信号转化为数百伏的电压信号,用变压器连接到功率放大器的输出端也可以驱动静电式耳机。静电式耳机价格昂贵,不易于驱动,所能达到的声压级也没有动圈式耳机大,但它的反应速度快,能够重放各种微小的细节,失真极低。

2. 扬声器

扬声器是一种把电信号转变为声信号的换能器件,扬声器的性能优劣对音质的影响很大。扬声器在音响设备中是一个最薄弱的器件,而对于音响效果而言,它又是一个最重要的部件。扬声器的种类繁多,而且价格相差很大。音频电能通过电磁、压电或静电效应,使其纸盆或膜片振动并与周围的空气产生共振(共鸣)而发出声音。

11.3 虚拟现实系统的相关技术

现阶段计算机的运行速度达不到虚拟现实系统所需要的情况下,相关技术就显得尤为重要。生成一个三维场景,并使场景图像能随视角不同实时地显示变化,只有设备是远远不够的,还必须有相应的技术理论支持。

11.3.1 环境建模技术

虚拟环境建模的目的在于获取实际三维环境的三维数据,并根据其应用的需要,利用获取的三维数据建立相应的虚拟环境模型。只有设计出反映研究对象的真实有效的模型,虚拟现实系统才有可信度。

虚拟现实系统中的虚拟环境,可能有下列几种情况。

(1) 模仿真实世界中的环境(系统仿真)。

(2) 人类主观构造的环境。

(3) 模仿真实世界中的人类不可见的环境(科学可视化)。

虚拟现实系统中的环境建模技术与其他图形建模技术相比,主要有以下三个特点。

(1) 虚拟环境中可以有很多的物体,往往需要建立大量完全不同类型的物体模型。

(2) 虚拟环境中有些物体有自己的行为,而一般其他图形建模系统中只构造静态的物体,或是物体简单的运动。

(3) 虚拟环境中的物体必须有良好的操纵性能,当用户与物体进行交互时,物体必须以某种适当的方式做出相应的反应。

基于目前的技术水平,常见的是三维视觉建模和三维听觉建模。而在当前应用中,环境建模一般主要是三维视觉建模。三维视觉建模可分为几何建模、物理建模和行为建模。

1. 几何建模

传统意义上的虚拟场景基本上都是基于几何的,就是用数学意义上的曲线、曲面等数学模型预先定义好虚拟场景的几何轮廓,再采取纹理映射、光照等数学模型加以渲染。

几何建模主要是针对具有几何网络特性的几何模型的拓扑信息和几何信息进行处理的。拓扑信息是指物体各分量的数目及其相互间的关系,包括点、线、面之间的连接关系、邻近关系和边界关系。几何信息一般是指物体在欧式空间中的形状(点、线、面),具有确定的位置和度量值。

几何模型一般可分为面模型与体模型。

面模型用面片表现对象的表面,其基本几何元素多为三角形;建模与绘制技术相对成熟,处理方便,但难以进行整体形式的操作(如拉伸、压缩等),多用于刚体对象的几何建模。

体模型用体素描述对象的结构,其基本几何元素多为四面体。它拥有对象的内部信息,可以很好地表达模型在外力作用下的体特征(如变形、分裂等),但计算的时间与空间复杂度也相应增加,多用于软体对象的几何建模。

几何建模通常采用以下两种方法。

1) 人工的几何建模方法

利用虚拟现实工具软件建模,如 OpenGL、Java3D、VRML 等。这类方法主要针对虚拟现实技术的特点而编写,编程容易,效率较高。直接从某些商品图形库中选购所需几何图形,可以避免直接用多边形拼构某个对象外形时烦琐的过程,也可节省大量的时间。

利用常用建模软件建模,如 AutoCAD、3ds Max 等,用户可交互式地创建某个对象的几何图形,但并非所有要求的数据都以虚拟现实要求的形式提供,实际使用时必须通过相关程序或手工导入;还可以通过自制的工具软件对环境进行建模。

2) 自动的几何建模方法

通常采用三维扫描仪对实际物体进行三维扫描,或者基于图片的建模技术。基于图片的建模技术是对建模对象实地拍摄两张以上的照片,根据透视学和摄影测量学原理,根据标志和定位对象上的关键控制点,建立三维网格模型。

2. 物理建模

物理建模包括重力、惯性、表面硬度、柔软度和变形模式等,这些特征与几何建模和行为法则相融合,形成更具有真实感的虚拟环境。例如,用户用虚拟手握住一个球,如果建立了该球的物理模型,用户就能够真实地感觉到该球的重量、硬软程度等。

物理建模是虚拟现实中比较高层次的建模,它需要物理学和计算机图形学的配合,涉及力学反馈问题,树叶是重量建模、表面变形和软硬度的物理属性的体现。分行技术和粒子系统就是典型的物理建模方法。

1) 分形技术

分形技术可以描述具有自相似特征的数据集。自相似特征的典型例子是树。若不考虑树叶的区别,当人们靠近树梢时,树的细梢看起来也像一棵大树。由相关的一组树梢构成的一根树枝,从一定距离观察时也像一棵大树。这种结构上的自相似称为统计意义上的自相似。自相似结构可用于复杂的不规则外形物体的建模。该技术首先用于水流和山体的地理特征建模。例如,可以利用三角形生成一个随机的地理模型,去三角形三边的中点并按顺序连接起来,将三角形分割成四个三角形,同时,给每个三角形随机地赋予一个高程值,然后递归上述过程,就可以产生相当真实的山体。

分形技术的优点是简单的操作就可以完成复杂的不规则物体的建模,缺点是计算量太大,不利于实时成型。因此,在虚拟现实中一般仅用于静态远景的建模。

2) 粒子系统

粒子系统是一种典型的物理建模系统,粒子系统用简单的元素完成复杂运动的建模。粒子系统由大量的称为粒子的简单元素构成,每个粒子具有位置、速度、颜色和生命期等属性,这些属性可以根据动力学计算和随机过程得到。在虚拟现实中,粒子系统常用于描述火焰、水流、雨雪、旋风、喷泉等现象。在虚拟现实中粒子系统用于动态的、运动的物体建模。

3. 行为建模

行为建模主要研究的是物体运动的处理和对其行为的描述。行为建模就是在创建模型的同时,不仅赋予模型外形、质感等表现特征,同时也赋予模型物理属性和"与生俱来"的行为与反应能力,并且服从一定的客观规律。

在虚拟环境行为建模中,建模方法主要有基于数值插值的运动学方法与基于物理的动力学仿真方法。

(1) 运动学方法:通过几何变换(平移和旋转等)描述运动。对象位置通常涉及对象的移动、伸缩和旋转,因此,往往需要用各种坐标系统反映三维场景中对象之间的相互位置关系。例如,驾驶一辆汽车围绕树驾驶,从汽车内看该树,该树的视景就与汽车的运动模型非常相关,生成该树视景的计算机就应不断地对该树移动、旋转和缩放。

(2) 动力学仿真:运用物理定律而非几何变换描述物体的行为。在该方法中,运动是通过物体的质量和惯性、力和力矩以及其他物理作用计算出来的。

11.3.2 视觉实时绘制技术

实现虚拟现实系统中的虚拟世界,仅有立体显示技术是远远不够的,虚拟现实中还有真实感与实时性的要求。也就是说,虚拟世界的产生不仅需要真实的立体感,而且虚拟世界还必须实时生成,这就必须采用真实感实时绘制技术。

1. 真实感绘制技术

真实感绘制:在计算机中重现真实世界场景的过程。其主要任务是模拟真实物体的物理属性,即物体的形状、光学性质、表面纹理和粗糙程度,以及物体间的相对位置、遮挡关系等。

实时绘制:当用户视点发生变化时,他所看到的场景需要及时更新,这就需要保证图形显示更新的速度必须跟上视点的改变速度。

为了提高显示的逼真度,加强真实性,常采用下列方法。

(1) 纹理映射:将纹理图像贴在简单物体的几何表面,以近似描述物体表面的纹理细节,加强真实性。实质上,它用二维平面图像代替三维模型的局部。

(2) 环境映射:采用纹理图像表示物体表面的镜面反射和规则透视效果。

(3) 反走样:走样是由图像的像素性质造成的失真现象。反走样方法的实质是提高像素的密度。

2. 基于几何图形的实时绘制技术

大多数虚拟现实系统的主要部分是构造一个虚拟环境,并从不同的方向进行漫游。要达到这个目标,应首先构造几何模型,其次模拟虚拟摄像机在六个自由度运动,并得到相应的输出画面。

除了在硬件方面采用高性能的计算机、提高计算机的运行速度以提高图形显示能力外,还可以降低场景的复杂度,即降低图形系统需处理的多边形数目。

降低场景复杂度的方法主要有以下五种:

(1) 预测计算:根据各种运动的方向、速率和加速度等运动规律,可在下一帧画面绘制之前用预测、外推法推算出手跟踪系统及其他设备的输入,从而减少由输入设备所带来的延迟。

（2）脱机计算：在实际应用中有必要尽可能将一些可预先计算好的数据进行预先计算并存储在系统中，这样可加快需要运行时的速度。

（3）3D剪切：将一个复杂的场景划分成若干子场景，系统针对可视空间剪切。虚拟环境在可视空间以外的部分被剪掉，这样就能有效地减少在某一时刻所需要显示的多边形数目，以减少计算工作量，从而有效降低场景的复杂度。

（4）可见消隐：系统仅显示用户当前能"看见"的场景，当用户仅能看到整个场景很小部分时，由于系统仅显示相应场景，可极大地减少所需显示的多边形的数目。

（5）细节层次（Level of Detail，LOD）模型：首先对同一个场景或场景中的物体，使用具有不同细节的描述方法得到的一组模型。在实时绘制时，对场景中不同的物体或物体的不同部分，采用不同的细节描述方法，对于虚拟环境中的一个物体，同时建立几个具有不同细节水平的几何模型。

LOD模型是一种全新的模型表示方法，改变了传统图形绘制中的"图像质量越精细越好"的观点，而是依据用户视点的主方向、视线在景物表面的停留时间、景物离视点的远近和景物在画面上投影区域的大小等因素决定景物应选择的细节层次，以达到实时显示图形的目的。

LOD模型通过对场景中每个图形对象的重要性进行分析，使得最重要的图形对象进行较高质量的绘制，而不重要的图形对象采用较低质量的绘制，在保证实时图形显示的前提下，最大限度地提高视觉效果，如图11-15所示。

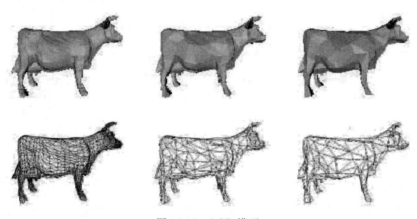

图 11-15　LOD模型

3. 基于图像的实时绘制技术

当前真实感图形实时绘制的其中一个热点问题就是基于图像的绘制（Image Based Rendering，IBR）。IBR完全摒弃了传统的先建模、后确定光源的绘制方法，它直接从一系列已知的图像中生成未知视角的图像。

基于图像的实时绘制技术是基于一些预先生成的场景画面，对接近于视点或视线方向的画面进行变换、插值与变形，从而快速得到当前视点处的场景画面。

与基于几何的传统绘制技术相比，基于图像的实时绘制技术的优势如下。

（1）计算量适中，对计算机的资源要求不高。

（2）作为已知的源图像既可以是计算机生成的，也可以是用相机从真实环境中捕获，甚至是两者混合生成，因此可以反映更加丰富的明暗、颜色、纹理等信息。

（3）图像绘制技术与所绘制的场景复杂性无关，交互显示的开销仅与所要生成画面的分辨率有关，因此能用于表现非常复杂的场景。

目前，基于图像的绘制的相关技术主要有以下两种。

（1）全景技术：全景技术是指在一个场景中选择一个观察点，用相机或摄像机每旋转一个角度拍摄得到一组照片，再采用各种工具软件拼接成一个全景图像。它所形成的数据较小，对计算机要求低，适用于桌面型虚拟现实系统中，建模速度快，但一般一个场景只有一个观察点，交互性较差。

（2）图像的插值及视图变换技术：根据在不同观察点所拍摄的图像，交互地给出或自动得到相邻两个图像之间的对应点，采用插值或视图变换的方法求出对应于其他点的图像，生成新的视图，根据这个原理可实现多点漫游。

11.3.3　虚拟声音生成技术

虚拟现实系统中的三维声音，使听者能感觉到声音是来自围绕听者双耳的一个球形中的任何地方。因此，把在虚拟场景中能使用户准确地判断出声源的精确位置、符合人们在真实境界中听觉方式的声音系统称为三维虚拟声音。

声音在虚拟现实系统中的作用，主要有以下几点。

（1）声音是用户和虚拟环境的另一种交互方法，人们可以通过语音与虚拟世界进行双向交流。

（2）数据驱动的声音能传递对象的属性信息。

（3）增强空间信息，尤其是当空间超出了视域范围。

在三维虚拟声音系统中最核心的技术是三维虚拟声音定位技术，它的特征主要如下。

（1）全向三维定位特征：在三维虚拟空间中把实际声音信号定位到特定虚拟专用源的能力。

（2）三维实时跟踪特性：在三维虚拟空间中实时跟踪虚拟声源位置变化或景象变化的能力。

（3）沉浸感与交互性：沉浸感是指加入三维虚拟声音后，使用户产生身临其境的感觉，有助于增强临场效果。而三维声音的交互特性则是指随用户的运动而产生的临场反应和实时响应的能力。

与虚拟世界进行语音交互是实现虚拟现实系统中的一个高级目标，语音技术在虚拟现实技术中的关键技术是语音识别技术和语音合成技术。

1. 语音识别技术

语音识别技术（Automatic Speech Recognition，ASR）：将人说话的语音信号转换为可被计算机程序所识别的文字信息，从而识别说话人的语音指令以及文字内容的技术。它包括参数提取、参考模式建立、模式识别等过程。

2. 语音合成技术

语音合成技术（Test to Speech，TTS）：将外部输入的文字信息转变为可识别的语音输出。从原理上看,该技术包括语言学处理、韵律建模和声学处理。

实现语音输出有如下两种方法。

(1) 录音/重放:首先要把模拟语音信号转换成数字序列,编码后暂存于存储设备中(录音),需要时再经解码,重建声音信号(重放)。

(2) 文-语转换:把计算机内的文本转换成连续自然的语声流。应预先建立语音参数数据库、发音规则库等。需要输出语音时,系统按需求先合成语音单元,再按语音学规则或语言学规则连接成自然的语流。

11.3.4　碰撞检测技术

在虚拟现实系统中,通常包含很多静止的环境对象与运动的活动物体,每一个虚拟物体的几何模型往往都是由成千上万个基本几何元素组成,虚拟环境的几何复杂度使碰撞检测的计算复杂度极大地提高,同时由于虚拟现实系统中有较高实时性的要求,要求碰撞检测必须在很短的时间(如 30~50ms)内完成,因而碰撞检测成了虚拟现实系统与其他实时仿真系统的瓶颈,碰撞检测是虚拟现实系统研究的一个重要技术。

碰撞问题一般分为碰撞检测与碰撞响应两个部分:碰撞检测的任务是检测到有碰撞的发生及发生碰撞的位置;碰撞响应是在碰撞发生后,根据碰撞点和其他参数促使发生碰撞的对象做出正确的动作,以符合真实世界中的动态效果。

碰撞检测经常用来检测对象甲是否与对象乙相互作用。例如,两辆汽车碰撞之前的外形模型与发生碰撞后的模型是很不一样的。碰撞检测需要计算对象间的相对位置。在虚拟现实应用中,碰撞检测计算非常费时,研究者从省时和精确的角度发明了许多碰撞检测算法。

为了保证虚拟世界的真实性,碰撞检测要有较高的实时性和精确性。所谓实时性,基于视觉显示的要求,碰撞检测的速度一般至少要达到 24Hz,而基于触觉要求,速度至少要到 300Hz 才能维持触觉交互系统的稳定性,只有达到 1000Hz 才能获得平滑效果。精确性的要求取决于虚拟现实系统在实际应用中的要求。

最简单的碰撞检测方法是对两个几何模型中的所有几何元素进行两两相交测试。这种方法可以得到正确的结果,但当模型的复杂度增大时,计算量过大,十分缓慢。

对两物体间的精确碰撞检测的加速实现,现有的碰撞检测算法主要可划分为两大类:层次包围盒法(见图 11-16)和空间分解法。

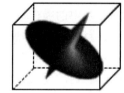

图 11-16　层次包围盒法

11.3.5　人机交互与传感技术

人机交互界面经历了以下三个发展阶段。

(1) 20 世纪 40 年代到 20 世纪 70 年代,人机交互采用的是命令行方式(CLI)。

(2) 到 20 世纪 80 年代初,出现了图形用户界面(GUI),GUI 的广泛流行将人机交互推向图形用户界面的新阶段。

(3) 到 20 世纪 90 年代初,多媒体界面成为流行的交互方式,它在界面信息的表现方式上进行了改进,使用了多种媒体。同时,界面输出也开始转为动态、二维图形/图像及其他多媒体信息的方式。

作为新一代的人机交互系统,虚拟现实技术与传统交互技术的区别如下。

(1) 自然交互。

(2) 多通道。

(3) 高"带宽"。

(4) 非精确交互技术。

在虚拟现实领域中较为常用的交互技术有手势识别、面部表情识别以及眼动跟踪等。

1) 手势识别

手势识别系统的输入设备主要分为基于数据手套的手势识别系统和基于视觉的手语识别系统两种。

基于数据手套的手势识别系统,就是利用数据手套和位置跟踪器来捕捉手势在空间运动的轨迹和时序信息,对较为复杂的手部动作进行检测,包括手的位置、方向和手指弯曲度等,并可根据这些信息对手势进行分析。

基于视觉的手势识别系统是从视觉通道获得信号,通常采用摄像机采集手势信息,由摄像机连续拍下手部的运动图像后,先采用轮廓的办法识别出手上的每一个手指,进而再用边界特征识别的方法区分出一个较小的、集中的各种手势。

手势识别技术主要有模板匹配、人工神经网络和统计分析技术。

2) 面部表情识别

人可以通过面部表情表达自己的情绪,传递必要的信息。人脸图像的分割、主要特征(如眼睛、鼻子等)定位以及识别是这个技术的主要难点。

一般人脸检测问题可以描述为:给定一幅静止图像或一段动态图像序列,从未知的图像背景中分割、提取并确认可能存在的人脸,如果检测到人脸,提取人脸特征。在某些可以控制拍摄条件的场合,将人脸限定在标尺内,此时人脸的检测与定位相对容易。在另一些情况下,人脸在图像中的位置预先是未知的,这时人脸的检测与定位将受以下因素的影响:人脸在图像中的位置、角度和不固定尺度以及光照的影响;发型、眼镜、胡须以及人脸的表情变化等;图像中的噪声等。

人脸检测的基本思想是建立人脸模型,比较所有可能的待检测区域与人脸模型的匹配程度,从而得到可能存在人脸的区域。根据对人脸知识的利用方法,可以将人脸检测方法分为两大类:基于特征的人脸检测方法和基于图像的人脸检测方法。

(1) 基于特征的人脸检测直接利用人脸信息,如人脸肤色、人脸的几何结构等。它包括:轮廓规则,器官分布规则,肤色、纹理规则,对称性规则,运动规则。

(2) 基于图像的人脸检测方法可看作一般的模式识别问题。它包括:神经网络方法,特征脸方法,模板匹配方法。

3) 眼动跟踪

人们可能经常在不转动头部的情况下,仅通过移动视线观察一定范围内的环境或物体。为了模拟人眼的功能,在虚拟现实系统中引入眼动跟踪技术。

眼动跟踪技术的基本工作原理是利用图像处理技术,使用能锁定眼睛的特殊摄像机,通过摄入从人的眼角膜和瞳孔反射的红外线连续地记录视线变化,达到记录、分析视线追踪过程的目的。

4）触觉（力觉）反馈传感技术

触觉（力觉）反馈传感技术是运用先进的技术手段将虚拟物体的空间运动转变成特殊设备的机械运动，在感觉到物体的表面纹理的同时，也使用户能够体验到真实的力度感和方向感，从而提供一个崭新的人机交互界面。

触摸感知是指人与物体对象接触所得到的全部感觉，包括触摸感、压感、震动感、刺痛感等；触摸反馈一般指作用在人皮肤上的力，它反映了人触摸物体的感觉，侧重于人的微观感觉，如对物体的表面粗糙度、质地、纹理、形状等的感觉；力量反馈是作用在人的肌肉、关节和筋腱上的力量，侧重于人的宏观、整体感受，尤其是人的手指、手腕和手臂对物体运动力的感受。

11.4 虚拟现实系统的相关软件

虚拟现实系统的软件系统是实现虚拟现实技术应用的关键。在虚拟现实系统应用中，提供一种使用方便、功能强大的系统开发支撑软件是十分重要的，虚拟现实系统工具就是要达到这个功能。目前，在国内与国外已开发了很多虚拟现实系统软件工具，如 WTK（World Tool Kit）、MR（Minimal Reality Toolkit）、World Visions、FreeWRL、VRT（Virtual Reality Toolkit）、DVES（Distributed Virtual Enviroment System）等，其中 WTK 是应用较多的一种。

11.4.1 WTK

WTK 是由美国 Sense8 公司开发的虚拟环境应用工具软件。它是一种简洁的跨平台软件开发系统，可用于科学和商业领域建立高性能的、实时的、综合三维工程。WTK 是具有强大功能的终端用户工具，它可用来建立和管理一个项目并使之商业化。一个高水平的应用程序界面（API）应该能让用户按需要快捷地建模、开发及重新构造应用程序。

WTK 算法设计使画面高品质得到根本的保障。这种高效的视觉数字显示提高了运行、控制和适应能力，它的特点是高效传输数据及细节分辨。

WTK 提供了强大的功能，它可以开发出最复杂的应用程序，还能提高一个组织的生产效率。WTK 实质是一个由 1000 多个 C 语言函数组成的函数库。通过使用这些函数，用户可以构造出一个具有真实世界属性和行为的虚拟世界。一个函数调用相当于执行 1000 行代码，这将奇迹般地缩短产品开发时间。WTK 被规划为包括 The Universe 在内的 20 多类，它们分别管理模拟系统、几何对象、视点、传感器、路径、光源和其他项目。附加函数用于器件实例化、显示设置、碰撞检测、从文件装入几何对象、动态几何构造、定义对象动作和控制绘制等。

WTK 开发系统由两部分构成：硬件部分和软件部分。硬件部分包括主机、图形加速卡、虚拟现实系统设备。只有选择图形加速卡，才能保证图形的快速刷新和渲染，才能保证视觉效果的一致性。虚拟现实系统设备的种类很多，有 HMD、数据手套、三维空间鼠标等。用户应根据对交互性的需要，选择经济合理的虚拟设备。例如，用户需要研究力反馈情况，才需要选用带有力反馈功能的传感器。

软件部分实质是指集成了 WTK 函数库的 C 编辑器，它可调用 CAK 软件中的模型，完成虚拟环境中的几何建模,也可调用各种图像编辑器所编辑的二维图像,形成虚拟环境中景物的表面纹理、图片等。WTK 采用面向对象的编程方式,形成了几十个基类,如Wttuniverse、Wtgeometry、Wtnode 等。

11.4.2　MR

MR 实质上是一个支持虚拟环境开发的子程序库。它包括三个层次的库函数。

底层包括一组设备支撑函数包,每一函数包支持一种设备,并称为一个客户/服务器。其中,客户部分是一组服务器接口库函数,而服务器部分是一个连续采样设备并完成诸如筛选等底层操作的进程。服务器是一个连续采样设备,所以客户函数可以很快地获得最新数据,避免由于样本申请可能造成的延时问题。客户/服务器模型还便于在系统中增加新的设备。

中间层是一组处理从设备获得的数据并将其转换为程序员方便使用的格式的库函数。这一层的函数还提供了诸如在工作站之间传输数据和工作空间映像等的标准服务。对于数据手套,这一层的库函数也负责完成手势识别,并提供当前数据手套状态的可视化反馈。

最高层的库函数为程序员提供了一组打包的服务集,它们是基于一般虚拟环境系统要求的。这一层的库函数不能处理用于产生双眼立体显示的一对工作站之间在数据结构和显示操作等方面的同步问题。

11.4.3　Web3D 技术与软件

1. Web3D 技术的特点

Web3D 称为网络 3D,是一种网络上带有交互性能实时渲染的三维技术,它的本质就是在网络上如何表现 3D 图形,是虚拟现实系统技术在网络上的应用。

1) Web3D 的国际标准——VRML(X3D)

1997 年月 12 月,VRML 作为 Web3D 国际标准正式发布,1998 年 1 月正式获得国际标准化组织(ISO)批准,简称 VRML97。VRML97 在 VRML 2.0 基础上进行了少量的修正,但这意味着 VRML 已经成为 VR 行业的国际标准。

2) 互联网 3D 图形的关键技术——实时渲染

在 Web3D 浏览中,一般来说要下载相应的插件,这些插件的作用就是进行实时渲染,具体作用为解释并翻译场景模型文件的语法,实时渲染从服务器传来的场景模型文件,在网页访问者的客户端逐帧、实时地显示三维图形。把实时渲染引擎做成一个插件,在观看前先要下载并安装在 IE 浏览器上,这是互联网三维图形软件厂商目前通常的做法。当然解决问题的最好办法是 Microsoft 等公司在其浏览器中预装一个或几个实时渲染插件,让互联网三维图形的观看者不必花费时间去下载并安装相应的插件。显然,实时渲染引擎是实施互联网三维图形的关键技术,它的文件大小、图形渲染质量、渲染速度以及它能提供的交互性都直接反映其解决方案的优劣。现在每一种 Web3D 的解决方案都要下载各自不同的浏览插件,一般较大的有 4~5MB,而最小的基于 Java 技术的只有 58KB。当然,渲染的图像质量越好,功能就越强大。目前,图形质量较好的渲染引擎应属 Cult3D 和 Viewpoint,都使用各自专用的文件格式。

3）交互性

交互性是 Web3D 的最大特色，只有实时渲染才能提供这种交互性，本地三维图形的预渲染不能提供这种至关重要的灵活性。交互性是指三维图形的观看者控制和操纵虚拟场景及其中三维对象的能力，如可以随时改变在虚拟场景中漫游的方向和速度、可以操作虚拟场景中的对象等。

2. Web3D 应用工具软件

常见的国内外软件有 Cult3D、Viewpoint、Java3D、GL4Java、Flatland、Fluid3D、Janet3D、Pulse3D、Shout3D、Sumea、Superscape、Vecta3D、Blaxunn3D、OpenWorlds 等。

1）全景技术

利用 Java 技术拍摄的一组全景图片，可以轻松地创建 360°实景物体和场景展示，并能模拟三维空间。Java 技术产品可在浏览器上直接浏览，不需要任何插件，主要是运用 Java 的 Applet 嵌入网页，主要的代表公司是 Apple 和 Mgi 公司等。

2）VRML 建模语言

VRML 是采用文本信息描述三维场景，在 Internet 上传输，在本地机上由 VRML 的浏览器解释生成三维场景，解释生成的标准规范即是 VRML 规范。正是基于 VRML 的这种工作机制，才使其可能在网络上的传输比图形文件迅速，所以它们避开在网络上直接传输图形文件而改用传图形文件的文本描述信息，把复杂的处理任务交给本地机，从而减轻了网络的负担。

3）Atmosphere

Atmosphere 是专业的 VR 解决方案，由 Adobe 公司基于 Viewpoint 技术开发。Atmosphere 包括三个组件：Atmosphere Builder(专业的三维场景制作技术)、Atmosphere Player(可免费下载的 Web 浏览器插件，也可以独立运行，用于浏览 Atmosphere 场景文件，支持三维场景聊天和功能)、Atmosphere Community Server(Atmosphere 通信服务器，是支持 Atmosphere 场景交互聊天的消息服务器软件)。

Atmosphere 支持大多数的 Web 图像格式，包括 JPEG、GIF、PNG 格式。另外，Atmosphere 支持 Viewpoint 对象，可以使用任何支持 Viewpoint 对象输出三维设计软件制作 Atmohere 场景。

Atmosphere 支持两种不同的动画对象和 WAV 与 MP3 声音文件格式。

Atmosphere 支持多用户聊天，当发布 Atmosphere 三维场景的时候，场景文件可以放置在任何支持 HTTP 的服务器上。

4）Shockwave3D 技术

Shockwave3D 技术是 Macromedia 公司 Flash 的一个插件，有着极为广大的用户群。2000 年 8 月 SIGGRAPH 大会，Intel 公司和 Macromedia 公司联合声称将把 Intel 公司的网上三维图形技术应用到 Macromedia Shockwave 播放器中。在现在推出的 Macromedia Director Shockwavd Studio 8.5 中加入 Shockwave3D 引擎。

Director 为 Shockwave3D 加入了几百条控制 LINGO，结合 Director 本身的功能，无疑在交互能力上 Shockwave3D 具有强大的优势。

5）Cult3D 技术

Cult3D 是瑞典 Cycore 公司的产品，它主要用于展示虚拟真实世界中的物体的形状、颜色、功能、特效等属性,是应用于主流操作系统和应用程序的交互三维渲染软件。使用Cult3D技术,用户可以在线浏览、观察可交互的三维产品模型,通过单击,用户即可以旋转、缩放和平移Cult3D模型,从任何角度观察它;单击Cult3D对象中设置的交互区域,可以开启或者关闭模型的部件,并可实现如播放音乐、语音解说等功能。

6) Viewpoint技术

Viewpoint技术是由真正的三维模型建立的,它具有完全的互动功能,可以真实地还原现实中的物体,可以创建照片级真实的三维影像。在窄带网应用上,Viewpoint所提供的技术也是其解决方案之一,它使用独有的压缩技术,把复杂的三维信息压缩成很小的数字格式,同时也保证浏览时速度较快。在三维贴图上,使用JPEG压缩格式,保证文件的贴图不会使三维文件加大,并且它传递给用户的方式像Flash、QuickTime、RealMedia等流行媒体一样,使用了流媒体式播放方式,这就使用户不用下载完所有文件即可看到。

3. Web3D应用与发展

Web3D技术是针对互联网的最新和最具应用前景的技术,今后几年必将在互联网上占有重要地位。当然,互联网的需求是它发展的动力,互联网的内容提供商和商业网站不断使用新的工具与技术使网站更具有吸引力。Web3D图形将在互联网上有广泛的应用,从目前的趋势看主要有以下方面。

1) 企业产品宣传与电子商务

采用虚拟现实技术来展示商品,更能吸引客户。在网站上开设虚拟商场,客户可以通过网络在虚拟商场中漫游,挑选商品。许多Web3D图形技术的软件厂商都瞄准了电子商务,典型的如Cult3D和Viewpoint等,其图形技术主要用于商品的三维展示,甚至可以在网上操作或使用要购买的商品。

2) 娱乐休闲与游戏

在互联网上进行多用户联机三维游戏,如赛车或空中射击游戏,并且娱乐休闲网站对Web3D技术有更多的需求,如城市校园或风景点的虚拟旅游、虚拟博物馆和虚拟展览会等。

3) 多用户虚拟社区

虚拟社区(Virtual Community)是建立一个通过网络连接的、多用户参与的、可由用户自主扩展的大型虚拟场景。在虚拟场景中,每个访问者都可以指定一个“替身”,通过“替身”在场景中漫游,可以用语音、文字和视频进行通信。虚拟社区可以是一个城市、校园、建筑物,甚至还可以是一些想象的空间。

另外,Web3D在科技与工程的可视化、远程教育、建筑漫游、室内外装修等方面的应用也非常广泛。

11.5 虚拟现实系统的应用

虚拟现实技术问世以来,为人机交互界面开辟了广阔的天地,带来了巨大的社会、经济效益。在当今世界,许多发达国家都在大力研究、开发和应用这一技术,积极探索其在各个领域中的应用。由于虚拟现实在技术上的进步与逐步成熟,其应用在近几年发展迅速,应用领域已由过去的娱乐与模拟训练发展到包含航空、航天、铁道、建筑、土木、科学计算可视化、医疗、军事、教育、娱乐、通信、艺术、体育等广泛领域。

1. 军事与航空航天

目前,虚拟现实技术在军事上的应用是最宽广的领域之一。传统的军事实战演练,特别是大规模军事演习,不但耗费大量资金和军用物资、安全性差,而且还很难在实战演习条件下改变状态反复进行各种战场形势下的战术和决策研究。采用虚拟现实系统不仅提高了作战能力和指挥效能,而且极大地减少了军费开支,节省了大量人力、物力,同时在安全等方面也可以得到保证。应用虚拟现实技术建立虚拟战场环境下的作战仿真系统,还将使军事演习在人员训练、武器研制、概念研究等方面显示出明显的优势和效益。目前,在军事领域的应用主要体现在以下两方面。

1) 在武器设备研究与新武器展示方面的应用。

(1) 在武器设计研制过程中,采用虚拟现实技术提供先期演示,检验设计方案,把先进设计思想融入武器装备研制的全过程,从而保证总体的质量和效能,实现武器装备投资的最佳选择。

(2) 研制者和用户利用虚拟现实技术,可以很方便地介入系统建模和仿真试验的全过程,既能加快武器系统的研制周期,又能合理评估其作战效能及其操作的合理性,使之更接近实战的要求。

(3) 采用虚拟现实技术对未来高技术战争的战场环境、武器装备的技术性能和使用效率等方面进行仿真,有利于选择重点发展的武器装备体系,优化其整体质量和作战效果。

(4) 很多武器供应商借助于网络,采用虚拟现实系统来展示武器的各种性能。

2) 在军事训练方面的应用。

(1) 虚拟战场。利用虚拟现实系统生成相应的三维战场图形图像数据库,包括作战背景、战地场景、各种武器装备和作战人员等,为使用者创造一种逼真的模拟立体战场,可以增强其临场感觉,提高训练的效率。

(2) 单兵模拟训练。让士兵穿上数据服,戴上头盔式显示器和数据手套,通过操作传感装置选择不同的战场场景,选择不同的演习方案,体验不同的作战效果,像参加实战一样,锻炼和提高战术水平、快速反应能力和心理承受能力。

(3) 近战战术训练。近战战术训练系统把在地理上分散的各个单位、战术分队的多个训练模拟器和仿真器连接起来,以当前的武器系统、配置等为基础,把陆军的近战战术训练系统、空军的合成战术训练系统、防空合成战术训练系统、野战炮兵合成战术训练系统、工程兵合成战术训练系统,通过局域网和广域网连接起来。

(4) 诸军兵种联合战略战术演习。建立一个"虚拟战场",使参战双方同处其中,根据虚拟世界中的各种情况及其变化,实施对抗演习。利用虚拟现实技术,根据侦察情况资料合成出战场全景图,让受训练指挥员通过传感装置了解双方兵力部署和战场情况,判断敌情,正确决策。

2. 教育与训练

1) 虚拟校园

大学对每个人来说都是有特殊意义的,大学校园的学习氛围、校园文化对人的教育有着巨大影响,大学校园的一草一木无不潜移默化地影响着每一个人,人们从中得到的教益从某种程度来说,远远超出书本给予的。网络的发展和虚拟现实技术的应用,使人们可以仿真校园环境。因此,虚拟校园成了虚拟现实技术与网络在教育领域最早的应用。目前,虚拟校园主要以实现浏览功能为主。随着多种灵活的浏览方式以崭新的形式出现,虚拟校园正以一种全新的姿态吸引着大家。

2)虚拟环境演示教学与实验

在高等教育中,虚拟现实技术在教学中应用较多,特别是理工科类课程的教学,尤其在建筑、机械、物理、生物、化学等学科的教学上产生了质的突破。它不仅适用于课堂教学,使之更形象生动,而且适用于互动性实验。在很多大学都有虚拟现实技术研究中心或实验室,如杭州电子工业学院虚拟现实与多媒体研究所,研究人员把虚拟现实技术应用于教学,开发了虚拟教育环境。

3)远程教育系统

随着互联网技术的发展、网络教育的深入,远程教育有了新的发展。它具有真实、互动、情节化、突破了物理时空的限制并有效地利用了共享资源等特点,同时可虚拟老师、实验设备等。这正是虚拟现实技术独特的魅力所在,基于国际互联网的远程教育系统具有巨大的发展前景,也必将引起教育方式的革命。

4)特殊教育

由于虚拟现实技术是一种面向自然的交互形式,这个特点对于一些特殊的教育有着特殊的用途。中国科学院计算机研究所开发的"中国手语合成系统",采用基于运动跟踪的手语三维运动数据获取方法,利用数据手套以及空间位置跟踪定位设备,可以获取精确的手语三维运动数据。

5)技能培训

将虚拟现实技术应用于技能培训可以使培训工作更加安全,并节约成本。比较典型的应用是训练飞行员的模拟器及用于汽车驾驶的培训系统。交互式飞机模拟驾驶器是一种小型的动感模拟设备,如图 11-17 所示,它的舱体内配置有显示屏幕、飞行手柄和战斗手柄。在虚拟的飞机驾驶训练系统中,学员可以反复操作控制设备,学习在各种天气情况下进行起飞、降落训练,达到熟练掌握驾驶技术的目的。

图 11-17 交互式飞机模拟驾驶器

交互式汽车模拟驾驶器采用虚拟现实技术构造一个模拟真车的环境,通过视觉仿真、声音仿真、驾驶系统仿真,给驾驶人员以真车般的感觉,让人们在轻松、安全、舒适的环境中既能掌握汽车常识和驾驶技术,又能体验疯狂飙车的乐趣,集科普、学车及娱乐于一体。

3. 商业应用

商业上，虚拟现实技术常被用于产品的展示与推销。随着虚拟现实技术的发展与普及，该技术最近几年在商业中的应用越来越多，主要表现在商品的展示中（见图11-18）。采用虚拟现实技术来展示，可全方位地对商品进行展览，展示商品的多种功能，另外还能模拟商品工作时的情景，包括声音、图像等效果，比单纯使用文字或图片宣传更有吸引力。并且这种展示可用于Internet中，可实现网络上的三维互动，为电子商务服务，同时顾客在选购商品时可根据自己的意愿自由组合，并实时看到它的效果。在国内已有多家房地产公司采用虚拟现实技术进行小区、样板房、装饰展示等，并已取得较好的效果。

图 11-18 虚拟汽车展示

4. 设计与规划

在城市规划、工程建筑设计领域，虚拟现实技术被作为辅助开发工具。由于城市规划的关联性和前瞻性要求较高，在城市规划中，虚拟现实系统正发挥着巨大作用。例如，许多城市都有自己的近期、中期和远景规划。在规划中需要考虑各个建筑同周围环境是否和谐与统一、新建筑是否同周围的原有的建筑协调，以免造成建筑物建成后才发现它破坏了城市原有的风格和合理布局。

采用虚拟现实系统，不仅可以让建筑师看到甚至可以"摸"到自己的设计成果，而且可以简化设计流程，缩短设计时间，还可以随时修改。如改变建筑高度，改变建筑外立面的材质、颜色、改变绿化密度等，只要修改系统中的参数即可，而不需要像三维动画那样，每做一次修改都需要对场景进行一次渲染。它支持多方案比较，不同的方案、不同的规划设计意图通过虚拟现实技术实时地反映出来，用户可以做出很全面的对比。另外，虚拟现实系统可以快捷、方便地随着方案的变化进行调整，辅助用户做出决定，从而极大地加快了方案设计的速度和质量，也节省了大量的资金，这是传统手段如沙盘、效果图、平面图等还不能达到的。

5. 医学领域的应用

在医学领域，虚拟现实技术和现代医学的飞速发展以及两者之间的融合使得虚拟现实技术已开始对生物医学领域产生重大影响，目前正处于应用虚拟现实技术的初级阶段。其应用范围主要涉及建立合成药物的分子结构模型、各种医学模拟以及进行解剖和外科手术等。在此领域，虚拟现实应用主要有两类：一类是虚拟人体的虚拟现实系统，也就是数字化人体，这样的人体模型使医生更容易了解人体的构造和功能；另一类是虚拟手术的虚拟现实系统，可用于指导手术的进行。

6. 影视娱乐界的应用

娱乐上的应用是虚拟现实技术应用最广阔的领域，从早期的立体电影到现代高级的沉浸式游戏，都是虚拟现实技术应用较多的领域。丰富的感知能力与三维显示世界使得虚拟现实技术成为理想的视频游戏工具（见图11-19）。由于在娱乐方面对虚拟现实的真实感要求不太高，所以，近几年来虚拟现实技术在该方面发展较为迅猛。

作为传输显示信息的媒体，虚拟现实技术在未来艺术领域方面所具有的潜在应用能力也不可低估。虚拟现实所具有的临场参与感与交互能力可以将静态的艺术(如油画、雕刻等)转化为动态的,可以使观赏者更好地欣赏作者的思想艺术,如虚拟博物馆,还可以利用网络或光盘等其他载体实现远程访问。另外,虚拟现实提高了艺术表现能力,如一个虚拟的音乐家可以演奏各种各样的乐器,即使他远在外地,也可以在其居室中虚拟的音乐厅欣赏音乐会。

总之,虚拟现实技术是具有深远的潜在应用方向的新技术,它将对科学、工程、文化教育、医学和认知等各种领域产生深远的影响。有朝一日,虚拟现实系统将成为人们进行思维和创造的助手,是人们对已有的概念进行深化和获取新概念的有力工具。

图 11-19　基于虚拟现实的沉浸式游戏

练习与思考

11-1　什么是虚拟现实技术?

11-2　虚拟现实系统一般由哪几部分组成?

11-3　简述虚拟现实系统中常见的输入输出设备的作用。

11-4　虚拟现实技术的基本特性是什么?

11-5　简述双目视差及立体视觉的形成原理。

11-6　简述碰撞检测的基本含义。

11-7　简述虚拟现实系统的应用领域。

参考文献

[1]　胡小强.虚拟现实技术基础与应用[M].北京:北京邮电大学出版社,2009.

[2]　陈雅茜,雷开彬.虚拟现实技术及应用[M].北京:科学出版社,2015.

[3]　喻晓和.虚拟现实技术基础教程[M].北京:清华大学出版社,2015.

第 12 章

游戏设计与开发

游戏是融合技术和艺术的文化产品,已经成为一种新的娱乐方式。一名合格的游戏开发人员不仅需要掌握程序设计技巧和多个领域的专业知识,还需要对游戏的基本内涵、开发过程和游戏产业发展状况有基本的了解。本章介绍游戏开发的基本概念、基本原理、软件技术等相关内容,让读者对游戏设计与开发有一场初步的认识。

12.1 游戏概述

12.1.1 游戏的定义

荷兰学者胡伊青加对游戏的描述性定义是"游戏是一种自愿的活动或消遣,这种活动或消遣是在某一固定的时空范围内进行的,其规则是游戏者自由接受的,但又有绝对的约束力,游戏以自身为目的而又伴有一种紧张、愉快的情感以及对它'不同于日常生活'的意识。"在《高级汉语大词典》中,"游戏"意为游乐、玩耍,"游"意为游玩、结交、闲逛、学习等,"戏"有游戏、戏剧、角力等解释。黄进在《论儿童游戏中游戏精神的衰落》一文中将游戏活动的目标归纳为享乐和发展,即满足人愉悦身心的需要、满足人发展身心的需要。

游戏是一种新的娱乐方式,它将娱乐性、竞技性、仿真性、互动性等融为一体,并将动人的故事情节、丰富的视听效果、高度的可参与性,以及冒险、神秘、悬念等娱乐要素结合在一起,为玩家提供了一个虚拟的娱乐环境。

12.1.2 计算机游戏的发展

电子游戏是伴随着计算机的出现而出现的一种新的娱乐形式。自 1958 年世界上第一个电子游戏诞生以来,游戏软件的发展一直和硬件(各类游戏机和 PC)的发展相辅相成。

1. 启蒙时代:早期游戏机的诞生

1888 年,德国人斯托威克根据自动售货机的投币机构原理,设计了一台叫作"自动产蛋机"的机器,只要往机器里投入一枚硬币,"自动产蛋机"便"产"下一枚鸡蛋,并伴有叫声。人们把斯托威克发明的这台机器,看作是投币游戏机的雏形。这种机械玩具产生了各种变种,如点唱机、赌博机等。随着 1946 年出现了第一台电子计算机,电子技术进入到各个领域,一场娱乐业革命也在酝酿之中。

美国加利福尼亚电气工程师诺兰·布什纳尔捕捉到了电子娱乐的前景所在。于是,1971 年,布什纳尔根据自己编制的游戏《电脑空间》,设计了世界上第一台商用电子游戏机。

这台电子游戏机的成功激励着布什纳尔进一步研制生产电子游戏机,为此他创立了世界上第一个电子游戏公司——雅达利公司。

第一代电视游戏机体积较小,价格也是普通家庭可以接受的。但是为了实现这个目标,厂商不得不减少游戏节目的容量使游戏画面简单以降低成本。如根据大型游戏机移植而来的电子网球游戏节目中,代表球和球拍的仅仅是两个可以移动的亮点。

第一代电视游戏还有一个令人遗憾的缺点,就是无法更换节目,玩来玩去总是在几个节目里进行选择。就在这个时候,雅达利公司也开始了电视游戏机的研制,1977年,他们隆重推出了可以更换节目的 ATARI2600,引发轰动,但因为后期游戏质量失控,曾经盛极一时的雅达利公司开始走下坡路,尤其在任天堂电视游戏机出现以后(同年,任天堂公司推出第一个家庭电视游戏产品 TV-GAME6),雅达利公司就此一蹶不振,史称为雅达利冲击(Atari Shock),几乎摧毁了北美游戏业。

2. 任天堂公司的崛起

在全世界电子游戏机行业经历了大起大落之后,电子游戏机受到大多数厂商的冷落,很多公司放弃了这个市场。

1983年,日本玩具业巨星任天堂公司冉冉升起,任天堂第三代家用计算机游戏机问世。它以高质量的游戏画面、精彩的游戏内容和低廉的价格一下子赢得了全世界不同年龄、不同层次人士的喜爱,震撼了整个玩具业。至此,任天堂公司几乎一夜之间成为全世界最大的电子游戏公司。

任天堂电视游戏机在全世界玩具市场上整整畅销了近十年,世界玩具市场的专家们也为此惊叹不已。除了任天堂公司采取先进的技术外,在经营策略上任天堂公司成功的秘密究竟是什么?

第一,任天堂公司创立了自己产品独有的标准,它的软件存放在装填式游戏卡中,与普通软磁盘截然不同,既无法与其他机种兼容,也不易被剽窃。

第二,任天堂公司控制了为其生产软件的许可权,既保证节目质量,同时任天堂公司也亲自研制节目。给玩家留下深刻印象的 FC 游戏几乎是所有游戏机中最多的,如 1983 年的《大金刚》和《玛莉奥兄弟》(水管工)、1985 年的《超级玛莉》,以及《恶魔城》《勇者斗恶龙》《塞尔达传说》《魂斗罗》等。

第三,任天堂公司十分注重产品销售,在世界各地都设立了代销商。这些都成为以后游戏机产业的重要基石。

3. 群雄割据的 16 位机争霸时代

当年在雅达利公司衰落时,大多数公司改辙易道,而今在任天堂公司再次叩开成功之门时,它们才如梦方醒。这包括一些实力雄厚的公司,NEC 公司和世嘉公司就是它的主要挑战者。

1987 年,NEC 公司推出第四代电视游戏机 PC-ENGINE,向任天堂公司垄断的电视游戏机市场提出了挑战。NEC 公司还推出了 CD-ROM 配件,将电子游戏带入多媒体时代。

更棘手的挑战来自于 1988 年世嘉公司的 MD 游戏机。MD 游戏机采用了街机基板结构,使得大量街机游戏能够移植其上。不久之后世嘉公司推出的《索尼克》游戏风靡世界,占据了欧美市场半壁江山,一时间与任天堂公司分庭抗礼。

面对咄咄逼人的 NEC 公司和世嘉公司,任天堂公司不得不认真招架,它们推迟了"超级任天堂"的推出计划,于 1990 年底推出传闻已久的 16 位家用游戏机 SFC——超级任天堂。虽然错过了一段与对手竞争的宝贵时间,但代理该机销售的美国西门子公司大做广告,为其打开了市场,任天堂公司借助 RPG 在日本市场站稳脚跟后,携第三方反攻欧美。

4. 32 位机两雄相争:3D 时代开启

家用游戏机市场到了 1994 年开始了其最大的一次变革,从曾经的 2D 画面竞争转向 3D 性能竞争,而这次变革的基础就是所有的家用游戏机全部进入了 32 位。

世嘉公司在 16 位游戏机的竞争中依靠先手勉强和 SFC 拼成了平局,这可能在一定程度上影响了世嘉公司在 32 位游戏机中的竞争策略。

当任天堂公司还没有准备好进入 32 位时代的时候,世嘉公司再次率先出手,于 1994 年 11 月 22 日发布了 Sega Saturn,简称 SS 或者"土星"。没想到此时"杀出了一个程咬金"。在世嘉公司推出 SS 的 11 天后,SONY 公司也推出了自己的 32 位家用游戏机 PLAY STATION(简称 PS)。由于都属于 32 位游戏机,而且推出时间如此接近,所以业界一直把 PS 和 SS 作为两个最主要的竞争对手进行比较。与 SS 不同的是,PS 紧紧抓住了 3D 功能,开始了与世嘉公司的死斗,双方在日本销量交替上升,但在北美因为市场策略的原因世嘉公司惨败,SONY 公司终于获得胜利。随着第三方纷纷加入 SONY 公司,土星再无还手之力。

当所有人的目光都被 PS 和 SS 吸引的时候,任天堂公司开始同时开发 32 位和 64 位游戏机,先后于 1995 年和 1996 年推出 VB 和 N64。由于各种原因,VB 惨遭失败。而 N64 是最晚推出、最奇怪的主机,一方面它革命性地使用了 CGI 的 3D 芯片,画面远超 PS 和 SS;另一方面为了读取速度,它采用了保守的游戏卡,使得开发大受限制。虽然第三方主要集中于 SONY 阵营,但是任天堂公司依靠强大的开发实力,采取了少数精锐的大作方针,仍然吸引了大批用户,而且成功地和 SONY 公司与世嘉公司形成了错位竞争。

在 32 位机时代,SONY 公司与世嘉公司的惨斗结果是 SONY 公司胜出,成为新时代的霸主,任天堂公司被边缘化,而世嘉公司惨败,元气大伤之余开始最后的斗争。

1998 年,世嘉公司推出 Dreamcast,简称 DC。世嘉公司意识到土星惨败后推出了 DreamCast,这款主机吸取了土星的种种教训,DC 在性能上已经不输给当时市场上的任何一款游戏主机,但是 DC 的游戏软件数量依然过少。此时的世嘉公司已经伤筋动骨无力回天,勉强支撑几年后随着 PS2 的推出而全面溃败。世嘉公司不再是任天堂公司和 SONY 公司的竞争对手,最终退出主机市场变成了一家纯软件商。之后的家用游戏机市场是 Microsoft 公司、任天堂公司和 SONY 公司的战场了。

5. 进入 21 世纪:Microsoft 公司、任天堂公司和 SONY 公司的天下

PS2 是 SONY 公司非常成功的 PlayStation 主机的后续产品,一度垄断游戏机市场,直到 2001 年才终于迎接挑战对手——Microsoft 公司的 XBOX 和任天堂公司的 NGC。

可惜此时两家的主机已经推出过晚,无法动摇 PS2 的霸主地位。XBOX 架构与 PC 一致,大批 PC 厂商成功登录游戏机市场,第一方大作 *Halo* 也为家用机 FPS 立下一个标杆,此后 FPS 渐渐成为游戏机市场的显贵。NGC 相对 XBOX 落了下风,任天堂公司用户已经在 N64 时代只习惯接受第一方游戏,虽然任天堂公司放下身段试图吸引第三方,但也于事无补。

新时代的战争于 2005 年底打响,Microsoft 公司抢先发布了自己的新主机 XBOX360,任天堂公司和 SONY 公司在 2006 年末分别推出了 Wii 和 Playstation3。任天堂公司在本时代彻底采取了差位竞争政策,Wii 在性能上只是略高于上一代主机,但是率先推出了体感装置,迅速抢占了大量轻量玩家甚至是非玩家市场。PS3 的发售极其不顺,其一,XBOX360 先发制人,占领了大量次世代游戏市场;其二 PS3 早期因为开发环境不成熟,导致大量跨平台游戏的画面不如 XBOX360,Microsoft 公司拉拢第三方的行动也非常成功,使得 SONY 公司损失了大量独占资源。

目前本时代格局已经基本定型,Wii 的销量遥遥领先,与 Microsoft 公司和 SONY 公司形成错位竞争,但第三方软件销量不尽如人意;Microsoft 公司对 SONY 公司形成优势,但 SONY 公司依靠日渐成熟的开发环境,大量强大的第一方作品也使 PS3 站稳脚跟。随着 Wii 的成功,游戏机不再纯粹在视觉效果上竞争,SONY 公司和 Microsoft 公司纷纷开发自己的新技术,并加紧赶上 3D 画面的"新车"。3D 效果和体感将是下一个时代拼死争夺的制高点。

6. 中国的游戏市场

中国最早成形的游戏市场是台湾省,到 20 世纪 90 年代中期台湾已经拥有大量的研发公司和代理公司,成立了一套完整的产业链,1995 年后又有不少公司开始开拓大陆市场。但是华人圈市场容量小,盗版严重,游戏产品也非常单一,主流为武侠 RPG。虽然游戏市场不断发展但始终限制在一个小格局中,中国游戏的爆发性发展要等到网络游戏的出现。

20 世纪 90 年代末,除了风靡欧美的《网络创世纪》和《永恒的任务》,网络游戏业在东亚一隅茁壮成长,这种没有盗版的游戏形式一诞生就吸引了广大厂商的注意力。中国台湾省的厂商在华人市场又一次扮演了吃螃蟹的角色。《万王之王》《石器时代》《红月》等第一批网络游戏开始登陆中国市场。《石器时代》是早期网络游戏中最为火爆的产品,它采用日式 RPG 常见的组队踩地雷回合制,尽最大可能避免了当时网络游戏的网络拥堵情况,各种"年兽包"也能看作未来道具收费的先声。

真正成为一代王者,使网络游戏取代单机成为新主流的是盛大公司代理的《传奇》,这个模仿《暗黑破坏神 2》的 MMORPG 红遍大江南北。在众多的模仿者中,最出色的游戏叫作《奇迹》,它的代理公司九城公司也将在以后几年和盛大公司一较高下。网易公司的《大话西游》系列经过前几年的惨淡经营,终于收获了《大话西游 2》这个硕果。在《征途》上市之前,《魔兽世界》主宰着一线城市市场,而《大话西游 2》则是二三级城市的王者。

到了 2004 年左右,市面上几乎都是传奇类型的 MMORPG,网游市场面临着发展瓶颈。2005 年 2 月,久游网《劲舞团》开发,新的游戏种类吸引了大量的女性玩家,极大地拓展了游戏厂商的生存空间,成为网络游戏中的一枝显贵。另外,随着《征途》上市,游戏的推广方式和付费方式也产生了革命性的变化,虽然道具收费已在《热血江湖》等游戏中崭露头角,但尚未成为网游主流,《征途》从收费、推广和对玩家心理的把握都轰动了整个游戏界,一时之间《征途》成为各大厂商的教科书,个个试图青出于蓝而胜于蓝。

早年我国网游以代理为主,但随着产业规模越来越大,自制游戏逐渐成为主流。网易、腾讯、完美时空、金山等公司都是自制网游的旗手。在扎稳国内市场的同时,其海外市场也越做越大。以完美时空公司为首的不少大陆厂商还纷纷进军欧美市场。除了将自己的游戏推广到国外,现在的国内还纷纷收购国外工作室,腾讯、九城、盛大、完美时空等公司都或收购了国外工作室,或代理国外游戏,虽然现在海外市场的规模并不大,但海外战略将成为未来中国游戏业的一根重要隐线。

中国的游戏外包制作实力也不可小觑。20 世纪 90 年代中期,如东星、育碧等国际游戏厂商开始进入中国,把中国子公司作为分支开发基地。随着它们首批员工的不断外流,自主外包公司也开始崛起,在许多国际大作中,都能看到维塔士、唯晶等外包公司在背后默默工作,许多游戏,如《使命召唤》《战争机器》《文明变革》等的美术开发都会外包给在华公司,通过这些外包公司,国外先进的制作技术以及管理经验,也将源源不断地进入中国。

12.1.3　计算机游戏的分类

从游戏诞生之日开始,经过不断的发展及完善,游戏越来越新奇,种类也越来越繁多。到目前为止,游戏可以分为角色扮演类(Role-Playing Game,RPG)、益智类(Puzzle Game)、视频类(Video Game)、模拟类(Simulation Game)、策略类(Strategy Game)、动作类(Action Game)、射击类(Shooting Game)、冒险类(Adventure Game)、格斗类(Fighting Game)、赛车类(Race Game)、体育类(Sports Game)、桌面类(Table Game)等。随着游戏的发展,游戏的种类也不断发展,主流游戏类型主要包括以下几种。

1. 角色扮演类游戏

角色扮演类游戏绝对是大多数游戏玩家接触得最多的游戏之一。其主要特点是:由玩家负责扮演一个或多个角色;角色如同真实人物一般成长,有完整的故事情节;并且有关于人物本身的很多属性供玩家调整。

角色扮演类游戏按其游戏风格又可划分为日式 RPG 和美式 RPG。其中的主要区别在于文化背景和战斗方式不同。

(1)日式风格的重点在于故事情节本身,即把整个游戏当成一个长长的故事。而玩家的任务在于展开故事的时间线,而且日式 RPG 多采用回合制或半即时制战斗。其中有两款经典的日本游戏作为代表:"勇者斗恶龙"与"最终幻想"系列。而国产的角色扮演类游戏大多数也可以归属于日式风格,如"仙剑奇侠传"和"剑侠"系列。

(2)美式风格的重点在于不同的世界观,在游戏中增加了人工智能等要素。玩家的主要任务是控制主角人物做出选择,如同真实生活中的社会一样。美式风格的 RPG 经典游戏的代表作品是"魔法门""创世纪"和"博德之门"系列。其特点是力图营造一个虚拟的真实社会,提供极高的玩家选择自由度,而剧情方面则明显淡化,以史诗类型的剧情为主。

2. 益智类游戏

益智类游戏要求开动脑筋,通过观察、联想、分析、探索及动手操作等形式,满足玩家自我挑战。如 Game-2train 公司开发的 *Knowledge tournament* 游戏,它对于队伍、个人、问题、轮次、时间参数和问题类型的数量是灵活的。玩家可以根据自己的情况选择级别,多个比赛可以同时进行。每个组或个人可以在自己喜欢的时间比赛,但是同一组的四个成员必须同时在线,嵌入的公告板帮玩家建立合作组,也可以选择使用实时聊天。为了鼓励合作和知识交叉,玩家可以通过多样化的知识库,建立一个需要合作技巧才能赢得比赛的竞赛,以赢取高分。根据预先设置的时间,每个组或个人比赛一次,将每个组或每个人的成绩发到信箱,等每一轮比赛结束后,每个组或选手的位次排名或错过的问题都会反馈到信箱。该游戏比较适合进行测验或者考试。

3. 视频类游戏

视频类游戏的设计思路是把生动的、艺术的视频游戏和常规的、枯燥的学习结合起来，通过视频演示或操作来达到学习目的。*The Monkey Wrench Conspiracy* 是 Game-2train 公司开发的一款视频类游戏。该游戏的模式是扮演一个星际间谍的角色，被派遣到外层空间去从外星强盗手中营救哥白尼空间站。为了在游戏中成功，一定要设计每件对自己工作有帮助的事物，从所用枪支的简单导火索开始，沿途有太空漫步、敌人和陷阱。游戏者可以通过参考手册和所需视频，将问题和工作表现结合起来进行发现式的学习。

4. 模拟类游戏

模拟类游戏逼真地模仿有生命的或者无生命的物体（或过程）。游戏通常采用 3D 第一人称视角，如让游戏玩家重新建造飞机、坦克、直升机及潜艇等机械装置。属于这类游戏的有 Microsoft 公司的 *Flight Simulator* 和 *Combat Flight Simulator*、Ubi Soft 公司的 *il-2 Sturmovik* 以及 iEntertainment 公司的 *WarBirds* Ⅲ 等。

此外，模拟游戏甚至可以建造并不存在的装置，如宇宙飞船。LucasArts 公司为任天堂公司 GameCube 开发的 *Rogue leader：Rogue Squadron* Ⅱ 就是一个极好的实例。顶级模拟需要游戏玩家建造和管理城市、社区，以及其他大规模的资源，如 EA 公司的 *The Sims* 和 *SimCity* 4。

目前市场上较好的模拟类游戏是 EA 公司开发的 *The Sims*，玩家的目标就是创建并抚养一个虚拟居民的家庭，在职业的阶梯上成功升迁，并照料好家里的事物，一个大型多人在线的游戏版本已在 2004 年首次面市。

5. 策略类游戏

策略类游戏主要是指通过思考下达命令去执行的游戏。这类游戏里还可以细分为战争类、经营类、养成类等。

1）战争类策略游戏

这类游戏主要是战争题材的策略游戏，最出名的就是"大战略"系列的游戏。在此游戏中，最受大众喜爱的是世嘉公司在 SS 上推出的《千年帝国之兴亡》。该游戏无论是操作、音乐、平衡性方面都制作得很完善，唯一的缺点是其难度较大。

2）经营类策略游戏

这类游戏包括经营餐厅、便利店、球会、医院等。这类游戏依赖于个人兴趣，代表性游戏是"主题公园"系列。

3）养成类策略游戏

这类游戏也叫作恋爱类策略游戏。一般情况都是给主角，即游戏者安排日程进度表，依据规则达到追上某人的游戏，其代表作有"心跳回忆"系列。

6. 动作类游戏

动作类游戏是指通过玩家的手疾眼快使操控的角色拳打脚踢战胜敌人过关的游戏。此类游戏没有经验值、没有提升技能等说法，属于操作技能型。此类游戏的代表作有"魂斗罗"系列和"超级玛丽"系列。

7. 射击类游戏

射击类游戏主要是指依靠远程武器,与敌人进行战斗的游戏。游戏包括平面型射击类和 3D 型射击等类型。平面型设计游戏的代表作有"雷电"系列,而 3D 型射击游戏的代表作有"王牌空战"系列。

8. 冒险类游戏

冒险类游戏其实和角色扮演类游戏有些相似,一般没有经验值门槛,游戏时间比较短。游戏中只依靠动作和解迷两部分来进行游戏,游戏情景一般比较惊险、刺激。此类游戏的代表作有"生化危机"系列。

当然,这一分类并不是绝对的,也存在其他分类方法。

12.2 游戏策划简介

12.2.1 游戏策划的概念和分类

游戏策划(Game Designer)又称为游戏企划、游戏设计师,是游戏开发公司中的一种职称,是电子游戏开发团队中负责设计策划的人员,是游戏开发的核心。其主要工作是编写游戏的背景故事、制定游戏规则、设计游戏交互环节、计算游戏公式,以及整个游戏世界的一切细节等。

游戏策划是一项比较烦琐的工作,涉及很多方面的知识,考验人的创新思维和实践能力。在一些复杂的游戏创作中,游戏策划工作可以进一步分为主策划、系统策划、脚本策划、关卡策划、剧情策划、数值策划、执行策划等,他们各司其职,分工明确,从而提高工作效率。

1. 游戏主策划

游戏主策划又称为游戏策划主管,是游戏项目的整体策划者,主要工作职责在于设计游戏的整体概念以及日常工作中的管理和协调,同时负责指导策划组以下的成员进行游戏设计工作。

2. 游戏系统策划

游戏系统策划又称为游戏规则设计师,一般主要负责游戏的一些系统规则的编写,系统策划和程序设计者的工作比较紧密。

3. 游戏脚本策划

游戏脚本策划主要负责游戏中脚本程序的编写,类同于程序员但又不同于程序员,因为会负责游戏概念上的一些设计工作,通常是游戏设计的执行者。

4. 游戏关卡策划

游戏关卡策划又称为游戏关卡设计师,主要负责游戏场景的设计以及任务流程、关卡难度的设计,其工作包罗万象,包括场景中的怪物分布、AI 设计以及游戏中的陷阱等都会被涉及。简单来说,游戏关卡策划是游戏世界的主要创造者之一。

5. 游戏剧情策划

游戏剧情策划又称为游戏文案策划,一般负责游戏的背景以及任务对话等内容的设计。

游戏的剧情策划不仅仅只是自己埋头写游戏剧情而已,还要与关卡策划者配合好设计游戏关卡。

6. 游戏数值策划

游戏数值策划又称为游戏平衡性设计师,一般主要负责游戏平衡性方面的规则和系统的设计,包括 AI、关卡等,除了剧情方面以外的内容都需要数值策划负责。游戏数值策划的日常工作和数据打交道比较多,如游戏中的武器伤害值、HP 值,甚至包括战斗的公式等都由数值策划所设计。

7. 游戏执行策划

游戏执行策划主要负责将系统策划设计好的架构进行细化设计,完成开发部门所需的策划书。游戏执行策划是一个策划团队的完善者,很多游戏设计中的细节和亮点都是在执行策划的工作中诞生的。游戏执行策划侧重的细节设计在很大程度上也决定了游戏的安全性和可玩性。

12.2.2　游戏策划人员应具备的素质

1. 对人生、世界的洞察能力

这里想问一下,各位喜欢什么游戏?假如是 RPG,你可能扮演的是一个救世英雄;假如是 RTS,你可能扮演的是一国君王,指挥小兵发展经济、出兵战斗;假如是 SLG,你可能会以一个父亲、餐厅经营者的身份出现……不论是正义的化身,还是邪恶的代表,一个成功的作品在给你安排角色的时候,一定会让你踌躇满志、在你的欲望得到满足的时候,忘记掏腰包的烦恼。所以,首先要明白人们需要什么,希望获得什么。

2. 对市场的调研能力

喜欢游戏的朋友可能会被其中的剧情打动,可能会对其中精美的画面迷恋,所以很多喜欢玩游戏的朋友准备转行于游戏开发事业时,很容易忘记游戏也是一个商品这一定义。出一款游戏的直接目的和最终目的都是为公司赚钱。因此,一个策划必须保证自己的作品能卖出去、能赚到钱,否则就很难有再做策划的机会,因为一个游戏作品的开销足以轻松地使制作组走上绝路。

由于游戏产品的时效性问题(制作周期长、销售周期短),策划在决定做一个方案前一定要进行深入的调查研究,并对得到的信息资料进行分析和判断,以确保产品有足够的市场。

3. 对系统工程的操作能力

一个游戏的开发并不是设定几个数字,想几个道具,编写一段故事这么简单。在最开始的立项报告书中甚至可以完全不提这些游戏元素,但是市场调研、确定方案、制作、测试、发售、售后服务几个大的步骤,广告宣传、信息反馈、资源获取、技术进步等多个体系却不可省略,如何去正确、有组织地调配好各部分之间的关系?如何去获得更好的销售渠道?这些都是游戏策划必须考虑的事情,所以一个优秀的游戏策划必须具有一些公关、营销方面的知识。

4. 对程序、美术和音乐的鉴赏能力

这里只是说鉴赏能力,并不是要求你很深入地学习,那是程序员和美工的事情。简单来

说,你不需要懂得如何编写一段碰撞的 C 语言程序,甚至连看懂也不需要。但是必须清楚碰撞这个构思是否可行、会不会出现问题、是否可靠、制作起来需要多长时间等。美术方面,不要求你看得懂毕加索的鸽子、郑板桥的竹子和徐悲鸿的马,但是,你必须能看明白美工制作出来的图与你的设计理念是否一致、问题出现在哪个地方。音效也是如此,它是古典的?流行的? 紧张的? 缓慢的? 欢快的? 忧郁的? 使用哪种乐器表达比较合适? 是否占用空间过大? 使用哪种格式比较好? 是否可以重复利用? ……这些都是策划必须想到并且表达出来的事。

5. 对游戏作品的分析能力

想独断地制作一款完全颠覆以往游戏理念的游戏,恐怕是中国很多游戏玩家的梦想。经常听到某某说自己设计的游戏如何如何新颖,结果拿来一看,还是东拼西凑而成。游戏本身就是借鉴他人的长处而产生的,这就是"它山之石,可以攻玉"。并不是支持大家一味照搬别人的东西,真正的"拿来主义"的精华就在于拿来别人的长处,加以升华获得自己的特色。别人的一个游戏很成功,成功在哪儿? 失败的游戏失败点又在哪儿? 我们都需要详细地去分析、去整理。游戏策划不是游戏玩家,觉得游戏不好了就不玩。作为策划,即使是自己最没兴趣的游戏也必须去玩,去发现普通玩家未能注意的地方——游戏的结构如何? 数据是否严谨? 通常对一款值得研究的游戏玩十几遍是很正常的,直到你看到它就想吐,你就成功了一半。

6. 文字、语言的表达能力

当游戏策划者有一个构思之后,首先是创意说明书,说明游戏的特点、大体构架、风格。接着是立项报告,里面要有基本的运营方案和利益分析等,争取别人的投资。接着就是策划文档,策划文档首先是给程序员和美工看的,当然其他运营人员也必须看,例如如何去宣传?游戏的特点是什么? 画面如何? 针对的用户群是哪些人? ……既然是给别人看的,那么就必须把自己的想法全部条理清晰地告诉大家。如何完整、有条理地表达出自己的构思,是策划最重要的一点。

7. 部门之间的协调能力

一个游戏的制作有策划、美术、音乐、程序几个主要的部门,后期还有测试、营销等部门的参与。这些部门工作性质各不相同,相互之间既有同一性又有矛盾性。如何让各部门既能服从整体规划又有一定的灵活性以发挥各自的能动性,这就需要策划具有比较强的协调能力。如何去协调各部门之间的关系是策划很头疼的问题。假如一个问题出现了,美工说这个跳跃动作是由于程序实现不了,所以美工才加了这么大量的工作去做跳跃的分组图,这时你该怎么办? 过一会儿程序员抱怨说,因为美工做不出这个流星的效果,才导致要程序来实现流星滑过的动态结构,你又该怎么办? 万一矛盾发生,在处理这类矛盾时,既要公正无私,又要照顾情面。

8. 天马行空的思维能力

一个发散性的思维是策划必需的。你设计一款游戏,有许多玩家在玩,相当于你一个人或者你们制作团队几个人在和大批的玩家在斗智,如何想到他们想不到的、如何给他们更多的惊喜,这是你必须考虑的。总之一句话,别人能想到的,你必须能想到;别人想不到的,你也尽可能地想到。所以,这里就要求你要有多方面知识的积累。

9. 常用软件的使用能力

这个是最废话的,也是最好学习见成果的。这里要说明的是,除了策划本身需要懂得软件的使用以外,程序员和美工的软件你也应该有个清楚的了解。例如 Microsoft Office 系列软件:Word、Excel、Visio、PowerPoint 等;Adobe 系列软件:Photoshop、Illustrator、Premiere 等。

12.3 游戏开发基本流程

1. 前期准备阶段

1)市场调研

市场调研是一门非常复杂的学科,在经济学里,有专门的一门课来讲市场调研。调研的基础是调查,调查是针对客观环境的数据收集和情报汇总,而调研是在调查的基础上对客观环境收集数据和汇总情报的分析、判断,调研为目标服务,市场调研就是为了实现管理目标而进行的信息收集和数据分析。

游戏中的市场调研,是通过各个方面得到的各个渠道调查的游戏市场信息,并对这些信息加以分析,总结、归纳出目前游戏市场上还欠缺什么样的游戏,或是哪一类的游戏所占的市场份额还没有达到饱和,或是哪一类题材、风格、内容的游戏还有生命力。

当把这些信息提取出来之后,就可以进行下一步——关于游戏类型、风格、内容、题材等的制定。而上面提到的这些游戏相关项的制定,无一不是需要市场调研的支持才能完成的。

2)游戏创意

在进行市场调研之后,需要准确地把握住市场的动态,再进行游戏的创意。在进行游戏创意的时候应当注意,游戏被称作第九艺术,所以游戏创作是一种艺术创作。所谓艺术创作,一方面要有艺术性,无论是美感、内容性,还是游戏性,都应该可圈可点;另一方面,它是一种创作,因此也要求游戏制作者在进行游戏创意的时候,要充分发挥想象力,尽自己最大努力创造一些新的内容、玩法、风格、模式等。

根据各种途径获的信息,最后有了一个非常棒的创意,那么,应当把这个创意写下来,形成特定的文档。这个时候,就要求策划者能够熟练地运用工具来做出"创意说明书"。创意说明书也是游戏制作前期的时候应当准备的重要文档,它对于后面的所有工作起到了指导方向和总纲的作用。

3)立项报告

立项报告对于一个项目是不是可行、是不是值得商家对其进行资金的注入,起着非常关键的作用。对于一些重点的国家项目,需要国家对其进行投资的时候,立项报告显得格外重要。

立项报告综合了市场调研的分析结果。从整体上以市场调研的数据为基础,拿创意说明书为内容,分析创意说明书中所提出的创意是否可行,所以在有些公司,立项报告还包括了"项目可行性分析报告"。

立项报告的作用非常明确,一来是对市场调研进行综合性分析;二来立项报告是商家是不是肯为这个项目投资的先决条件。所以作为一个策划应当学会如何写一份立项报告。

2. 游戏开发制作阶段

1) 项目的组织以及游戏开发的启动

项目的组织一般是由项目经理来组织实施的。游戏的初期,项目的组织非常重要。所以,项目经理往往在这段时期,负责项目的启动,以及各部门之间的协调。但是在项目启动的时候,项目经理必须要制定一分详细的项目开发周期表,一般来讲,在游戏开发制作的过程中,大部分的时候会按照项目开发周期表来安排项目的研发进度。实际的工作中也许有许多变化,但是项目周期表能起到一个非常重要的指导作用。在立项报告及创意说明书写好之后,这时游戏的研发工作就可以顺利开展了。

游戏制作从确定游戏的风格开始,根据创意说明书中所指定的游戏风格(如写实古装、玄幻古装、卡通 Q 版等),美术原画设计师开始进行游戏原画设计。策划组则开始根据创意说明书和游戏世界框架,进行具体的游戏各系统的设计。这时候研发部的各个部门都开始相应的工作,研发工作相继展开。

2) 开发过程中的策划

策划分为主策划系统组、剧情组、数值组、执行组。

在项目正式启动之时,策划所要做的工作就是整理出美工所需的各种图素,如界面、地形、物件、道具、人物等各种各样的图素需求,将之形成策划案,把这些美术需求提交给美工。

同时,策划还需要开始进行游戏的系统设计。从最重要的如地图系统、职业系统、数值系统等开始,到最后的帮派、国战系统为止,将之形成具体的策划案。

在美工将美术的图素做完、程序员将地图编辑器做完之后,由策划将这些单一的游戏元素组合起来形成游戏的雏形。

策划还需要在初期的时候向程序员提出游戏的相关功能,将之形成策划案提交给程序组来完成。

策划根据美工和程序员提供的支持,做成游戏,每做一个部分,都需要测试组对游戏进行测试,将其中的 BUG 返回,重新进行修改。

在整个研发的过程中,策划、美工、程序员、测试人员四者是相互配合的。一旦其中一方需要解决某个问题,其他三方都要大力支持。或是有问题的话,应做出及时的反应。几个部门要不断地对游戏进行扩充,不断地丰富游戏的内容,最后使游戏可以作为一个完整的成品推出测试并运营收费。

3) 开发过程中的程序员

程序组分为客户端程序员、服务器端程序员、逻辑程序员、应用工具程序员。

程序员在游戏研发之初需要要根据游戏引擎,制作出 MapEdit,也就是人们俗称的地图编辑器。在制作地图编辑器的时候,需要策划提出相应的能力要求,由程序组实现。

程序员在完成地图编辑器之后,还需要为策划或美工提供相应的程序支持,例如,为策划提供脚本编辑的接口、提供数值演算器或其他策划工具;为美工提供美术脚本等。

在游戏制作的后期,程序员还要负责监测游戏的数值流,制作反外挂程序以及对游戏引擎的日常维护、客户端的日常维护等。

4) 开发过程中的美工

美术组分为 2D 平面美工、人物组、场景组、CG 组、普通图素组。

美工在游戏之初,根据策划提出的要求,做出游戏的原画。经开会讨论通过之后,人物组和场景组开始根据原画做出相应的人物模型与地型物件、道具。

在游戏开发的中期,CG组可以开始制作游戏的CG动画。

5)开发过程中的测试人员

测试人员在游戏雏形一建立的时候就可以开始工作了,策划每加入一个新的内容,都必须由测试人员反复地测试并通过才可以。否则的话,任何一个设计都有可能出现致命的BUG。

测试人员必须要具备非常敏锐的洞察力。在游戏的整个研发过程当中,测试组担负游戏质量把关的重要角色。

3. 游戏测试及运营阶段

1)内测与公测

内测又称内部测试,是在游戏基本完成研发的时候开始的,这个时候的游戏已经具备比较完善的内容,各方面的系统都已经制作完成,所剩下的就只是等玩家参与到游戏之中,这个时候经公司领导的同意,游戏可以开始内测。

公测又称公开测试,通常是在内测之后进行的大规模的测试,这个时候所有的玩家都可以进入游戏,并免费试玩游戏,同时玩家有义务在这段时间帮助游戏公司查找出游戏所存在的BUG。虽然在内测的时候一般比较大的BUG会被纠正,但多多少少还会有些小的BUG。

2)运营与收费

游戏正式运营是游戏公司制作游戏最终的目的。现在,中国游戏的收费模式主要包括点卡、包时卡、道具卡、客户端收费、游戏功能收费等方式。

12.4 游戏开发相关技术

12.4.1 游戏中的音效技术

游戏音效是游戏中不可分割的重要组成部分,在早期的游戏中,因为硬件性能不高,游戏音效非常简单、原始,只能通过MIDI合成器发出简单的音节和音色。随着硬件的快速发展,游戏音效的制作方法已经极大丰富,下面将简单讲解游戏音效的制作方法。

1. 音源库素材/拟音/采样

音效制作前,需要获得适当的音源素材。音源素材一部分来自于大型音源生产公司所发行的音源库,另一部分为原创素材。目前能够购买到的音源素材库已经包括格斗、枪械、汽车、飞行器、生活环境等无数类型,基本上能够满足各类游戏音效制作的需求。当音源素材库无法满足要求时,则需要进行原创采集,通常在录音棚内使用各种器具拟音录制,或户外采样作为音源,可采集真实声音或进行声音模拟。

2. 音频编辑

原始音源素材确定后,就需要进行初步的音频编辑,对音源素材进行降噪、均衡、剪接等处理,使原始声音变得更加干净适用,为接下来的合成步骤做准备。

3. 声音合成

游戏中的很多互动或动作都是较为复杂的,如魔法师发动一个火球术,可能经历法术准备、法术吟唱、法术释放、击中/击空、被中断等多个过程。这些复杂的过程是无法由单一元素构成的,需要对多个元素进行合成。如在法术准备时可能会使用到一些风声元素,来体现法术能源的汇聚;在法术释放时,则可能使用火焰燃烧、飞行器破空、布料抖动等多个素材进行合成。注意,素材的合成不仅仅是将两个音轨放在一起,还需要对素材位置、均衡、频率等多方面进行调整统一,以使各音源素材之间融合得更加天衣无缝。还有很重要的一点就是,必须重视各音源素材放置的时机、时长、响度等,以符合游戏中对应触发事件的需要。

4. 后期处理

后期处理是指对一部游戏的所有音效进行统一处理、使所有音效达到统一的过程。通常音效数量较庞大,制作周期较长,往往之前和之后制作的音效会有一些听觉上的出入,这就需要后期处理来使其达到统一。此外可以根据游戏需求,对所有音效进行全局处理,如游戏风格比较黑暗,就可以将音效统一削减一些高频,使音效配合游戏的整体风格。

12.4.2 游戏中的图形技术

计算机游戏中的图像、视频的显示和输出,都是依靠计算机中的显卡来实现的。显卡接收计算机内部的数字信息并把其转化为肉眼可见的显示信号。绝大多数的计算机中,显卡将数字信息转换为能够在显示器上显示的模拟信息。当然,现在采用 DVI 接口的液晶显示器,数据则仍然保持数字信号形式。

根据游戏中图像成像方式的不同,一般可以把图像的显示技术分为 2D 显示和 3D 显示两种。

但对于玩家而言,2D 技术和 3D 技术只是显示数据的方式不同而已,玩家都是通过二维的平面显示器来观看的。

所以在真正开始讲解图像显示技术之前,还是先来认识一下图像中的 2D 坐标系统:一种是平面几何中的 XY 坐标系统,另一种是计算机显示屏上的 XY 坐标系统。

在平面几何的 XY 坐标系统中,X 坐标轴代表象限中的横坐标轴,坐标值由左向右线性递增;Y 坐标轴代表象限中的纵坐标轴,坐标值由下向上线性递增,如图 12-1 所示。

如果在一个很近的距离内观察计算机的显示屏,就会看到屏幕上所有的物体都是由一个一个的点所构成。这些点被称为像素(pixel),每一个像素都由红、绿、蓝三色组合而成。一般的屏幕分辨率为 1024×768 或者图像的分辨率为 1024×768,这都是指屏幕或者画面在宽度(X 轴)上可以显示 1024 个点,而在高度方向(Y 轴)上可以显示 768 个点。在显示屏上的平面坐标系如图 12-2 所示。

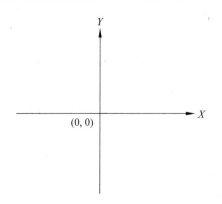

图 12-1 平面几何中的 XY 坐标系统

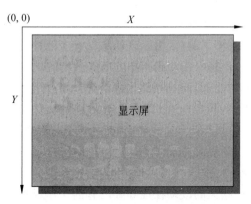

图 12-2 显示屏上 XY 坐标系统

在显示屏上，所有平面坐标都只有正坐标，而没有负坐标，而且都是以屏幕左上角为原点的，X 轴仍然是从左向右线性递增，而 Y 轴则是由上向下线性递增。虽然其也可以接受负值，但如果 X 或者 Y 坐标为负值，那么这些对应的点就位于屏幕外，而不会显示在屏幕中，也没有实际意义。

屏幕中坐标系统的大小由显示器的分辨率决定，一般经常使用的有 640×480、800×600、1024×768 及 1280×720 等，都是指屏幕上对应的坐标点。例如，800×600 就是说明 X 轴上有 800 个像素点，Y 轴上有 600 个像素点。

1. 2D 和 3D 图像显示技术的概念

图像的显示都是在二维平面坐标系中，即是平面的，没有立体感，只有 X 轴和 Y 轴。所有图形元素是以平面图片的形式制作和显示的，这就是 2D 图像显示技术。如图 12-3(a) 所示，就是一个 2D 图像的显示。

2D 图像中的动画是以一帧一帧的形式预先存在的。这些图形元素最终都会以复杂的联系方式在游戏中进行调用而实现游戏世界中丰富的内容。

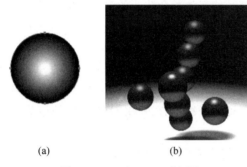

(a)　　　　　　(b)

图 12-3　2D 和 3D 显示例图

而图像的显示都是在三维立体坐标系中，物体是真实占有空间的，即有立体感，而且可以以任何人的视点(摄像机)任意移动并改变视角，这就是 3D 图像显示技术。如图 12-3(b) 所示，就是一个 3D 图像的显示。

3D 技术把游戏世界中的每个物体看作一个个立体对象，由若干个几何多边形构成。为了显示对象，在文件中存储的是对对象的描述语句。3D 图像在显示时，程序通过对这些语句的解释实时地合成一个物体。通过若干个立体几何和平面几何公式的实时计算，玩家在平面的显示器上还能以任意的角度观看 3D 物体。即使仅仅是图形显示上的变化，在 3D 引擎下世界构成的任何事情也要以 3D 世界观对待。

2. 2D 和 3D 图像显示技术的比较分析

3D 技术相对于 2D 技术的优点有如下几个方面。

3D 技术在三个重要的方面显得非常灵活，首先就是表现在眼前的世界，3D 游戏能够让玩家以任意的角度来观看世界，并可以让玩家在其中以任意角度观察。显然，通过 2D 技术是实现不了的，因为表现的结果有上万种可能性。

3D 技术在动画制作方面有独特的优势。如果用 2D 技术实现，那么在视角的转换上就会非常受限，而且存储这些动画会超过所能承受的最大空间。3D 动画能够很轻松地越过这些困难，只要先给 3D 对象定义变形和运动的规律。实际运行时，程序就会让 3D 对象按照预定的规律运动，形成 3D 动画。但是在现有的游戏中，还没有很好地发挥这一优势。

3D 对象易于修改，因为它本身是由若干个多边形像搭积木一样组成的。这些多边形可以像橡皮泥一样任意地揉捏，以符合最终的要求。而 2D 图像是手工绘制而成，修改非常不便，一些大的改动往往导致已有的工作成果作废，需要重新绘制。

例如，有时需要表现游戏中的人物在四个方向上行走时的动作，那么 2D 就必须预先画好起码四幅图像,游戏运行时分别从不同的文件中调用行走时的图像,表现行走动作。如果这时人物需要能在八个方向上行走,那么工作量就会增加一倍,在制作一些动画时,工作量更是急剧地增长。这时,使用3D技术就能节省许多时间。

但2D技术也不是说一无可取,2D技术相对于3D技术,也有其优点。

2D的图像能够画得很精致,可以把一些细节完美地表现出来。3D虽然也能通过增加多边体更细致地表现对象,但与2D图像所能达到的最高水准还是相差一段距离。如果一款游戏不需要诸如旋转视角等功能,采用2D技术会给玩家带来更好的视觉享受。

2D技术在屏幕上显示和处理都很快,因为所有的图像都已经预先处理好了,设计者所要做的只是把其从文件中调出来并显示到屏幕上就可以了。利用显卡做这些工作是绰绰有余的。在实时的游戏中,能够轻易地获得每秒几十帧的显示速度,这就为处理器节省了大量的时间,使其有充裕的时间做显示以外的工作。例如,对即时战略游戏来说,计算机方的人工智能就需要较多的处理器时间去进行计算。现在3D加速卡的速度已经变得越来越快,但如果要模拟一个真正的3D世界,这点速度还远远不够。所以至少在未来几年内,2D图像的显示速度还将占据较大的优势。

使用2D的图像技术做一个显示引擎很容易,但对于3D图像来说,制作显示引擎就困难得多。随着技术的普及,2D的这一优势将渐渐消失。

一般的3D游戏具有较高的操作自由度,对有经验的玩家来说是没问题的。但对一些新手来说,自由度越高就感到越难以控制。2D游戏一般具有较少的操作自由度,新手容易在设计者的引导下一步步地进行下去。

总之,作为游戏设计者,需要决定采用哪种技术。如果设计的游戏需要比较自由的空间、倾向于动作化,并且有强大的技术力量,那么3D引擎将是最好的选择。如果只是想制作具有精美图像的游戏,不需要太高的自由度,则2D技术是最好的选择。

12.4.3 游戏引擎技术

没错,游戏开发中也有类似赛车的"引擎",它相当于游戏的核心,决定整个游戏的速度的稳定性。玩家在游戏中体验到的剧情、关卡、美工、音乐、操作等内容都是由游戏的引擎直接控制的。它把游戏中所有的元素捆绑在一起,并指挥这些元素有序地工作。

引擎就是"用于控制所有游戏功能的主程序,从计算物体碰撞的物理系统和图像的显示,到接受玩家的输入,以及按照正确的音量输出声音等"。简单地说,游戏引擎就是指通过游戏设计的模型构建一个平台,能够方便地支持游戏开发的后续工作。3D游戏引擎主要由如下几个方面组成。

(1) 图形引擎。

(2) 声音引擎。

(3) 物理引擎。

(4) 控制引擎。

(5) 人工智能或游戏逻辑。

(6) 游戏GUI界面(菜单)。

(7) 游戏开发工具。

(8) 支持局域网对战的网络引擎。

（9）支持互联网对战的网络引擎。

下面逐一介绍每个部分。

图形引擎主要包含游戏中的场景(室内或室外)管理与渲染、角色的动作管理绘制、特效管理与渲染(粒子系统、自然模拟(如水纹、植物等模拟))、光照和材质处理、LOD(Level of Detail)管理等,另外还有图形数据转换工具开发,这些工具主要用于把美工用 DCC 软件(如 3ds Max、Maya、Soft XSI、Soft Image3D 等)制作的模型和动作数据以及用 Photoshop 或 Painter 等工具制作的贴图,转化成游戏程序中用的资源文件。

声音引擎主要包含音效(Sound Effect,SE)、语音(Voice)、背景音乐(BackGround Music,BGM)的播放。SE 是指那些在游戏中频繁播放,而且播放时间比较短,但要求能及时无延迟的播放。Voice 是指游戏中的语音或人声,这部分对声音品质要求比较高,基本上用比较高的采样率录制和回放声音,但和 SE 一样要求能及时无延迟的播放,SE 在有的时候因为内存容量的问题,在不影响效果的前提下,可能会降低采样率,但 Voice 由于降低采样率对效果影响比较大,所以一般 Voice 不采用降低采样率的做法。BGM 是指游戏中一长段循环播放(也有不循环,只播放一次)的背景音乐,正是由于 BGM 的这种特性,一般游戏的背景音乐是读盘(光盘或硬盘)来播放。另外还有一些高级声音特效,如 EAX、数字影院系统(DTS5.1)、数字杜比环绕等。

物理引擎主要包含游戏世界中的物体之间、物体和场景之间发生碰撞后的力学模拟,以及发生碰撞后的物体骨骼运动的力学模拟(比较著名的物理引擎有 Havok 公司的 game dynamics sdk,还有 Open Source 公司的 ODE(Open Dynamics Engine)。

控制引擎主要是把图形引擎、声音引擎、物理引擎整合起来,主要针对某个游戏制作一个游戏系统,这个系统主要包含游戏关卡编辑器和角色编辑器。关卡编辑器的主要用途是可以可视化地对场景的光照效果和雾化效果等进行调整,另外还可以进行事件设置、道具摆放、NPC 设置等;角色编辑器主要用于编辑角色的属性和检查动作数据的正确性。一般日本游戏公司的做法是把关卡编辑器和角色编辑器直接做到游戏中,所有的参数调整都在游戏中通过调试菜单进行编辑,所以一般会把这部分调试菜单的功能做得很强大,同时在屏幕上实时地显示一些重要的信息,这样做的好处是关卡编辑器调整的效果直接就是游戏的效果,但是对于程序的重用性来说可能不是很好,例如,要用到另外一个游戏项目中就比较困难,除非两个游戏类型相同,只要把场景和角色数据换一下,还有做下一代产品也没有问题,只要根据式样增加调试菜单的功能就可以了。

关于人工智能或游戏逻辑,日本和欧美的游戏开发模式也有很大不同,在欧美游戏公司中运用脚本语言开发很普遍,所以这部分程序开发主要是用脚本语言编写,而且脚本程序和游戏程序的耦合性很低,有单独的编辑、编译和调试环境,这样比较利于游戏程序和关卡设计开发分开,同时并行开发,所以一般都会有专门做关卡设计的程序员岗位。而日本游戏公司脚本语言一般和游戏的耦合性比较高,一般通过一些语言的宏功能和一些编译器的特定功能完成一个简单的脚本系统,所以一般这些脚本程序只能在游戏程序中进行调试,而不能在一个单独的脚本编辑、编译环境中进行开发。

游戏 GUI 界面(菜单)主要是指那些游戏中的用户界面设计,有的做得复杂,如 3D GUI 界面,也有的做得简单,如 2D GUI 界面。

游戏开发工具主要包含关卡编辑器、角色编辑器、资源打包管理、DCC 软件的插件工具等。

支持局域网对战的网络引擎主要解决局域网网络发包和延迟处理、通信同步的问题,有同步通信和异步通信两种做法,异步通信用于那些对运行帧速要求比较高的游戏,同步通信相对异步通信来说效率相对低,但是同步通信的编程模型相对异步通信来得简单一些。

关于支持互联网对战的网络引擎,目前大部分网络游戏都是 C/S 架构的,主要功能包括服务器端软件配置管理、服务器程序的最优化,以及游戏大厅、组队、游戏逻辑处理、道具管理、收费系统等。另外,还有一些网络系统是 C/S 和 P2P 两种结构混合的,如 XBOX Live 等。

12.4.4 常用游戏引擎简介

1. id Software 公司的 Quake、Quake Ⅱ 和 Quake Ⅲ 引擎

id Software 公司堪称是全球游戏产业第一技术供应商,有大量的游戏基于该公司的 Quake 系列引擎进行开发,著名的《半条命》采用的就是 Quake 和 Quake Ⅱ 引擎的混合体。Quake Ⅱ 的授权模式大致如下:基本许可费 40 万～100 万美元不等,版税视基本许可费而定,约为 10% 以上。目前 Quake Ⅲ 引擎价格大约为 70 万美元。

2. Epic 公司的 Unreal Tournament 引擎

从画面方面看,Unreal Tournament 引擎和 Quake 差不多,但在联网模式上,Unreal Tournament 不仅提供有死亡竞赛模式,还提供有团队合作等多种激烈火爆的对战模式。另外,Unreal Tournament 引擎不仅可以应用在动作射击游戏中,还可以为大型多人游戏、即时策略游戏和角色扮演游戏提供强有力的 3D 支持。Unreal 2 的买断价是 75 万美元,或者 35 万美元买下开发许可权,而后从售出的游戏中提取版税。

3. Monolith 公司的 LithTech 引擎

LithTech 引擎的开发共花了整整五年时间,耗资 700 万美元。LithTech 引擎除了本身的强大性能外,最大的卖点在于详尽的服务。除了 LithTech 引擎的源代码和编辑器外,购买者还可以获得免费的升级、迅捷的电子邮件和电话技术支持,LithTech 引擎的平均价格大约为 25 万美元。

4. 3D GameStudio 引擎

德国开发的 3D 游戏著名工具软件,已经有上百种使用该引擎的游戏公开发行。3D GameStudio 引擎结合了高端的 3D 引擎、2D 引擎、物理引擎、地图和建模编辑器、脚本编译器和大量的 3D 模型库,另外还有一些半成品的游戏,使得更容易制作第一人称游戏、第三人称游戏、角色扮演游戏、滚屏游戏、飞行模拟器、棋类游戏、运动类游戏、及时战略游戏以及虚拟展示应用程序。该产品官方价格大约为 9000 元人民币。

5. Cocos 引擎

Cocos 引擎是由触控科技推出的游戏开发一站式解决方案,包含了从新建立项、游戏制作到打包上线的全套流程。开发者可以通过 Cocos 快速生成代码,编辑资源和动画,最终输出适合于多个平台的游戏产品。Cocos 引擎是目前国内二维游戏的主要引擎。

6. Unity3D 引擎

Unity3D 引擎是由丹麦 Unity 公司开发的游戏开发工具,作为一款跨平台的游戏开发

工具,从一开始就被设计成易于使用的产品。它支持包括 IOS、ANDROID、PC、WEB、PS3、XBOX 等多个平台的发布。同时,作为一个完全集成的专业级应用,Unity 3D 还包含了价值数百万美元的功能强大的游戏引擎。具体的特性包含整合的编辑器、跨平台发布、地形编辑、着色器、脚本、网络、物理、版本控制等。

练习与思考

12-1　游戏策划工作分为哪几种?其职责分别是什么?

12-2　一个游戏开发团队一般包含哪些人员?

12-3　简述游戏开发的基本流程。

12-4　什么是游戏引擎?简要介绍游戏引擎包含哪些部分以及它们的功能。

12-5　谈谈自己对游戏的理解。

参考文献

[1]　杨长强,高莹. 游戏程序设计基础[M]. 北京:电子工业出版社,2015.

[2]　耿卫东,梁秀波,张帆. 计算机游戏程序设计(基础篇)[M]. 3 版. 北京:电子工业出版社,2016.

[3]　吴亚峰,于复兴,索依娜. Unity3D 游戏开发标准教程[M]. 北京:人民邮电出版社,2016.

[4]　耿卫东,陈为. 计算机游戏程序设计[M]. 2 版. 北京:电子工业出版社,2009.

第 13 章

移动多媒体的应用

据中国互联网络信息中心(CNNIC)公布的全国互联网发展统计报告显示,截至 2016 年 6 月,中国网民规模达 7.10 亿,中国手机网民规模达 6.56 亿,手机在上网设备中占据主导地位,而全球移动网民数量已经达到 30.7 亿,移动互联网时代的到来已是一个不争的事实。随着移动互联网的深入发展,移动媒体的应用越来越广泛。

13.1 移动平台及移动多媒体应用概述

1. 主流移动设备

所谓移动平台,就是移动设备上的操作系统,它是安装各个应用程序的载体。由于最初主要是建立在移动通信功能的基础上,因此又称为移动通信平台,它一般由移动终端、移动通信网络和数据中心组成。移动终端主要指智能手机、平板电脑、便携式计算机等;移动通信网络包括电信通信网络和移动互联网;数据中心一般由信息平台、用户管理平台和中心数据库组成。

目前,市场上的移动平台种类很多,但最主流的主要有三个,也就是苹果公司的 iOS 平台、Google 公司的 Android 平台和 Microsoft 公司的 Windows Phone 平台,人们将其统称为三大平台。

2. 移动多媒体的概念

移动多媒体是一种可便携式移动的设备,该设备是计算机和视频技术的融合,是使用两种或两种以上的媒体进行的一种人机交互、信息交流和传播的媒介。

简单来讲,人们现在广泛使用的手机就是移动多媒体的一个载体,涵盖的功能包括网络、音乐、电影、信息、图片等。例如,现在地铁里、公交车上、飞机上、的士上可见的电影、音乐、游戏、电视节目等这种移动载体式实现的就是一种移动多媒体形式。

3. 移动平台操作系统

移动平台操作系统一般就是指搭载在智能手机上的操作系统。目前,在智能手机市场上,中国市场仍以个人信息管理型手机为主,随着更多厂商的加入,整体市场的竞争已经开始呈现出分散化的态势。从市场容量、竞争状态和应用状况上来看,整个市场仍处于启动阶段。目前应用在手机上的操作系统主要有 Android(Google 公司)、iOS(苹果公司)、Windows Phone(Microsoft 公司)、BlackBerry OS(黑莓公司)、Windows Mobile(Microsoft 公司)等。

4. 移动多媒体的特点

1）多样性

早期只能处理数字、文字以及经过特殊处理的图形等单一信息媒体；而移动多媒体可以综合处理文本、图形、图像、声音和视频信息（运动图像）等多种形式的信息媒体，能对输入的信息加以变换、创作和加工，使其输出的信息增加表现力，丰富其显示效果。

2）集成性

集成性是指将多媒体信息有机地组织在一起，使文字、声音、图形、图像一体化，综合地表达某个完整信息。集成性不仅是指各种媒体的集成，还包含多媒体信息的集成，同时也是多种技术的系统的集成。

3）交互性

传统的媒体只能单向、被动地传播信息，移动多媒体提供了人们与移动设备、计算机等的多种交互控制能力，使人们能获取信息和使用信息，变被动为主动。没有交互性的系统不是多媒体系统。交互性使人们更加注意和理解信息，同时也增强了控制和利用信息的有效性。

4）实时性

所谓实时，就是在人的感官系统允许的情况下，进行多媒体交互。多媒体技术要求同时处理声音、文字和图像等多种信息，其中对音频和视频图像进行实时处理。

5）数字化

数字化是指移动多媒体中的各种媒体都是以数字形式存放在移动多媒体中。

6）高便携性

除了睡眠时间，移动设备一般都以远高于 PC 的使用时间伴随其主人身边。这个特点决定了使用移动设备上网，可以带来 PC 上网无可比拟的优越性，即沟通与资讯的获取远比 PC 设备方便。

7）隐私性

移动设备用户的隐私性远高于 PC 端用户的要求。不需要考虑通信运营商与设备商在技术上如何实现它，高隐私性决定了移动互联网终端应用的特点——数据共享时既要保障认证客户的有效性，也要保证信息的安全性。这就不同于互联网公开、透明、开放的特点。互联网下，PC 端系统的用户信息是可以被搜集的。

8）应用轻便

除了长篇大论、休闲沟通外，能够用语音通话的就用语音通话解决。移动设备通信的基本功能代表了移动设备方便、快捷的特点。而延续这一特点及设备制造的特点，移动通信用户不会接受在移动设备上采取复杂的类似 PC 输入端的操作。

总之，移动多媒体技术把多媒体技术如数字信号的处理技术、音频和视频技术、多媒体计算机系统（硬件和软件）技术、多媒体通信技术、图像压缩技术、人工智能和模式识别等的综合技术集合于移动终端，使人们更加便利、更加快捷地获取信息。它是一门处于发展过程中的、备受关注的高新技术。

13.2 Android 简介

13.2.1 Android 的历史

Android 是一种以 Linux 为基础的开放源码操作系统,主要应用于便携设备。Android 股份有限公司于 2003 年在美国加利福尼亚州成立,在 2005 年被 Google 公司收购。2010 年末的数据显示,仅正式推出两年的操作系统 Android 已经超越称霸十年的诺基亚 Symbian 系统,跃居全球最受欢迎的智能手机平台。

Android 一词最早出现于法国作家利尔亚当在 1886 年发表的科幻小说《未来夏娃》中,他将外表像人的机器起名为 Android,于是就有了这个可爱的小机器人,如图 13-1 所示。

(1) Android 1.1: 2008 年 9 月发布的 Android 第一版。

(2) Android 1.5 Cupcake(纸杯蛋糕): 2009 年 4 月 30 日发布。主要的更新如下:拍摄/播放影片,并支持上传到 YouTube;支持立体声蓝牙

图 13-1　Android 标志

耳机,同时改善自动配对性能;最新的采用 WebKit 技术的浏览器,支持复制/贴上和页面中搜索;GPS 性能大大提高;提供屏幕虚拟键盘;主屏幕增加音乐播放器和相框 widget;应用程序自动随着手机旋转;短信、Gmail、日历,浏览器的用户接口大幅改进,如 Gmail 可以批量删除邮件;相机启动速度加快,拍摄图片可以直接上传到 Picasa;来电照片显示。

(3) Android 1.6 Donut(甜甜圈): 2009 年 9 月 15 日发布。主要的更新如下:重新设计的 Android Market 手势;支持 CDMA 网络;文字转语音系统(Text-to-Speech);快速搜索框;全新的拍照接口;查看应用程序耗电;支持虚拟私人网络(VPN);支持更多的屏幕分辨率;支持 OpenCore2 媒体引擎;新增面向视觉或听觉困难人群的易用性插件。

(4) Android 2.0: 2009 年 10 月 26 日发布。主要的更新如下:优化硬件速度;Car Home 程序;支持更多的屏幕分辨率;改良的用户界面;新的浏览器的用户接口和支持 HTML5;新的联系人名单;更好的白色/黑色背景比率;改进 Google Maps 3.1.2;支持 Microsoft Exchange;支持内置相机闪光灯;支持数码变焦;改进的虚拟键盘;支持蓝牙 2.1;支持动态桌面的设计。

(5) Android 2.2/2.2.1 Froyo(冻酸奶): 2010 年 5 月 20 日发布。主要的更新如下:整体性能大幅度提升;3G 网络共享功能;Flash 的支持;App2sd 功能;全新的软件商店;更多的 Web 应用 API 接口的开发。

(6) Android 2.3.x Gingerbread(姜饼): 2010 年 12 月 7 日发布。主要的更新如下:增加了新的垃圾回收和优化处理事件;原生代码可直接存取输入和感应器事件、EGL/OpenGLES、OpenSL ES;新的管理窗口和生命周期的框架;支持 VP8 和 WebM 视频格式,提供 AAC 和 AMR 宽频编码,提供了新的音频效果器;支持前置摄像头、SIP/VOIP 和 NFC

（近场通信）；简化界面、速度提升；更快、更直观的文字输入；一键文字选择和复制/粘贴；改进的电源管理系统；新的应用管理方式。

（7）Android 3.0 Honeycomb(蜂巢)：2011 年 2 月 2 日发布。主要的更新如下：优化针对平板电脑；全新设计的 UI 增强网页浏览功能；in-app purchases 功能。

（8）Android 3.1 Honeycomb(蜂巢)：2011 年 5 月 11 日布发布。主要的更新如下：经过优化的 Gmail 电子邮箱；全面支持 Google Maps；将 Android 手机系统跟平板系统再次合并从而方便开发者；任务管理器可滚动，支持 USB 输入设备（键盘、鼠标等）；支持 Google TV；可以支持 XBOX 360 无线手柄；widget 支持的变化，能更加容易地定制屏幕 widget 插件。

（9）Android 3.2 Honeycomb(蜂巢)：2011 年 7 月 13 日发布。主要的更新如下：支持 7 英寸设备；引入了应用显示缩放功能。

（10）Android 4.0 Ice Cream Sandwich(冰激凌三明治)：2011 年 10 月 19 日在中国香港地区发布。主要的更新如下：全新的 UI；全新的 Chrome Lite 浏览器，有离线阅读、16 标签页、隐身浏览模式等；截图功能；更强大的图片编辑功能；自带照片应用堪比 Instagram，可以加滤镜、相框，进行 360°全景拍摄，照片还能根据地点排序；Gmail 加入手势、离线搜索功能，UI 更强大；新功能 People，以联系人照片为核心，界面偏重滑动而非单击，集成了 Twitter、Linkedin、Google＋等通信工具；有望支持用户自定义添加第三方服务；新增流量管理工具，可具体查看每个应用产生的流量，限制使用流量，到达设置标准后自动断开网络。

（11）Android 4.1 Jelly Bean(果冻豆)：2012 年 6 月 28 日发布。主要的更新如下：更快、更流畅、更灵敏；特效动画的帧速提高至 60f/s，增加了三倍缓冲；增强通知栏；全新搜索，搜索将会带来全新的 UI、智能语音搜索和 Google Now 三项新功能；桌面插件自动调整大小；加强无障碍操作；语言和输入法扩展；新的输入类型和功能；新的连接类型。

（12）Android 4.2 Jelly Bean(果冻豆)：2012 年 10 月 30 日发布。Android 4.2 沿用"果冻豆"这一名称，以反映这种最新操作系统与 Android 4.1 的相似性，但 Android 4.2 推出了一些重大的新特性，具体如下：Photo Sphere 全景拍照功能；键盘手势输入功能；改进锁屏功能，包括锁屏状态下支持桌面挂件和直接打开照相功能等；可扩展通知，允许用户直接打开应用；Gmail 邮件可缩放显示；Daydream 屏幕保护程序；用户连续单击三次可放大整个显示屏，还可用两根手指进行旋转和缩放显示，以及专为盲人用户设计的语音输出和手势模式导航功能等；支持 Miracast 无线显示共享功能；Google Now 可允许用户使用 Gmail 作为新的数据来源，如改进后的航班追踪功能、酒店和餐厅预订功能以及音乐和电影推荐功能等。

（13）Android 4.4 KitKat(奇巧巧克力)：2013 年 9 月 4 日凌晨，Google 对外公布了 Android 新版本 Android 4.4 KitKat(奇巧巧克力)，并且于 2013 年 11 月 1 日正式发布。新的 4.4 系统进一步整合了自家服务，力求防止安卓系统继续碎片化、分散化。

13.2.2　Android 系统的优缺点

1. Android 系统的优点

（1）开放性。

Android 平台的首要优势就是其开放性，开发的平台允许任何移动终端厂商加入到 Android 联盟。显著的开放性可以使其拥有更多的开发者，随着用户和应用的日益丰富，一个崭新的平台也将很快走向成熟。开放性对于 Android 的发展而言，有利于积累人气，这里的人气包括消费者和厂商,而对于消费者来讲,最大的受益正是丰富的软件资源。开放的平台也会带来更大的竞争,如此一来,消费者将可以用更低的价位购得心仪的手机。

(2)挣脱束缚。

在过去很长的一段时间,特别是在欧美地区,手机应用往往受到运营商制约,使用什么功能接入什么网络,几乎都受到运营商的控制。自从 iPhone 上市后,用户可以更加方便地连接网络,运营商的制约相应减少。随着 EDGE、HSDPA 这些 2G 和 3G 移动网络的逐步过渡和提升,手机随意接入网络已不是运营商口中的笑谈。

(3)丰富的硬件。

由于 Android 的开放性,众多厂商会推出千奇百怪、功能各具特色的多种产品,但却不会影响数据同步,以及软件的兼容。例如,从诺基亚 Symbian 风格手机改用苹果 iPhone,同时还可将 Symbian 中优秀的软件带到 iPhone 上使用,甚至联系人等资料更是可以方便地转移。

(4)开发商。

Android 平台提供给第三方开发商一个十分宽泛、自由的环境,因此,不会受到各种条条框框的阻挠。可想而知,会有多少新颖别致的软件诞生。

(5)无缝结合的 Google 应用。

从搜索巨人到全面的互联网渗透,Google 服务如地图、邮件、搜索等已经成为连接用户和互联网的重要纽带,而 Android 平台手机将无缝结合这些优秀的 Google 服务。

2. Android 系统在手机上表现出的缺陷

每一款手机都有缺陷,每一个操作系统也不是没有 BUG。即使是 iPhone 也有许多不尽如人意的地方。

(1)Android 系统手机泄密很严重。

(2)拨号后自动挂断电话,通话 BUG 频繁出现。

(3)对硬件配置要求高,制造成本增加。

(4)系统费电严重,Android 手机续航不足。

(5)系统计算器计算有偏差。

13.2.3 Android 系统架构

Android 是基于 Linux 内核的软件平台和操作系统,采用了软件堆层(Software Stack,又名软件叠层)的架构,主要分为四层,如图 13-2 所示。

第四层为应用程序层,提供一系列核心应用程序,包括通话程序、短信程序等,应用软件则由各公司自行开发,以 Java 作为编写程序的一部分。

第三层为应用程序框架层,提供 Android 平台基本的管理功能和组件重用机制。

第二层为中间件层,包括函数库(Library)和虚拟机(Virtual Machine),由 C++ 语言开发。

第一层以 Linux 内核工作为基础,由 C 语言开发,只提供由操作系统内核管理的底层基本功能。

Linux Kernel:Android 基于 Linux 2.6 提供核心系统服务,如安全、内存管理、进程管理、网络堆栈、驱动模型。Linux Kernel 也作为硬件和软件之间的抽象层,它隐藏具体硬件

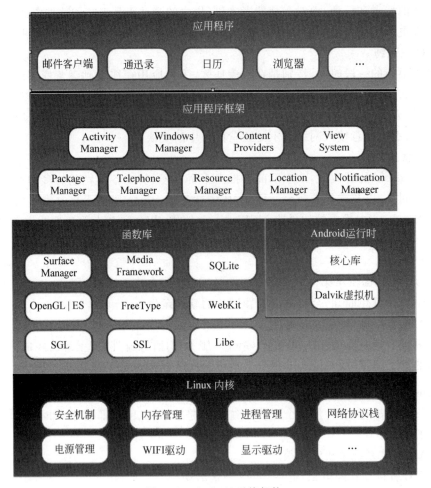

图 13-2　Android 系统架构

细节而为上层提供统一的服务。

Android Runtime：Android 包含一个核心库的集合，提供大部分在 Java 编程语言核心类库中可用的功能。每一个 Android 应用程序是 Dalvik 虚拟机中的实例，运行在它们自己的进程中。Dalvik 虚拟机设计成在一个设备中可以高效地运行多个虚拟机。Dalvik 虚拟机可执行文件格式是 DEX，DEX 格式是专为 Dalvik 设计的一种压缩格式，适合内存和处理器速度有限的系统。大部分虚拟机（包括 JVM）都是基于栈的，而 Dalvik 虚拟机则是基于寄存器的。两种架构各有优劣，一般而言，基于栈的机器需要更多指令，而基于寄存器的机器指令更大。dx 是一套工具，可以将 Java.class 转换成 DEX 格式。一个 DEX 文件通常会有多个.class。由于 DEX 有时必须进行最佳化，会使文件大小增加 1～4 倍，以 ODEX 结尾。Dalvik 虚拟机依赖于 Linux 内核提供基本功能，如线程和底层内存管理。

Libraries：Android 包含一个 C/C++ 库的集合，供 Android 系统的各个组件使用。这些功能通过 Android 的应用程序框架（Application Framework）暴露给开发者。下面列出一些核心库。

（1）系统 C 库：标准 C 系统库的 BSD 衍生，调整为基于嵌入式 Linux 设备。

（2）媒体库：基于 PacketVideo 的 OpenCORE。这些库支持播放和录制许多流行的音频和视频格式，以及静态图像文件，包括 MPEG4、H.264、MP3、AAC、AMR、JPG、PNG。

（3）界面管理：管理访问显示子系统和无缝组合多个应用程序的二维和三维图形层。

（4）LibWebCore：新式的 Web 浏览器引擎，驱动 Android 浏览器和内嵌的 Web 视图。

（5）SGL：基本的 2D 图形引擎。

（6）3D 库：基于 OpenGL ES 1.0 APIs 的实现。库使用硬件 3D 加速或包含高度优化的 3D 软件光栅。

（7）FreeType：位图和矢量字体渲染。

（8）SQLite：所有应用程序都可以使用强大而轻量级的关系数据库引擎。

Application Framework：通过提供开放的开发平台，Android 使开发者能够编制极其丰富和新颖的应用程序。开发者可以自由地利用设备硬件优势访问位置信息、运行后台服务、设置闹钟、向状态栏添加通知等。开发者可以完全使用核心应用程序所使用的框架 APIs。应用程序的体系结构旨在简化组件的重用，任何应用程序都能发布其功能且任何其他应用程序可以使用这些功能（需要服从框架执行的安全限制）。这一机制允许用户替换组件。所有的应用程序其实是一组服务和系统，主要包括如下内容。

（1）视图系统（View System）：丰富的、可扩展的视图集合，可用于构建一个应用程序；包括列表、网格、文本框、按钮，甚至是内嵌的网页浏览器。

（2）内容提供者（Content Providers）：使应用程序能访问其他应用程序（如通讯录）的数据，或共享自己的数据。

（3）资源管理器（Resource Manager）：提供访问非代码资源，如本地化字符串、图形和布局文件。

（4）通知管理器（Notification Manager）：使所有的应用程序能够在状态栏显示自定义警告。

（5）活动管理器（Activity Manager）：管理应用程序生命周期，提供通用的导航回退功能。

Applications：Android 装配一个核心应用程序集合，包括邮件客户端、SMS 程序、日历、地图、浏览器、通讯录和其他设置。所有应用程序都是用 Java 语言编写的。

13.2.4 Android 开发环境

Android 开发环境的安装和配置是开发 Android 应用程序的第一步，也是深入 Android 平台的一个非常好的机会。Eclipse 是开发 Android 应用程序的首选集成开发环境，因此，本书的案例都是在 Eclipse 工具中编写和调试的。

第一步：安装 JDK 和 Eclipse 工具。这一步对于熟悉 Java 开发的人来说并不困难，但需记住 JDK 环境变量的配置。

第二步：下载 Android SDK 工具包。Android SDK 是 Android 软件开发工具包（Android Software Development Kit）的简写，是 Google 公司为了提高 Android 应用程序开发效率、减少开发周期而提供的辅助开发工具、开发文档和程序范例。

（1）Eclipse 可以从网上下载，下载地址为 http://www.eclipse.org/downloads/。

（2）下载 Eclipse IDE for Java EE Developers 这个软件，下载 JDK 7 进行安装，下载地址为 http://www.oracle.com/technetwork/java/javase/downloads/jdk7-downloads-1880260.html。

安装完 JDK 后配置环境变量，右击"计算机"，在弹出的快捷菜单中选择"属性"，在弹出的窗口中选择"高级系统设置"选项,在弹出的对话框中选择"高级"选项卡,单击"环境变量"按钮,其后的操作具体如下。

(1) 在"系统变量"选项组单击"新建"按钮,在弹出的对话框新建 JAVA_HOME 变量,变量值填写 JDK 的安装目录(如 E:\Java\jdk1.7.0)。

(2) 在"系统变量"选项组下寻找 Path 变量,单击"编辑"按钮,在变量值最后输入"%JAVA_HOME%\bin;%JAVA_HOME%\jre\bin;"(注意原来 Path 的变量值末尾有没有";"号,如果没有,先输入";"号再输入上面的代码)。

(3) 在"系统变量"选项组单击"新建"按钮,在弹出的对话框新建 CLASSPATH 变量,变量值填写.%JAVA _HOME%\lib;%JAVA _HOME%\lib\tools.jar(注意最前面有一点符)。

第三步:ADT 插件的安装。ADT 插件是 Eclipse 集成开发环境的定制插件,为开发 Android 应用程序提供一个强大的、完整的开发环境,可以快速建立 Android 工程、用户界面和基于 Android API 的组件,还可以使用 Android SDK 提供的工具进行程序调试,对 apk 文件进行签名等。安装 ADT 插件有两种方法:一种是手动下载 ADT 插件的压缩包,然后在 Eclipse 中进行安装,这里对 ADT 插件的下载和配置就不赘述了,比较简单,读者也可以通过网络进行学习;第二种是在 Eclipse 中输入插件的下载地址,由 Eclipse 自动完成下载和安装工作。第二种方法比较简单、方便,但出错的概率较第一种大,这里用第二种方法。

启动 Eclipse,执行 Help|Install New Software 命令,打开 Eclipse 的插件安装界面,如图 13-3 所示。单击 Add 按钮,弹出 Add Site 对话框,如图 13-4 所示。在 Add Site 对话框

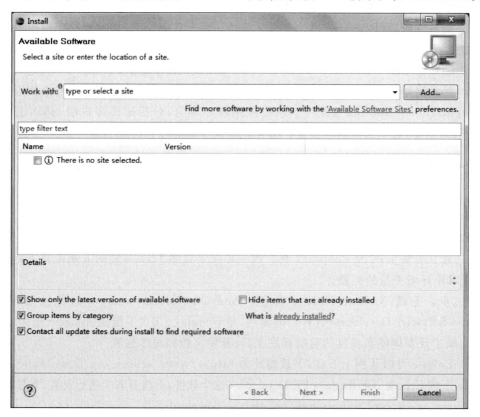

图 13-3　Eclipse 插件安装界面

的 Name 文本框中输入插件名称,如 android,在 Location 文本框中输入 ADT 插件的下载
网络路径 https://dl-ssl.google.com/android/eclipse/。

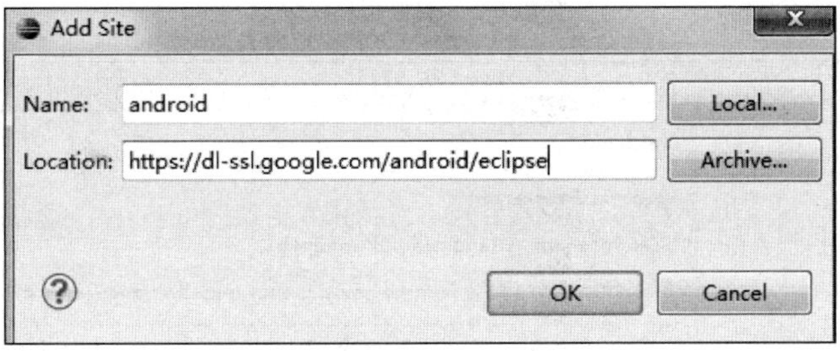

图 13-4　Add Site 对话框

正确填写 ADT 插件压缩包的下载路径后,在 Eclipse 的插件安装界面上会出现 ADT
插件的安装选项,如图 13-5 所示。勾选 Android DDMS 复选框和 Android Development
Tools 复选框,然后单击 Next 按钮进入 ADT 插件许可界面,如图 13-6 所示。

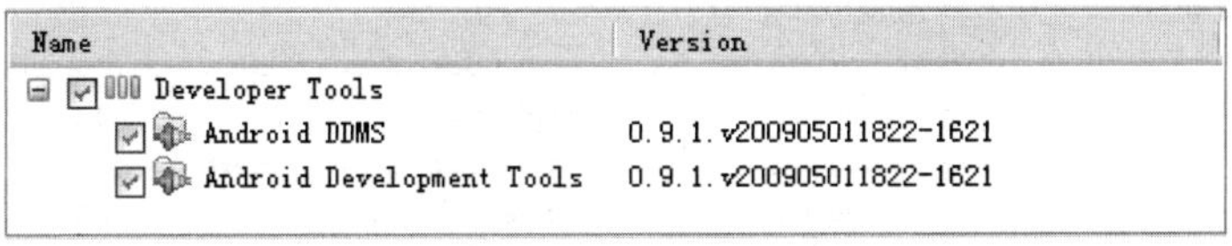

图 13-5　ADT 插件的安装选项

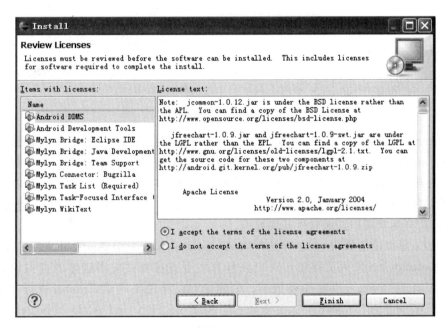

图 13-6　ADT 插件许可界面

在 ADT 插件许可界面中,选择 I accept the terms of the license agreements 单选按钮
即可,待安装结束,重新启动 Eclipse,使 ADT 插件生效。

第四步:配置 Android 开发环境。在 ADT 插件安装之后,开始设置 Android SDK 的

保存路径。首先执行 Windows|Preferences 命令,打开 Android 配置界面,如图 13-7 所示。单击 Browse 按钮,在 SDK Location 文本框中输入 Android SDK 的保存路径,最后单击 Apply 按钮使配置生效。

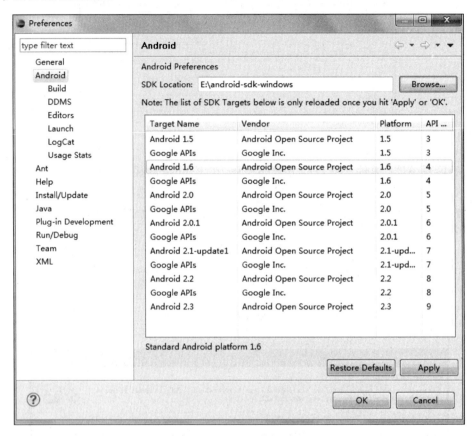

图 13-7　Android 配置界面

Android 官方网站上提供了方便的 Android 应用程序开发环境,下载网址为 http://developer. android. com/sdk/index. html,这里可以下载一个包含 Eclipse、Android SDK 以及 ADT 的开发工具,要运行的话需要安装 JDK。SDK Manager 用来管理 SDK 的版本,里面默认有最新的版本,如果需要以前的版本自行联网下载。Eclipse 里有一个 eclipse. exe 可执行文件,打开后就可以进入软件开发界面。

第五步:虚拟设备 AVD 的创建。使用 Android SDK 开发的 Android 应用程序需要进行测试,Android 为开发人员提供了可以在计算机上直接测试应用程序的虚拟设备 AVD(Android Virtual Device),或称作模拟器。创建 AVD,首先要启动 Eclipse,执行 Windows|Android SDK and AVD Manager 命令,进入 Android SDK and AVD Manager 界面,如图 13-8 所示。单击 New 按钮,弹出创建 AVD 的对话框,如图 13-9 所示。

在对话框中设置所要创建的 AVD 名称、API 版本、SD 卡大小等,单击 Create AVD 按钮,就完成了一个 AVD 的创建,依此类推,可以创建多个不同 API 版本的模拟器。创建成功 AVD 以后,可以启动模拟器,调试自己开发的 Android 应用程序。

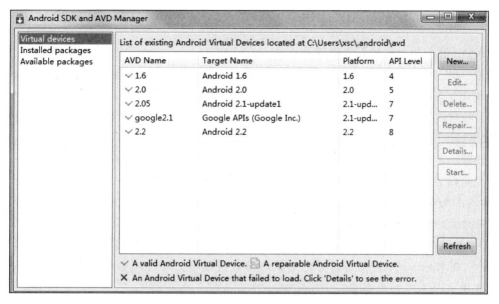

图 13-8　Android SDK and AVD Manager 界面

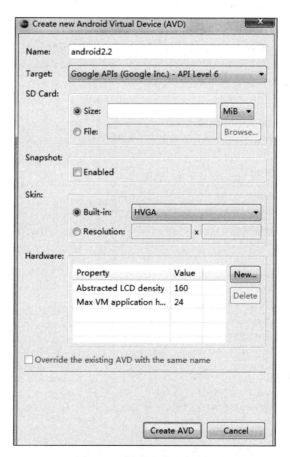

图 13-9　创建 AVD 对话框

13.2.5 第一个 Android 应用

Android 应用程序开发步骤如下。

第一步：启动 Eclipse，创建 HelloAndroid 项目。执行 File|New|Project|Android|Android Project 命令或执行 File|New|Other|Android|Android Project 命令，弹出 Android 工程向导对话框。在对话框的 Project name 文本框中填入项目名称 HelloAndroid，依次在项目界面中填入必要的信息，单击 Finish 按钮，则完成第一个项目的创建。

注意：工程名称必须唯一，不能与已有的工程重名，应用程序名称即 Android 程序在手机中显示的名称，显示在手机的顶部；包名称是包的命名空间，需要遵循 Java 包的命名方法，由两个或多个标识符组成，中间用点隔开，为了包名称的唯一性，可以采用反写电子邮件地址的方式；创建 Activity 是个可选项，如需要自动生成一个 Activity 的代码文件，则选择该项。Activity 的名称与应用程序的名称不同，但为了简洁，可以让它们相同，表示这个 Activity 是 Android 程序运行时首先显示给用户的界面。应用程序版本号是可选项，可以填所选择 API 版本的版本号。

第二步：调试项目。在 HelloAndroid 项目上右击，则出现运行项目快捷菜单选项，执行 Run As|Android Application 命令，如图 13-10 所示。系统将自动启动虚拟设备，并将应用程序在虚拟设备中运行。观察虚拟设备屏幕，将显示我们开发的第一个 Android 应用程序项目界面，如图 13-11 所示。注意，第一次启动模拟器所用时间较长，一般 3～5min。

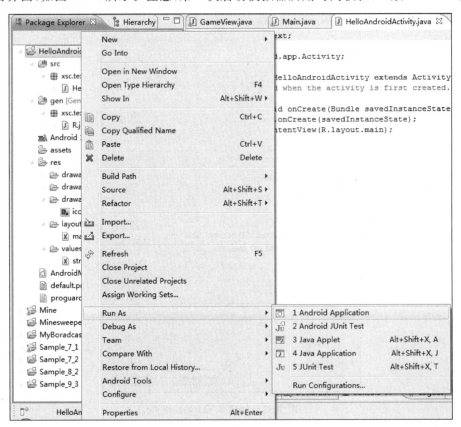

图 13-10　运行项目菜单选项图

HelloAndroid 项目的目录结构如图 13-12 所示。

图 13-11　HelloAndroid 运行示意图

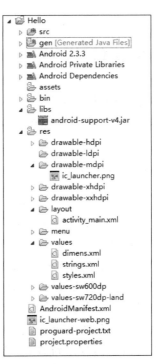

图 13-12　HelloAndroid 项目的目录结构

（1）src 目录中存放的是该项目的源文件，所有允许用户修改的 Java 文件和用户自己添加的 Java 文件都保存在这个目录中。

（2）gen 目录下的文件是 ADT 自动生成的，并不需要人为地去修改，实际上该目录下只定义了一个 R.java 文件。该文件相当于项目的字典，项目中所涉及的用户界面、字符串、图片、声音等资源都会在该类中创建唯一的 ID 编号，这些编号为整型，以十六进制自动生成。当项目中使用这些资源时，会通过该类得到资源的引用。

（3）assets 目录用于存放项目相关的资源文件，如文本文件等。此目录中的资源不能够被 R.java 文件索引，因此只能以字节流形式进行读取，一般情况下为空。

（4）res 目录用于存放应用程序中经常使用的资源文件，包括图片、声音、布局文件及参数描述文件等，包括多个目录，其中以 drawable 开头的三个文件夹用于存储.png、.jpg 等图片资源，layout 文件夹存放的是应用程序的布局文件，raw 用于存放应用程序所用到得声音文件，values 存放的则是所有 XML 格式的资源描述文件，如字符串资源的描述文件 strings.xml、样式的描述文件 styles.xml、颜色描述文件 colors.xml、尺寸描述文件 dimens.xml 以及数组描述文件 arrays.xml 等。

（5）default.properties 文件为项目配置文件，不需要人为改动，系统会自动对其进行管理。文件里面记录了 Android 工程的相关设置，如编译目标和 apk 设置等。如果需要更改其中的设置，必须通过右击工程名称，在弹出的快捷菜单中选择 Properties 选项修改。

（6）AndroidManifest.xml 文件为应用程序的系统配置文件，也称清单文件。该文件中包含 Android 系统运行 Android 程序前所必须掌握的重要信息，这些信息包括应用程序名称、图标、包名称、模块组成、授权和 SDK 最低版本等。而且每个 Android 程序必须在根目录下包含一个 AndroidManifest.xml 文件。

13.3 iOS 简介

iOS 是运行于 iPhone、iPod touch 以及 iPad 设备上的操作系统,它管理设备硬件并为手机本地应用程序的实现提供基础技术。根据设备不同,操作系统具有不同的系统应用程序,如 Phone、Mail 及 Safari,这些应用程序可以为用户提供标准系统服务。

13.3.1 iOS 的历史

iOS 是由苹果公司开发的移动操作系统。苹果公司最早于 2007 年 1 月 9 日的 Macworld 大会上公布这个系统,随后于同年的 6 月发布第一版 iOS 操作系统,最初的名称为 iPhone Runs OS X。它最初是设计给 iPhone 使用的,后来陆续套用到 iPod touch、iPad 及 Apple TV 等产品上。iOS 与苹果的 Mac OS X 操作系统一样,属于类 UNIX 的商业操作系统。原本这个系统名为 iPhone OS,因为 iPad、iPhone、iPod touch 都使用 iPhone OS,所以在 2010 年 WWDC 大会上宣布改名为 iOS。

2007 年 10 月 17 日,苹果公司发布了第一个本地化 iPhone 应用程序开发包(SDK),并且计划在 2008 年 2 月发送到每个开发者以及开发商手中。

2008 年 3 月 6 日,苹果发布了第一个测试版开发包,并且将 iPhone runs OS X 改名为 iPhone OS。

2008 年 9 月,苹果公司将 iPod touch 的系统也换成了 iPhone OS。

2010 年 2 月 27 日,苹果公司发布 iPad,iPad 同样搭载了 iPhone OS。同时,苹果公司重新设计了 iPhone OS 的系统结构和自带程序。

2010 年 6 月,苹果公司将 iPhone OS 改名为 iOS,同时还获得了思科 iOS 的名称授权。

2011 年 10 月,苹果公司宣布 iOS 平台的应用程序已经突破 50 万个。

2012 年 6 月,苹果公司在 WWDC 2012 上宣布了 iOS 6,提供了超过 200 项新功能。

2013 年 6 月,苹果公司在 WWDC 2013 上发布了 iOS 7,几乎重绘了所有的系统 App,去掉了所有的仿实物化,整体设计风格转为扁平化设计,定于 2013 年秋季正式开放下载更新。

2013 年 9 月,苹果公司在 2013 秋季新品发布会上正式提供 iOS 7 下载更新。

2014 年 6 月,苹果公司在 WWDC 2014 上发布了 iOS 8,并提供了开发者预览版更新。

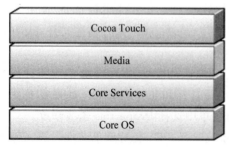

图 13-13 iOS 系统结构图

13.3.2 iOS 系统架构

iOS 的系统架构分为四个层次:核心操作系统层(Core OS layer)、核心服务层(Core Services layer)、媒体层(Media layer)和可触摸层(Cocoa Touch layer),如图 13-13 所示。

Core OS 是位于 iOS 系统架构最下面的一层,它包括内存管理、文件系统、电源管理以及一些其他的操作系统任务。它可以直接和硬件设备进行交互。作为 App 开发者不需要与这一层打交道,可以通过 Core Services 访问 iOS 的一些服务。通过 Media 人们可以在应用程序中使用各种媒体文件,进行音频与视频的录制、图形的绘制,以及制作基础的动画效果。Cocoa Touch 为应用程序开发提供了各种有用的框架,并且大部分与用户界面有关,从本质上来说,它负责用户在 iOS 设备上的触摸交互操作。

1. Core OS

该层是用 FreeBSD 和 Mach 所改写的 Darwin,是开源、符合 POSIX 标准的一个 UNIX 核心。这一层包含或者说是提供了整个 iPhone OS 的一些基础功能,如硬件驱动、内存管理、程序管理、线程管理(POSIX)、文件系统、网络(BSD Socket),以及标准输入输出等,所有这些功能都会通过 C 语言的 API 来提供。另外,该层最具有 UNIX 色彩,如果需要把 UNIX 上所开发的程序移植到 iPhone 上,多半都会使用到 Core OS 的 API。该层的驱动也提供了硬件和系统框架之间的接口。然而,出于安全考虑,只有有限的系统框架类能访问内核和驱动。iPhone OS 提供了许多访问操作系统低层功能的接口集,iPhone 应用通过 LibSystem 库来访问这些功能,这些接口集有线程(POSIX 线程)、网络(BSD sockets)、文件系统访问、标准 I/O、Bonjour 和 DNS 服务、现场信息(Locale Information)、内存分配和数学计算等。

许多 Core OS 技术的头文件位于目录<iPhoneSDK>/usr/include/,iPhoneSDK 是 SDK 的安装目录。

2. Core Services

Core Services 在 Core OS 基础上提供了更为丰富的功能,它包含了 Foundation. Framework 和 Core Foundation. Framework,之所以叫 Foundation,是因为它提供了一系列处理字串、排列、组合、日历、时间等基本功能。Foundation 是属于 Objective-C 的 API,Core Fundation 是属于 C 的 API。

此外,Core Services 还提供了其他功能,如 Security、Core Location、SQLite 和 Address Book。其中,Security 是用来处理认证、密码管理、安全性管理的;Core Location 是用来处理 GPS 定位的;SQLite 是轻量级的数据库,而 AddressBook 则是用来处理电话簿资料的。具体介绍如下。

1) 电话本框架

电话本框架(AddressBook. framework)提供了保存在手机设备中的电话本编程接口。开发者能使用该框架访问和修改存储在用户联系人数据库里的记录。例如,一个聊天程序可以使用该框架获得可能的联系人列表,启动聊天的进程(Process),并在视图上显示这些联系人的信息等。

2) 核心基础框架

核心基础框架(CoreFoundation. framework)是基于 C 语言的接口集,提供 iPhone 应用的基本数据管理和服务功能。该框架支持如下功能:Collection 数据类型(Arrays、Sets 等)、Bundles;字符串管理、日期和时间管理、原始数据块管理、首选项管理、URL 和 Stream 操作、线程和运行循环(Run Loops)、端口和 Socket 通信。

核心基础框架与基础框架是紧密相关的,它们为相同的基本功能提供了 Objective-C 接口。如果开发者混合使用 Foundation Objects 和 Core Foundation 类型,就能充分利用存在两个框架中的 toll-free bridging。toll-free bridging 意味着开发者能使用这两个框架中的任何一个的核心基础和基础类型,如 Collection 和字符串类型等。每个框架中的类和数据类型的描述注明该对象是否支持桥接(toll-free bridged)。如果是,它与哪个对象桥接。

3) CFNetwork 框架

CFNetwork 框架(CFNetwork. framework)是一组高性能的 C 语言接口集,提供网络协议的面向对象的抽象。开发者可以使用 CFNetwork 框架操作协议栈,并且可以访问低层的结构,如 BSD Sockets 等。同时,开发者也能简化与 FTP 和 HTTP 服务器的通信,或解析 DNS 等任务。使用 CFNetwork 框架实现的任务如下:BSD Sockets,利用 SSL 或 TLS 创建加密连接、解析 DNS Hosts、解析 HTTP 协议、鉴别 HTTP 和 HTTPS 服务器,在 FTP 服务器上工作、发布、解析和浏览 Bonjour 服务。

4) 核心位置框架

核心位置框架(CoreLocation. framework)主要获得手机设备当前的经纬度。核心位置框架利用附近的 GPS、蜂窝基站或 WiFi 信号信息测量用户的当前位置。iPhone 地图应用这个功能在地图上显示用户的当前位置。开发者能融合该技术到自己的应用中,给用户提供一些位置信息服务。如可以基于用户的当前位置,查找附近的餐馆、商店或设备等。

5) 安全框架

iPhone OS 除了内置的安全特性外,还提供了安全框架(Security. framework),从而确保应用数据的安全性。该框架提供了管理证书、公钥/私钥对和信任策略等的接口。它支持产生加密安全的伪随机数,也支持保存在密钥链的证书和密钥。对于用户敏感的数据,它是安全的知识库(Secure Repository)。CommonCrypto 接口也支持对称加密、HMAC 和数据摘要。在 iPhone OS 里没有 OpenSSL 库,但是数据摘要提供的功能在本质上与 OpenSSL 库提供的功能是一致的。

6) SQLite

iPhone 应用中可以嵌入一个小型 SQL 数据库 SQLite,而不需要在远端运行另一个数据库服务器。开发者可以创建本地数据库文件,并管理这些文件中的表格和记录。数据库 SQLite 为通用的目的而设计,但仍可以优化为快速访问数据库记录。访问数据库 SQLite 的头文件位于<iPhoneSDK>/usr/include/sqlite3. h,其中<iPhoneSDK>是 SDK 安装的目标路径。

7) 支持 XML

基础框架提供 NSXMLParser 类,解析 XML 文档元素。libXML2 库提供操作 XML 内容的功能,这个开放源代码的库可以快速解析和编辑 XML 数据,并且转换 XML 内容到 HTML。访问 libXML2 库的头文件位于目录<iPhoneSDK>/usr/include /libxml2/,其中<iPhoneSDK>是 SDK 安装的目标目录。

3. Media

Media 层提供了图片、音乐、影片等多媒体功能。图像分为 2D 图像和 3D 图像,前者由 Quartz2D 支持,后者则是用 OpenglES。与音乐对应的模组是 Core Audio 和 OpenAL, Media Player 实现了影片的播放,而最后还提供了 Core Animation 来支持强大的动画。具体介绍如下。

1) 图像技术

高质量图像是所有 iPhone 应用的一个重要组成部分。任何时候,开发者可以采用 UIKit 框架中已有的视图和功能以及预定义的图像开发 iPhone 应用。然而,当 UIKit 框架中的视图和功能不能满足需求时,开发者可以应用下面描述的技术和方法制作视图。

(1) Quartz。核心图像框架(CoreGraphics. framework)包含了 Quartz 2D 画图 API, Quartz 与在 Mac OS 中采用的矢量图画引擎是一样先进的。Quartz 支持基于路径(Path-based)画图、抗混淆(Anti-aliased)重载、梯度(Gradients)、图像(Images)、颜色(Colors)、坐标空间转换(Coordinate-space Transformations)、PDF 文档创建、显示和解析。虽然 API 是基于 C 语言的,但是它采用基于对象的抽象表征基础画图对象,使得图像内容易于保存和复用。

(2) 核心动画(Core Animation)。Quartz 核心框架(QuartzCore. framework)包含 CoreAnimation 接口,Core Animation 是一种高级动画和合成技术,它用优化的重载路径 (Rendering Path)实现复杂的动画和虚拟效果。它用一种高层的 Objective-C 接口配置动画和效果,然后重载在硬件上获得较好的性能。Core Animation 集成到 iPhone OS 的许多部分,包括 UIKit 类,如 UIView,提供许多标准系统行为的动画。开发者也能利用这个框架中的 Objective-C 接口创建客户化的动画。

(3) OpenGL ES。OpenGL ES 框架(OpenGLES. framework)符合 OpenGL ES v1. 1 规范,它提供了一种绘制 2D 和 3D 内容的工具。OpenGL ES 框架是基于 C 语言的框架,与硬件设备紧密相关,为全屏游戏类应用提供高帧率(High Frame Rates)。开发者总是要使用 OpenGL 框架的 EAGL 接口,EAGL 接口是 OpenGL ES 框架的一部分,它提供了应用的 OpenGL ES 画图代码和本地窗口对象的接口。

2) 音频技术

iPhone OS 的音频技术为用户提供了丰富的音频体验。它包括音频回放、高质量的录音和触发设备的振动功能等。

iPhone OS 的音频技术支持如下音频格式:AAC、Apple Lossless(ALAC)、A-law、IMA/ADPCM(IMA4)、Linear PCM、μ-law 和 Core Audio 等。

(1) 核心音频(Core Audio Family)。核心音频框架家族(Core Audio Family of Frameworks)提供了音频的本地支持,如表 13-1 所示。Core Audio 是一个基于 C 语言的接口,并支持立体声(Stereo Audio)。开发能采用 iPhone OS 的 Core Audio 框架在 iPhone 应用中产生、录制、混合和播放音频。开发者也能通过访问核心音频访问手机设备的振动功能。

表 13-1 核心音频框架家族

框架(Framework)	服务(Service)
CoreAudio. framework	定义核心音频的音频数据类型
AudioUnit. framework	提供音频和流媒体文件的回放和录制,并且管理音频文件和播放提示声音
AudioToolbox. framework	提供使用内置音频单元服务,音频处理模块

(2) OpenAL。iPhone OS 也支持开放音频库(Open Audio Library,OpenAL)。OpenAL 是一个跨平台的标准,它能传递位置音频(Positional Audio)。开发者能应用

OpenAL 在需要位置音频输出的游戏或其他应用中实现高性能、高质量的音频。

由于 OpenAL 是一个跨平台的标准,采用 OpenAL 的代码模块可以平滑地移植到其他平台。

3）视频技术

iPhone OS 通过媒体播放框架(MediaPlayer. framework)支持全屏视频回放。媒体播放框架支持的视频文件格式包括 MOV,MP4,M4V 和 3GP,并应用如下压缩标准。

（1）H. 264 Baseline Profile Level 3. 0 video,在 30f/s 的情况下分辨率达到 640×480 像素。注意,不支持 B frames。

（2）MPEG4 规范的视频部分。

（3）众多的音频格式,包含在音频技术的列表里,如 AAC、Apple Lossless（ALAC）、A-law、IMA/ADPCM(IMA4)、线性 PCM、μ-law 和 Core Audio 等。

4. Cocoa Touch

最上面一层是 Cocoa Touch,它是 Objective-C 的 API,其中最核心的部分是 UIKit. framework,应用程序界面上的各种组件,全是由它来提供呈现的,除此之外,它还负责处理屏幕上的多点触摸事件、文字的输出、图片、网页的显示、相机或文件的存取,以及加速感应的部分等。具体介绍如下。

1）UIKit 框架

UIKit 框架(UIKit. framework)包含 Objective-C 程序接口,提供实现图形、事件驱动的 iPhone 应用的关键架构。iPhone OS 中的每一个应用采用这个框架实现如下核心功能:应用管理、支持图形和窗口、支持触摸事件处理、用户接口管理、提供用来表征标准系统视图和控件的对象、支持文本和 Web 内容、通过 URL Scheme 与其他应用的集成。为提供基础性代码建立应用,UIKit 也支持一些与设备相关的特殊功能,如加速计数据、内建 Camera、用户图片库、设备名称和模式信息。

2）基础框架

基础框架(Foundation. framework)支持如下功能:Collection 数据类型(包括 Arrays、Sets),Bundles,字符串管理,日期和时间管理,原始数据块管理,首选项管理,线程和循环,URL 和 Stream 处理,Bonjour,通信端口管理和国际化。

3）电话本 UI 框架

电话本 UI 框架(AddressBookUI. framework)是一个 Objective-C 标准程序接口,主要用于创建新联系人、编辑和选择电话本中存在的联系人。它简化了在 iPhone 应用中显示联系人信息,并确保所有应用使用相同的程序接口,保证应用在不同平台的一致性。

13.3.3　iOS 开发环境

iPhone 开发需要具备一些基本条件,iPhone 是一个封闭的系统,首先需要注册 iPhone 开发者账号;其次需要移动设备,可以是 iPhone、iPad、iTouch;然后需要下载 SDK 并安装;最后需要基于 Mac 的操作系统,这些计算机均为苹果公司的产品,它可以是 iMac、MacBook、MacBook Pro、MacBook Air 或者 Mac Mini。

iPhone SDK 由以下几个功能模块组成。

（1）iPhone 平台参考库。如果文档库有更新,则更新会被自动下载到本地。SDK 默认

包含 iPhone 平台开发的参考文档。通过执行 Help|Developer Documentation 命令就可以看到参考库。

（2）iPhone 模拟器。为便于在没有移动设备的情况下进行 iPhone 应用程序的开发，对开发的应用程序在 Mac OS 系统下进行模拟，它是 Mac OS X 平台应用程序。

（3）XCode 工具。XCode、Interface Builder 和 Instruments 是该工具包括的三个关键应用程序，它是 iPhone 平台最重要的开发工具。XCode 继承了许多其他工具，它是开发过程中用到的主要应用程序，可以通过它编辑、编译、运行以及调试代码。XCode 是一个继承开发环境，它负责管理应用程序工程。

（4）Interface Builder。以可视化方式组装用户接口的工具。通过 Interface Builder 创建出来的接口对象将会保存到某种特定格式的资源文件，并且在运行时加载到应用程序。

（5）Instruments。运行时性能分析和调试工具，并利用这些信息来确认可能存在的问题。

13.3.4　iOS 系统特点

Android 与 iOS 设备之间的争斗从未停止，毕竟一切高科技产品的理念和实际表现方式都不相同。就拿 Android 来说，很多功能令用户并不太满意。下面介绍 iOS 的优点。当然，这并不意味着 Android 比 iOS 差，因为每天让库克（蒂姆·库克，现任苹果公司首席执行官）最为头痛的事情，就是每天都会有用户转投 Android。

（1）iOS 系统与硬件的整合度高，使其分化大大降低，远远胜于 Android。而 Android 因为开源，各大厂家打造自己的 Android 系统，造成分辨率和系统的分裂，给开发者带来难以想象的灾难，同时开发成本的提高，致使 Android 开发者转移到 iOS 阵营。

（2）华丽的界面。无论你是否喜欢 Apple 的硬件还是软件，iOS 的界面做得非常漂亮是不可否认的。苹果公司向界面中投入了很多精力，从外观到易用性，iOS 拥有最直观的用户体验。

（3）数据的安全性。苹果 iOS 平台是一个封闭的环境，这样可以使得对于应用软件的质量能有很好的可控性，而且 iOS 有强大的防护能力，保证用户的信息不被泄露。

（4）众多的应用。App store 有着 35 万的海量应用供用户选择。

（5）iOS 具有现成的良好的开发框架及方便的应用推广平台，还具有相对的公平性，并具备遥遥领先的用户数量基础，因此，对于广大的独立开发者而言具有很大的吸引力。App store 甚至吸引了一些大牌开发商。iOS 虽然有些封闭，但却拥有极佳的应用。

13.4　基于 HTML5 的移动应用

目前，移动操作系统主要包括 Android、iOS、Windows Phone、BlackBerry OS 等，应用软件相互独立，不同系统不可兼容，差异性大，造成多平台应用开发周期长，移植困难。最新的 HTML5 技术为跨平台移动应用的开发打开另一扇大门，开发者利用 Web 网页技术实现一次开发，多平台应用，促进了移动互联网应用产业链快速发展。作为越来越多的移动应用开发者而言，如何利用最少的时间成功地开发出适应不同平台的应用是需要直接面对的问题。以 HTML5 为代表的网络应用技术标准已经开始崭露头角，其作为下一代互联网的标准,是构建以及呈现互联网内容的一种语言方式,被认为是互联网的核心技术之一。HTML5 添加了许多新的语法特征,组合 HTML、CSS、JavaScript 等技术,提供更多可以有效增强网络应用功能的标准集,减少浏览器对于插件的烦琐需求,丰富跨平台间网络应用的开发。HTML5 标准所带来的冲击是,它几乎可以处理任何原始程序能处理的运算、联网及显示等功能,不仅涵盖 Web 的应用领域,甚至扩展到一般的原始应用程序。理论上,HTML5 提供了一个很好的跨平台的软件应用架构,可以设计符合桌面计算机、平板电脑、智能电视、智能手机的应用。

HTML5 的出现让移动平台的竞争由系统平台转向了浏览器之间。移动端的 IE、Chrome、Firefox、Safari,以及新出现的浏览器,谁能达到在移动端对 HTML5 更好的支持,谁就能在以后的移动应用领域占据更多的市场。更灵活、更方便的 App 使用及安装方式将成为 HTML5 在移动平台上大放异彩的保障之一。

HTML5 带来了一组新的用户体验,如 Web 的音频和视频不再需要插件,通过 Canvas 更灵活地完成图像绘制,而不必考虑屏幕分辨率、浏览器对可扩展矢量图(SVG)和数学标记语言的本地支持,通过引入新的注视信息以增强对东亚文字呈现(Ruby)的支持、对 Web 应用信息无障碍新特性的支持,使前端技术进入一个崭新的时代。

13.4.1 HTML5 相对于移动应用的特性

HTML5 之所以适合移动应用开发,其主要特性如下。

1. 离线缓存为 HTML5 开发移动应用提供了基础

HTML5 Web Storage API 可以看作是加强版的 Cookie,不受数据大小限制,有更好的弹性以及架构,可以将数据写入到本机的 ROM 中,还可以在关闭浏览器后再次打开时恢复数据,以减少网络流量。这个功能算得上是另一个方向的后台"操作记录",而不占用任何后台资源,减轻设备硬件压力,增加运行流畅性。

在线 App 支持边使用边下载离线缓存,或者不下载离线缓存;而离线 App 必须是下载完离线缓存才能使用。形象地说,Cookie 就是存了电话和菜单,想吃什么要叫外卖,等多长时间才能吃到就得看交通情况了;离线缓存就是直接在冰箱里存了食物,想吃就能马上吃到。

2. 音频、视频自由嵌入,多媒体形式更为灵活

原生开发方式对于文字和音视频混排的多媒体内容处理相对麻烦,需要拆分开文字、图片、音频、视频,解析对应的 URL 并分别用不同的方式处理。而 HTML5 在这个方面完全不受限制,如新闻类、微博类、社交类应用的信息呈现中实现文字与多媒体混排,可以完全放在一起进行处理,而不用专门嵌入 WebView。

3. 地理定位,随时随地分享位置

HTML5 充分发挥移动设备对定位上的优势,推动 LBS 应用发展。现在嵌入 LBS 功能的应用越来越多,这也是移动设备与台式计算机相比最大的优势之一,HTML5 能把这个优势再度扩大化。

HTML5 可以综合使用 GPS、WiFi、手机等方式,让定位更为精准、灵活。地理位置定位,让定位和导航不再专属导航软件,地图也不用下载非常大的地图包,可以通过缓存来解

决,到哪儿下哪儿,更灵活。

4. Canvas 绘图,提升移动平台的绘图能力

使用 Canvas API 可以简单绘制热点图收集用户体验资料,支持以下功能。

(1) 图片的移动、旋转、缩放等常规编辑。

(2) Canvas:2D 的绘图功能。

(3) Canvas 3D:3D 的绘图功能。

(4) SVG:向量图。

5. 专为移动平台定制的表单元素

浏览器中出现的 HTML5 表单元素与对应的键盘如表 13-2 所示。

表 13-2 浏览器中出现的 HTML5 表单元素与对应的键盘

类 型	用 途	键 盘
Text	正常输入内容	标准键盘
Tel	电话号码	数字键盘
E-mail	电子邮件地址文本框	带有@和//.的键盘
url	网页的 URL	带有.com 和//.的键盘
Search	用于搜索引擎,如在站点顶部显示的搜索框	标准键盘
Range	特定值范围内的数值选择器,典型的显示方式是滑动条	滑动条或转盘

只需要简单地声明 ＜input type＝"email"＞ 即可完成对不同样式键盘的调用,简捷方便。

6. 丰富的交互方式支持

HTML5 提供了非常丰富的交互方式,提升了互动能力,如拖曳、撤销历史操作、文本选择等。

(1)Transition:组件的移动效果。

(2)Transform:组件的变形效果。

(3)Animation:将移动和变形加入动画支持。

7. HTML5 使用上的优势

使用 HTML5 开发及维护成本更低;使页面变得更小,减少了用户不必要的支出,而且性能更好,耗电量更低。

方便升级,打开即可使用最新版本,免去重新下载升级包的麻烦,使用过程中就直接更新了离线缓存。

8. CSS3 视觉设计师的辅助利器

CSS3 支持字体的嵌入、版面的排版及动画功能。

(1) Selector:更有弹性的选择器。

(2) Webfonts:嵌入式字体。

(3) Layout:多样化的排版选择。

（4）Styling radius gradient shadow：圆角、渐变、阴影。

（5）Border background：边框的背景支持。

使用 CSS3 完成部分视觉工作,载入速度快,节省代码及图片,也为用户节约了带宽。

9. 实时通信

以往网站由于 HTTP 协议以及浏览器的设计,实时的互动性相当受限,只能使用一些技巧"仿真"实时的通信效果,但 HTML5 可以在应用中嵌入实时通信、信息内容进行实时提醒,提供了完善的实时通信支持。

10. 档案以及硬件支持

在 Gmail 等新的网页程序当中,可以透过拖曳的方式将档案作为邮件附件,这就是 HTML5 档案功能中的 Dragon Drop 和 File API。

移动应用中对于数据传输的需求越来越大,传统的路径选择方式太过于烦琐,而 HTML5 通过拖曳上传功能就可以实现。

11. 语义化

语义化的网络可以让计算机能够更加理解网页的内容,对于搜索引擎的优化（SEO）或推荐系统可以有很大的帮助。而 HTML5 的语义化能让搜索更快速、更准确。

12. 双平台融合的 App 开发方式,提高工作效率

从目前 iPhone/Android 迅速提升市占率的情势来看,未来如果想要在先进的智能手机上撰写应用程序,不是选择使用 Objective-C＋CocoaTouch Framework 撰写 iPhone/iPad 应用程序,就是选择 Java＋Android Framework 撰写 Android 应用程序,如果想要同时支援两种平台,势必要维护两套程序码,这将给开发者带来巨大的负担和维护成本。

使用 HTML5、CSS3 撰写 Web-based 的应用程序,只需要维护一份程序码（少部分要应用 clients 做修改）,就可以同时支持 iPhone 及 Android,而且未来若有其他移动设备拥有支持 HTML5 的浏览器,那同样的 Web App 直接就多了一个支持平台。

Google 的系列服务使用了很多 HTML5 中的 cache、storage 及 database 规格来做到离线存取程序的效果。比起桌面应用程序,目前的移动设备的网络连线还不够稳定,而且有时在移动中并无网络可以使用,通过这些技术可以让使用者即使在无网络环境下也能继续使用 Web App。这说明 HTML 5 主要服务对象还是基于 Web 的应用,并不会对全部 App 开发造成威胁,这样有利于不同类型应用使用不同的开发方式,灵活性更强。

13.4.2 HTML5 技术在移动开发中的应用

2012 年,HTML5 就已经被广为探讨,现在已被各个门户争先恐后地运用其中。UC、腾讯、360、3G 门户都先后开发了基于 HTML5 的移动端产品。手机腾讯网和百度 WAP 端都已经实现了部分 HTML5 化,但都没有做到完全的 HTML5 化,而搜狐却在 2012 年末推出了完全由 HTML5 开发的全站新版——手机搜狐概念版,引起了业界的广泛关注。

目前,依托于网络,Web 上已经出现的产品中,基于信息流方式及类似方式的应用,更适合使用 HTML5 进行开发,如在微博、社交、新闻类应用的信息呈现中实现文字与多媒体混排,而不用专门嵌入 WebView。这样,基于 HTML5 标准,产品的形态会得到更加丰富的呈现。

以手机搜狐概念版为例,从用户场景分析,用户通过浏览器登录手机搜狐概念版,获取网页信息服务和 App 功能服务,用户可以获得更好的功能体验和操作体验;从流量上讲,表面上让出入口对流量是有损失的,但另一方面,HTML5 化更适合门户网站诞生之初用户对其的认知,而且移动搜索的流量入口也从此打开了。在用户体验和非线性阅读的两项优势下,随着智能移动设备越来越多,HTML5 化的门户手机端主页在流量增长方面前景是非常可观的。

对于设计师,了解 HTML5 最重要的并不是要学会写代码,而是要知道 HTML5 有什么特性、能实现什么效果,以便在设计过程中熟练应用。除此之外,需要知道哪些产品适合使用 HTML5 进行开发,哪些适合使用原生方式进行开发,毕竟最快、最方便的开发方式是最好的。进一步说,原生 HTML5 的复合开发方式会逐步成为潮流,哪个部分最适合使用 HTML5 进行开发,应该能够充分了解。

目前,依托于网络,微博、社交、新闻等基于信息流方式及类似方式的应用最适合使用 HTML5 进行开发。另外,地图、导航等也是适合使用 HTML5 开发的应用类型。信息流架构应用都是直接在 Web(或 WAP)端抓取数据,HTML5 可以直接使用跨平台数据而不用使用后台 API,大大降低研发、维护成本,而且呈现效果几乎没有什么区别;地图类能充分发挥 HTML5 对于离线缓存及地理定位方面的功能,将地图下载到本地,然后配合定位进行搜索、导航等功能,形式灵活,不用提前下载大容量的地图包,节省流量。

对于纯离线类的 App,目前 HTML5 展现出来的实力还不是非常强劲,从交互体验和视觉呈现来说与原生方式开发的 App 还有一定的差距。事实上,移动应用的开发方式往往不是那么死板只用一种方式的,HTML5 配合原生方式可能会获得更好的效果:利用原生方式搭建本地架构,让用户获得更加贴近于设备的交互体验,同时在信息的呈现上使用 HTML5 的优势,以强强联手的方式为用户打造最好的移动应用。

现在 HTML5 的标准还没有完全定制完成,整体开发方式上还没有一个规范性的内容,导致开发者开发的应用比较混乱,体验上也不及原生方式开发的应用,如果想要更好的用户体验,需要更多的优化。对于移动设备硬件的接口 API,目前使用 HTML5 还不能方便地调用移动设备的摄像头、话筒、重力感应器、GPS 等硬件设备,不过,随着 HTML5 功能越来越完善,它一定也会支持这样的功能的。另外就是浏览器之争,一个全面强大的移动端浏览器将对 HTML5 在移动平台上的发展起到至关重要的作用,我们期待一个基于 HTML5 的移动端浏览器脱颖而出。

练习与思考

13-1 主流移动平台有哪些?

13-2 简述移动多媒体的特点。

13-3 简述 Android 的系统架构。

13-4 简述 iOS 的系统结构。

13-5 说明 HTML5 适合移动应用开发的特性。

13-6 关于 HTML5,设计师最应该知道些什么?

13-7 目前,什么类型的应用最适合用 HTML5 开发?

13-8　目前，HTML5 技术主要需要从哪几个方面进行改善？

参考文献

[1]　王石磊，吴峥. Android 多媒体应用开发实战详解：图像、音频、视频、2D 和 3D[M]. 北京：人民邮电出版社，2012.

[2]　张德干，班晓娟，郝先臣. 移动多媒体技术及其应用[M]. 北京：国防工业出版社，2006.

[3]　吴中海，张齐勋. 移动多媒体应用程序设计[M]. 北京：高等教育出版社，2012.

[4]　关东升. iOS 开发指南：从 Hello World 到 App Store 上架[M]. 5 版. 北京：人民邮电出版社，2017.

[5]　郑微. iOS 动画——核心技术与案例实战[M]. 北京：电子工业出版社，2017.

[6]　刘清堂，王忠华. 陈迪数字媒体技术导论[M]. 2 版. 北京：清华大学出版社，2016.

[7]　陆凌牛. HTML5 与 CSS3 权威指南[M]. 3 版. 北京：机械工业出版社，2016.

本书特色

* 知识体系完整，贯穿数字内容采集、处理、集成、分发全过程。
* 层次结构合理，涵盖数字媒体原理、技术、开发、应用各方面。
* 课程内容先进，体现数字时代文化、艺术、教育、娱乐新成果。

课件下载·样书申请　　　清华社官方微信号

ISBN 978-7-302-50312-5

书圈　　　　扫 我 有 惊 喜

9 787302 503125 >

定价：59.00元